普通高等教育"十二五"规划教材

大学化学实验

主编 张四方

化学技能训练

本册主编 弓巧娟

中国石化出版社

内　容　提　要

本教材以教育部理科化学教学指导委员会制订的“化学、应用化学专业实验教学基本内容”为依据，内容包括：实验安全、实验物品、玻璃仪器、试样采集、实验操作、测量仪器、实验数据、技能训练等。旨在训练和规范学生实验操作技能，为后续化学实验教学的顺利进行夯实基础。

本书可以作为普通高等院校化学、应用化学专业的实验教材使用，也可作为相关人员的参考书使用。

图书在版编目（CIP）数据

化学技能训练／弓巧娟主编．—北京：中国石化出版社，2011.12（2023.9重印）
（大学化学实验/张四方主编）
普通高等教育“十二五”规划教材
ISBN 978-7-5114-1298-0

Ⅰ．①化… Ⅱ．①弓… Ⅲ．①化学实验-高等学校-教材 Ⅳ．①06-3

中国版本图书馆CIP数据核字（2011）第248614号

中国石化出版社出版发行
地址：北京市东城区安定门外大街58号
邮编：100011　电话：(010)57512500
发行部电话：(010)57512575
http://www.sinopec-press.com
E-mail：press@sinopec.com
北京艾普海德印刷有限公司印刷
全国各地新华书店经销
*
787毫米×1092毫米 16开本 18.75印张 464千字
2012年3月第1版　2023年9月第4次印刷
定价：42.00元

序

在过去的100多年里，化学作为一门核心、实用、创造性科学，为人类认识物质世界和人类文明进步做出了巨大贡献。特别是近几十年来，数学、物理、生物、计算机学科和量子化学的迅速发展，以及在化学中的广泛应用，化学已从描述性学科逐渐走向推理性学科，化学研究的对象也从传统的原子、分子层次扩展到了原子、分子片、分子、超分子、多分子聚集态层次；按无机化学、有机化学、分析化学、物理化学、高分子化学划分的化学二级学科体系被打破，建构起了合成化学、分离化学、分析化学、物理化学、理论化学、化学生物学、纳米(材料)化学、绿色化学、化学信息学新体系；化学已成为研究从原子、分子片、分子、超分子，到分子和原子的各种不同尺度和不同复杂程度的聚集态和组装态的合成和反应、分离和分析、结构和形态、物理性能和生物活性及其规律和应用的自然科学。

化学学科的迅速发展，对化学人才的培养，特别是高素质创新人才的培养提出了更高的要求。高等院校作为我国高素质化学人才培养的重要基地，对高素质人才的培养将起到不可替代的作用。然而，我国高等化学教育长期以来一直沿用“专业化、专门化”的“窄、专、深”课程体系，使化学实验教学依附化学二级学科，化学实验的目的重在加深对理论的理解和技能的训练，人为地削弱了化学学科之间的内在联系与渗透，学生综合能力得不到有效提高，严重制约了高素质化学人才的培养。为了适应21世纪社会发展对高素质化学人才培养的需求，全面反映化学学科发展水平，中国石化出版社组织编写了普通高等教育“十二五”规划教材《大学化学实验》。

普通高等教育“十二五”规划教材《大学化学实验》编写时力求以培养高素质化学人才为宗旨，提高学生化学综合素质为目标，打破了传统化学实验教学的旧模式，建立了以能力培养渐进发展的新模式，使教材具备以下特点：

新颖性 编写体系上，根据社会对化学人才的需求和化学学科发展的变化，打破了传统化学实验教学依附于化学二级学科的实验教学模式，重建了以能力培养为核心的“技能、基础、综合、探究”能力培养新模式，强化了高素质化学人才能力培养在普通高等教育中的重要性；实验体例上，增加了实验背景、实验指导、实验拓展等内容。实验背景为学生课前准备实验提供了与本实验相关的背景材料，内容涉及相关物质的性质与用途、研究成果与动态、实验方法与技术等，旨在启发思维，拓宽视野；实验拓展为学生实验后提供本实验延伸的参考思路，内容涉及知识迁移、方法迁移、应用迁移等，旨在举一反三，触类旁通；实验指导为学生在实验过程中如何高质量完成实验提供指导，内容涉及实验安全注意事项、实验操作关键和技巧等，旨在保证安全，提高效率。这些变化使《大学化学实验》与传统教材相比具有了一定的新颖性。

前导性 内容选择上，删除了那些内容陈旧、方法简单，不再适应高素质人才培养需求的实验，增加了能够反映当今化学学科成就的新技术、新方法、新成果，并将新能源、新材料、食品安全、绿色化学等与人类社会关系密切的化学内容纳入到了教材之中，突出了化学对社会所应承担的义务，使《大学化学实验》在内容上具备了一定的前导性。

系统性 《大学化学实验》共分6册：《化学技能训练》、《化学基础实验》、《化学综合实验》、《化学探究实验》、《中学化学实验研究》和《化学创新实验》。《化学技能训练》、《化学基础实验》、《化学综合实验》、《化学探究实验》构成了现代高等教育本科化学基本实验教学体系；《中学化学实验研究》为这个实验教学体系提供了教师教育延伸，为未来从事化学教育教学的学生提供专项培养；《化学创新实验》为这个实验教学体系提供了科学研究延伸，为未来从事科学研究和继续深造的学生提供专项培养。一个基本实验教学体系和两个专项培养模块使《大学化学实验》比传统化学实验教材更具系统性。

针对性 《大学化学实验》编写时充分考虑了“985”和“211”院校与一般高等院校人才培养目标和教学条件的差异，将《大学化学实验》使用的对象定位于一般高等院校的化学和应用化学专业。为了更好地适应一般高等院校的使用，教材内容选择不求仪器设备的高精尖，但求实验思路的异新变，教材内容为教学选择留出来足够的余地，使不同层次、不同类型的学校可以根据自身特点和区域特点进行特色办学、个性办学。

《大学化学实验》主要内容介绍如下：

《化学技能训练》 以教育部理科化学教学指导委员会制订的“化学、应用化学专业化学实验教学基本内容”为依据，包括实验安全、实验物品、样品采集、实验操作、测量仪器、数据处理、技能训练等内容，旨在规范和训练学生操作技能。

本册教学建议：教学在第1学期，时数为78学时。

《化学基础实验》 以教育部理科化学教学指导委员会制订的“化学、应用化学专业化学实验教学基本内容”为依据，包括重要常数测定、物质性质检验、无机物质制备、有机物质制备、物质分离鉴定、化学方法分析、仪器方法分析、重要参数测定和化学过程操作等内容，旨在强化化学实验操作和学习解决化学问题的基本方法。

本册教学建议：教学在第2、3、4、5学期，时数为216学时。

《化学综合实验》 内容选择标准有二，一是实验内容的综合性，一个实验含有两个或两个以上知识点的有机结合与渗透；二是实验方法(或手段)的多元性，综合运用两种或两种以上方法和手段来完成同一个实验。包括无机物制备与分析、配合物制备与测定、有机物合成与表征、物质的分离与检测、物质参数控制与测量、新技术训练与应用等内容，旨在强化知识、方法的综合运用，在化学学科层次理解化学。

本册教学建议：教学在第6学期，时数为54学时。

《化学探究实验》 提出课题，给出背景材料，通过学生的创新活动，共同构成学生的科学训练计划。包括合成路线设计、反应过程控制、物质分离提纯、物质结构表征、性能参数测定等内容，旨在帮助学生构建科学研究意识，提升科学探究能力，实现自我价值。

本册教学建议：教学在第7学期，时数为54学时。

《中学化学实验研究》 以中学化学实验教学内容为研究对象，通过科学探究，了解过程与结果之间的关系，为未来从事化学实验教学储备能量。包括典型高中化学实验、典型初中化学实验、改进型化学实验、手持化学实验、综合化学实验和探究化学实验等内容，旨在为学生未来从事化学教学做准备。

本册教学建议：教学在第7学期，时数为51学时。

《化学创新实验》 实验内容来自于教师科研项目成果、大学生创新性实验成果、化学学科的研究成果等。内容包括无机物、有机物、高分子化合物的合成与表征，新型功能性材料的制备与功能研究，食品、环境、化工等领域的化学问题与解决，旨在为学生从事科学研究和研究生学习做准备。

本册教学建议：教学在第7学期或第8学期，时数为54学时。

《大学化学实验》由张四方任总主编。参编院校有：太原师范学院、海南师范大学、晋中学院、忻州师范学院、运城学院和长治学院。所有分册的编写思路、实验内容、实验体例等都由大家共同讨论，充分酝酿确定，是集体智慧的结晶。《大学化学实验》的编写得到了参编院校、中国石化出版社的大力支持，太原师范学院教务处和中国石化出版社任翠霞老师给予了大力协助，在此向他们表示衷心的感谢。在编写过程中，我们参阅了大量文献资料，在此也衷心地向参阅文献的所有作者表示最诚挚谢意。

由于编者水平所限，加之时间仓促，教材中存在不妥之处，真诚希望读者提出宝贵意见。

张四方

2011年6月于太原

前　言

《化学技能训练》是高等教育本科化学基本实验教学体系的重要组成部分，是高等院校化学类本科学生必修课程之一。其目的在于规范学生化学实验的操作与技能，夯实化学实验基本功，为未来化学实验研究进行前期准备。

《化学技能训练》的编写是以高等化学教育改革为指导，以提高学生实验能力为目的。内容选择上以教育部化学教学指导委员会制订的“化学、应用化学专业实验教学基本内容”为依据，包括了实验安全、实验物品、玻璃仪器、试样采集、基本操作、测量仪器、实验数据、技能训练等内容；训练安排上努力遵循“模仿、同化、内化”的认知发展规律，通过方法原理了解、动作分解训练、规范组合强化，达到在无意识控制下准确、熟练、连贯、协调、规范地完成基本操作；编排思路上打破了传统化学二级学科的界限，实现了化学层面的大融合、大贯通，保证了知识的交叉与渗透。通过努力，使《化学技能训练》具有了基础性、操作性和前导性。

《化学技能训练》共有8个单元，其内容介绍如下：

单元1 实验安全　内容包括：实验室安全、实验废弃物的回收与处理、一般化学实验伤害的预防与急救。

单元2 实验物品　内容包括：纯水、化学试剂、常用试纸、加热用灯、气体钢瓶、各种加热设施、微波反应器、温度计、压力计。

单元3 玻璃仪器　内容包括：常用玻璃仪器、玻璃仪器洗涤与干燥、玻璃仪器的组装、玻璃管加工与塞子的钻孔、识别和选择玻璃材料、玻璃管(棒)的切割、弯制与拉伸、塞子的钻孔。

单元4 试样采集　内容包括：土样的采集与制备、水样的采集、大气试样的采集、生物及食品等试样的采集和制备、物质的富集。

单元5 基本操作　内容包括：溶解、搅拌、过滤、洗涤、干燥、结晶、加热、冷却、升华、滴定、蒸馏、分馏、萃取、色谱等。

单元6 测量仪器　内容包括：电光天平、通用离子计、电导率仪、酸度计、阿贝折光仪、旋光仪、可见－分光光度计、紫外－可见分光光度计、红外－分光光度计等。

单元7 实验数据　内容包括：误差、有效数字、实验数据、数据处理等。

单元8 技能训练　内容包括玻璃仪器的洗涤和干燥、玻璃管加工和塞子的钻孔、分析天平称量、重结晶与热过滤、滴定分析基本操作、容量仪器的校准、溶液的配制与标定、组分富集与测定、理化常数测定等训练。

教材使用建议：教学安排在第1、2学期；教学时数78学时。

本教材由运城学院弓巧娟担任主编，并由弓巧娟、张四方、李军修改并统校全稿。参加编写的有：运城学院弓巧娟(第1、7单元)、运城学院朱运德(第2单元)、忻州师范学院李志英(第3、4单元)、太原师范学院李好样(第5单元)、晋中学院吕秀清(第6单元)、长治学院晨晓霓(第8单元)，附录部分由晨晓霓执笔。审稿由太原师范学院、海南师范大学、长治学院、晋中学院、忻州师范学院、运城学院等院校共同完成。在编写过程中，我们参阅了大量文献和资料，在此向这些文献和资料的作者表示衷心感谢，中国石化出版社和运城学院给予了大力支持，白官和吕秀清对全书的图表进行了绘制和加工，在此也向他们表示诚挚的感谢。

由于编者的水平所限，加之时间仓促，教材的不妥之处，恳请读者提出宝贵意见。

弓巧娟

2011年8月于运城学院

目　录

单元1 实验安全

实验室是从事实验教学、科学研究、社会服务的重要场所，是培养学生动手能力、创新能力，提高学生综合素质的重要基地。实验室的安全管理，对学生具有深远的影响。从实验室的布局、设备的维护保养，到危险化学品的存放、仪器设备的使用记录、安全检查记录，到实验室的管理模式、管理制度等许多方面，都在训练学生严谨求实、精益求精的作风，培养学生安全实验的良好习惯。但实验室中潜伏着许多危险因素，稍有疏忽，极易出现安全事故，影响师生的身体健康，进而影响教学、科研任务的顺利完成。所以说实验室的安全管理，责任重于“泰山”。因此，化学实验室应坚持“安全第一、预防为主”的原则，安全的实验环境对保持正常有序的教学秩序、确保师生员工的健康和安全、减少实验过程中发生意外的风险十分必要。

§1－1 学生实验规则

①实验前充分预习并撰写预习报告，未做预习报告者，不得进入实验室。

②做实验必须着实验服，否则不得进入。不得将其他物品带入实验室。遵守纪律，每次实验必须提前10分钟进入实验室，不得在实验室里大声喧哗，不得使用手机、MP3、随身听等音响设备，保持实验室内安静。

③实验前应认真检查、清洗所需仪器，并按顺序整齐排放。未经老师同意不得任意动用备用仪器及备用药品。

④认真听讲积极思考，严格按照操作规范要求进行实验，认真完成规定的实验内容。不得随意变更实验操作，如有改动须经指导教师允许方可实施。

⑤必须按规定用量取用药品。取用固体药品时，注意勿使其散落。药品自瓶中取出后，不应再倒回原瓶中，以免带入杂质而引起药品变质。试剂用后应立即盖上塞子并放回原位。试剂瓶中试剂不足时应报告指导教师，及时补充。使用危险药品更应谨慎小心。

⑥仔细观察并及时、准确记录实验现象和数据。

⑦保持实验台面清洁整齐，爱护仪器和公用设施，使用精密仪器时，必须严格按规程操作，发现故障应立即停止使用，报告指导教师。使用后必须填写使用登记。

⑧实验课期间不能擅自离开实验室，不得随意更改座次。未经许可不得动用与本实验无关的仪器设备及物品，严禁将实验物品带出室外。

⑨熟悉紧急情况下的逃离路线和紧急疏散方法，清楚灭火器材（如灭火器、石棉布等）的存放位置及使用方法。灭火器使用后，使用者应及时报告以便更换。实验中严格遵守水、电、煤气以及易燃、易爆和有毒药品等的安全使用规则。遇到事故应立即采取紧急措施，并及时向教师报告。

⑩实验完毕后清理实验所用仪器，实验废弃物须放入指定容器。将实验报告交指导教师检查，签字后方可离开实验室。值日生负责实验室内的清洁卫生，检查并关好水、电和煤气及门窗等。

§1－2 危险化学品

危险化学品是指具有燃烧、爆炸、毒害、腐蚀等性质，在生产、储存、装卸、运输等过程中易造成人身伤亡和财产损失的化学物质。

1－2.1 危险化学品分类

危险化学品按其危险特性，根据中华人民共和国国家标准《危险货物分类和品名编号》（GB 6944—86）和《常用危险化学品的分类及标志》（GB 13690—92）共分为八大类：即爆炸品，压缩气体和液化气体，易燃液体，易燃固体，自燃物质和遇湿易燃物质，氧化剂和有机过氧化物，有毒品，放射性物质，腐蚀物质。

第一类：爆炸物质

该类化学品是指在外界作用下，能发生剧烈的化学反应，瞬时产生大量的气体和热量，使周围压力急剧上升，发生爆炸，对周围环境造成破坏的物质。爆炸物质一般具有以下特性：化学反应速度快，可在万分之一秒或更短的时间内以爆炸形式完成反应；在爆炸瞬间，固态爆炸物迅速转变为气态，生成大量气体，使原来的体积成百倍的增加；反应过程中能放出大量热量，一般可以放出数百或数千兆焦耳的热量，温度可达数千度并产生高压。

实验室中常见的有爆炸危险的化学药品有：

①能自行爆炸的化学药品：高氯酸钾、硝酸铵、浓高氯酸、雷酸汞、三硝基甲苯等。

②能混合发生爆炸的化学药品：高氯酸＋酒精或其他有机物；高锰酸钾＋甘油或其他有机物；高锰酸钾＋硫酸或硫；硝酸＋镁或碘化氢；硝酸铵＋酯类或其他有机物；硝酸铵＋锌粉＋水；硝酸盐＋氯化亚锡；过氧化物＋铝＋水；硫＋氧化汞；金属钠或钾＋水。

第二类：压缩气体和液化气体

该类化学品是指压缩、液化或加压溶解的气体，并符合下述情况之一者：

①临界温度低于50℃，或在50℃时蒸气压大于294kPa的压缩或液化气体；

②温度在21.1℃时，气体的绝对压力大于294kPa；或在37.8℃时，Reid蒸气压大于275kPa的液化气体和加压溶解的气体。

为了便于储运和使用，常将气体用降温加压法压缩或液化后储存于钢瓶内。由于各种气体的性质不同，有的气体在室温下，无论对它加多大的压力也不会变为液体，而必须在加压的同时使温度降低至一定数值才能使它液化（该温度叫临界温度）。有的气体较易液化，在室温下，单纯加压就能使它呈液态，如氯气、氨气、二氧化碳。有的气体较难液化，如氦气、氢气、氮气、氧气。因此，有的气体容易加压成液态，有的仍为气态，在钢瓶中处于气体状态的称为压缩气体，处于液体状态的称为液化气体。此外，本类还包括加压溶解的气体，例如乙炔。

压缩气体和液化气体特性：

①储于钢瓶内的压缩气体、液化气体或加压溶解的气体受热膨胀，压力升高，能使钢瓶爆裂。特别是液化气体装得太满时尤其危险，应严禁超量灌装，并防止钢瓶受热。

②压缩气体和液化气体不允许泄漏。其原因除有些气体有毒、易燃外，还因有些气体相互接触后会发生化学反应引起燃烧爆炸。例如氢气和氯气、氢气和氧气、乙炔和氯气、乙炔和氧气均能发生爆炸。因此，凡内容物为禁忌物的钢瓶应分别存放。

③压缩气体和液化气体除具有爆炸性外，有的还具有易燃性(如氢气、甲烷、液化石油气等)、助燃性(如氧气、压缩空气等)、毒害性(如氰化氢、二氧化硫、氯气等)、窒息性(如二氧化碳、氮等，虽无毒、不燃、不助燃，但在高浓度时亦会导致人畜窒息死亡)等性质。

第三类：易燃液体

该类化学品是指易燃的液体、液体混合物或含有固体物质的液体，但不包括由于其危险特性已列入其他类别的液体。

按照闪点(在规定的条件下，加热收样，当试样达到某温度时，试样的蒸气和周围空气的混合气，一旦与火焰接触，即发生闪燃现象，叫闪燃，发生闪燃时试样的最低温度，称为闪点)大小，液体可分为三类：低闪点液体，指闭杯试验闪点 $< -18℃$ 的液体(如戊烷、丙酮、汽油、乙醚等)；中闪点液体，指 $-18℃ \leqslant$ 闭杯试验闪点 $< 23℃$ 的液体(如甲醇、乙醇、苯等)；高闪点液体，指 $23℃ \leqslant$ 闭杯试验闪点 $\leqslant 61℃$ 的液体(如乙酸、丁醇、二甲苯等)。

第四类：易燃固体、自燃物质和遇湿易燃物质

易燃固体是指燃点低，对热、撞击、摩擦敏感，易被外部火源点燃，燃烧迅速，并可能散发出有毒烟雾或有毒气体的固体，但不包括已列入爆炸物质范围的物质。对于易燃固体应特别注意粉尘爆炸!

自燃物质指自燃点低，在空气中易发生氧化反应，放出热量，可自行燃烧的物质。

遇湿易燃物质指遇水或受潮时，发生剧烈化学反应，放出大量易燃气体和热量的物质；有的不需明火，即能燃烧或爆炸。例：金属锂、金属钠、镁粉、铝粉、氢化钠、碳化钙等。

第五类：氧化剂和有机过氧化物

氧化剂指处于高氧化态，具有强氧化性，易分解并放出氧和热量的物质。包括含有过氧基的无机物，其本身不一定可燃，但能导致可燃物的燃烧，与松软的粉末可燃物能组成爆炸性混合物，对热、震动或摩擦敏感。

有机过氧化物指分子组成中含有(—O—O—)的有机物，其本身易燃易爆，极易分解，对热、震动或摩擦较敏感。其主要特性为：分解爆炸性，易燃性，伤害性。

第六类：有毒物质

该类化学物质是指进入肌体后，累积达一定量时，能与体液和器官组织发生生物或生物化学物理作用，扰乱或破坏肌体的正常生理功能，引起某些器官和系统暂时性或永久性的病理改变，甚至危及生命的物质。

通常用毒性来反映化学物质对人体产生有害作用的大小。毒性的计算单位一般以化学物质引起实验动物某种毒性反应所需的剂量表示。毒物的剂量(浓度)越小，表示该毒物毒性越大。通常用实验动物的死亡率来反映物质的毒性。常用的评价指标有以下几种：

①绝对致死剂量或浓度(LD_{100} 或 LC_{100})，是指引起全组染毒动物全部(100%)死亡的毒性物质的最小剂量或浓度。

②半数致死剂量或浓度(LD_{50} 或 LC_{50})，是指引起全组染毒动物半数(50%)死亡的毒性物质的最小剂量或浓度。

③最小致死剂量或浓度(MLD 或 MLC)，是指全组染毒动物中只引起个别动物死亡的毒性物质的最小剂量或浓度。

④最大耐受剂量或浓度(LD_0 或 LC_0)，是指全组染毒动物全部存活的毒性物质的最大剂

量或浓度。

有毒化学物质的毒性大小与该物质的化学组成和结构有关，如含有氰基、砷、汞、硒的化合物毒性较大。毒物的挥发性越大，越易被呼吸道吸收，毒性越强。毒物的溶解度越大，毒性也越强。常见有毒化学物质如表 1－1 所示。

表 1－1　常见有毒化学物质

致癌物质	剧毒试剂	有毒溶剂	腐蚀性化合物	毒性气体
对甲苯磺酸甲酯	硫酸二甲酯	苯	有机强酸	氟
亚硝基二甲胺	氰化物	甲苯	有机强碱	氯
偶氮乙烷	氰化钾	乙醚	硫酸	二氧化硫
二甲胺偶氮苯	氰化钠	氯仿	盐酸	一氧化碳
(α)β－萘胺	氯化汞	苯胺	硝酸	光气
2－乙酰氨联苯	砷化物		氢氧化钠	汞蒸气
2－乙酰氨苯酚	氟化氢		氢氧化钾	溴蒸气
2－乙酰胺芴	溴化氢		生物碱	
3，4－苯并蒽	氯化氢		苯酚	
1，2，4，5－二苯并蒽	硫化氢		硝基苯	
N－亚硝基化合物			黄磷	
石棉粉尘				

第七类：放射性物质

该类物质系指放射性比活度大于 $7.4\times10^4 Bq\cdot kg^{-1}$ 的物质。活度是单位时间内放射性元素衰变的次数，单位质量(固体)或体积(液体气体)的活度叫比活度。

放射性物质的特征参数有：原子序数、质量数、半衰期、辐射种类、辐射能量和放射性强度。

放射性物质的特点：

①具有放射性，能自发、不断地放出人们感觉器官不能觉察到的射线。放射性物质放出的射线可分为四种：α 射线，也叫甲种射线；β 射线，也叫乙种射线；γ 射线，也叫丙种射线；还有中子流。但是各种放射性物品放出的射线种类和强度不尽一致。

②许多放射性物品毒性很大。如 ^{210}Po、^{226}Ra、^{228}Ra、^{230}Th 等都是剧毒的放射性物品；^{22}Na、^{60}Co、^{90}Sr、^{131}I、^{210}Pb 等为高毒的放射性物品。

③不能用化学方法中和或者其他方法使放射性物品不放出射线，而只能设法把放射性物质清除或者用适当的材料予以吸收屏蔽。

第八类：腐蚀性物质

该类物质是指能灼伤人体组织或对金属等物品造成损坏的固体或液体。与皮肤接触在 4h 内出现可见坏死现象，或温度在 55℃时，对 20 号钢的表面均匀年腐蚀率超过 6.25mm/a 的固体或液体。

腐蚀物质可分为酸性腐蚀品、碱性腐蚀品及其他腐蚀品三类。常见的有硝酸、硫酸、盐酸、五氯化磷、二氯化硫、磷酸、甲酸、氯乙酰氯、冰乙酸、氯磺酸、氢氧化钠、硫化钾；甲醇钠、二乙醇胺；甲醛、苯酚等。

腐蚀品的特点：

①强烈的腐蚀性。腐蚀品可使人体细胞受到破坏而形成化学灼伤。与火烧伤、烫伤不同，化学灼伤在开始时往往不太痛，待发觉时，部分组织已经灼伤坏死，所以较难治愈。腐蚀品中的酸和碱甚至盐类能引起金属或有机物质不同程度的腐蚀。

②毒性。多数腐蚀品有不同程度的毒性，有的还是剧毒品，如氢氟酸、溴、五溴化磷等。

③易燃性。部分有机腐蚀品遇明火易燃烧，如冰乙酸、乙酸酐、苯酚等。

④氧化性。部分无机酸性腐蚀品，如浓硝酸、浓硫酸、高氯酸等具有氧化性，遇有机化合物如食糖、稻草、木屑、松节油等易因氧化发热而引起燃烧。高氯酸浓度超过72%时遇热极易爆炸，属爆炸品；高氯酸浓度低于72%时属无机酸性腐蚀品，但遇还原剂、受热等也会发生爆炸。

1－2.2 危险化学品储存

（1）爆炸性物质储存的安全要求

爆炸性物质的储存具体规定如下：

①爆炸性物质必须存放在专用仓库内。

②存放爆炸性物质的仓库，不得同时存放相抵触的爆炸物质，且不得超过规定的储存数量。

③一切爆炸性物质不得与酸、碱、盐类以及某些金属、氧化剂等同库储存。

④为了通风、装卸和便于出入检查，爆炸性物质堆放时，堆垛不应过高、过密。

⑤爆炸性物质仓库的温度、湿度应加强控制和调节。

（2）压缩气体和液化气体储存的安全要求

压缩气体和液化气体不得与其他物质共同储存；易燃气体不得与助燃气体、剧毒气体共同储存；易燃气体和剧毒气体不得与腐蚀性物质混合储存；氧气不得与油脂混合储存。

（3）易燃液体储存的安全要求

①易燃液体应储存于通风阴凉处，并与明火保持一定的距离，在一定区域内严禁烟火。

②沸点低于或接近夏季气温的易燃液体，应储存于有降温设施的库房或储罐内，盛装易燃液体的容器应保留不少于5%容积的空隙，夏季不可曝晒。易燃液体的包装应无渗漏，封口要严密。铁桶包装不宜堆放太高，防止发生碰撞、摩擦而产生火花。

③闪点较低的易燃液体，应注意控制库温。温度较低时容易凝结成块的易燃液体受冻后易使容器胀裂，故应注意防冻。

④易燃、可燃液体储罐分地上、半地上和地下三种类型。地上储罐不应与地下或半地下储罐布置在同一储罐组内，且不宜与液化石油气储罐布置在同一储罐组内。储罐组内储罐的布置不应超过两排。在地上和半地下的易燃、可燃液体储罐的四周应设置防火堤。

⑤储罐高度超过17m时，应设置固定的冷却和灭火设备；低于17m时，可采用移动式灭火设备。

⑥闪点低、沸点低的易燃液体储罐应设置安全阀并有冷却降温设施。

⑦储罐的进料管应从罐体下部接入，以防止液体冲击飞溅产生静电火花引起爆炸，储罐及其有关设施必须设有防雷击、防静电设施，并采用防爆电气设备。

（4）易燃固体储存的安全要求

①储存易燃固体的仓库要求阴凉、干燥，要有隔热措施，忌阳光照射，易挥发、易燃固体应密封堆放，仓库要求严格防潮。

②易燃固体多属于还原剂，应与氧化剂分开储存。有很多易燃固体有毒，故储存中应注意防毒。

(5) 自燃物质储存的安全要求

①自燃物质不能与易燃液体、易燃固体、遇水燃烧物质混放储存，也不能与腐蚀性物质混放储存。

②自燃物质在储存中，对温度、湿度的要求比较严格，必须储存于阴凉、通风干燥的仓库中，并注意做好防火、防毒工作。

(6) 遇水燃烧物质储存的安全要求

①遇水燃烧物质的储存应选用地势较高的地方，在暴雨季节保证不进水，堆垛时要用干燥的枕木或垫板。

②钾、钠等应储存于不含水分的矿物油或液体石蜡中。

(7) 氧化剂储存的安全要求

①一级无机氧化剂与有机氧化剂不能混放储存；不能与其他弱氧化剂混放储存；不能与压缩气体、液化气体混放储存；氧化剂与有毒物质不得混放储存。有机氧化剂不能与溴、过氧化氢、硝酸等酸性物质混放储存。硝酸盐与硫酸、发烟硫酸、氯磺酸接触时都会发生化学反应，不能混放储存。

②储存氧化剂应严格控制温度、湿度。可以采取整库密封、分垛密封与自然通风相结合的方法。在不能通风的情况下，可以采用吸潮和人工降温的方法。

(8) 有毒物质储存的安全要求

①有毒物质应储存在阴凉通风的干燥场所，要避免露天存放，不能与酸类物质接触。

②严禁与食品同存一库。

③包装封口必须严密，无论是瓶装、盒装、箱装或其他包装，外面均应贴(印)有明显名称和标志。

④储存有毒物质的仓库应备有中毒急救、清洗、中和、消毒用的药物。

(9) 腐蚀性物质储存的安全要求

①腐蚀性物质均须储存在冬暖夏凉的库房，保持通风、干燥、防潮、防热。

②腐蚀性物质不能与易燃物质混合储存，可用墙分隔同库储存。

③采用相应的耐腐蚀容器盛装腐蚀性物质，且包装封口要严密。

④储存中应注意控制腐蚀性物质的储存温度，防止受热或受冷造成容器胀裂。

§1-3 实验废弃物

1-3.1 实验废弃物回收

化学实验中的废液、废气和废渣(即“三废”)，如果直接排放可能污染周围的空气和水源，造成环境污染，损害人体健康。所以在实验教学中，应该将废弃物分类后放入指定的回收装置内。一方面减少对环境的污染，另一方面达到对废弃物的合理利用。

1-3.2 实验废弃物处理

化学实验室的“三废”处理，既是日常工作不可缺少的部分，也是环境保护、资源可持续利用的重要环节。对“三废”处理应遵循一定的原则，具体如下：

①要时刻保持清醒的意识，“三废”处理工作是保护环境、保障实验室工作人员和师生身体健康的一项重要工作。思想上要重视，要认真做好环境保护的宣传、教育工作。

②措施落实到位。实验室必须有专人全面负责本实验室的“三废”处理工作，定期收集、保存，并及时联系有关部门进行处理。

③废液、废渣要倒入指定容器，严禁将浓酸、浓碱废液和不溶固体物质倒入水池，以防堵塞和腐蚀水管。

④要对学生进行有关“三废”处理必要性教育，使学生了解和掌握“三废”处理的基本方法，协助教师做好“三废”处理工作。

1. 无机类实验废弃物处理

（1）废气

产生有毒气体的实验应在通风橱中进行操作，以免污染实验室空气和危害实验人员的身体健康。废气排放一般用排气柜负压高空大气排放，或用专用设备液体负压抽空下水道排放。产生少量有毒气体的实验应在通风橱内进行，通过排风设备将少量毒气排到室外，以免污染室内空气。产生大量有毒气体的实验必须具备吸收或处理装置，必须先处理后再排出。如 NO_2、SO_2、H_2S、HF 等酸性气体可用导管通入碱溶液中吸收后排出，CO 可点燃使其生成 CO_2。在反应、加热、蒸馏中不能冷凝的气体排入通风橱之前，要进行吸收或其他处理，以免污染空气。

（2）废渣

实验中的固体废弃物不能随便乱扔，以免发生事故。能放出有毒气体或能自燃的危险废料不能丢进废品箱内也不能丢进废水管道中；不溶于水的废料禁止丢进下水管道中，必须将其在适当的地方烧掉或用化学方法处理成无害物；放射性、感染性废弃物则要依据相关部门的特别规定进行处理；对有菌体的固体培养基作高温杀菌稀释后排放；少量有毒的废渣，应安排指定地点深埋于地下，并在地面加以标记。

（3）废液

无机废液包括含重金属废液、含氰废液、含汞废液、含氟废液、酸性废液、碱性废液及含六价铬废液等。具体处理方法如下：

①氰化物：含有氰化物的废液不得直接倒入实验室水池内，应加入氢氧化钠使其呈碱性后，再倒入硫酸亚铁溶液中（比例以质量计算：1 份硫酸亚铁：1 份氢氧化钠），生成无毒的亚铁氢化钠再排入下水管道。

②汞：若不小心将金属汞散落在实验室内，必须立即用吸管、毛笔或硝酸汞溶液浸过的薄铜片将所有的汞滴收起，收集于适当的瓶中，用水覆盖起来。散落过汞的地面应撒上硫磺粉，将洒落区覆盖一段时间，使其生成硫化汞，再设法扫净，也可喷洒 20% 的三氯化铁溶液，让其自行干燥后再清扫干净。含汞盐的废液，可先调节 pH 值至 8~10，加入过量硫化钠，使其生成硫化汞沉淀，再加入硫酸亚铁作为沉淀剂，清液可以排放，残渣可以用焙烧法回收汞，或再制成汞盐。

③铬：铬酸洗液如失效变绿，可浓缩冷却后加高锰酸钾粉末氧化，用砂芯漏斗滤去二氧

化锰后再用。失效的废洗液可用废铁屑还原残留的六价铬，再用废碱液或石灰中和使其生成低毒的氢氧化铬沉淀。

④镉：用石灰将废液的 pH 值调到 8 ~ 10，使废液中铅、镉生成氢氧化物沉淀，加入硫酸亚铁，作为共沉淀剂。

⑤含砷废液：As_2O_3 是剧毒物质，其致命剂量为 0.1g，因此，处理时必须十分谨慎。用中和法处理不能把 As 沉淀，通常使它与 Ca、Mg、Ba、Fe、Al 等的氢氧化物共沉淀而分离除去。废液中含砷量大时，加入 $Ca(OH)_2$ 溶液，调节 pH 值至 9.5 附近，充分搅拌，先沉淀分离一部分砷。在上述滤液中，加入 $FeCl_3$，使其铁砷比等于50，然后用碱调整 pH 值至 7 ~10 之间，并进行搅拌。把上述溶液放置过夜，然后过滤，保管好沉淀物。检查滤液不含 As 后，加以中和即可排放。除上述处理方法外，还有硫化物沉淀法（用盐酸酸化，然后用 H_2S 或 NaHS 等试剂使之沉淀）及吸附法（用活性炭、活性矾土作吸附剂）。

⑥含钡废液：在废液中加入 Na_2SO_4 溶液，过滤生成沉淀后，即可排放。

⑦含硼废液：把废液浓缩，或者用阴离子交换树脂吸附。

⑧含氟废液：于废液中加入消石灰乳，至废液呈碱性为止，并加以充分搅拌，放置过夜后进行过滤。滤液作含碱废液处理。此法不能把氟含量降到 8μg/g 以下。要进一步降低氟的浓度时，需用阴离子交换树脂进行处理。

⑨含氧化剂、还原剂的废液：原则上将含氧化剂、还原剂的废液分别收集。但当把它们混合没有危险性时，也可以把它们收集在一起。含铬酸盐时可作为含 Cr(Ⅵ) 的废液处理；含重金属物质时，可作为含重金属的废液处理；不含有害物质而其浓度在 1% 以下的废液，中和后即可排放。另外，实验室的混合废液可用铁粉法处理，此法操作简单，没有相互干扰，效果良好，处理方法是用酸调节废水至 pH = 3 ~ 4，加入铁粉，搅拌 0.5h，用碱再调至 pH = 9 左右，继续搅拌 10min，再加入高分子混凝剂，进行混凝后沉淀，清液可排放，沉淀物以废渣处理。

2. 有机类实验废液处理

有机类实验废液的处理方法有焚烧法、生物化学处理法、吸附法、氧化分解法、水解法及溶剂萃取法等。

①含一般有机溶剂的废液：一般有机溶剂是指醇类、酯类、有机酸、酮及醚等由 C、H、O 元素构成的物质。对此类物质废液中的可燃性物质，用焚烧法处理（焚烧须在焚烧设备中进行）。对难于燃烧的物质及可燃性物质的低浓度废液，则用溶剂萃取法、吸附法及氧化分解法处理。再者，废液中含有重金属时，要保管好焚烧残渣。但是，对易被生物分解的物质（即通过微生物的作用而容易分解的物质），其稀溶液经用水稀释后，即可排放。

②含石油、动植物性油脂的废液：此类废液包括苯、己烷、二甲苯、甲苯、煤油、轻油、重油、润滑油、切削油、机器油、动植物性油脂及液体和固体脂肪酸等物质的废液。对其可燃性物质，用焚烧法处理。对其难于燃烧的物质及低浓度的废液，则用溶剂萃取法或吸附法处理。对含机油之类的废液，含有重金属时，要保管好焚烧残渣。

③含 N、S 及卤素类的有机废液：此类废液包括吡啶、喹啉、甲基吡啶、氨基酸、酰胺、二甲基甲酰胺、二硫化碳、硫醇、烷基硫、硫脲、硫酰胺、噻吩、二甲基亚砜、氯仿、四氯化碳、氯乙烯类、氯苯类、酰卤化物，以及含 N、S、卤素的染料、农药、颜料及其中间体等等。对其可燃性物质，用焚烧法处理，但必须采取措施除去由燃烧而产生的有害气体（如 SO_2、HCl、NO_2 等）。对多氯联苯之类物质，因难以燃烧而有一部分被直接排出，要加

以注意。对难于燃烧的物质及低浓度的废液，用溶剂萃取法、吸附法及水解法进行处理。但对氨基酸等易被微生物分解的物质，经用水稀释后，即可排放。

④含酚类物质的废液：此类废液包含苯酚、甲酚、萘酚等。对浓度大的可燃性物质，可用焚烧法处理。而浓度低的废液，则用吸附法、溶剂萃取法或氧化分解法处理。

⑤含有酸、碱、氧化剂、还原剂及无机盐类的有机类废液（此类废液是含有硫酸、盐酸、硝酸等酸类和氢氧化钠、碳酸钠、氨等碱类，以及过氧化氢、过氧化物等氧化剂与硫化物、联氨等还原剂的有机类废液）：首先，把它们分别加以中和；然后，若有机类物质浓度大时，用焚烧法处理（保管好残渣）。能分离出有机层和水层时，将有机层焚烧，对水层或其浓度低的废液，则用吸附法、溶剂萃取法或氧化分解法进行处理。但是，对其易被微生物分解的物质，用水稀释后，即可排放。

⑥含有机磷的废液：此类废液包括含磷酸、亚磷酸、硫代磷酸及膦酸酯类，磷化氢类以及磷系农药等物质的废液。对浓度高的废液进行焚烧处理（因含难于燃烧的物质多，故可与可燃性物质混合进行焚烧）。对浓度低的废液，经水解或溶剂萃取后，用吸附法进行处理。

⑦含有天然及合成高分子化合物的废液：此类废液包括含有聚乙烯、聚乙烯醇、聚苯乙烯、聚二醇等合成高分子化合物以及蛋白质、木质素、纤维素、淀粉、橡胶等天然高分子化合物的废液。对含有可燃性物质的废液，用焚烧法处理。而对难以焚烧的物质及含水的低浓度废液，经浓缩后，将其焚烧。但对蛋白质、淀粉等易被微生物分解的物质，其稀溶液不经处理即可排放。

§1－4　一般化学伤害的预防与急救

1－4.1　一般伤害的预防

在实验教学过程中要把安全放在首位，要把握实验教学过程中的各个环节，做好预防工作，消除事故隐患，营造一个科学、文明、安全的实验教学环境。化学伤害的预防应遵循以下几条规则。

1. 加强安全教育

①加强安全教育，提高参与实验师生的安全和自我保护意识。

②学生实验必须在教师指导下进行，实验时要严格遵守操作规程。

③准备实验时要准备防护及保险措施，实验装置要牢固稳妥。

④实验教师要学习和掌握实验室伤害救护常识，做好急救工作。

2. 防触电

①实验室供电线路的电线截面积和保险丝的选用要符合安全供电标准，供电线路要定期检修和更换。安装电器设备要做到电流、电压与用电器的标称值匹配。一般情况下（有特殊标注者除外）用电器都应接地，并经常检查接地是否良好。

②实验室要设总配电盘。装设漏电保护器，离开实验室时要将总电源断开。任课教师要严格控制学生实验用电。

③检修电源线、用电器及清洁大扫除时必须切断电源，切忌带电操作，不能弄湿电源线，不能用潮湿的手触摸正在工作的电器设备。电线或电器盒盖破损要及时修复，以免高压导线裸露伤人。

④所有电工工具应使用良好的绝缘手柄。所有用电器外壳应接地线。

3. 防火灾

①使用电烙铁、电炉等电热器时，不可直接放在可燃物上。使用者离开时，应先切断电源。

②易燃、易爆药品应严格按规定存放。当大量酒精、汽油洒落在地面上时，要立即打开窗户通风，严禁室内明火。不准用汽油代替煤油和酒精作燃料。

③配齐消防器材(包括灭火器、砂、水、水桶等)，并能保证应急使用。

4. 防中毒

①实验室要做好通风排气工作。在做发生有强刺激或有毒烟雾的实验时，必须在通风橱内进行。使用汞时，要防止汞蒸气中毒。

②严格遵守操作规程，杜绝各种有毒物品侵入人体。

③剧毒药品应严格按规定存放，严格执行领用手续。有毒药品的使用要严格按规定操作，如有洒落，应立即采用科学方法处理。

④接触过有毒药品的手，应及时清洗干净。

5. 防创伤

①在进行弹、喷、射击等实验时，不能对着人，以防伤人。

②用钻孔器、锥子、针等切割和穿透物体时，不应以另一只手给物体作垫层，以免穿透时被机械创伤。

③不能把手挤进螺孔或管子里，以防毛刺刮伤。

④备好急救药品箱，配全实验室一般伤害处理药品，以便急救之用。

1-4.2 一般伤害的急救

1. 创伤

小的创伤可用消毒镊子或消毒纱布把伤口清洗干净，并用3.5%的碘酒涂在伤口周围，包起来。若出血较多时，可用压迫法止血，同时处理好伤口，扑上止血消炎粉等药，包扎起来即可。

较大的创伤或者动、静脉出血甚至骨折时，应立即用急救绷带在伤口出血部上方扎紧止血，用消毒纱布盖住伤口，立即送医务室或医院救治。但止血时间长时，应注意每隔1~2h适当放松一次，以免肢体缺血坏死。

2. 烫伤

不要用冷水洗涤伤口处。伤处皮肤未破时，可涂擦饱和碳酸氢钠溶液或用碳酸氢钠粉调成糊状敷于伤处，也可抹獾油或烫伤膏；如果伤处皮肤已破，可涂些紫药水或1%高锰酸钾溶液。

3. 受酸腐蚀致伤

先用大量水冲洗，再用饱和碳酸氢钠溶液(或稀氨水、肥皂水)洗，最后再用水冲洗。如果酸液溅入眼内，在医生到来前要抓紧时间，立即用蒸馏水冲洗眼睛，冲洗时须用细水流，而且不能直射眼球。

4. 受碱腐蚀致伤

先用大量水冲洗，再用2%乙酸溶液或饱和硼酸溶液洗，最后再用水冲洗。如果碱溅入眼中，用硼酸溶液洗。

5. 受溴腐蚀致伤

先用苯或甘油洗涤伤口，再用水洗。

6. 受磷灼伤

用1%硝酸银、5%硫酸铜或浓高锰酸钾溶液洗涤伤口，然后包扎。

7. 吸入刺激性或有毒气体

吸入氯气、氯化氢气体时，可吸入少量酒精和乙醚的混合蒸气使之解毒。吸入硫化氢或一氧化碳气体而感不适时，应立即到室外呼吸新鲜空气。必须注意氯气、溴中毒不可进行人工呼吸，一氧化碳中毒不可使用兴奋剂。

8. 毒物进入口内

将5～10mL稀硫酸铜溶液加入一杯温水中，内服后，用手指伸入咽喉部，促使呕吐，吐出毒物，然后立即送医院。对中毒者的急救主要在于把患者送往医院或医生到达之前，尽快将患者从中毒物质区域中移出，并尽量弄清致毒物质，以便协助医生排除中毒者体内毒物。如遇中毒者呼吸停止、心脏停跳时，应立即施行人工呼吸、心脏按摩，直至医生到达或送到医院为止。

9. 触电

有人触电时应立即切断电源或设法使触电者脱离电源；患者呼吸停止或心脏停跳时应立即施行人工呼吸或心脏按摩。特别注意出现假死现象时，千万不能放弃抢救，应尽快送往医院救治。

10. 起火

起火后，要立即一边灭火，一边防止火势蔓延(如采取切断电源、移走易燃药品等措施)。灭火的方法要针对起因选用合适的方法。一般的小火可用湿布、石棉布或砂子覆盖燃烧物，即可灭火。火势大时可用泡沫灭火器。但电器设备所引起的火灾，只能使用二氧化碳或四氯化碳灭火器灭火，不能使用泡沫灭火器，以免触电。实验人员衣服着火时，切勿惊慌乱跑，赶快脱下衣服，或用石棉布覆盖着火处。

单元2　实验物品

§2-1　纯水

纯水又称纯净水、去离子水，是指以符合生活饮用水卫生标准的水为原水，通过电渗析器法、离子交换器法、反渗透法、蒸馏法及其他适当的加工方法，制得的密封于容器内且不含任何添加物、无色透明、可直接饮用的水，也称为纯净物。在化学实验中使用较多，又因是以蒸馏等方法制作，故又称蒸馏水。

纯水是化学实验室使用最多的纯净试剂和洗涤剂。根据实验任务和要求的不同，对水的纯度要求也有所差异。一般的化学实验，使用蒸馏水和去离子水即可，超纯物质的分析，则需使用纯度更高的“超纯水”。

水质量的好坏往往直接影响实验的结果。天然水和自来水通常溶有无机盐、气体和一些低沸点易挥发的有机物等杂质，不能直接用于化学实验，必须经过纯化处理。水的处理方法不同，得到的纯水的名称也不同，主要有蒸馏水、去离子水、亚沸水、反渗水、超纯水等。

2-1.1　蒸馏法制纯水

蒸馏法制经水是化学实验室最常用的一种纯水制备方法。它是将原水通过加热的方法蒸发成水蒸气，再通过冷凝器将水蒸气冷凝成液体，所得到的水即为蒸馏水。通常有普通蒸馏法和亚沸法。

1. 普通蒸馏法

普通蒸馏法制纯水时，所使用的蒸馏器常用玻璃、铜、石英、不锈钢等材料制成。实验室最常用的制备蒸馏水装置是硬质玻璃或石英蒸馏器。蒸馏法能除去原水内的非挥发性杂质，溶解在水中的气体杂质通过蒸馏法不能完全除去。因而，利用蒸馏法制备的蒸馏水中仍含有一些杂质，主要有水沸腾时夹带的杂质颗粒和冷凝装置的锈蚀及可溶性气体的溶解。为了消除蒸馏法制备的蒸馏水中的杂质，可在待蒸馏的原水中加入少量的高锰酸钾除去易氧化的物质，也可加入少量难挥发的酸，制备无氨蒸馏水。蒸馏装置如图2-1所示。在实际工作中，为了得到纯度更高的蒸馏水，可将制备的蒸馏水在石英蒸馏器中进行二次蒸馏，收集中段的重蒸蒸馏水，又称二次蒸馏水，也可以进行多次蒸馏，得到多次蒸馏水。储存蒸馏水的容器也很讲究，若储存蒸馏水的容器材料是非惰性物质，在蒸馏水储存过程中，容器材料中的无机离子

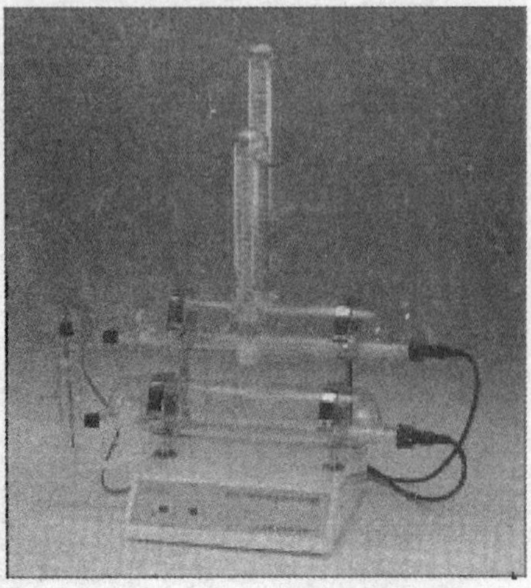

图2-1　玻璃或石英蒸馏器

和其他物质的溶出会造成蒸馏水的二次污染。普通蒸馏水可以存放在玻璃容器内，重蒸蒸馏水的纯度较蒸馏水高，应放在塑料容器内保存而不能用玻璃容器，以免玻璃中所含的钠盐和其他杂质慢慢溶入蒸馏水而使水的纯度降低。新鲜的蒸馏水是无菌的，但储存后细菌易繁殖，因此，蒸馏水不宜储存过久。利用普通蒸馏法制备的蒸馏水，即可满足一般实验的用水要求。

蒸馏法所用设备成本较低，操作简单，但极其耗能和费水，且速度慢。

2. 亚沸法

亚沸法制备的蒸馏水又称亚沸水，是将红热的电热丝管悬在水面上，在低于沸点10～20℃的温度下，使液体水慢慢蒸发，再冷凝收集的水。亚沸法制备蒸馏水的特点是：整个过程中水未沸腾，由此避免了水蒸气将杂质颗粒夹带进冷凝器的可能，减少了杂质的量，制备出的水比较纯净，可满足较高要求的实验用水。缺点是制水量较小，每小时约1～4L。实验室常用石英亚沸蒸馏器进行蒸馏(图2－2)。该水蒸馏器由提纯器、石英储水瓶和仪器工作架三部分组成，为圆筒形卧式标准磨口全封闭石英玻璃系统。基于热辐射原理，保持低于沸点的液相温度蒸发冷凝而制取高纯水。在提纯过程中因冷凝空间温度高可制取无菌超纯水。加热丝封闭在壳体内，接收水容器又不接触空气，整个过程不受环境污染。

图2－2　石英亚沸蒸馏器

使用石英亚沸高纯水蒸馏器时应注意定期清洗设备，因为蒸馏一段时间后，水垢会沉积在横式烧瓶内、加热管表面，若仪器长时间不清洗，会影响蒸馏效果，严重时还会损坏加热管。

石英亚沸高纯水蒸馏器清洗步骤如下：

①切断电源，关上自来水。

②加100mL浓盐酸至横式烧瓶内，用瓶内的水稀释盐酸，水垢较多时，可适当多加一些盐酸。涮洗几分钟后，将洗液由水位器放出。用自来水反复冲洗，然后用蒸馏水冲洗，直至洗净为止。

③再次制备蒸馏水时，前10min内的蒸馏水舍去，以保证纯水的纯度。

亚沸蒸馏水可满足较高要求的实验用水，如原子发射光谱、无焰原子吸收光谱、气相色谱等分析痕量元素及微量有机物。石英亚沸高纯水蒸馏器是必不可少的配套仪器，因为亚沸水能大大降低空白值，从而提高方法的灵敏度和准确性。

2－1.2　离子交换法制纯水

用离子交换法制取的纯水也叫去离子水。去离子水是利用离子交换树脂除去原水中的阴离子和阳离子，达到净化水的目的，水的净化过程是在离子交换树脂上进行的。离子交换法是目前广泛采用制备纯水的方法之一。

1. 离子交换法制纯水的基本原理

离子交换法制备纯水的原理是基于离子交换树脂和天然水中各种离子间的可交换性，将水中除 H^+ 和 OH^- 以外的其他离子除去或减少到一定程度。离子交换法不能将水中的有机物除去，离子交换法制备纯水时，需要同时使用阴离子、阳离子两种交换树脂，而且必须是游离酸（碱）型的树脂。

离子交换树脂是有机高分子聚合物，由交换剂本体和交换基团两部分组成。

例如，聚苯乙烯磺酸型强酸性阳离子交换树脂就是苯乙烯和一定量的二乙烯苯的共聚物，经过浓硫酸处理，在共聚物的苯环上引入磺酸基（$-SO_3H$）而成。其中的 H^+ 可以在溶液中游离，并与金属离子进行交换。

$$R-SO_3H+M^+ \rightleftharpoons R-SO_3M+H^+$$

式中，R 为聚合物的本体；$-SO_3$ 为与本体联结的固定部分，不能游离和交换；M^+ 代表一价金属离子。

阳离子交换树脂可表示为：$R-SO_3^-H^+$，其中起交换作用的阳离子是 H^+。

$R-SO_3H$ 型阳离子交换树脂，交换基团中的 H^+ 可与天然水中的各种阳离子进行交换，使天然水中的 Ca^{2+}、Mg^{2+}、Na^+、K^+ 等离子结合到树脂上，而 H^+ 进入水中，由此除去水中的金属阳离子杂质。

当水通过阴离子交换树脂时，交换基团中的 OH^- 具有可交换性，将 HCO_3^-、Cl^-、SO_4^{2-} 等离子除去，而交换出来的 OH^- 与 H^+ 发生中和反应即可得到高纯水。

交换反应可简单表示为：

$$2R-SO_3H+Ca(HCO_3)_2 \longrightarrow (R-SO_3)_2Ca+2H_2CO_3$$

$$R-SO_3H+NaCl \longrightarrow R-SO_3Na+HCl$$

$$R-N(CH)_3OH+NaHCO_3 \longrightarrow R-N(CH)_3HCO_3+NaOH$$

$$R-N(CH)_3OH+H_2CO_3 \longrightarrow R-N(CH)_3HCO_3+H_2O$$

$$HCl+NaOH \longrightarrow H_2O+NaCl$$

离子交换法制取纯水主要有以下几种方式；

①复床式：由几个阳离子交换树脂柱和几个阴离子交换树脂柱相互串联而成。这种方法便于树脂的再生。

②混床式：把阳离子交换树脂和阴离子交换树脂同时装入同一个交换柱内形成的混合柱，然后再多柱串联。混床式较复床式制取纯水的纯度高，但离子交换树脂不宜再生。

③联合式：一般采用三个柱，阳离子交换树脂柱、阴离子交换树脂柱和混合交换树脂柱，三柱相互串联。无论哪种连接方式，一般都是阳离子交换树脂柱在前，阴离子交换树脂柱在后。

2. 离子交换法制纯水的操作

（1）树脂的预处理

市售的阴、阳离子交换树脂在使用前必须进行预处理。首先是漂洗树脂，目的在于除去混入交换树脂中的可溶性杂质、灰尘及色素。在塑料容器内用自来水反复清洗树脂至洗出液不浑浊，然后用蒸馏水浸泡 12 ~ 24h，使树脂充分膨胀。接着用醇泡，将树脂中的水排干净，加入 95% 乙醇，搅拌均匀并浸泡 12 ~ 24h，以除去树脂表面上的油污。再用酸碱处理表面上的金属及其氧化物。

（2）转型

将预处理好的阴、阳离子交换树脂进行转型。用 NaOH（$2mol \cdot L^{-1}$）浸泡阴离子交换树脂 24h，使其充分转为 OH^- 型。用蒸馏水洗去阴离子交换树脂碱液。重复洗涤至接近中性（用 pH 试纸检验，pH = 7 ~ 8）。

将阳离子交换树脂用 HCl（$2mol \cdot L^{-1}$）浸泡 24h，使其充分转为 H^+ 型。用蒸馏水洗涤树脂，洗至接近中性（用 pH 试纸检验 pH = 5 ~ 6）。

（3）装柱

以实验室中联合式离子交换法为例（如图 2 - 3 所示）：将已处理好的阳、阴离子交换树脂与水一起，分别装入离子交换柱内，树脂沿水下沉，这样不致带入气泡。若水过满，可打开螺旋夹放水，使上部残留的水达 1cm，然后再把已处理好的阳、阴离子交换树脂混合均匀装入另一离子交换柱内，柱内离子交换树脂填装量约为柱高的 2/3。注意填装时，柱内的液面高度要始终高于树脂面，决不能使水漏干，否则树脂间形成空气泡会影响水交换的质量。

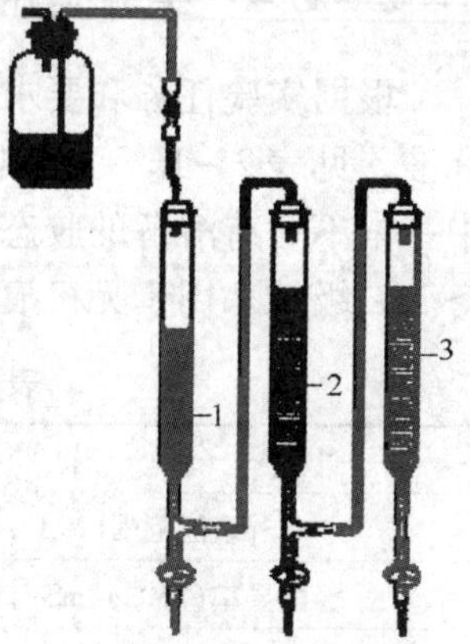

图 2 - 3　联合式离子交换法制取纯水装置

1—阳离子交换柱；2—阴阳离子交换柱；3—混合离子交换柱

（4）制备纯水

将自来水慢慢注入交换柱中，同时打开螺旋夹，使水成滴流出（流速 1 ~ 2d/s），流出约 10mL 以后，截取流出液作水质检验，直至检验合格，方可使用。

离子交换法制纯水的优点是制备的水量大、成本低、去除离子的能力强；缺点是设备及操作较复杂，非电解质（如有机物）杂质不能除去，且有微量树脂溶在水中。另外，去离子水存放后也容易引起细菌的繁殖。

除上述方法外，制备纯水也可以使用反渗法，制得的纯水又称反渗水。其原理是水分子在压力的作用下，通过反渗透膜成为纯水，水中的杂质被反渗透膜截留排出。利用反渗透技术可以有效地去除水中的溶解盐、胶体、细菌、病毒、细菌内毒素和大部分有机物等杂质，反渗水克服了蒸馏水和去离子水的许多缺点，但由于不同厂家生产的反渗透膜的质量不同，对反渗水的质量影响较大。另外，为了研制超纯材料（半导体原件材料、纳米精细陶瓷材料等），往往需要纯度极高的超纯水，超纯水以纯水为原料经过离子交换、膜分离等一系列工艺制得。超纯水中除了水分子（H_2O）外，导电杂质几乎完全被去除，不离解的胶体物质、气体及有机物均被去除至很低的程度。

2 - 1.3　纯水的检验方法

纯水质量检验的项目很多，现结合一般实验室的要求简单介绍主要的检测项目。

1. 物理检验

①电导率测定：用电导率仪分别测定离子交换水和自来水的电导率。

习惯上用电阻率（即电导率的倒数）表示水的纯度。水中杂质离子越少，水的电导率就越小，用电导仪测定电导率可间接表示水的纯度。

理想纯水有极小的电导率。在 25℃时电阻率为 $(1.0 \sim 10) \times 10^6 \Omega \cdot cm$ 的水为纯水，电阻率 $> 10 \times 10^6 \Omega \cdot cm$ 的水为超纯水。

②pH 值测定：用酸度计分别测定离子交换水和自来水的 pH 值，纯水的 pH 值约为 7。

2. 化学检验

①检验 Ca^{2+}、Mg^{2+}：分别量取 5mL 离子交换水和自来水，各加入 3～4 滴 NH_3-NH_4Cl 缓冲液及 1 滴铬黑 T 指示剂，观察现象。水呈蓝色，表示基本上不含 Ca^{2+}、Mg^{2+}。

②检验 Cl^-：分别量取 5mL 离子交换水和自来水，各加入 1 滴 5mol·L^{-1} HNO_3 和 1 滴 0.1mol·L^{-1} $AgNO_3$ 溶液，观察现象。无白色沉淀，说明水中没有 Cl^- 离子。

2－1.4　实验室用水标准

根据实验任务和要求的不同，对水的纯度要求也有所不同。国家规定了实验室用水国家标准，见表 2－1。一级纯水用于有严格要求的分析实验，如液相色谱分析用水。一级纯水中基本不含有溶解的胶态离子杂质和有机物，可用二级水经过蒸馏、离子交换等方法进行制备。二级纯水用于无机痕量分析，三级水用于一般分析实验。

表 2－1　分析实验室用水国家标准 GB/T 6682—2008

名　称	一　级	二　级	三　级
pH 值范围(25℃)	—	—	5.0～7.5
电导率(25℃)/mS·m^{-1}	≤0.01	≤0.10	≤0.50
比电阻(MΩ·cm，25℃)	10	1	0.2
可氧化物质(以 O 计)/mg·L^{-1}	—	0.08	0.40
吸光度(254nm，1cm 光程)	≤0.001	≤0.01	—
蒸发残渣(105℃ ±2℃)/mg·L^{-1}	—	1.0	2.0
可溶性硅(以 SiO_2 计)/mg·L^{-1}	≤0.01	≤0.02	—

2－1.5　纯水的存放

①装纯水的容器本身应洁净。

②纯水瓶口要盖上盖子，空气导管口最好加上纸形管或纸套。

③插入瓶内的玻璃导管长度应合适，要保持清洁，取水时一定用专用水管。

④要保持洗瓶的洁净。

⑤纯水瓶旁不要放置易挥发的试剂，如浓盐酸、氨水等。

§2－2　化学试剂

化学试剂是用于研究其他物质组成、性状及其质量优劣的纯度较高的化学物质。化学试剂的纯度级别和性质，一般在标签的左上方用符号注明，规格则在右端，并用不同的颜色加以区别。

2－2.1　化学试剂的分类

化学试剂的纯度标准分五种：国家标准(用“GB”表示)、原化学工业部标准(用“HG”表示)、原化学工业部暂行标准(用“HGB”表示)、地方企业标准、厂定标准。

按照化学试剂中杂质含量的多少，我国生产的化学试剂等级标准基本上分四级，级别的代表符号、规格标志以及适用范围见表 2－2。

表 2-2　化学试剂规格对照表

规　格	代　号	标签颜色	用　途
优级纯(一级)	G. R	绿色	精确分析和研究
分析纯(二级)	A. R	红色	一般分析和科研
化学纯(三级)	C. P	蓝色	适用于工业分析
实验试剂(四级)	L. R.	黄、棕	一般化学实验
生物试剂	B. R. 或 C. R.	黄色	生物化学检验
基准试剂	E. P.		标定标准溶液

应根据实验要求的不同，选用不同级别的试剂。在一般的化学实验中化学纯级别的试剂就已经符合实验的要求。在一般分析工作中，要求使用分析纯的化学试剂。化学工作者必须对各种化学试剂标准有明确的认识，做到科学存放、合理使用，既不超规格造成浪费，又不随意降低规格而影响分析结果的准确度。

2-2.2　化学试剂的储存

化学试剂大多数具有一定的毒性和危险性，在其储存过程中会受到光照、空气、温度和水分等外界条件的影响，容易发生潮解、霉变、聚合、氧化、分解、变色、挥发和升华等物理和化学变化，导致失效而无法使用。化学试剂的储存管理，不仅是保障分析结果质量的需要，也是确保生命财产安全的需要。化学试剂的储存管理应根据化学试剂的性质，按有毒、易燃、易爆、放射性、腐蚀和潮解等不同的特性，按照化学试剂的使用与储存的安全操作规程和安全管理规程进行。

实验室保存化学试剂时，一般应遵循以下原则：

①见光或受热易分解的化学试剂应放在阴凉处，避光保存，例如，硝酸、硝酸银等一般盛放在棕色试剂瓶中，储存在黑暗且温度较低的地方；强氧化剂如硝酸钾、硝酸铵、高氯酸(也属强腐蚀剂)、高氯酸钾(钠)、过硫酸盐等严禁与还原性物质如有机酸、木屑、硫化物、糖类等接触；碱金属和碱土金属的单质在空气中易氧化，遇水发生剧烈反应，应放在盛有煤油的广口瓶内隔绝空气保存。

②存放试剂的药品柜、库房要经常通风，室温下易挥发的试剂要低温保存。苯乙烯和丙烯酸甲酯等不饱和烃及衍生物在室温下易发生聚合；过氧化氢易发生分解，应在10℃以下保存。

③化学试剂都要密封存放。易挥发的试剂有：浓盐酸、浓硝酸、溴水；易被氧化的试剂有：亚硫酸钠、氢硫酸、硫酸亚铁等；易与水蒸气、二氧化碳作用的试剂有：无水氯化钙、苛性钠、水玻璃等。液溴有毒且易挥发，需放在磨口的细口瓶中，并加一些水防止其挥发。

④有腐蚀性的试剂，如氢氟酸不能放在玻璃瓶中；强氧化剂、有机溶剂不能用带有橡皮塞的试剂瓶保存；碱性和浓盐类溶液勿储于磨口塞玻璃瓶中。

⑤剧毒或致癌物质(如汞盐、氰化钾、氧化砷、叠氮化合物等)及腐蚀性药品要放在保险柜内，专人负责保管，并做好使用记录。

2-2.3　化学试剂的取用

实验室很多化学试剂具有一定的毒性和危险性，在使用时一定要严格遵照有关规定和操作规程安全使用。

化学试剂取用时，应遵循以下原则：

(1)“用多少，取多少”，多取的不能放回原试剂瓶内，以免污染药品。可放在指定的容器内供他人使用。药品用完后放回原处，以便下次使用。

(2) 根据实验的性质选择符合实验要求的化学试剂等级，避免造成浪费。

(3) 固体试剂的取用：

①要用干净的药勺取用，有条件的应专勺专用。用过的药勺必须洗净、擦干后才能再使用，以免沾污试剂。

②取用试剂后立即盖紧瓶盖。

③称量固体试剂时，一般将固体试剂放在干净的纸或表面皿上称量。具有腐蚀性、强氧化性或易潮解的固体试剂应放在玻璃容器内称量。

④有毒药品的使用应在教师的指导下进行。

(4) 液体试剂的取用：

①从滴瓶中取液体试剂时，要用滴瓶中的滴管，滴管不能伸入盛接液体的容器中，以免接触器壁而沾污药品。从试剂瓶中取少量液体试剂时，需要专用滴管。装有药品的滴管不得横置或倒置，以免液体流入滴管的乳胶头中。

②从细口瓶中取出液体试剂时，用倾注法。先将瓶塞取下，反放在桌面上，手握住试剂瓶上贴标签的一面，逐渐倾斜瓶子，让试剂沿着洁净的试管壁流入试管或沿着洁净的玻璃棒注入烧杯中，取出所需量后，将试剂瓶口在容器上靠一下，再逐渐竖起瓶子，以免遗留在瓶口的液体滴流到瓶的外壁。

③在试管里进行某些不需要准确体积的实验时，可以估计取出液体的量。例如用滴管取用液体时，1mL 相当于多少滴，5mL 液体占一个试管容器的几分之几等。倒入试管里的溶液的量，一般不超过其容积的1/3。

④定量取用液体时，用量筒或移液管取。量筒用于量度一定体积的液体，可根据需要选用不同量度的量筒，移液管是准确量取一定量液体的量器。

§2-3　常用试纸

试纸是浸过指示剂或试剂溶液的小纸片。在实验室中常用这些试纸来定性检验一些溶液的性质或某些物质的存在。

试纸的种类颇多，常用的有 pH 试纸、KI 淀粉试纸、石蕊试纸、酚酞试纸、品红试纸、乙酸铅试纸、硝酸铅试纸等。

2-3.1　石蕊试纸

石蕊试纸是常用的试纸，用于检验溶液的酸碱性。有红色石蕊试纸和蓝色石蕊试纸两种。碱性溶液使红色石蕊试纸变蓝，酸性溶液使蓝色石蕊试纸变红。它们可以定性地判断气体或溶液的酸碱性。其制备方法是取滤纸条浸入石蕊指示液中，湿透后，取出，晾干，即得。

2-3.2　pH 试纸

pH 试纸是由甲基红、溴甲酚绿、百里酚蓝三种指示剂混合液浸汁滤纸而制得的试纸。

甲基红、溴甲酚绿、百里酚蓝和酚酞一样，在不同 pH 值的溶液中均会按一定规律变色。甲基红的变色范围是 pH4.2(红)~6.2(黄)，溴甲酚绿的变色范围是 pH3.6(黄)~5.4(绿)，百里酚蓝的变色范围是 pH6.7(黄)~7.5(蓝)。用定量甲基红、定量溴甲酚绿、定量百里酚蓝的混合指示剂浸渍中性白色试纸，晾干后制得的 pH 试纸可用于测定溶液的 pH 值。

pH 试纸遇到酸碱性强弱不同的溶液时，显示不同的颜色，可与标准比色卡对照确定溶液的 pH 值，它可以粗略地检验溶液酸碱性的强弱。

2-3.3 乙酸铅试纸

乙酸铅试纸用于检验硫化氢气体的存在。润湿的乙酸铅试纸遇到硫化氢气体时，产生硫化铅。白色的试纸立即变黑，化学方程式是：

$$Pb(CH_3COO)_2 + H_2S = PbS\downarrow + 2CH_3COOH$$

将滤纸浸于乙酸铅 $Pb(CH_3COO)_2$ 溶液中，取出晾干后就是乙酸铅试纸。

乙酸铅试纸检验硫化氢气体，非常灵敏。必须把试纸保存在密封、干净的广口试剂瓶里。使用时要用干净的镊子夹取。试纸用水润湿后要立即悬放在盛放硫化氢气体的容器中。

2-3.4 淀粉-KI 试纸

用于检验氯气、氟气、溴蒸气、二氧化氮等。遇以上气体，淀粉-KI 试纸由无色变为蓝色。淀粉碘化钾试纸中的碘离子，当遇到氧化性物质时被氧化为碘，碘遇淀粉显示蓝色，它可以定性地检验氧化性物质的存在。

2-3.5 酚酞试纸

酚酞是一种酸碱指示剂，其化学式为 $C_{20}H_{14}O_4$，它属于有机物，酚酞的相对分子质量是 318。湿润的酚酞试纸遇碱变红，酚酞试纸的主要作用是检测碱。

2-3.6 品红试纸

SO_2 会使品红溶液褪色，但由于 SO_2 的漂白是暂时性的，属于化合反应，生成一种不稳定的物质，加热已褪色的品红溶液其颜色还会重现。

表 2-3 中列出了几种常用试纸的制作方法与用途，也可以根据实际情况利用一些化学反应的显色特点，制作具有特殊功能的试纸。

使用试纸时应注意：①试纸不可直接伸入溶液。取一小块试纸在表面皿或玻璃片上，用洁净的玻璃棒蘸取待测液点滴于试纸的中部，观察变化稳定后的颜色，判断溶液的性质。②试纸不可接触试管口、瓶口、导管口等，先用蒸馏水把试纸润湿，粘在玻璃棒的一端，再送到盛有待测气体的容器口附近，观察颜色的变化，判断气体的性质(试纸不能触及器壁)。③测定溶液的 pH 值时，试纸不可事先用蒸馏水润湿，因为润湿试纸相当于稀释被检验的溶液，这会导致测量不准确。正确的方法是用蘸有待测溶液的玻璃棒点滴在试纸的中部，待试纸变色后，再与标准比色卡比较来确定溶液的 pH 值。④取出试纸后，应将盛放试纸的容器盖严，以免被实验室的一些气体沾污。⑤试纸应保存在干燥洁净的广口瓶里，要用洁净的镊子夹取试纸，用毕要把瓶盖盖严。

表 2－3　几种常用试纸制作方法与用途

名称及自身颜色	制作方法	用　途
红色石蕊试纸	边搅拌边向 50mL95% 的乙醇溶液中加入 1.0g 石蕊试剂，使石蕊完全溶解后，再注入 50mL 蒸馏水，振荡均匀，配置成无色的石蕊试液。滴加 0.05mol·L^{-1} 的 H_2SO_4 溶液使之变红，再将滤纸浸入，充分浸透后取出放入洁净的通风橱内晾干即成	用于检验碱性溶液或蒸气等
蓝色石蕊试纸	用与上列相同的方法制得无色石蕊溶液，向其中滴加 0.1mol·L^{-1} 的 NaOH 溶液至刚呈蓝色，然后将滤纸浸入，充分浸透后取出，放入洁净的通风厨内晾干即成	用于检验酸性溶液或蒸气等
酚酞试纸，白色	将 1g 酚酞溶于 100mL95% 的酒精后，边振荡边加入 100mL 水制成溶液，将滤纸浸入其中，浸透后在洁净、干燥的空气中晾干	用于检验稀碱溶液或氨气等
淀粉碘化钾试纸，白色	取 1g 可溶性淀粉置小烧杯中加水 10mL，用玻璃棒搅成糊状，然后边搅拌边倒入正在煮沸的 200mL 水中并继续加热约 2～3min 溶液变清为止，再加入 0.2g $HgCl_2$（防霉），制成淀粉溶液。再向其中溶解 0.4g KI 及 0.4g $Na_2CO_3 \cdot 10H_2O$，将滤纸浸入其中，浸透后取出晾干	用于检测 Cl_2、Br_2、NO_2、O_3、HClO、H_2O_2 等
淀粉试纸，白色	将滤纸浸入上列未加 KI、$Na_2CO_3 \cdot 10H_2O$ 的淀粉溶液中，浸透后取出晾干	用于检测 I_2 及其溶液
乙酸铅试纸，白色	将滤纸浸入 3% 的乙酸铅溶液中，浸透后取出，在无 H_2S 的环境中晾干	用于检验痕量的 H_2S
铁氰化钾试纸，淡黄色	将滤纸浸入饱和铁氰化钾溶液中，浸透后取出晾干	用于检验溶液中的 Fe^{2+}
亚铁氰化钾试纸，淡黄色	将滤纸浸入饱和亚铁氰化钾溶液中，浸透后取出晾干	用于检验溶液中的 Fe^{3+}

§2－4　加热用灯

2－4.1　加热用灯的类型

按燃料的不同，实验室常用的加热用灯有两大类：酒精类和煤气类。常用的酒精类加热用灯有酒精灯和酒精喷灯两种。煤气类有煤气灯与煤气喷灯两种。

2－4.2　加热用灯的使用

1. 酒精灯与酒精喷灯

（1）酒精灯的使用

酒精灯的加热温度为 400～500℃，适用于温度不需太高的实验。

酒精灯的构造：酒精灯由灯帽、灯芯和灯壶三大部分所组成，如图 2－4 所示。

灯焰性质：正常使用的酒精灯火焰分为焰心、内焰和外焰三部分，外焰的温度最高，内焰次之，焰心温度最低，如图 2－5 所示。

（2）酒精喷灯的使用

酒精喷灯是化学实验中一种提供高温的化学仪器，分为座式喷灯（见图 2－6）和挂式喷灯两种。座式喷灯的酒精储存在灯座内，挂式喷灯的酒精储存罐悬挂于高处。酒精喷灯的火焰温度可达 800～1000℃左右。

酒精喷灯的构造与原理：

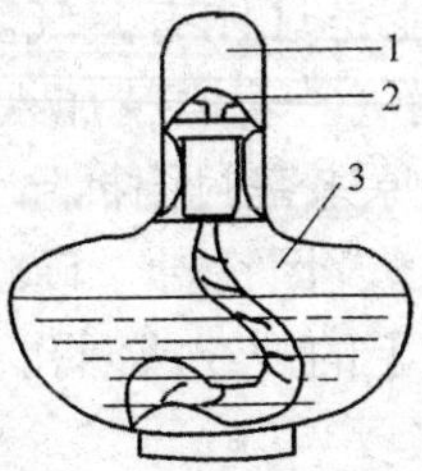

图 2－4　酒精灯的构造

1—灯帽；2—灯芯；3—灯壶

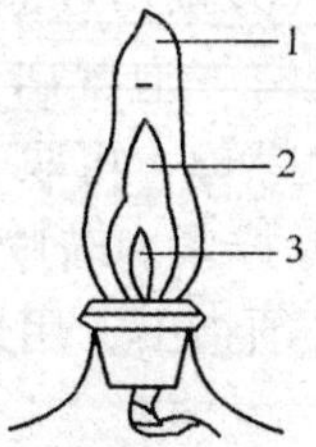

图 2－5　酒精灯的灯焰结构

1—外焰；2—内焰；3—焰心

图 2－6　酒精喷灯

酒精喷灯主要由灯帽、预热盘、预热管、燃烧管、空气进量调节器、灯壶等组成。

①酒精喷灯的工作原理：酒精喷灯的预热管与燃烧管焊在一起，两者间有一细管相通，细管上面有一小孔。预热管内充填着石棉灯芯绳，通过毛细作用把酒精吸入预热管内，使用时，先将预热盘内加入少量酒精，点燃。受热蒸发的酒精蒸气从细管的小孔喷出，在燃烧管内遇空气燃烧。通过调节空气进量，控制火焰的大小。喷灯的火力，主要靠酒精蒸气与空气混合后燃烧而获得高温火焰。

②酒精喷灯使用方法：

a. 打开灯帽旋塞向灯壶内注入酒精，酒精添加量为灯壶总容量的 1/2～2/3，过多易发生液体酒精喷出的危险，过少则灯芯线会被烧焦，影响石棉绳的毛细作用，酒精蒸气减少而影响燃烧效果。添加酒精和拧紧灯帽旋塞，防止漏气。新灯或长时间未使用的喷灯，点燃前需将灯体倒转 2～3 次，使石棉绳灯芯浸透酒精。

b. 使用时，应将酒精喷灯放在石棉网上（防止预热时喷出的酒精着火），再往预热盘中注入酒精并将其点燃，待预热管内酒精受热气化并从喷口喷出时，预热盘内燃着的火焰就会将喷出的酒精蒸气点燃。必要时也可以用火柴点燃。

c. 调节空气调节器，使火焰稳定。加热时应使用氧化焰加热。

d. 停止使用时，用石棉网覆盖燃烧管口，喷灯即可熄灭，同时调节空气进量，加大空气量。放置冷却后，拧松灯帽旋塞（铜帽），将剩余酒精倒出回收。

③酒精喷灯使用注意事项：

a 使用前先检查喷灯的完整性。

b. 不能用其他热源加热灯壶。

c. 经过两次预热喷灯仍然不能点燃时，应停止使用。检查接口处是否漏气、酒精蒸气出口是否堵塞，若有堵塞可用探针对细管的小孔进行疏通，待修好后方可使用。

d. 喷灯连续使用时间以 30～40min 为宜。使用时间过长，灯壶的温度会逐渐升高，导致灯壶内部压强过大，喷灯会有崩裂的危险，可用冷湿布包住喷灯下端以降低温度。同时，由于酒精量的减少，过高的温度会导致石棉绳焦化。

e. 使用时，如发现灯壶底部凸起时应立刻停止使用，查找原因（可能使用时间过长、灯体温度过高或喷口堵塞等）并做相应处理后方可使用。

④酒精喷灯常见故障及维修：

a. 灯壶中酒精过多：如果灯壶中酒精量超过了容器体积的2/3，预热时，酒精液体会从酒精蒸气孔中喷出，引起酒精燃烧。遇此情况不用紧张，用湿抹布将喷灯包住熄灭喷灯，再将实验台面上燃烧着的酒精用湿抹布熄灭。稍稍冷却后再慢慢倒出过量的酒精。

b. 漏气：喷灯的蒸气压力减小、火力减弱或断断续续，可能是灯体有漏气。这时可用肥皂水检查各接口处是否漏气，漏气处有气泡冒出，判定何处漏气。若酒精加入口盖渗漏，可换块胶垫。大螺母处漏气，要拧松大螺母，再取下预热管，将原来密封圈拆除，在原处用石棉绳重新盘绕一个垫圈，再将大螺母拧紧。若喷壶上有裂纹以及因锈蚀、硬伤造成的漏气，则该喷灯应当报废，不可再用。必须指出，用焊锡修补灯壶上的裂纹或漏孔，耐压力是不够的，使用起来不安全。

c. 灯芯焦化：预热后喷灯不能自动起燃，点燃后火焰缩短且叫声小，甚至自动熄灭等。可能是由于酒精储量不足或是酒精上升不顺利，造成石棉绳灯芯中酒精量过少，使燃烧管温度过高，或是由于操作错误造成的。石棉绳灯芯焦化严重的必须彻底更换，不严重的也应把焦化的一段剪掉。具体做法是：拧下大螺母，取下预热管，拉出棉线，将已焦黑的棉线剪去或重新更换。并把管内积炭刮去，垫些石棉线，照原样装好。

d. 喷嘴堵塞：预热后灯体温度很高，无蒸气喷出或使用过程中喷灯的燃烧火焰突然降低或终止，可能是喷火嘴孔径变小或因锈蚀或异物落入而出故障。可以将灯壶倒置敲击使异物掉出；也可用探针疏通；锈蚀严重者应将喷灯嘴拆下彻底清洗。若经过预热无火焰燃烧，而容器内确有酒精时，必须立即停止预热，打开灯帽，放出蒸气，否则内部压强过大会使灯壶破裂。

e. 不喷火：喷灯预热点燃后，无酒精蒸气喷出，不能燃烧。可能是因预热程度不够，预热管内产生的酒精蒸气量过少。经二次预热，达到正常燃烧。如果是空气进入量不足，可用调整杆移动调整管的上下位置，供给火焰适当的空气。这也是调整火焰大小的方法。

酒精喷灯的火焰温度可达1000℃左右，使用时，尽量调节好酒精蒸气与空气的相对量，使燃烧火焰正常。通常灯焰燃烧分为三种情况，其中部分火焰是因为酒精蒸气的出气量与空气调节器的进气量不协调引起的。

如图2－7中(a)正常火焰：酒精蒸气与空气进气量都适合，燃烧温度最高；(b)临空火焰：酒精蒸气与空气进气量都过大的原因引起；(c)侵入火焰：酒精蒸气量小引起。

2. 煤气灯

煤气灯也是化学实验室最常用的加热器具，如图2－8所示。其式样虽多，但构造原理基本相同，煤气灯的加热温度可达1000℃左右。

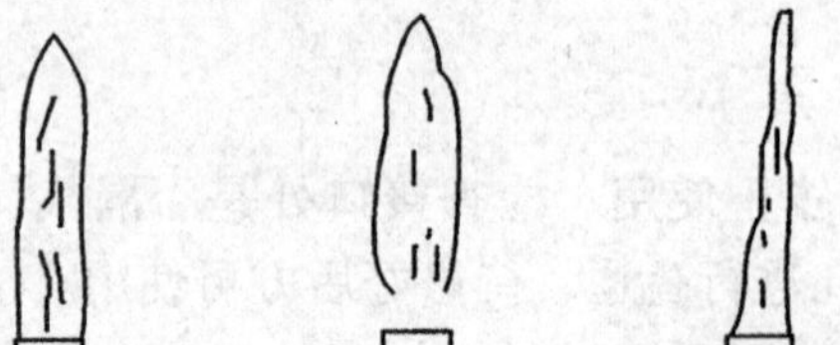

(a)正常火焰　(b)临空火焰　(c)侵入火焰

图2－7　酒精喷灯灯焰

图2－8　煤气灯

常用煤气灯的构造见图 2－9 所示。煤气灯由灯管和灯座两部分组成。灯管下部内壁有螺纹，可与上端有螺纹的灯座相连，灯管的下端有几个圆孔，为空气入口。旋转灯管，即可关闭或不同程度地开启圆孔，以调节空气的进入量。灯座的侧面有煤气入口，通过橡皮管可与煤气龙头相连。灯座另一侧面(或下方)有一螺旋针阀，用来调节煤气的进入量。

煤气灯的使用方法：①旋转灯管，关小空气入口，并开启螺旋针阀。先擦燃火柴，将其置于灯管口稍上方，再稍打开煤气龙头，则煤气灯将被点燃，即“火等气”，即先划火，后开气，以防煤气弥散在室内。旋转调节灯管调节空气进量，或调节灯座的螺旋针阀调节煤气进量，使火焰保持适当高度；②旋转灯管，逐渐加大空气进入量，当煤气和空气的比例合适时，煤气燃烧完全，这时火焰分为 3 层，称为正常火焰，见图 2－10。

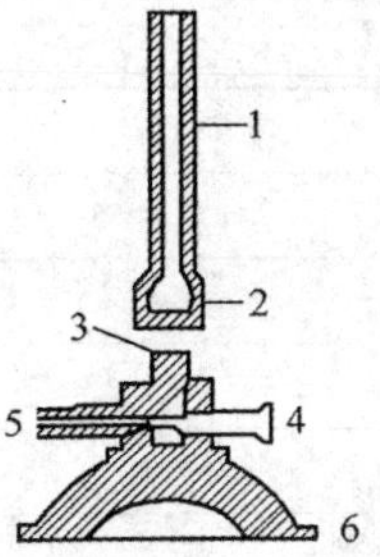

图 2－9　煤气灯的构造

1—灯管；2—空气入口；3—煤气出口；4—螺旋针型阀；5—煤气入口；6—底座

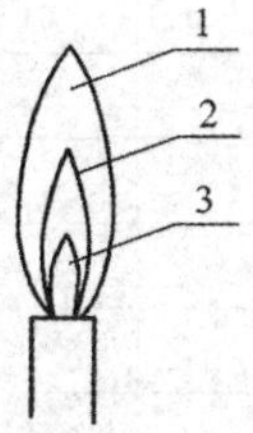

图 2－10　煤气灯正常火焰示意图

1—氧化焰；2—还原焰；3—焰心

煤气灯的正常火焰分为三层：

内层(焰心)：煤气和空气混合物，并未燃烧，温度低，约为 300℃左右。

中层(还原焰)：煤气不完全燃烧，并分解为含碳的产物，所以该部分火焰具有还原性，称“还原焰”，温度较高，火焰呈淡蓝色。

外层(氧化焰)：煤气完全燃烧，过剩的空气使该部分火焰具有氧化性，称“氧化焰”，温度最高。最高温度处在还原焰顶端上部的氧化焰中，约 800～1000℃以上，火焰呈淡紫色。③如果空气或煤气的进入量调节的不合适，会产生不正常的火焰。当空气的进入量过大或煤气和空气的进入量都很大时，火焰会脱离管口而临空燃烧，这种火焰称“临空火焰”；当煤气进入量很小(或中途煤气供应量突然减小)而空气的进入量大时，煤气会在灯管内燃烧，这时往往会听到特殊的噗噗声和看到一根细长的火焰，这种火焰称为“侵入火焰”，见图 2－7。它可以将灯管烧热，此时切勿用手触摸灯管，以免烫伤。遇到临空火焰或侵入火焰时，均应关闭煤气阀门，重新调节和点燃。当灯管空气入口完全关闭时，煤气燃烧不完全，部分分解产生碳粒，火焰呈黄色，不分层，温度不高。④停止使用时，先拧紧灯座上的针阀，然后关闭煤气阀门。

使用注意事项：①煤气灯在使用过程中，有时煤气量会因某些原因而突然减少，从而产生侵入火焰，这种现象称为“回火”。遇到这种情况，应将煤气关闭，经调节后再点燃；②侵入火焰很容易将灯管烧热，不小心就会烫手，应待灯管冷却后再进行调节。

§2－5　钢瓶

实验中如果需要使用大量的气体时，可以从高压气体钢瓶获得，如：氮气、氨气、氢气、乙炔、氯气、二氧化碳等。高压气体钢瓶是特制的耐压钢瓶，使用时通过减压器(气压表)有控制地将气体放出。高压气体钢瓶的容积一般为 40 ~ 60L，钢瓶内压很大(有时高达15MPa，最低在0.6MPa以上)，使用时应注意安全，操作时要特别小心。

2 -5.1 钢瓶的使用

使用气体钢瓶时，存在的主要危险是爆炸和漏气，因此，使用时必须注意如下事项：

①在使用气体钢瓶前，要按照钢瓶外表油漆颜色、字样正确识别气体种类，切勿误用以免造成事故。

我国气体钢瓶的常用标记见表 2 -4。

表 2 -4 气体钢瓶的常用标记

钢瓶名称	外表颜色	字样	字样颜色	横条颜色
氧气瓶	天蓝	氧	黑	
氢气瓶	深绿	氢	红	红
氮气瓶	黑	氮	黄	棕
纯氩气瓶	灰	纯氩	绿	
二氧化碳气瓶	黑	二氧化碳	黄	黄
氨气瓶	黄	氨	黑	
氯气瓶	草绿	氯	白	白
氟氯烷瓶	铝白	氟氯烷	黑	

②钢瓶应存放在阴凉、干燥、远离高温热源处。按规定钢瓶应定期进行压力、气密性测试等安全检查。

③氧气钢瓶严禁接触油或其他易燃有机物质。若瓶身特别是瓶嘴上沾有油或其他有机污物，应用四氯化碳清洗，以免引起火灾。

④开启钢瓶阀门时，严禁阀门口对准人，以防止高压气体突然冲出伤人。

⑤不要将钢瓶内的气体完全用尽，要留下一些气体，防止外界空气进入钢瓶。

⑥原则上有毒气体(如氯气等)和易燃气体(如氢气等)钢瓶应单独存放。

⑦不同气体的气压表一般不能混用。如可燃性气体(如 H_2、C_2H_2 等)的钢瓶气门螺纹是反扣的，而不燃性或助燃气体(如 N_2、O_2)的钢瓶是正扣的。

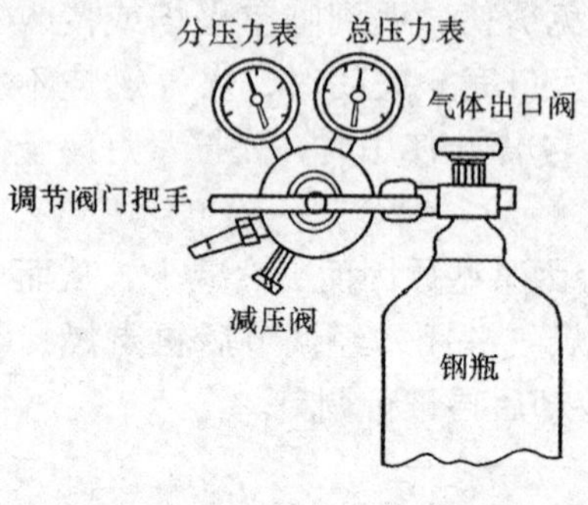

图 2 -11 钢瓶气压表的结构

气压表(图 2 -11)由总压力表和分压力表组成，分别指示瓶内总压和用气压力。使用时将气压表和钢瓶连接好，将调压阀门左旋至最松的位置上(即减压阀关闭)，打开钢瓶气体出口总阀门，总压力表即指示出钢瓶内气体的总压力，用肥皂水检查气压表与钢瓶连接处是否漏气，如不漏气，即可将调压阀门向右旋，调压阀即开启往体系送气，其压力由分压力表读出。使用完毕，先关闭钢瓶气体出口阀门，让气体排空，直到总压力表和分压力表指示都下降至零，再把调压阀门旋到最松位置上。应该特别强调一点，如果调压阀门没有左旋到最松位置上(即关闭阀门)，就会在打开气体出口阀门时，因高压气流的冲击而使调压阀门失灵，气压表失去调节压力的能力而损坏。

2－5.2 特殊气体的性质和安全使用

1. 乙炔

乙炔是极易燃烧、易爆炸的气体。含有7%～13%乙炔的乙炔－空气混合气，或含有30%乙炔的乙炔－氧气混合气最易发生爆炸，乙炔和氯、次氯酸盐等化合物也会发生燃烧或爆炸。存放乙炔气瓶的地方，要求通风良好。使用时，必须安装专用的减压器、回火防止器。开启时，应该站在阀门侧后方，动作要缓慢，不得过急过猛。如发现乙炔气瓶有发热现象，说明乙炔已发生分解，应立即关闭气阀，并用水冷却瓶体，同时最好将气瓶移至远离人群的安全处加以妥善处理。乙炔燃烧时，绝对禁止用四氯化碳灭火。

2. 氢气

氢气密度小，易泄漏，扩散速度很快，易和其他气体混合。含量18.3%～59.0%(体积比)为氢气空气混合气的爆炸极限，此时，极易引起自燃自爆，燃烧速度约为2.7$m \cdot s^{-1}$。氢气应单独存放，并旋紧气瓶开关阀。最好放置在室外专用的小屋内，以确保安全。严禁放在实验室内，严禁明火。

3. 氧气

氧气是强烈的助燃气体，高温下，纯氧十分活泼；当温度不变而压力增加时，可以和油类发生急剧的化学反应，并引起发热自燃，进而产生强烈爆炸。因此，氧气瓶一定要防止与油类接触，并绝对避免其他可燃性气体混入氧气瓶；禁止使用盛放过其他可燃性气体的气瓶来充灌氧气。氧气瓶禁止放于阳光曝晒的地方。

4. 氧化亚氮(笑气)

具有麻醉兴奋作用，受热时可分解成为氧和氮的混合物，如遇可燃性气体即可与此混合物中的氧化合燃烧。

§2－6 电炉和加热套

2－6.1 电炉

电炉是实验室常用的加热设备，与各种加热器具相比较，电炉具有加热均匀、温度高、使用方便、干净等优点。实验室中用于加热的电炉种类很多，有盘式电炉(万用电炉)、安全电炉(全封闭式安全电炉，见图2－12)和多联电炉。原理均为以电流通过导体所产生的焦耳热为热源的电炉。下面介绍其中的盘式电炉。

盘式电炉是一种最简单的电炉，它由电阻丝、耐火盘、金属盘座三部分组成。按功率可分500W、800W、1000W、2000W等不同规格。常与调压变压器配套使用，通过调节供电电压可以控制电炉的温度。

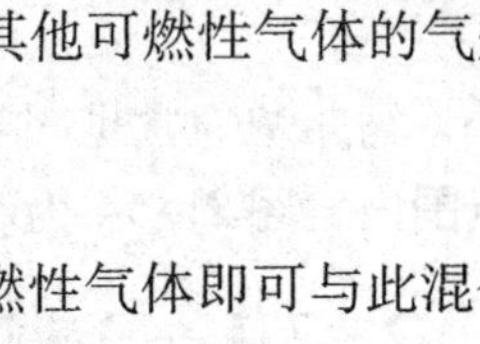

图2－12 安全电炉

盘式电炉使用时应注意：①电炉使用时，不能直接放在实验台面上，其下面应放有耐火绝热板；②被加热的金属容器不能与电炉丝接触，以免造成短路发生触电事故；③加热玻璃容器时，应垫上石棉网，以便使玻璃容器受热均匀；④不可直接加热易燃有机物；⑤电炉的耐火盘易受碱性物质腐蚀，实验时切勿将碱性物质洒落在炉盘上，以使电炉丝免受化学药品的侵蚀；应经常处理洒落在炉盘内的物

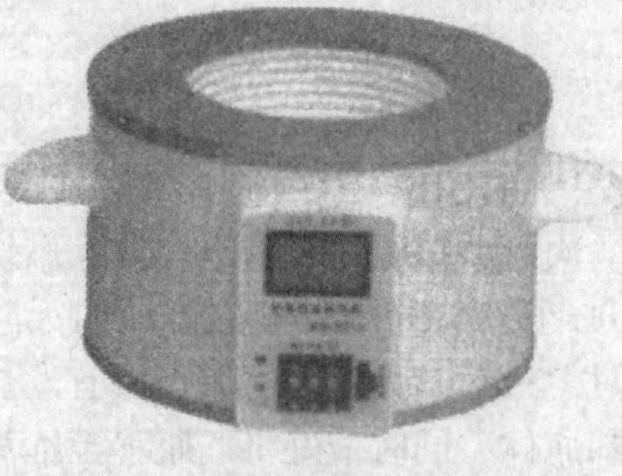

图 2－13　电加热套

质，保证电炉丝良好的导电性，延长电炉使用寿命。

2－6.2　加热套

电加热套也称电热包，见图 2－13。当加热温度要求达到 100℃ 以上时，电加热套是一种有用的热源，适用于对圆底容器的加热。实质上电加热套是一种改装的封闭式电炉，其电阻丝包在玻璃纤维内，有些电加热套仅适用于特殊大小的烧瓶，另一些则适用于不同大小的烧瓶。因为不产生明火，使用安全且快速。电加热套加热温度可调节，温度可达 400℃ 以上。按容积大小分为 100mL、250mL、500mL、1000mL 等不同规格。由于加热时被加热的容器悬置于电加热套内，与电加热套没有接触，有一层空气媒介传热，也称“空气浴”加热。

使用电加热套时应注意：应避免化学药品溢出或洒入其内，需保持电加热套内的清洁。以电加热套为热源进行实验，在安装仪器时，要调整好整套仪器的高度，便于出现意外情况或实验完成后快速撤出热源。

§2－7　马弗炉

马弗炉通常也叫电阻炉，是化学实验室一种通用的加热设备，加热范围在 900～1700℃ 范围内，图 2－14 为箱式马弗炉。

2－7.1　马弗炉的分类

马弗炉根据外观形状可分为箱式炉、管式炉、坩埚炉。按加热元件电阻丝的不同可分为：电炉丝马弗炉、硅碳棒马弗炉、硅钼棒马弗炉三种。

按额定温度来区分一般分为：900℃ 马弗炉、1000℃ 马弗炉、1200℃ 马弗炉、1300℃ 马弗炉、1600℃ 度马弗炉、1700℃ 马弗炉。

图 2－14　箱式马弗炉

按控制器不同又可分为如下几种：指针表、普通数字显示表、PID 调节控制表、程序控制表。

按保温材料来区分有：普通耐火砖马弗炉和陶瓷纤维马弗炉两种。

2－7.2　马弗炉的安装与使用

①打开包装后，检查马弗炉是否完整无损，配件是否齐全。一般的马弗炉不需要特殊安装，只需平放在室内平整的地面或搁架上。控制器应避免震动，放置位置与电炉不宜太近，防止因过热而造成内部元件不能正常工作。

②将热电偶插入炉膛 20～50mm，孔与热电偶之间空隙用石棉绳填塞。热电偶与控制器之间的连接最好用补偿导线（或用绝缘钢芯线），注意正负极不要接反。

③在电源线引入处需要另外安装电源开关，以便控制总电源。为了保证安全操作，电炉与控制器必须接地。

④在使用前，将温度表指示仪调整到零点，在使用补偿导线及冷端补偿器时，应将机械

零点调整至冷端补偿器的基准温度点，若不使用补偿导线，则机械零点调至零刻度位，但所指示的温度为测量点和热电偶冷端的温差。

⑤经检查接线确认无误后，盖上控制器外壳。将温度指示仪的设定指针调整至所需要的工作温度，然后接通电源。打开电源开关，此时温度指示仪表上的绿灯即亮，继电器开始工作，电炉通电，电流表即有电流显示。随着电炉内部温度的升高，温度指示仪表指针也逐渐上升，此现象表明系统工作正常。电炉的升温、定温分别以温度指示仪的红绿灯指示，绿灯表示升温，红灯表示定温。

2－7.3　马弗炉的维护

①当马弗炉第一次使用或长期停用后再次使用时，必须进行烘炉。烘炉的时间应为200～600℃、4h。使用时，炉温最高不得超过额定温度，以免烧毁电热元件。禁止向炉内灌注各种液体及易溶解的金属，马弗炉最好在低于最高温度50℃以下工作，以维持炉丝有较长的寿命。

②马弗炉和控制器必须在相对湿度不超过85%、没有导电尘埃、爆炸性气体或腐蚀性气体的场所工作。对附有油脂之类的金属材料进行加热时，产生的大量挥发性气体将影响和腐蚀电热元件表面，使之销毁和缩短寿命。

③马弗炉控制器应限制在环境温度0～40℃范围内使用。

④根据技术要求，经常定期检查电炉、控制器的各接线是否良好，指示仪指针运动有无卡住滞留现象，并用电位差计校对仪表因磁钢、退磁、涨丝、弹片的疲劳、平衡破坏等引起的误差增大情况。

⑤热电偶不要在高温时骤然拔出，以防外套炸裂。

⑥保持炉膛清洁，及时清除炉内氧化物之类东西。

§2－8　电热恒温箱

电热恒温箱也称烘箱、干燥箱，如图2－15所示，是利用电热丝隔层加热干燥物体的设备。用于室温～300℃范围内的恒温烘焙、干燥、热处理等操作。一般由箱体、电热系统和自动恒温控制系统三部分组成。

图2－15　电热恒温箱

2－8.1　电热恒温箱的种类

电热恒温箱有很多种，实验室最常用的有电热真空干燥箱、电热鼓风干燥箱、电热恒温箱和红外干燥箱。

2－8.2　电热恒温箱的使用

①使用前检查电源，要有良好地线。

②干燥箱无防爆设备，切勿将易燃物品及挥发性物品放入箱内加热。箱体附近不可放置易燃物品。

③箱内应保持清洁，放物网不得有锈，否则影响玻璃器皿洁度。

④使用时应定时监看，以免温度升降影响使用效果或发生事故。

⑤鼓风机的电动机轴承应每半年加油一次。

§2-9　电热恒温水浴锅(箱)

电热控温水浴锅也称恒温水浴锅。恒温水浴锅内水平放置不锈钢管状加热器，水槽内部放有带孔的铝制搁板，上面盖上配有不同口径的组合套圈，可适应不同口径的烧瓶等实验用容器。恒温水浴锅左侧有放水管，右侧是电气箱，电气箱前面板上装有温度控制仪表、电源开关。电气箱内有电热管和传感器。温度控制系统采用优质电子元件，控温灵敏、性能可靠、使用方便。其工作原理为：Cu50 传感器将水槽内水的温度转换为电阻值，经过集成放大器的放大、比较后，输出控制信号，有效地控制电加热管的平均加热功率，使水槽内的水保持恒温。

图 2-16　二孔电热恒温水浴箱

实验室中常用的电热恒温水浴加热仪器，有不同的规格型号和型式。有单列二孔、双列四孔、双列六孔和双列八孔等，根据功率大小与工作容积的不同也有很多种类。图 2-16 为二孔电热恒温水浴箱。

2-9.1　电热恒温水浴锅的用途

当被加热的物体要求受热均匀、温度不超过 100℃时，可以用水浴加热。电热恒温水浴锅主要用于实验室蒸馏、干燥、浓缩及温渍化学药品或生物制品，也可用于恒温加热和其他温度试验。

2-9.2　电热恒温水浴锅的使用

①电热恒温水浴锅使用时，恒温水浴锅的水槽内应加入洁净自来水，然后再放置容器，也可按需要的温度加入热水，以缩短加热时间。

②接通电源，调节温控旋钮，使数字显示到所需的温度，打开加热器工作。

③工作完毕，将温控旋钮置于最小值，增减器置于最小值，切断电源。

④如果锅内水温要达到 100℃，作沸水蒸馏用时，可将调节旋钮调至终点。

⑤加水不可太多，以免沸腾时水量溢出锅外，注水时不可将水流入控制箱内，以防发生触电，最好用纯化水，以避免产生水垢。使用后箱内水应及时放净，并擦拭干净，保持清洁以利延长使用寿命。

⑥锅内水量不可低于 1/2，不可使加热管露出水面，以免烧坏，造成漏水、漏电。

⑦电热恒温水浴锅使用时必须将三眼插座有效接地线。禁止在恒温水浴锅无水的状态下使用加热器，也不要把水浴锅作沙盘使用。

§2-10　电热板和电热砂浴

2-10.1　电热板

电热板是用电热合金丝作发热材料，用云母软板作绝缘材料，外包以薄金属板(铝板、不锈钢板等)进行加热的设备。实验室中常用于样品加热消解、煮沸、蒸酸等处理，也可以满足化学实验室对试剂加热的需要。图2－17为数显电热板图。

图2－17　数显电热板

1. 电热板的类型

电热板按质地不同，可分为四类：不锈钢电热板、陶瓷电热板、铸铝铸铁电热板和玻璃纤维电热板。

①不锈钢电热板：不锈钢调温电热板广泛应用于样品的烘干、干燥和升温实验，是实验室的常用加热工具。其特点：加热器采用浇铸成型工艺制作，高温状态无翘曲变形；面板选材为不锈钢，有优越的抗腐蚀性能；最大加热功率2000W，最大加热面积0.08m^2；温度由调温旋钮控制，操作简便，使用安全。

②陶瓷电热板：陶瓷远红外辐射电热板，有较高的辐射率，热稳定性好，绝缘强度高，温度设定自动控温，数字显示，加热面积大、升温快、温度均匀、控温精确、加热板面大，用于各种液体的加热、保温。

③铸铝铸铁电热板：工作面板选用铸铁材料，有良好的抗腐蚀性能，工作面温度均匀，升温快且均匀，操作简便，使用安全。

④玻璃纤维电热板：具有无明火、绝缘、节能、安全等优点。适用于一次多样品加热。

2. 电热板的使用

①将电热板工作面擦拭干净，试样瓶或其他待加热器皿外表面不要有水滴、污物等。

②接通电源，合上电源开关。指示灯亮，电热板处于工作状态。

③调节调温旋钮，升至所需要的温度。电热板处于工作状态时应有专人照管。

④工作完毕，关闭电源开关，切断电源，待工作面冷却后将其清理干净。

2－10.2　电热砂浴

电热砂浴适用于实验室化学分析、物理测定加热等使用，具有加热无明火的特点，适于易溢易燃物品的加热。如图2－18所示。

电热砂浴表面采用优质冷轧静电喷涂，抗腐性能强，坚固耐用，具有可控硅无级调节功能，适应不同加热温度的需要，当加热温度高于200℃时，可以采用砂浴加热，具有加热无明火的特点。除电热砂浴外，也可以选择其他形式的砂浴。进行砂浴时应选择铁制的砂浴盘或砂浴锅，砂浴传热介质是细砂或铁砂。被加热的器皿放在热砂上，如图2－19所示。

图2－18　电热砂浴

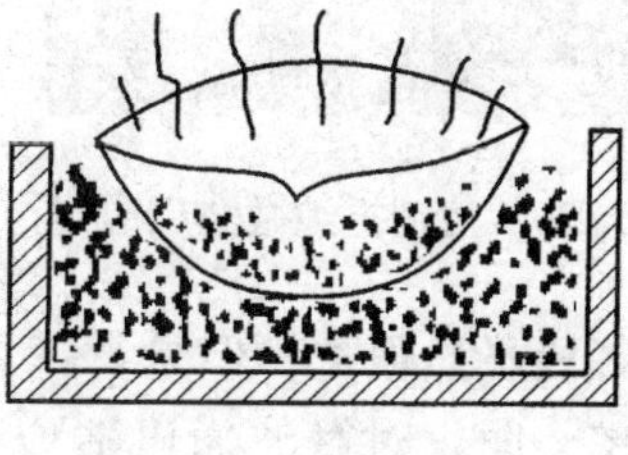

图2－19　砂浴加热

由于砂的热传导能力差、散热慢，所以器皿底部的砂层应铺的薄一些，以易于传热，器皿周围则要堆得厚一些，有利于保温。

水浴、空气浴、砂浴统称为热浴，除此之外热浴的方法还有油浴、熔融盐浴等。加热温度需 100 ~ 250℃时，可用油浴。油浴所能达到的最高温度取决于所用油的种类。各种油类能达到的最高温度及其特性见表 2 - 5。

表 2 - 5　各种油浴介质的性能

油浴介质	加热的最高温度/℃	特　性
石蜡油	220	不易分解，易燃
甘油	140 ~ 150	高温分解
邻苯二甲酸二正丁酯	140 ~ 150	高温分解
硅油	250	稳定，价格贵
真空泵油	250	稳定，价格贵

使用油浴加热时，油浴中应放置温度计，以便控制温度。切记小心勿将水洒入油浴锅内。

热浴属于间接加热，间接加热的容器可以是烧杯、烧瓶、锥形瓶和蒸发皿等。用于化学反应的仪器一般不能直接加热。因为剧烈的温度变化和加热不均匀，将会造成仪器损坏，同时由于局部过热，还会使反应物局部分解。实验室常常根据具体情况采用不同的热浴方式间接加热。

§2 - 11　微波反应器

微波加热器又称微波反应器，如图 2 - 20、图 2 - 21 所示。微波是一种频率在 300MHz ~ 300GHz，即波长在 1 ~ 1000mm 范围内的电磁波，具有可见光的性质，沿直线传播。

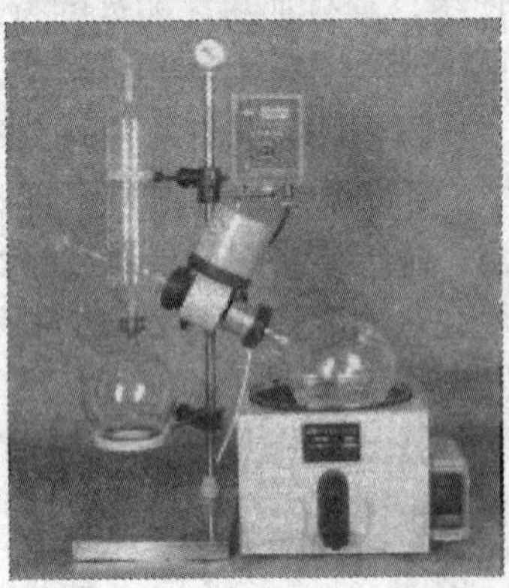

图 2 - 20　溶剂提纯微波反应器

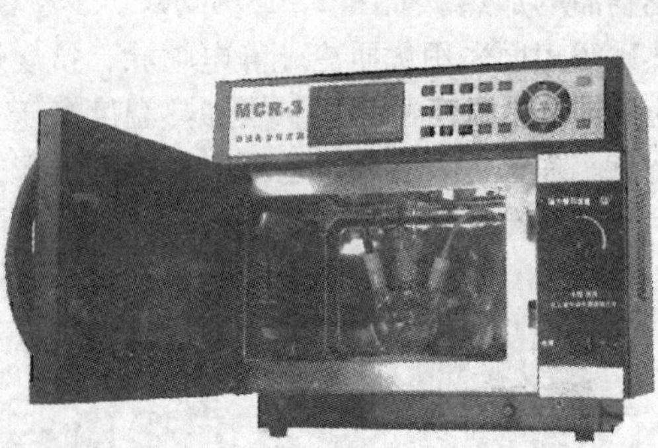

图 2 - 21　微波反应器

微波的频段虽然很宽，但是真正用于微波加热的频段却很窄，主要原因是避免使用较多的无线电频率，防止对微波通讯造成干扰。微波在遇到金属材料时能反射，遇到玻璃、塑料、陶瓷等绝缘材料可以穿透，遇到含有水分的蛋白质、脂肪等介质可被吸收，并将微波的电磁能量变为热能。实际上，家用微波炉有 915MHz 和 2450MHz 两个频率，2450MHz 用于家庭烹调炊具，915MHz 用于干燥、消毒等工业、医疗行业等。

微波反应器工作时，由一种电子真空管——磁控管产生 2450MHz 的超短电磁波，通过微波传导元件——波导管发射到反应器内各处，通过发射、传导被物质吸收，引起物质内的极性分子(如水、脂肪、蛋白质、糖等)以每秒 24.5 亿次的极高速振动。振动所引起的摩擦使物质内部产生高热，微波加热器的磁控管将电能转化为微波能，当磁控管以 2450MHz 的频率发射出微波能时，置于微波反应器内的水分子以每秒钟 24.5 亿千次的变化频率进行振荡运行，产生高频电磁场的核心元件是磁控管。物质内分子在高频磁场中发生震动，分子间相互碰撞、摩擦而产生热能，结果导致物体被加热。

微波加热的最大特点是可以在被加热物体的不同深度同时产生热，正是这种“体内加热作用”使得加热速度快且加热均匀，缩短了处理材料所需要的时间。微波加热技术应用于有机合成反应，反应速度比常规直接加热方法要快数十甚至数千倍，并且能合成出常规方法难以生成的物质。

目前，已有各种用途与型号的微波炉和微波反应器，工作中可根据需要选择使用。

§2-12　温度计

2-12.1　温度计的类型和使用

温度是表征体系中物质内部大量分子、原子平均动能的一个宏观物理量。不同温度的物体相互接触时，必然发生能量的传递。它以热能的形式由高温传至低温物体，直到达到热平衡，此时两者温度相同。所以，温度是确定物体状态的一个基本参数。在化学实验中，很多实验都需要确定反应过程的温度变化。可根据不同需要选用不同类型的温度计。

根据所用测温物质的不同和测温范围的不同，可用酒精温度计、汞温度计、贝克曼温度计、热电偶温度计、金属电阻温度计、热敏电阻温度计等进行测量。

1. 玻璃液体温度计

玻璃液体温度计是实验室常用的测温仪器。它用玻璃制成棒，内装液体(汞、酒精等)。这种温度计根据充灌于温度计内的液体受热膨胀、遇冷收缩的原理制造而成。其结构简单、价格便宜，而且具有较高的精度。温度计的测量范围由所充液体的沸点和凝固点以及所用玻璃的软化温度来决定。表 2-6 列出常用玻璃液体温度计的测量范围。

表 2-6　常用玻璃液体温度计的测量范围

温度计	使用范围/℃	分辨率/℃
汞温度计	-30~300	$\geqslant 10^{-2}$
汞温度计(充气)	-30~600	$\geqslant 10^{-1}$
酒精温度计	-110~50	$\geqslant 10^{-1}$
戊烷温度计	-190~20	$\geqslant 10^{-1}$
贝克曼温度计	量程 5	$\geqslant 10^{-3}$

(1) 汞温度计

汞温度计以金属汞为工作液体。由于常压下汞的沸点为356.66℃，所以，一般汞温度计的测量范围在-30~300℃之间。如果在汞柱上的空间充以一定的保护气体（常用氮气、氩气、氢气，防止汞氧化和蒸发），可使测量上限达600℃。若在汞中加入8.5%的钍，可测到-60℃的低温。需要指出的是，温度计的测温范围不仅取决于工作液体的沸点和凝固点，也取决于玻璃材料的性质，用石英玻璃制成的汞温度计可测到600℃以上。目前我国已制成能测到1200℃的高温汞温度计。汞膨胀系数小于其他感温液体的膨胀系数，但它有许多优点：易提纯、热导率高、膨胀均匀、不易氧化、不沾玻璃、不透明、便于读数等。

(2) 酒精温度计

酒精温度计以酒精为工作液体，测温范围为65~165℃，一般用于低温测量。酒精温度计的特点是灵敏性好，工作液体无毒，但由于酒精具有易沾玻璃的性质，所以会造成酒精温度计测温精度降低、热容大、热惯性大、线性不好等缺点。

(3) 贝克曼温度计

贝克曼温度计也是一种汞温度计，它是专用精确测量温差的高精密温度计，见图2-22。物理化学实验中的燃烧热测定、凝固点降低法测相对分子质量等，都要求测量温度准确到0.002℃，一般的汞温度计精确度不能满足要求，必须使用贝克曼温度计测量。贝克曼温度计不能测量温度的绝对值，但可以很精确地测量温差。它与普通温度计的区别在于下端有一个大的汞球，球中的汞量根据不同的起始温度而定，它是借助于温度计顶端的储汞槽来调节的，刻度范围只有5~6℃，每度又分为100等份。借助于放大镜可以读准到0.01℃，估计到0.002℃。储汞槽后有一个温度标尺，刻度从0~100℃。测量前，要将贝克曼温度计的汞柱调节到适用的范围。

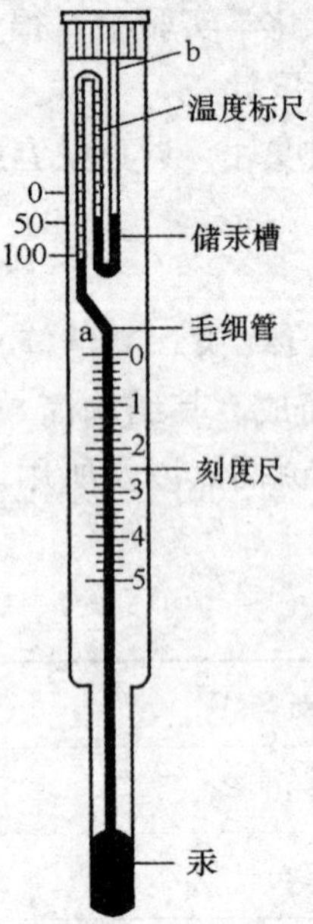

图2-22 下降式贝克曼温度计
a—最高刻度；
b—毛细管末端

贝克曼温度计的调节方法：

①接通汞柱。通过甩和温热汞球的方法使上下汞接通，中间任何地方不得断开。

②调节汞量。首先测量（或估计）a到b一段长度所对应的温度。将贝克曼温度计与另一支普通温度计插入盛水的烧杯中，加热烧杯，贝克曼温度计中的汞柱就会上升，由普通温度计可以读出a到b段长度所对应的温度值，设为R℃。把温度计的汞球插入比待测温度高出5+R℃（沸点升高的确定）或高出R℃（对凝固点降低的测定）的水中（水的温度可由一只汞温度计量出），待平衡后，迅速将贝克曼温度计取出，用甩或轻轻震动的方法使汞在毛细管与储槽接点处断开，把多余的汞移到储汞槽处。

③验证所调温度。把调好的贝克曼温度计断开汞丝后，插入t℃的水中，检查汞柱是否落在预先确定的刻度内，如不合适，应检查原因，重新调节。由于不同温度下汞密度不同，在贝克曼温度计上每100小格未必真正代表1℃，因此在不同温度范围内使用时，必须作刻度的校正，校正值见表2-7。贝克曼温度计下端汞球的玻璃很薄，中间的毛细管很细，价格较贵。因此，使用时要特别小心，不要同任何硬的物件相碰，不要骤冷、骤热，用完后必须立即放回盒内，不可任意放置。

表 2－7　贝克曼温度计读数校正值表

调整温度/℃	读数 1℃相当的摄氏度数/℃	调整温度/℃	读数 1℃相当的摄氏度数/℃
0	0.9936	55	1.0093
5	0.9953	60	1.0104
10	0.9969	65	1.0115
15	0.9985	70	1.0125
20	1.0000	75	1.0135
25	1.0015	80	1.0144
30	1.0029	85	1.0153
35	1.0043	90	1.0161
40	1.0056	95	1.0169
45	1.0069	100	1.0176
50	1.0081	—	—

④其他液体温度计。其他液体温度计也是利用液体热胀冷缩的原理指示温度。汞温度计测量的下限为－30℃，更低的温度必须用其他方法测量。最简单的方法就是将汞温度计中的汞改用凝固点更低的液体，而其结构不变。常用的液体如甲苯可测至－100℃，戊烷温度计可测至－190℃。酒精温度计也属于这一类，但酒精在各温度范围内体积膨胀线性不好，准确度较差，一般仅在精确度要求不高的工作中使用。有机溶剂组成的温度计还常常加入一些有色物。

2. 电阻温度计

电阻温度计是利用物质的电阻随温度变化的特性制成的测温仪器。任何物体的电阻都与温度有关，因此都可以用来测量温度。但是，能满足温度测量要求的物质并不多。在实际应用中，不仅要求有较高的灵敏度，而且要求有较高的稳定性和重现性。目前，按感温元件材料来分，用于电阻温度计的材料有金属导体和半导体两大类。金属导体有铂、铜、镍、铁和铑铁合金。目前大量使用的材料为铂、铜和镍。铂制成的为铂电阻温度计，铜制成的为铜电阻温度计等，都属于定型产品。半导体有锗、碳和热敏电阻(氧化物)等。表 2－8 列出常用电阻温度计的测量范围。

表 2－8　常用电阻温度计的测量范围

温度计		使用范围/℃	分辨率/℃
电阻温度计	铂	－260～1100	10^{-4}
	碳	－271～250	
	锗	－271～240	

(1) 铂电阻温度计

铂容易提纯，化学稳定性高，电阻温度系数稳定且重现性很好。所以，铂电阻与专用精密电桥或电位差计组成的铂电阻温度计有极高的精确度，被选定为－190～600℃温度范围的标准温度计。铂电阻温度计用的纯铂丝，必须经 660℃退火处理，绕在交叉的云母片上，密封在硬质玻璃管中，内充干燥的氦气，成为感温元件，用电桥法测定铂丝电阻。

(2) 热敏电阻温度计

由金属氧化物半导体材料制成的电阻温度计，也叫热敏电阻温度计。热敏电阻的电阻值会随着温度的变化而发生显著的变化，它是一个对温度变化极其敏感的元件，对温度的灵敏度比铂电阻、热电偶等其他感温元件高得多。目前，常用的热敏电阻能直接将温度变化转换成电性能，如电压或电流的变化，测量电性能变化就可得到温度变化结果。热敏电阻与温度之间并非线性关系，但当测量温度范围较小时，可近似为线性关系。实验证明，其测定温差的精度足以和贝克曼温度计媲美，而且还具有热容量小、响应快、便于自动记录等优点。现在，实验中已用此种温度计制成的温差测量仪代替贝克曼温度计。

3. 热电偶温度计

热电偶温度计是由两种不同金属导体构成一个闭合线路，如果连接点温度不同，回路中将会产生一个与温差有关的电势，称为温差电势，这样的一对金属导体称为热电偶（如图 2－23 所示），可以利用其温差电势测定温度。

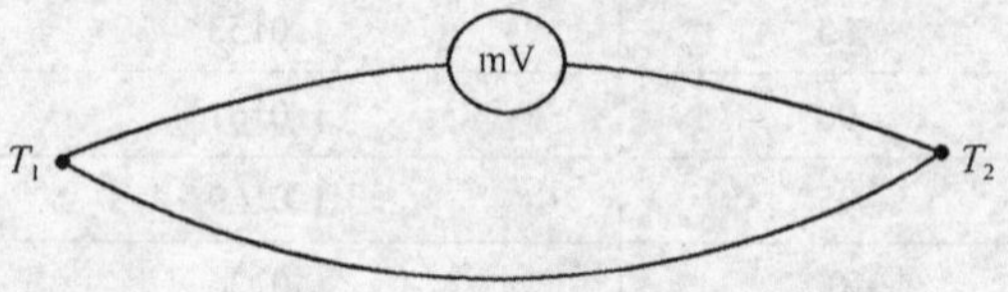

图 2－23　热电偶示意图

但也不是任意两种不同材料的导体都可做热电偶，热电偶材料应具有物理、化学性质稳定，在测定的温度范围内不发生蒸发和相变现象、不发生化学变化，不易氧化、还原，不易腐蚀；热电势与温度成简单函数关系，最好是呈线性关系；微分热电势要大，电阻温度系数要比导电率高；易于加工，重复性好；价格便宜。不同材质的热电偶使用温度及热电势系数见表 2－9。

表 2－9　热电偶基本参数

温度计		使用范围/℃	分辨率/℃
热电偶温度计	铜－康铜	－100～200	10^{-3}
	镍铬－考铜	0～600	10^{-3}
	镍铬－镍硅	200～1200	10^{-3}
	铂－铂铑	0～1600	10^{-2}

这些热电偶可用相应的金属导线熔接而成。铜和康铜熔点较低，可蘸以松香或其他非腐蚀性的焊药在煤气焰中熔接。但其他几种热电偶则需要在氧焰或电弧中熔接。焊接时，先将两根金属线末端的一小部分拧在一起，在煤气灯上加热至 200～300℃，沾上硼砂粉末，然后让硼砂在两金属丝上熔成一硼砂球，以保护热电偶丝不被氧化，再利用氧焰或电弧使两金属熔接在一起。使用时一般将热电偶的一个接点放在待测物体（热端）中，而另一接点则放在储有冰水的保温瓶（冷端）中，这样可以保持冷端的温度稳定（见图 2－24）。有时为了使温差电势增大，增加测量精确度，可将几个热电偶串联成热电堆使用（见图 2－25），热电堆的温差电势等于各个电偶热电势之和。

温差电势可以用电位差计或毫伏计测量，精密的测量可使用灵敏检流计或电位差计，使用热电偶温度计测定温度，就得把测得的电动势换算成温度值。因此，要作出温度与电动势的校正曲线。

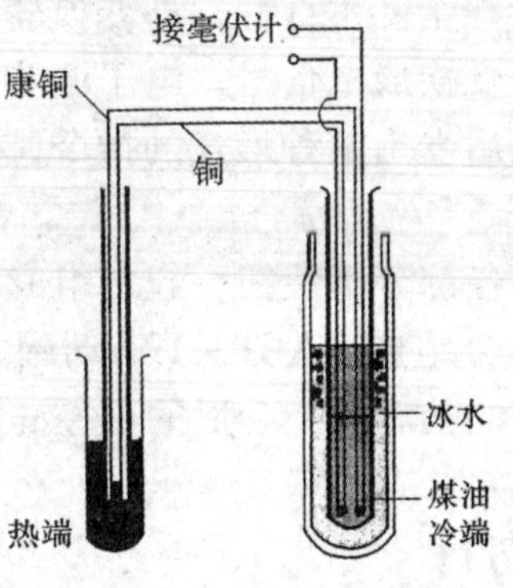

图 2 - 24　一对串联热电偶的连接

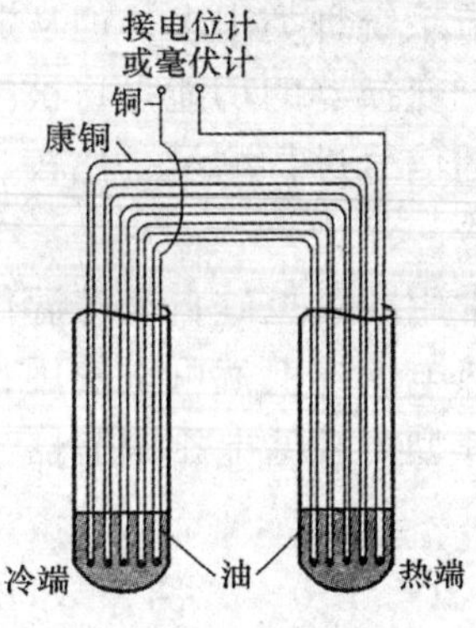

图 2 - 25　五对串联电偶的连接

(1) 热电偶的校正方法

①利用纯物质的熔点或沸点进行校正。由于纯物质发生相变时的温度是恒定不变的，因此，挑选几个已知沸点或熔点的纯物质分别测定其加热或步冷曲线（$U-T$ 关系曲线），曲线上水平部分所对应的 mV 数即相应于该物质的熔点或沸点，据此作出 $U-T$ 曲线，即为热电偶温度计的工作曲线。在以后的实际测量中，只要使用的是这套热电偶温度计，就可使用这条工作曲线确定待测体系的温度。

②利用标准热电偶校正。将待校热电偶与标准热电偶（电势 U 与温度 T 的对应关系已知）的热端置于相同的温度处，进行一系列不同的温度点的测定，同时读取 mV 数，借助于标准热电偶的电动势与温度的关系而获得待校热电偶温度计的一系列 $U-T$ 关系，制作工作曲线。高温下，一般常用铂 - 铂铑为标准热电偶。

(2) 热电偶温度计使用注意

①易氧化的金属热电偶（铜 - 康铜）不应插在氧化气氛中，易还原的金属热电偶（铂 - 铂铑）不应插在还原气氛中。

②热电偶可以和被测物质直接接触，一般都直接插在被测物中；如不能直接接触，则需将热电偶插在一个适当的套管中，再将套管插在待测物中，在套管中加适当的石蜡油，以便改进导热情况。

③冷端的温度需保证准确不变，一般放在冰水中。

④接入测量仪表前，需先小心判别其“+”、“-”端。

⑤选择热电偶时应注意：在使用温度范围内，温差电势与温度最好成线性关系。并且选择温差电势的温度系数大的热电偶，以增加测量的灵敏度。

2 - 12.2　控温技术

恒温控制技术分为两大类：一类是利用物质的相变点温度来获得恒温，如液氮（77.3K）、干冰（194.7K）、冰 - 水（273.15K）、$Na_2SO_4 \cdot 10H_2O$（305.6K）、沸水（373.15K）、沸点萘（491.2K）等。这些物质处于相平衡时构成一个“介质浴”，将需要恒温的研究对象置于这个介质浴中，可以获得一个高度稳定的恒温条件。如果介质是纯物质，则恒温的温度就是该介质的相变温度，而不必另外精确标定。其缺点是恒温温度不能随意调节。另一类是利用电子调节系统进行温度控制，如电冰箱、恒温水浴、高温电炉等。此方法控温范围宽，可以任意调节设定温度。

电子调节系统种类很多，但从原理上讲，它包括三个基本部件，即变换器、电子调节器和执行系统。变换器的功能是将被控对象的温度信号变换成电信号；电子调节器的功能是对来自变换器的信号进行测量、比较、放大和运算，最后发出某种形式的指令，使执行系统进行加热或致冷。

实验室常用的可控硅自动控温仪有两种：一种是各部分组装在一起，组成一台完整的仪器，只要把热电偶连上就可以使用；另一种是由两部分组成：XCT－191 动圈式温度指示调节仪和 ZK－1 型可控硅电压调节器，用时要根据具体的功率配上合适的可控硅。

§2－13 压力计

2－13.1 压力计的类型

压力计的种类很多，有福廷式气压计、液柱式压力计、弹性式压力计、空盒气压表、数字式低真空压力测试仪。

2－13.2 压力计的使用

1. 福廷式气压计

(1) 结构原理

福廷式气压计构造如图 2－26 所示。它的外部是一黄铜管，管的顶端有悬环，用以悬挂在实验室的适当位置。气压计内部是一根长 90cm 上端封闭的长玻璃管，管中装有汞，倒插在下部汞槽内，管中汞面的上部为真空。汞槽底部是一羚羊皮袋，下端由螺旋支持，转动此螺旋可调节槽内汞面的高低。汞槽的顶盖上有一倒置的象牙针，其针尖是黄铜标尺刻度的零点。此黄铜标尺上附有游标尺，转动游标调节螺旋，可使游标尺上下游动。

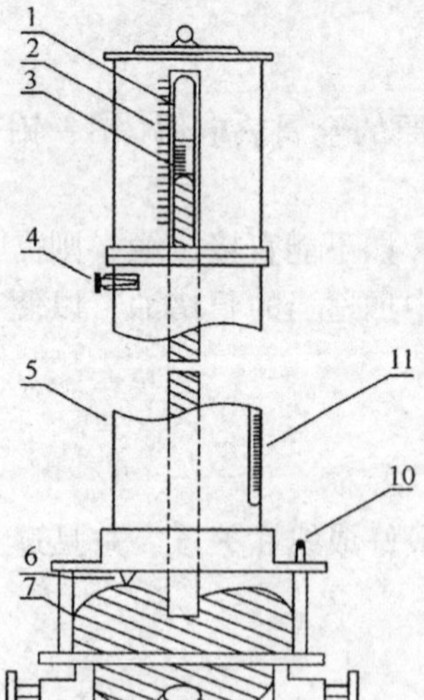

图 2－26 福廷式气压计
1—玻璃管；2—黄铜标尺；3—游标尺；4—调节螺栓；5—黄铜管；6—象牙针；7—汞槽；8—羚羊皮袋；9—调节汞面的螺栓；10—气孔；11—温度计

福廷式气压计是一种真空压力计，其原理如图 2－27 所示：当大气压力与汞槽内的汞面达到平衡时，汞就会在玻璃管内上升到一定高度，通过测量汞柱的高度，就可以确定大气压力的数值。

(2) 使用方法

①调节汞槽内的汞面高度。慢慢旋转底部的汞面调节螺旋，调节汞槽内汞面的高度，使槽内汞面升高。利用汞槽后面瓷板的反光，注视汞面与象牙尖的空隙，直至汞面与象牙尖刚刚接触，然后用手轻轻扣动铜管使玻璃管上部汞面凸面正常。稍等几秒钟，待象牙针尖与汞面的接触无变动为止。

②调节游标尺。转动游标尺螺旋，使游标尺升起，并使下沿略高于汞面。然后慢慢调节游标，直到游标尺底边及其后边金属片的底边同时与汞面凸面顶端相切。这时观察者眼睛的位置应和游标尺前后两个底边的边缘在同一水平面，如图 2－28 所示。

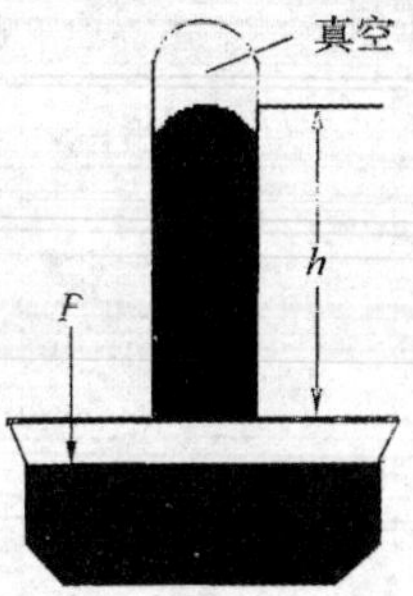

图 2－27　气压计原理示意图

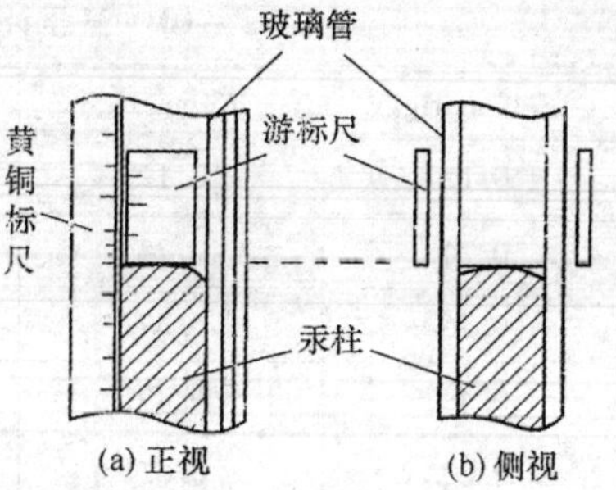

图 2－28　游标尺位置的调节示意图

③读数。当游标尺的零线与黄铜标尺中某一刻度线恰好重合时，则黄铜标尺上该刻度的数值便是大气压值，无须使用游标尺。当游标尺的零线不与黄铜标尺上任何一刻度重合时，那么游标尺零线所对应标尺上的刻度，则是大气压值的整数部分(mm)。再从游标尺上找出一根恰好与标尺上的刻度相重合的刻度线，则游标尺上刻度线的数值便是气压值的小数部分。

④复原。记下读数后，将气压计底部螺旋向下移动，使汞面离开象牙针尖。记下气压计的温度及所附卡片上气压计的仪器误差值。

(3) 气压计读数的校正

当气压计的汞柱与大气压力 p 平衡时，则 $p=\rho gh$。由于气压计上黄铜标尺的长度随温度而变，汞的体积质量 ρ 也随温度而变，而重力加速度 g 随纬度和海拔高度而变。因此，规定以温度为0℃、重力加速度 $g=9.80665\mathrm{m\cdot s^{-2}}$ 条件下的汞柱为标准来度量大气压力，此时汞的密度 $\rho=13.5951\mathrm{kg\cdot dm^{-3}}$。因此，凡是不符合上述规定所读得的大气压力值，除仪器误差校正外，在精密的测量工作中还必须进行温度、纬度和海拔高度的校正。

①仪器误差校正。由汞的表面张力引起的误差、汞柱上方残余气体的影响以及气压计制作时的误差等，在出厂时都已作了校正。在使用时，由气压计上读得的示值，首先应按照制造厂所附的仪器误差校正卡上的校正值进行校正。对于某一气压计来说，这项校正值是常量。

②温度校正。由于汞密度随温度而改变，因而温度变化会影响汞柱的高度。同时由于铜管本身的热胀冷缩，也会影响刻度的准确性。当温度升高时，前者引起偏高，后者引起偏低。由于汞的膨胀系数较铜管的大，因此当温度高于0℃时，经仪器校正后的气压值应减去温度校正值；当温度低于0℃时，要加上温度校正值。气压计的温度校正公式如下：

$$p_0=\frac{1+\beta t}{1+\alpha t}p=p-p\frac{\alpha-\beta}{1+\alpha t}t$$

式中，p 为气压计读数，mmHg；t 为气压计的温度，℃；α 为汞柱在0～35℃之间的平均体膨胀系数，$\alpha=0.0001818$；β 为黄铜的线膨胀系数，$\beta=0.0000184$；p_0 为读数校正到0℃时的气压值，mmHg。显然，温度校正值即为 $p\frac{\alpha-\beta}{1+\alpha t}$。其数值列有数据表(表2－10)，实际校正时，读取 p，t 后可查表求得。

表 2-10 气压计读数的温度校正值

温度/℃	740mmHg	750mmHg	760mmHg	770mmHg	780mmHg
1	0.12	0.12	0.12	0.13	0.13
2	0.24	0.25	0.25	0.25	0.15
3	0.36	0.37	0.37	0.38	0.38
4	0.48	0.49	0.50	0.50	0.51
5	0.60	0.61	0.62	0.63	0.64
6	0.72	0.73	0.74	0.75	0.76
7	0.85	0.86	0.87	0.88	0.89
8	0.97	0.98	0.99	1.01	1.02
9	1.09	1.10	1.12	1.13	1.15
10	1.21	1.22	1.24	1.26	1.27
11	1.33	1.35	1.36	1.38	1.40
12	1.45	1.47	1.49	1.51	1.53
13	1.57	1.59	1.61	1.63	1.65
14	1.69	1.71	1.73	1.76	1.78
15	1.81	1.83	1.86	1.88	1.91
16	1.93	1.96	1.98	2.01	2.03
17	2.05	2.08	2.10	2.13	2.16
18	2.17	2.20	2.23	2.26	2.29
19	2.29	2.32	2.35	2.38	2.41
20	2.41	2.44	2.47	2.51	2.54
21	2.53	2.56	2.60	2.63	2.67
22	2.65	2.69	2.72	2.76	2.79
23	2.77	2.81	2.84	2.88	2.92
24	2.89	2.93	2.97	3.01	3.05
25	3.01	3.05	3.09	3.13	3.17
26	3.13	3.17	3.21	3.26	3.30
27	3.25	3.29	3.34	3.38	3.42
28	3.37	3.41	3.46	3.51	3.55
29	3.49	3.54	3.58	3.63	3.68
30	3.61	3.66	3.71	3.75	3.80
31	3.73	3.78	3.83	3.88	3.93
32	3.85	3.90	3.95	4.00	4.05
33	3.97	4.02	4.07	4.13	4.18
34	4.09	4.14	4.20	4.25	4.31
35	4.21	4.26	4.32	4.38	4.43

③海拔高度及纬度的校正。重力加速度(g)随海拔高度及纬度不同而异，致使汞的重量受到影响，从而导致气压计读数的误差。可以根据气压计所在地纬度及海拔高度进行校正。此项校正值很小，在一般实验中不必考虑。

④汞蒸气压的校正、毛细管效应的校正等，因校正值极小，一般都不考虑。

（4）使用时注意事项

①调节螺旋时动作要缓慢，不可旋转过急。

②在调节游标尺与汞柱凸面相切时，应使眼睛的位置与游标尺前后下沿在同一水平线上，然后再调到与汞柱凸面相切。

③发现槽内汞不清洁时，要及时更换汞。

2. 液柱式压力计

液柱式压力计是化学实验中用得比较多的压力计。它构造简单、使用方便，能测量微小压力差，测量准确度比较高，且制作容易、价格低廉，但是测量范围不大，示值与工作液密度有关。它的结构不牢固，耐压程度较差。现简单介绍一下U形压力计。

液柱式U形压力计由两端开口的垂直U形玻璃管及垂直放置的刻度标尺所构成。管内下部盛有适量工作液体作为指示液。图2－29中U形管的两支管分别连接于两个测压口。因为气体的密度远小于工作液的密度，因此，由液面差Δh及工作液的密度ρ、重力加速度g可以得到下式：

$$p_1 = p_2 + \Delta h \cdot \rho g$$

式中，ρ为给定温度下工作液体的密度，g为重力加速度。这样，压力差($p_1 - p_2$)的大小就可用液面差Δh来度量。若U形管的一端是开口(通大气)的，则可测得系统的压力与大气压力之差。

U形压力计可用来测量两气体压力差、气体的表压(p_1为测量气压，p_2为大气压)、气体的绝对压力(令p_2为真空，p_1所示即为绝对压力)、气体的真空度(p_1通大气，p_2为负压，可测其真空度)。绝对压、表压与真空度的关系见图2－30。

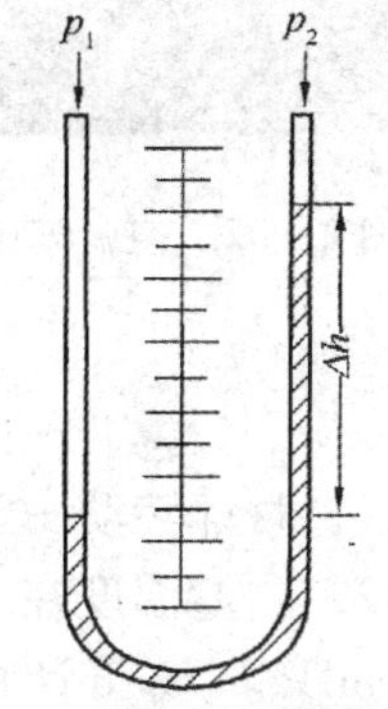

图2－29　U形压力计示意图

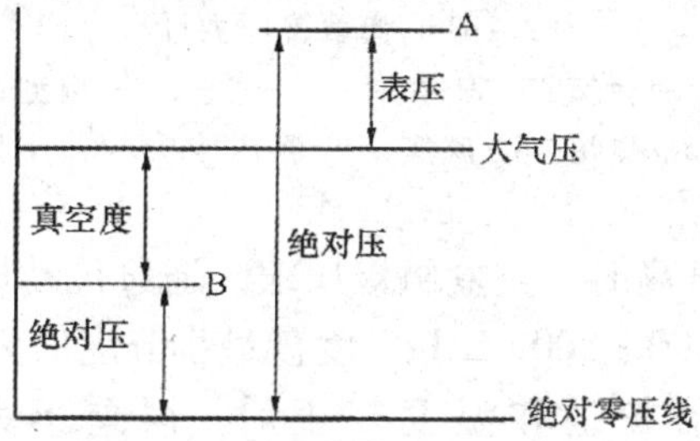

图2－30　绝对压、表压与真空度的关系

U形气压计工作液体应选择不与被测系统内的物质发生化学作用也不互溶，且沸点较高的物质。在一定的压差下，选用液体的体积质量越小，液面差Δh就越大，测量的灵敏度也就越高。最常用的工作液体是汞，其次是水。由于汞蒸气对人体有毒，为了防止汞的扩散，可在汞的液面上加上少量的隔离液，如石蜡油、甘油或盐水等。

3. 弹性式压力计

利用弹性元件的弹性力来测量压力，是测压仪表中非常重要的一种形式。由于弹性元件的结构和材料不同，它们具有各不相同的弹性位移与被测压力的关系。化学实验中接触较多的为单管弹簧管式压力计。这种压力计的压力由弹簧管固定端进入，通过弹簧管自由端的位移带动指针运动，指示压力值。其结构如图 2 – 31 所示。

使用弹性式压力计时应注意：①合理选择压力表量程。为了保证足够的测量精度，选择的量程应在仪表分度标尺的 1/2 ~ 3/4 范围内；②使用时环境温度不得超过 35℃，如超过应给予温度修正；③测量压力时，压力表指针不应有跳动和停滞现象；④对压力表应定期进行校验。

4. 空盒气压表

空盒气压表(图 2 – 32）又称固体金属气压表，是以弹性金属做成的薄膜空盒作为感应元件，它将大气压力转换成空盒的弹性位移，通过杠杆和传动机构带动指针。当顺时针方向偏转时，指针就指示出气压升高的变化量；反之，当指针逆时针方向偏转时，指示出气压降低的变化量。当空盒的弹性应力与大气压力相平衡时，指针就停止转动，这时指针所指示的气压值就是当时的大气压力值。空盒气压表体积小、重量轻，不需要固定，只要求仪器工作时水平放置。但其精确度不如福廷式气压计。

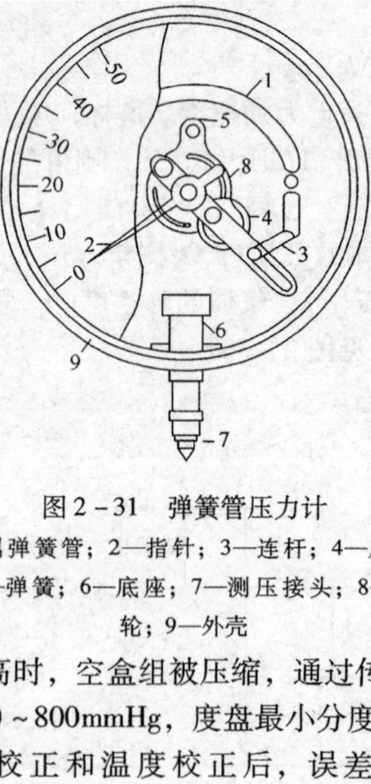

图 2 – 31　弹簧管压力计

1—金属弹簧管；2—指针；3—连杆；4—扇型齿轮；5—弹簧；6—底座；7—测压接头；8—小齿轮；9—外壳

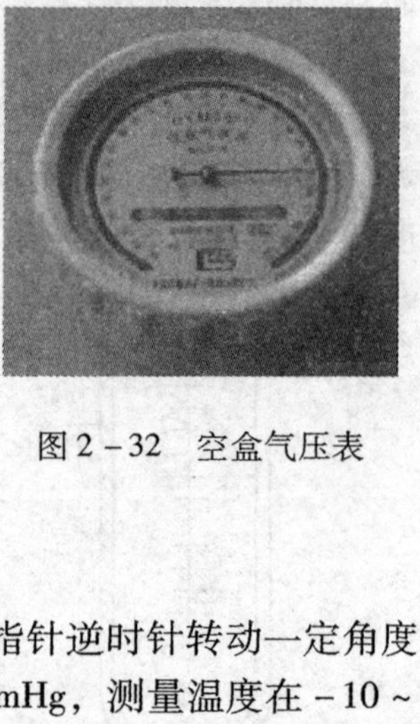

图 2 – 32　空盒气压表

当大气压升高时，空盒组被压缩，通过传动机构使指针逆时针转动一定角度。空盒气压表测量范围为 600 ~ 800mmHg，度盘最小分度值为 0. 5mmHg，测量温度在 – 10 ~ +40℃范围内。读数经仪器校正和温度校正后，误差不大于 1. 5mmHg。气压计的仪器校正值为 +0. 7mmHg。温度每升高 1℃，气压计校正值为 – 0. 05mmHg。例如，16. 5℃时，空盒气压表上的读数为 724. 2mmHg。仪器校正值为 +0. 7mmHg，温度校正值为：

$$16.5 \times (-0.05) = -0.8(\text{mmHg})$$

仪器刻度校正值由表 2 – 11 查得为 +0. 6mmHg，校正后大气压为：

$$724.2 + 0.7 - 0.8 + 0.6 = 724.7(\text{mmHg}) = 9.662 \times 10^4(\text{Pa})$$

5. 数字式低真空压力测试仪

数字式低真空压力测试仪是运用压阻式压力传感器原理测定实验系统与大气压之间压差

的仪器。该类仪器的测压接口在仪器后的面板上。使用时，先将仪器按要求连接在实验系统上（注意实验系统不能漏气），再打开电源预热10min；然后选择测量单位，调节旋钮，使数字显示为零；最后开动真空泵，仪器上显示的数字即为实验系统与大气压之间的压差值。测量范围 -100 ~ 100kPa，环境温度 -20 ~ 40℃。

表 2-11　仪器刻度校正值

仪器示度	校正值/mmHg	仪器示度	校正值/mmHg
790	-0.8	680	+0.2
780	-0.4	670	0.0
760	0.0	660	-0.2
750	+0.1	650	-0.1
740	+0.2	640	0.0
730	+0.5	630	-0.2
720	+0.7	620	-0.4
710	+0.4	610	-0.6
700	+0.2	600	-0.8
690	+0.2		

单元3 玻璃仪器

在化学实验中，经常会用到各种各样的玻璃仪器。有的玻璃仪器用作反应容器，有的用作计量容器，有的用于其他用途。因此，正确认识、选择和使用这些仪器，是开展化学实验的基础。

§3－1 常用玻璃仪器

玻璃仪器，按其用途可分为：容器类仪器、量器类仪器及其他类仪器。

3－1.1 容器类仪器

常温或加热条件下物质的反应容器或物质的储存容器均可称为容器。该类仪器包括试管、烧杯、烧瓶、锥形瓶、广口瓶、细口瓶、滴瓶、称量瓶、洗气瓶和分液漏斗等，详见表3－1。每种类型的仪器又有许多不同的规格，使用时，可根据具体的用途和用量，选择不同种类和不同规格的容器。并注意认真阅读使用说明和注意事项，特别注意容器的加热方法，以防操作不慎损坏仪器。

3－1.2 量器类仪器

用于度量溶液体积的仪器均可称为量器类仪器。主要有量筒、量杯、移液管、吸量管、滴定管和容量瓶等，详见表3－1。每种类型又有许多不同的规格，应遵循保证实验结果精确度的原则选择度量容器。量器类仪器不能用于溶解、稀释等操作，也不能量取热溶液、加热和长期存放溶液。

表3－1 化学实验常用仪器介绍

仪 器	种类与规格	主要用途	使用注意事项
 烧杯	玻璃质分硬质和软质；有一般型和高型、有刻度和无刻度几种； 规格：按容量（mL）分为50、100、150、200、250、500等	（1）常温和加热条件下，用于反应物量较多时的反应容器，反应物易混合均匀； （2）配制溶液	（1）反应液体不得超过烧杯容量的2/3； （2）加热前要把烧杯外壁擦干，加热时应放在石棉网上，使之受热均匀
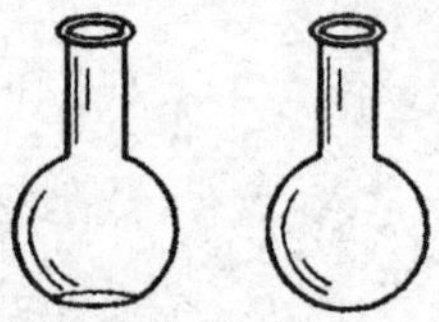 平底烧瓶 圆底烧瓶	玻璃质分硬质和软质；有圆底、平底、长颈、短颈、粗口、细口和蒸馏烧瓶几种； 规格：按容量（mL）分为50、100、250、500、1000等	（1）圆底烧瓶：常温或加热条件下用作反应容器，且可长时间加热的反应容器； （2）平底烧瓶：配制溶液或代替圆底烧瓶； （3）蒸馏烧瓶：液体蒸馏，少量气体发生装置用	（1）盛放液体的量不能超过烧瓶容量的2/3，也不能太少； （2）固定在铁架台上，垫上石棉网再加热，不能直接加热，加热前外壁要擦干

续表

仪　器	种类与规格	主要用途	使用注意事项
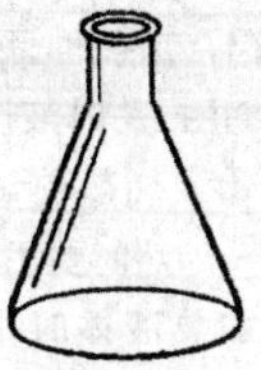 锥形瓶	玻璃质分硬质和软质；有细口、广口、微型、有塞和无塞几种； 规格：按容量（mL）分为50、100、150、200、250等	（1）用作反应容器； （2）用于滴定操作	（1）盛液不能太多； （2）不能直接加热，加热时下面应垫石棉网或置于水浴中加热
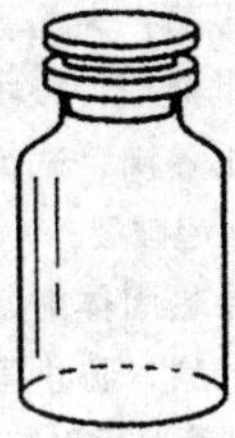 广口瓶	玻璃质，有无色和棕色的，有磨口和非磨口的；磨口有塞，若无塞且口上是磨砂的则为集气瓶； 规格：按容量（mL）分为30、60、125、250、500等	（1）用于储存固体药品； （2）集气瓶用于收集气体	（1）不能直接加热，不能放碱。瓶塞不得弄脏，不要互换； （2）作气体燃烧实验时，瓶底应放少许砂子或水； （3）收集气体后，要用毛玻璃片盖住瓶口
 细口瓶	玻璃质，有无色、棕色和蓝色的，有磨口和非磨口的之分；规格：按容量（mL）分为100、125、500、1000等	用于储存溶液或液体药品	（1）不能直接加热，瓶塞不得弄脏，不要互换； （2）盛放碱液应改用胶塞； （3）有磨口塞的细口瓶不用时应洗净，并在磨口处垫上纸条； （4）有色瓶盛放见光易分解或不太稳定的物质的溶液或液体
 滴瓶	玻璃质，分有色和无色两种，滴管上带有橡皮胶头； 规格：按容量（mL）分为15、30、60、125等	盛放少量液体试剂或溶液，便于取用	（1）棕色瓶盛放见光易分解或不稳定的物质； （2）滴管不能吸得太满，不能倒置，更不能弄脏或互换
 洗气瓶	玻璃质，有多种形状； 规格：按容量（mL）分为125、250、500等	净化气体用	（1）接法要正确，进气管通入液体中； （2）洗涤液为洗气瓶容积的1/3，不得超过1/2

续表

仪　器	种类与规格	主要用途	使用注意事项
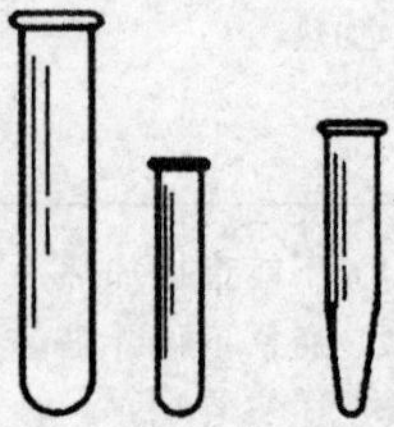 试管　离心试管	玻璃制品，分硬质和软质；有普通试管和离心试管；普通试管有翻口、平口、有刻度、无刻度、有支管和无支管，有塞和无塞几种；离心试管有刻度和无刻度之分； 规格：无刻度试管按管口外径（mm）×管长（mm）分有：8×70、10×75、10×100、12×100、15×150、30×200等； 有刻度试管和离心试管按容量（mL）分为5、10、15、20、25等	（1）常温和加热条件下，用作少量试剂的反应容器，便于操作和观察； （2）收集少量气体用； （3）有支管试管还可以检验气体产物，也可接到装置上用； （4）离心试管可用作沉淀分离	（1）反应液体不超过试管容积1/2，加热时不超过1/3，以防止振荡时液体溅出或受热溢出。加热前试管外壁要擦干，加热时要用试管夹； （2）加热液体时，管口不要对人，防止液体溅出伤人。将试管倾斜与桌面成45°，同时不断振荡，火焰上端不能超过管里液面，以扩大受热面，防止爆沸、试管受热不均匀而引起破裂； （3）加热固体时，管口应略向下倾斜，防止管口冷凝水回流到管底而引起破裂； （4）离心试管不能直接加热
 称量瓶	玻璃质，分高型和矮型两种； 规格：按容量（mL）分，高型有10、20、25、40等，矮型有5、10、15、30等	准确称取一定量固体药品时用	（1）不能加热； （2）盖子是磨口配套的，不得弄脏、丢失； （3）不用时应洗净，在磨口处垫上纸条
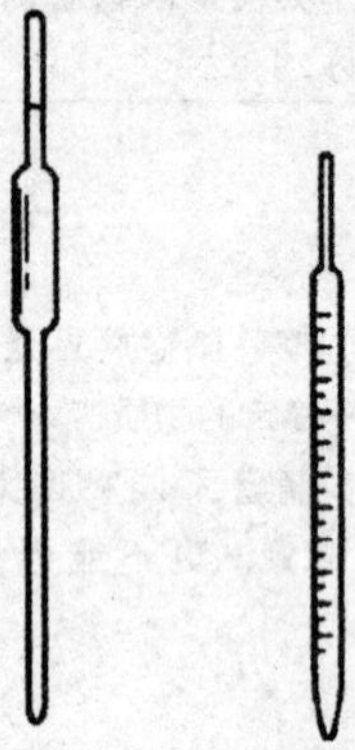 移液管　吸量管	玻璃质，分有刻度管型和单刻度大肚型两种，无刻度的叫移液管，有刻度的叫吸量管； 规格：按刻度最大标度（mL）分为1、2、5、10、25、50等	用于准确移取一定体积的液体	（1）将液体吸入，液面超过刻度线，再用食指按住管口，轻轻转动放气，使液面降至刻度线后，用食指按住管口，移往指定容器上，放开食指，使液体注入容器中； （2）移取液体前要先用少量待移取液淋洗三次； （3）未标明“吹”字的容器，不要将残留在尖嘴内的液体吹出，因为校正容量时未考虑这一滴液体
 分液漏斗	玻璃质，有球形、梨形、筒形和锥形几种； 规格：按容量（mL）分为50、100、250、500等	（1）用于互不相溶的液－液分离； （2）气体发生器装置中加液	（1）不能加热； （2）塞上涂一薄层凡士林，旋塞处不能漏液； （3）分液时，下层液体从漏斗管流出，上层液体从上口倒出； （4）装气体发生器时，漏斗管应插入液面内（漏斗管不够长，可接管）或改装成恒压漏斗

仪 器	种类与规格	主要用途	使用注意事项
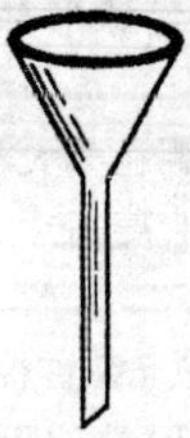  长颈漏斗 漏斗	玻璃质和搪瓷质，有长颈和短颈两种； 规格：按斗颈(mm)分为30、40、60、100、120等； 铜制热漏斗专用于热过滤	(1) 用于过滤； (2) 倾注液体； (3) 长颈漏斗常装配气体发生器加液用	(1) 不能直接加热； (2) 过滤时漏斗颈尖端必须紧靠盛接滤液的容器壁； (3) 长颈漏斗加液时，斗颈末端应插入液面内
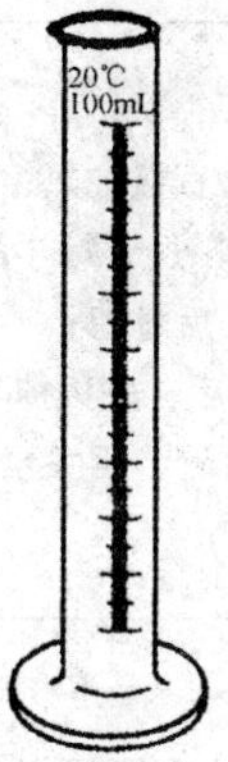  量筒 量杯	玻璃质； 规格：按容量(mL)分为5、10、20、25、50、100、200等	用于量取一定体积的液体	(1) 竖直放在桌面上，读数时，视线应和液面水平，读取与弯月面底相切的刻度； (2)不能加热，不能做实验容器； (3) 不能量热的溶液或液体
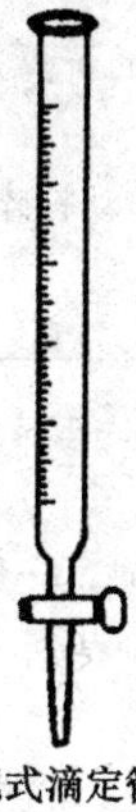 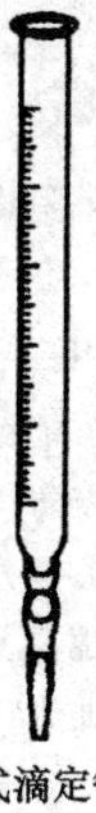 配式滴定管 碱式滴定管	玻璃质，分酸式滴定管和碱式滴定管两种； 规格：按刻度最大标度(mL)分为25、50、100等	滴定时准确测量溶液的体积	(1) 洗涤前应先检查是否漏液，旋塞转动是否灵活； (2) 用前洗净，装液前要用待装溶液淋洗三次。初读数前要赶尽气泡； (3) 滴定时，用左手开启旋塞或挤压橡皮管内玻璃珠，溶液即可从滴管中放出； (4) 酸管和碱管不能对调使用
 容量瓶	玻璃质，分棕色和无色两种； 规格：按刻度以下容量(mL)分为5、10、25、50、100、150、200、250等	配制准确浓度溶液时用	(1) 溶质先在烧杯内溶解，然后转入容量瓶； (2) 不能加热，不能在其中溶解固体，瓶塞与瓶配套，不能互换
 表面皿	玻璃质； 规格：按口径(mm)分为45、65、75、90等	(1) 用于产品的干燥； (2) 盖在烧杯上，防止液体溅出或其他用途	不能用火直接加热，以防破裂

续表

仪器	种类与规格	主要用途	使用注意事项
 干燥管	玻璃质，形状多样； 规格：以大小表示	干燥气体	（1）干燥剂置球形部分，不宜过多； （2）干燥剂颗粒要大小适宙，填充时松紧要适中，不与气体反应； （3）两端要填充少许棉花，干燥剂变潮后要立即更换，用后要及时清洗
 吸滤瓶　布氏漏斗 （或抽滤瓶）	吸滤瓶玻璃质，按容量（mL）分为 50、100、250、500 等； 布氏漏斗瓷质，规格以直径（mm）表示	两者配套用于晶体或沉淀的减压过滤，利用水泵或真空泵降低吸滤瓶中压力来加速过滤	（1）不能用火直接加热； （2）滤纸要略小于漏斗的内径。先开泵，后过滤； （3）过滤完毕后，先拔掉与吸滤瓶相连的胶管，再关泵
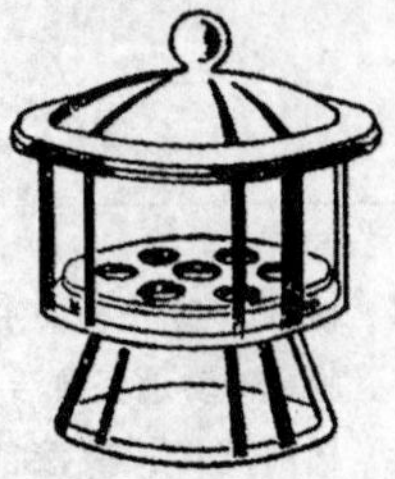 干燥器	玻璃质，有普通干燥器和真空干燥器； 规格：以直径（cm）表示分为 15、18、30 等	（1）内放干燥剂，定量分析时，将灼烧过的坩埚置于其中冷却； （2）存放物品，以免物品吸收水气	（1）灼烧过的物体放入干燥器前湿度不能过高； （2）干燥器中的干燥剂要及时更换； （3）防止盖子滑动打碎
 蒸发皿	瓷质、玻璃、石英、铂等不同质地，有平底和圆底两种； 规格：按容量（mL）分为 75、200、400 等	用于蒸发、浓缩溶液，口大底浅，蒸发速率快；随液体性质不同选用不同质地的蒸发皿	（1）能耐高温，但不宜骤冷，以防止破裂； （2）蒸发溶液时，一般放在石棉网上加热，也可直接用火加热
 坩埚	瓷质、石英、铁、镍或铂等不同质地； 规格：按容量（mL）分为 10、15、25、50 等	灼烧固体时用，随固体性质不同选用不同质地的坩埚	（1）可放在泥三角上直接用火灼烧至高温； （2）灼烧完毕后用坩埚钳取下坩埚，放在石棉网上； （3）坩埚钳应预热，以防止骤冷坩埚破裂
 研钵	质地有铁、瓷、玻璃、玛瑙等； 规格：以不同口径大小表示	用于研磨固体物质；按固体的性质和硬度选用不同质地的研钵	（1）不能用作反应容器； （2）只能研磨，不能敲击（铁研钵除外）； （3）放入量不宜超过研钵容积的 1/3

续表

仪　器	种类与规格	主要用途	使用注意事项
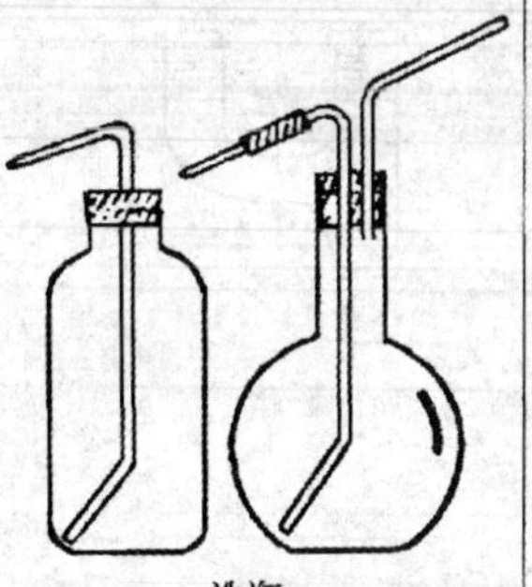 洗瓶	有塑料洗瓶和玻璃洗瓶； 规格：按容量(mL)分为250、500等	用蒸馏水洗涤沉淀和容器用	塑料洗瓶不能加热
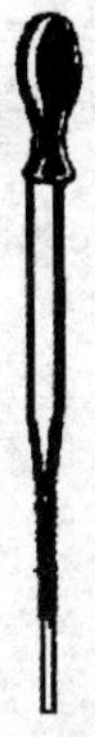 滴管	由尖嘴玻璃管和橡皮乳头构成	用于吸取或滴加少量(数滴或1～2mL)试剂，或吸取沉淀上层清液以分离沉淀	(1)滴加试剂时，要保持垂直，避免倾斜，忌倒立； (2)除吸取溶液外，管尖不可接触其他器物，以免杂质沾污

使用玻璃仪器时应注意：轻拿轻放，除少数仪器(如试管等)外，都不能直接用火加热。锥形瓶不耐压，不能用于减压。厚壁玻璃器皿(如抽滤瓶等)不耐热，不能加热。广口容器(如烧杯等)不能用来储放有机溶剂。带活塞的玻璃器皿用过洗涤后，在活塞与磨口间应垫上纸片，以防粘连。此外，不能将温度计用做搅拌棒，也不能用来测量超过刻度范围的温度。温度计使用后要缓慢冷却，不可立即用冷水冲洗，以免因温度骤然变化而炸裂。玻璃仪器用完后都要及时清洗、晾干。

3-1.3　磨口玻璃仪器

在有机实验中，为了防止有机物对连接仪器所用的橡皮管、橡皮塞溶解与腐蚀而造成反应物或生成物的污染，常使用带标准磨口的玻璃仪器，简称磨口仪器。它与相应的普通玻璃仪器的区别在于将玻璃仪器的各个接头处加工成国际通用技术标准的磨口，即标准磨口。内外磨口之间能互相紧密连接，因而不需要软木塞或橡皮塞，且装配容易，拆洗方便，也可用于减压等操作。这种仪器具有标准化、通用化、系列化的特点。玻璃仪器之间进行组合时，相同编号的标准磨口可以直接连接。编号不同的仪器不可以直接相连，可借助两端不同编号的磨口接头(变径)使其相互连接。磨口接头通常用两个数字表示变径的大小，如接头14×19，表示该接头的一端为14号磨口，另一端为19号磨口。半微量仪器一般为10号和14号磨口，常量仪器磨口为19号以上。由于玻璃仪器容量大小及用途不一，故有不同编号的标准磨口。

常用的标准磨口有10、14、19、24、29、34、40、50等多种。这里的编号数字是指磨口最大端的直径(以 mm 为单位)。有的磨口玻璃仪器也常用两个数字表示磨口大小，例如14/30 则表示此磨口处直径为 14mm，磨口长度为 30mm。常用磨口仪器如图 3 -1 所示。

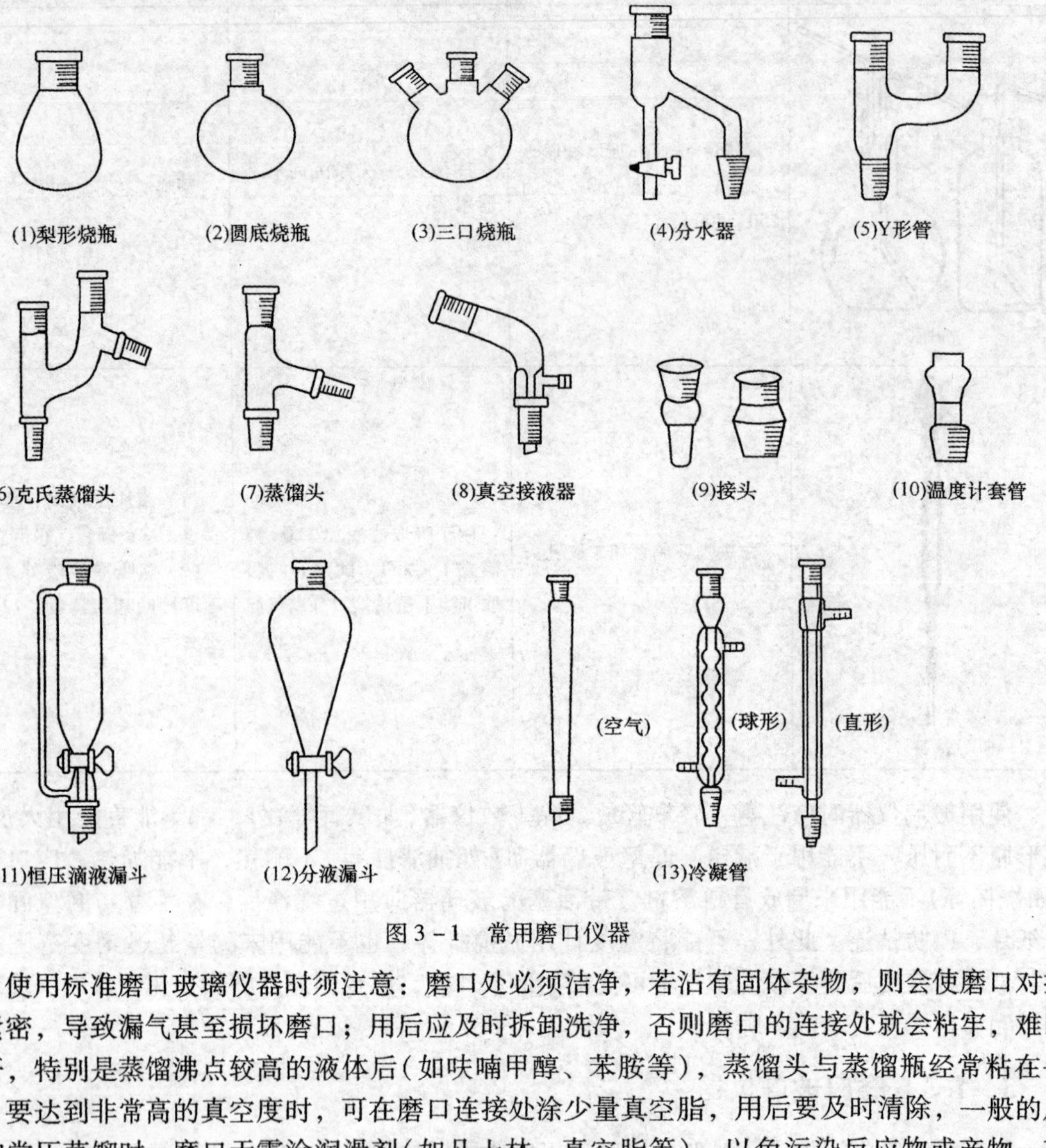

图 3 -1　常用磨口仪器

使用标准磨口玻璃仪器时须注意：磨口处必须洁净，若沾有固体杂物，则会使磨口对接不紧密，导致漏气甚至损坏磨口；用后应及时拆卸洗净，否则磨口的连接处就会粘牢，难以拆开，特别是蒸馏沸点较高的液体后(如呋喃甲醇、苯胺等)，蒸馏头与蒸馏瓶经常粘在一起；要达到非常高的真空度时，可在磨口连接处涂少量真空脂，用后要及时清除，一般的反应和常压蒸馏时，磨口无需涂润滑剂(如凡士林、真空脂等)，以免污染反应物或产物，若反应中有强碱，则应涂润滑剂，以免磨口连接处遭碱腐蚀粘牢而无法拆开；安装标准磨口玻璃仪器装置时应注意整齐、端正，磨口要对齐，松紧适度。

1. 烧瓶

有机反应一般在烧瓶内进行，在烧瓶外部往往需要加热或冷却，反应时间也较长。为了满足实验的需要，实验室有多种烧瓶以备使用，例如圆底烧瓶[图 3 -1(2)]的瓶口比较结实耐压，在回流、蒸馏及有机反应实验中经常使用，梨形瓶[图 3 -1(1)]适用于半微量操作；实验涉及搅拌和回流等较复杂操作时，应选用多口烧瓶，如两颈瓶、三颈瓶和四颈瓶等。三颈瓶[图 3 -1(3)]又称三口瓶，中间瓶口可安装电动搅拌器，两个侧口装球形冷凝管、滴液漏斗或温度计等。若三颈瓶上再装一个 Y 形加料管[图 3 -1(5)]就可以代替四颈瓶。以前常压蒸馏时常用蒸馏烧瓶，现在可由圆底烧瓶与蒸馏头[图 3 -1(7)]组合来代替。

同样，Claisen 蒸馏烧瓶（简称克氏烧瓶），可由圆底烧瓶与克氏蒸馏头[图 3－1(6)]组合来代替，克氏蒸馏头常用于减压蒸馏和容易产生泡沫或暴沸液体的蒸馏。

2. 冷凝管

冷凝管分三种：直型、球型与空气冷凝管[图 3－1(13)]。直形冷凝管主要用于蒸馏物的冷凝，也可用于沸点较高的液体（超过 100℃）的回流。当馏出物的沸点在 140℃以下时，需要在套管内通水冷却，冷却水从套管下口进入，从上口引出。使冷却水充满套管，由于蒸汽与冷却水相逆行进，符合逆流原理，提高了冷却效果；若被冷却物的温度超过 140℃，由于内管和套管熔接处的局部骤冷易引起炸裂，所以需用空气冷凝管冷却。球形冷凝管的内管为连续的球，较直形冷凝管冷却面积大，对蒸气的冷凝有较好的效果，常用于回流实验。

3. 分液漏斗

分液漏斗按其形状划分，有筒形、圆形和梨形等，常用于液体的萃取、洗涤和分离，也可用于滴加试剂。当反应体系内具有压力时，最好采用恒压滴液漏斗[图 3－1(11)]来滴加液体，它不仅能使滴加顺利进行，而且也可以避免易挥发或有毒蒸气从漏斗上口逸出。

4. 接液管

常压蒸馏一般用单尾接液管，减压蒸馏时为了接收多种馏分，常选用双尾或三尾接液管。在处理无水溶剂或在无水反应装置中，为了避免潮气的侵入，常用干燥管，内装无水氯化钙作为干燥剂连接在尾接管的侧支管上；温度计套管，用于温度计与接口的密封。

3－1.4 磨口玻璃仪器的保养

磨口玻璃仪器应妥善保管，使之随时处于待用状态。清洗干净后的各磨口连接部位之间应垫衬一纸片，以防长时间放置后，磨口粘结不能开启。在清洗、干燥或保存时，不要使磨口受到碰撞而损伤，影响磨口部分的密封性。

对于磨口塞不能开启或磨口部件发生粘结而不能拆卸时，可尝试用下述方法处理：

① 用小木块轻轻敲打磨口连接部位使之松动而开启。

② 用小火均匀地烘烤磨口部位，使磨口连接处的外部受热膨胀而松动。

③ 将磨口玻璃仪器放入热水中煮沸，使磨口连接部位松动。但此法不宜用于密闭的带有磨口连接的容器，以免容器内气体受热膨胀而使玻璃炸裂。

④ 用下列浸渗液进行浸渗：有机溶剂，如苯、乙酸乙酯、石油醚、煤油等；水或稀盐酸溶液。用浸渗的方法有时在几分钟内即可将粘连的磨口开启，但有时需要几天才能见效。

⑤ 将磨口竖立，在磨口缝隙间滴几滴甘油，若甘油能慢慢渗入磨口，则最终能使磨口松开。

⑥ 有的粘连的磨口塞子单靠用力旋转就可以打开，但常因手滑、使不上劲而不能成功。这时可将磨口塞的上段用软布包裹或衬垫上橡皮，小心地用台钳夹住，再用不太大的力量旋转瓶体，就能打开。

处理粘结硬磨口塞时，应在教师的指导下进行；在上述各项瓶塞开启的操作中，应用布包裹玻璃仪器，注意安全，防止事故的发生。

§3－2 玻璃仪器的洗涤

实验所用的仪器必须是清洁、干净的，有些实验还要求仪器是干燥的。仪器洗涤的方法很多，应根据实验要求、污物的性质和污染的程度来选择适宜的洗涤方法。一般来说，附着在仪器上的污物可分为可溶性物质、其他不溶性物质或有机物质如油污等。

3-2.1 常用的洗涤方法

1. 冲洗法

对于可溶性的污物可以用水冲洗，利用水溶解可溶性的污物。为了加速溶解，可以震荡。向仪器内注入少量（不超过容量的1/3）的水，稍用力震荡后，把水倾出，如此反复冲洗多次。清洗手法见图3-2。

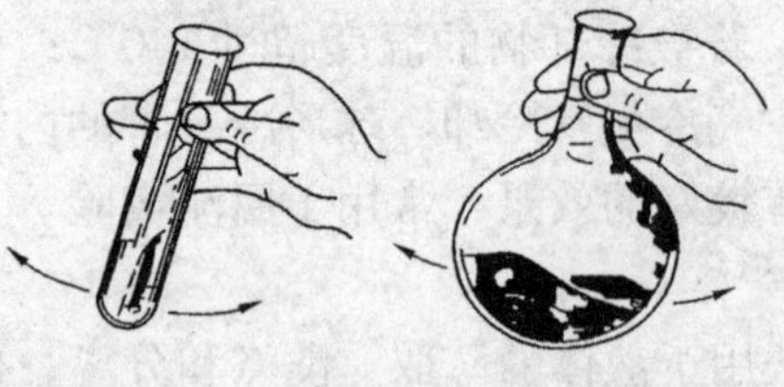

图3-2 玻璃仪器冲洗法的手法

2. 刷洗法

内壁附有不易冲洗掉的物质，可用毛刷刷洗，利用毛刷对器壁的摩擦使污物去掉。刷洗法正确清洗试管的操作步骤如图3-3所示，不正确的操作步骤如图3-4所示。

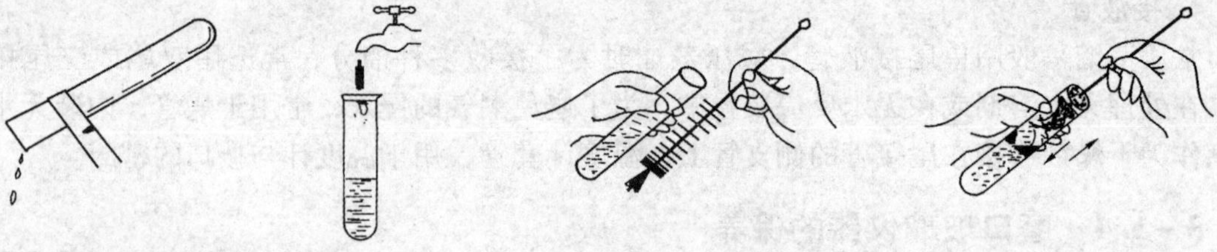

(1)倒热废液　(2)注入一半水　(3)选好刷，确定手拿部位　(4)来回柔力刷洗

图3-3 毛刷刷洗

3. 药剂洗涤法

对于不溶性的、用水洗不掉的污物，就要考虑用洗涤剂或药剂来洗涤。根据污物的性质选择适当的试剂通过化学的方法除去。如：用合成洗涤剂或肥皂液洗涤玻璃仪器上的油污和有机污物。用酸洗涤玻璃仪器上的碱性氧化物和金属污渍。对于精密度量玻璃仪器与用合成洗涤剂或肥皂液等洗不掉的污物，或因仪器口小不能用刷子刷洗的玻璃仪器可以选用铬酸洗液或王水洗液来洗涤（王水为一体积浓硝酸和三体积浓盐酸的混合液）。王水不稳定，所以用时现配。常见垢迹的化学处理方法见表3-2。

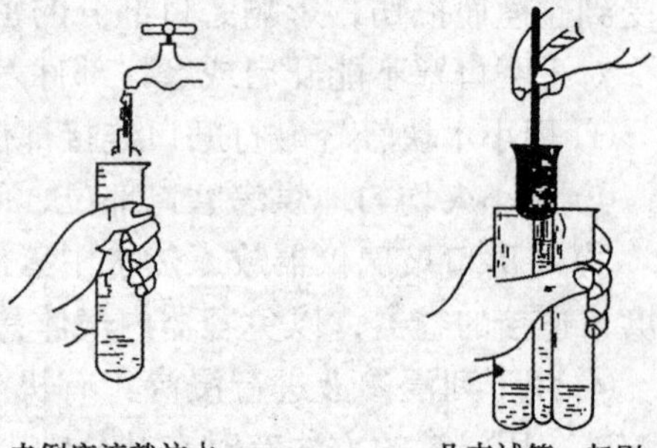

未倒废液就注水　几支试管一起刷

图3-4 不正确的操作

表3-2 常见垢迹的化学处理方法

垢迹类别	处理方法	垢迹类别	处理方法
MnO_2，$Fe(OH)_3$或碱土金属的碳酸盐	盐酸（MnO_2需用浓盐酸）	不溶于水及酸碱的有机物	相应有机溶剂
银、铜等	硝酸	煤焦油	煮沸石灰水
难溶银盐	一般用硫代硫酸盐，AgS可用热浓硝酸	$KMnO_4$	浓碱浸泡
		硫磺	稀草酸溶液

3－2.2 洗液的配制和使用

1. 铬酸洗液

铬酸洗液常用来洗涤不宜用毛刷刷洗的器皿，可洗油脂及还原性的污垢。配制方法是取10g 工业用重铬酸钾固体放在烧杯中，加入 20mL 水，加热溶解后，冷却，在搅拌下缓慢加入 200mL 工业纯浓硫酸，溶液呈暗红色，储存于玻璃瓶中备用。配制好的铬酸洗液因浓硫酸易吸水，应用磨口玻璃塞塞好备用。由于铬酸洗液是一种酸性很强的氧化剂，腐蚀性很强，易烫伤皮肤，烧伤衣物，且铬有毒，所以使用时应注意：①使用洗液前必须先将仪器用自来水和毛刷洗刷，倾尽水，以免洗液稀释后降低洗液的效果；②用过的洗液应倒回原瓶，以备下次再用。当洗液变为绿色时表示洗液失效，而失效的洗液绝不能倒入下水道，应倒入废液缸内，另行处理，以免污染环境。

2. 合成洗涤剂

用洗衣粉或洗洁精配成的水溶液，适合于洗涤被油脂或某些有机物沾污的容器。此洗液也可反复使用多次。

3. 还原性洗涤液

用以洗涤氧化性物质，如二氧化锰可用草酸的酸性溶液洗涤。

4. 硝酸洗涤液

比色皿有污垢可用硝酸泡洗。

冲洗或刷洗后的玻璃仪器，是否洗净了，可以加入少量的水震荡一下，将水倒出，并将玻璃仪器倒置，如果玻璃仪器透明，器壁不挂水滴，说明已洗净；如果仪器不清晰或器壁上有水滴则表明未洗净。未洗净的玻璃仪器必须重新洗涤，直到洗净为止。洗净的玻璃仪器再用少量的自来水冲洗几次，必要时还应用少量的蒸馏水(或去离子水)冲洗三次。凡洗净的玻璃仪器的内壁不能用布或软纸去擦拭，以免使布或纸上的少量的纤维留在玻璃仪器的内壁上反而沾污了仪器。

§3－3 玻璃仪器的干燥

玻璃仪器干燥的方法很多，常见的有以下几种，可根据具体情况选用其中的方法干燥。

3－3.1 晾干法

将洗涤干净的仪器倒置于干燥的仪器柜或搪瓷盘中任其自然干燥，如图 3－5 所示。

3－3.2 烤干法

利用加热使水分迅速蒸发而使仪器干燥。此法常用于可以加热、耐高温的仪器的干燥。将洗涤干净的烧杯、蒸发皿等放置于石棉网上，用小火烤干；试管可直接烤干，在烤干试管过程中，开始要将试管口向下倾斜，以免水滴倒流导致试管炸裂，火焰也不要集中于一个部位，先从底部开始加热，慢慢移至管口，反复数次直至无水滴，最后将管口向上将水汽赶干净，见图 3－6。

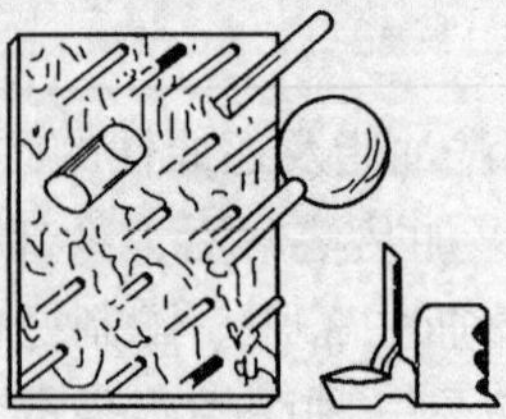

图 3-5　晾干

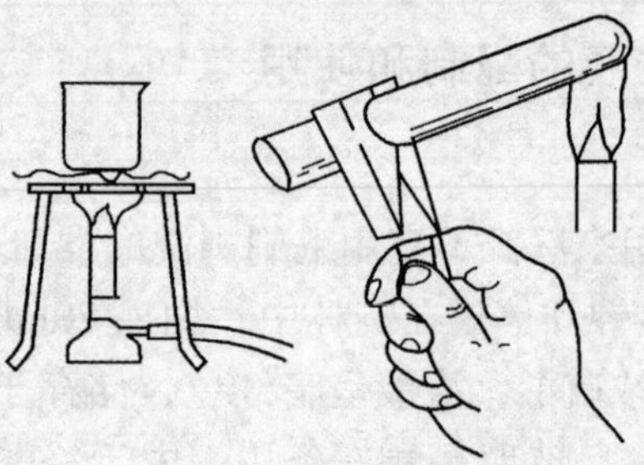

图 3-6　烤干

3-3.3　快干法

快干法包括吹干和有机快干两种，一般只在实验中临时使用。可将洗干净的仪器倒置稍控干，再用电吹风或气流风干机吹干，见图 3-7。也可以采用注入少量的(3~5mL)能与水互溶且挥发性大的有机溶剂(常用的有无水乙醇、丙酮或乙醚等)，将仪器转动使溶剂在内壁上流动，待内壁全部浸湿倾出溶剂，用电吹风机的热风迅速地将内壁上的残留溶剂吹出，达到干燥的目的。

3-3.4　烘干法

将干净的仪器尽量倒干水后放入电热烘干箱烘干(控温 105℃左右)，放入烘箱的仪器口朝上，或在烘箱下层放一瓷盘，接受滴下的水珠，如图 3-8 所示。

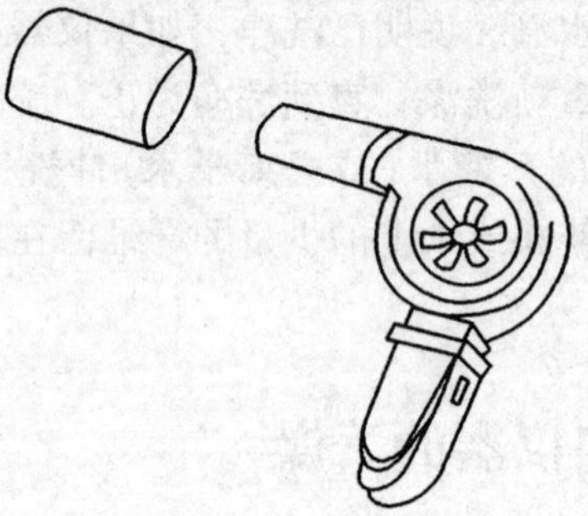

图 3-7　吹干法

图 3-8　电热烘干箱

玻璃仪器干燥时应注意：①带有刻度的计量仪器不能用加热的方法进行干燥，因为这会影响仪器的准确度。对于厚壁瓷质仪器不能烤干，常采用有机溶剂快速干燥法干燥。②木塞、橡皮塞不能与玻璃仪器一同干燥，带有玻璃塞的玻璃仪器应分开干燥。

§3-4　玻璃仪器组装

在化学实验中，将单个的玻璃仪器(如烧瓶、洗气瓶等)通过某种方式组合起来，用于某种特殊的化学过程，这个过程称为玻璃仪器的组装。

3-4.1　玻璃导管与塞子的连接

将选定的导管插入并穿过已钻孔的塞子，务求所插导管与塞孔严密套接，先用右手拿住导管靠近管口的部位，并用少许水将管口润湿，然后左手拿住塞子，导管口与塞孔相对，先将导管口略插入塞孔，再用柔力慢慢地将导管转动逐渐旋进，并穿过塞孔至需留的长度为止。初学者可用布包着导管将导管旋入塞孔。整个操作一定要注意拿牢塞子，柔力旋入，见图3-9。

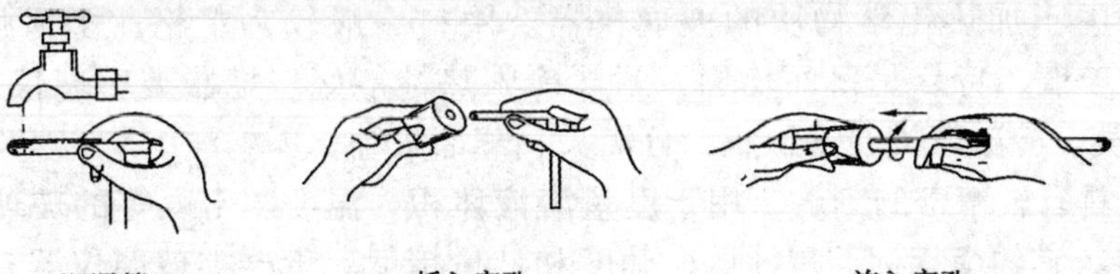

图3-9　玻璃导管与塞子的连接方法

温度计插入塞孔的操作方法与上述一样，但开始插入时应特别小心，以防水银球破裂。

3-4.2　玻璃导管与橡皮管（或乳胶管）的连接

实验中常常需要将两支玻璃导管或仪器上的导管（支管）用橡皮管（或乳胶管）连接起来，即将两导管口分别插入橡皮管（或乳胶管）两端口内。要保持严密接合，首先应选择口径比导管口小些的橡皮管或乳胶管（乳胶管弹性大，应选更小一点的），这样套上导管后才能保证连接处严密。口径与导管口相等或较大的橡皮管或乳胶管都不合适。连接时可以在玻璃导管口上沾少量水，然后边转动边用微力将玻璃导管旋入橡皮管内。导管插进橡皮管（或乳胶管）内的长度约为1~1.5cm。插进的短，不易保证严密：太长，则装卸不便。两导管所连接的橡皮管（或乳胶管），如无特殊需要，则越短越好，并应与两端接口处于平行状态。

3-4.3　实验装置的安装步骤

① 先将各部分仪器上所需的导管与所配的塞子连接好。

② 将各部分主要仪器固定好。

③ 用橡皮管（或乳胶管）将各部分之间的导管口或仪器导管口连接起来构成完整装置。对整套装置要求：各部分仪器放置的高低要合适、平稳（重心要低）并便于操作。

玻璃仪器组装时应注意：连接时，导管口一定要先稍微插入塞孔或套入橡皮管，再微力转动往里旋入，而且塞子或橡皮管要拿牢。否则，用力过猛，导管口容易戳伤相对的手，另外手拿导管离管口很远的部位，转动时用力不匀，容易将导管折断，并划伤皮肤。特别是对于弯导管，决不能手握弯曲处以弯管作柄来转动，因为这样容易使导管在弯处裂碎，扎伤手心（见图3-10）。

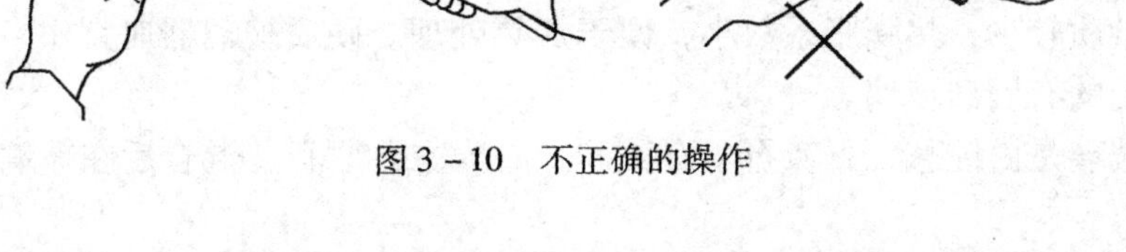

图3-10　不正确的操作

§3-5 玻璃管(棒)加工

(1) 化学实验所用玻璃仪器按用途分类

① 烧器　用于加热化学物质的玻璃仪器。用料一般较为严格，多采用硬质95料和GG-17高硅硼玻璃，特点是薄而均匀，耐骤冷骤热性能好。烧器类玻璃仪器有：烧杯类、烧瓶类、试管类、冷凝管类、锥形瓶、分馏头、蒸馏头等。

② 量器　具有较精密的刻度，用于度量溶液体积、温度、密度等的玻璃仪器。用料一般多采用75料。它的衡量标准是计量准确度和计量精度。量器类玻璃仪器有：容量瓶、移液管、滴定管、量筒、量杯、温度计、比重计等。

③ 容器　盛放化学物质的容器。一般用料较厚，多采用软质的钠碱化学玻璃为主，也有玻璃仪器制造商使用的是普通玻璃。特点是壁厚。容器类仪器有：广口瓶、试剂瓶、滴瓶、漏斗、表面皿、玻璃管、水槽、干燥器等。

④ 光学仪器玻璃　利用石英玻璃制造的比色皿、比色管、光学镜头、放大镜头、显微镜头等。

(2) 按照玻璃仪器质地分类

① 硬质玻璃(又名高硼硅玻璃)　含SiO_2 80%左右，硼酸钠12%。耐高温、高压，耐腐蚀，机械强度高，膨胀系数小，导热性好，耐温差变化。操作温度<783K，退火温度778~833K，短时间内可加热到873K，但冷却退火时需均匀缓慢，以减少永久应力。具有良好的火焰加工性能，多用于制造烧杯、烧瓶、压力管及成套实验装置，是一种抗腐蚀、防离子污染的良好材料，国产GG-17、95料玻璃属于此类。

② 软质玻璃(又称普通玻璃)　软质玻璃按成分可分为钠钙玻璃(SiO_2、CaO、Na_2O)和钾玻璃(SiO_2、CaO、K_2O、Al_2O_3、B_2O_3)。在耐腐蚀、硬度、透明度和失透性方面钾玻璃较钠玻璃要好，但在热稳定性方面差些，软化温度低，耐碱性强，不易失透，适于灯焰加工，但因不能承受过大的温差，常用于制造不直接受热的仪器，如滴定管、移液管、量筒等。因其膨胀系数接近Pt，故可与Pt丝封接。

3-5.1　玻璃管质料的识别

玻璃管质料识别的常用方法有：

① 管端颜色　软质玻璃呈青绿色，硬质玻璃呈黄色或白色，颜色越浅质料越硬，重量越轻。

② 软质玻璃　加热不久就软化，若是铅玻璃则同时变黑。钠玻璃火焰呈微黄色。如容量瓶为软质玻璃。

③ 硬质玻璃　短时间加热不软化，长时间加热可软化。离开火焰就变硬。医用青霉素瓶就是用硬质玻璃制成。

④ 性能特点　软质玻璃含有可溶性硅酸盐，化学抗腐力差，有较强的吸附力，热膨胀系数大，温度突变易破裂。因此普通玻璃制成的器皿一般只作稀释酸碱溶液、滴定用。硬质玻璃含可溶性杂质较少，热膨胀系数小，便于加热处理。硬质玻璃器皿宜作一般化学常量元素分析用，常用的有硼硅玻璃。

另外普通玻璃是由纯碱、石灰石、石英和长石为主要原料，混合后在玻璃窑里熔融、澄清、匀化后加工成形，将熔化好的玻璃液流入锡液面上浮抛成型，再经退火处理而得玻璃制品。在普通玻璃中适当添加不同的化学成分就制成用途与性质不同的各种玻璃。

3-5.2 玻璃成分

① 普通玻璃：Na_2SiO_3、$CaSiO_3$、SiO_2 或 $Na_2O\cdot CaO\cdot 6SiO_2$。

② 石英玻璃：以纯净的石英为主要原料制成的玻璃，成分仅为 SiO_2。

③ 钢化玻璃：与普通玻璃成分相同。

④ 钾玻璃：K_2O、CaO、SiO_2。

⑤ 硼酸盐玻璃：SiO_2、B_2O_3。

⑥ 有色玻璃：在普通玻璃制造过程中加入一些金属氧化物。Cu_2O—红色；CuO—蓝绿色；CdO—浅黄色；Co_2O_3—蓝色；Ni_2O_3—墨绿色；MnO_2—紫色；胶体 Au—红色；胶体 Ag—黄色。

⑦ 变色玻璃：用稀土元素的氧化物作为着色剂的高级有色玻璃。

⑧ 光学玻璃：在普通的硼硅酸盐玻璃原料中加入少量对光敏感的物质，如 $AgCl$、$AgBr$ 等，再加入极少量的敏化剂，如 CuO 等，使玻璃对光线变得更加敏感。

⑨ 彩虹玻璃：在普通玻璃原料中加入大量氟化物、少量的敏化剂和溴化物制成。

⑩ 防护玻璃：在普通玻璃制造过程加入适当辅助料，使其具有防止强光、强热或辐射线透过而保护人身安全的功能。如灰色——重铬酸盐，氧化铁吸收紫外线和部分可见光；蓝绿色——氧化镍、氧化亚铁吸收红外线和部分可见光；铅玻璃——氧化铅吸收 X 射线和 γ 射线；暗蓝色——重铬酸盐、氧化亚铁、氧化铁吸收紫外线、红外线和大部分可见光；加入氧化镉和氧化硼吸收中子流。

⑪ 微晶玻璃：又叫结晶玻璃或玻璃陶瓷，是在普通玻璃中加入金、银、铜等晶核制成，代替不锈钢和宝石，作雷达罩和导弹头等。

3-5.3 玻璃管(棒)的加工

1. 截断

根据实验需要，选择适当的玻璃管，将璃璃管按要求截断。截割时，将玻璃管平放在桌面上，左手按住要截割的部位，右手持挫刀在玻璃管上用力向前(或向后)挫，挫出一道深而短的凹痕，凹痕应与玻璃管垂直，将两个拇指放于挫痕背面，然后两拇指轻轻地由挫痕的背面向外推折，同时两食指分别向外拉，将玻璃管截断。折断玻璃管时，两手应用力均匀，同时两手的食指尽量向外，增大力臂。注意防止用力不均，误伤自己。具体操作如图 3-11 所示。

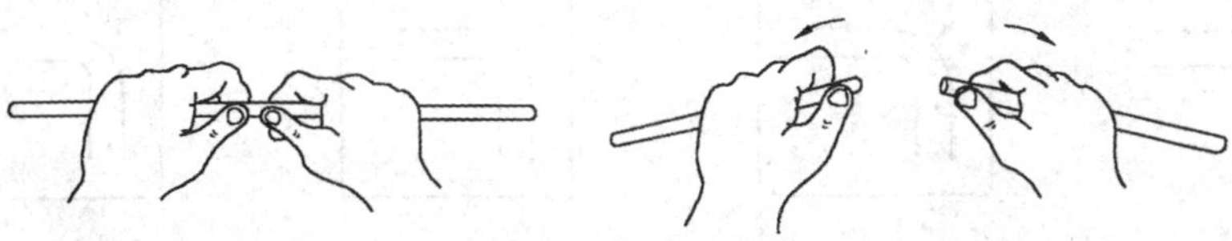

(1)手式　　(2)折截

图 3-11　玻璃管截断

2. 熔光

玻璃管截断后，截面比较锋利，容易将手和橡皮管割破，因此须将玻璃管截面熔光。具体方法如下：将截割的玻璃管的一头倾斜45°插入氧化焰中，加热并不断来回转动玻璃管，直至管口变成红热平滑为止，见图3－12。

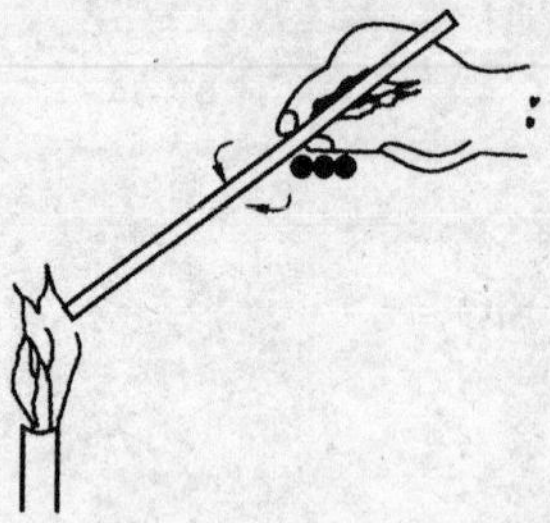

图3－12　玻璃管熔光

熔光时加热时间过长、过短都不好。过短，管口不平滑；过长，管径会变小；转动不匀，也会使管口不圆。加热后玻璃管(棒)应放在石棉网上冷却，切不可直接放在实验台上，以免烧焦台面。更不要用手去摸，以免烫伤。

3. 弯制

实验过程中经常会遇到玻璃仪器相互组装，需用不同角度的玻璃管连接。因此弯制玻璃管操作也是化学工作者应该具备的操作技能。弯出的管子要求内侧不瘪，两侧不鼓，角度正确，不偏不歪，而且弯曲后的整个玻管要在同一平面上。

弯曲玻璃管的操作关键：一是加热的火候，二是操作的手法。具体方法：先用抹布将玻璃管外壁擦净，内壁用棉花球擦净。用双手持玻璃管，把要弯曲的部位插入酒精喷灯的氧化焰内，受热部位要有适当的宽度，要不停旋转使受热均匀(见图3－13)。加热到适当温度，旋转玻璃管使左手手心向上，握住玻管，拇指作向上、食指作向下推动，小指根部压住玻璃管；右手手心向上，拇指作向上、食指作向下推动，中指与无名指两指尖撑住玻管，使之均匀旋转。当玻璃管被烧成黄色或足够软时，将玻璃管移出喷灯火焰，稍等片刻待温度均匀后，再准确地把它弯成一定的角度。弯管时应按"V"形手法正确操作，即两手在上方，玻璃管的弯曲部分在两手中间的下方(见图3－14)。120°以上的角度一次弯成。较小的角度，可以分几次弯成，先弯成120°左右的角度，待玻璃管稍冷却后再加热弯曲弯成较小的角度(如90°)。但玻璃管第二次受热的位置应较第一次加热位置略偏左或偏右一些。需要弯成更小的角度时(如60°，45°)，应进行第三次加热和弯曲。弯制玻璃管时，如果弯角已经出现折皱或变细，可作适当修理。修理的方法是将玻璃管的一端用塞子塞住，将弯角烧软，从玻璃管的另一端轻轻吹气，使之稍稍鼓胀并变圆滑。弯管好坏的比较和分析如图3－15所示。

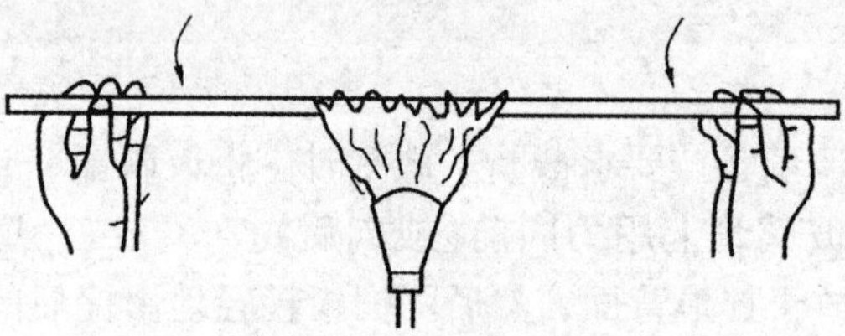

图3－13　玻璃管加热

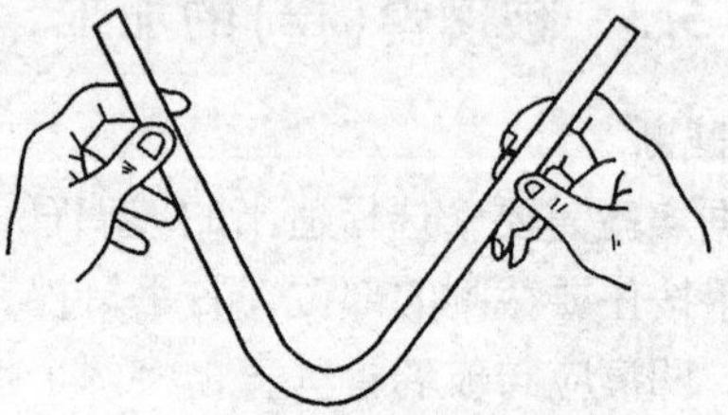

图3－14　弯制玻璃管

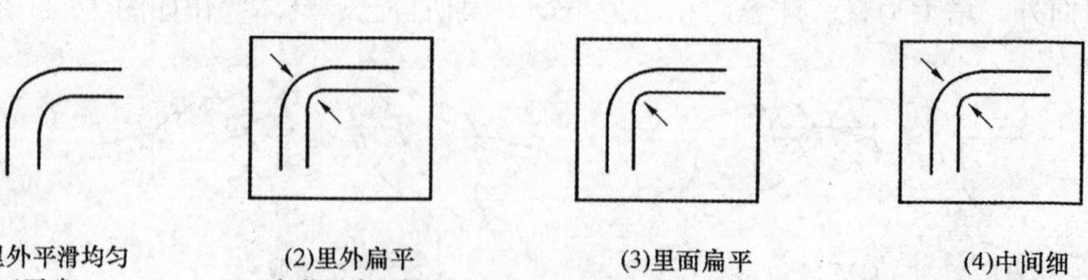

(1)里外平滑均匀（正确）　(2)里外扁平（加热温度不够）　(3)里面扁平（弯时吹气不够）　(4)中间细（加热时两手外拉）

图3－15　弯管好坏的比较和分析

4. 拉伸

拉伸玻璃管(棒)一般分三步。

(1) 烧管

拉伸时加热玻璃管(棒)的方法与弯玻璃管相同，只是玻璃管(棒)要加热得更软一些。

(2) 拉管

待玻璃管均匀软化后(即玻璃管被烧成红黄色时)，将玻璃管轻缓地向内挤压，减少它的长度，使管壁增厚，再将玻璃管移出喷灯火焰，顺着水平方向缓缓地拉伸玻璃管(棒)到所需要的细度，见图 3－16。

拉制玻璃管时，管壁的四周受热均匀是关键。双手沿水平方向拉伸玻璃管(棒)的快慢决定玻璃管的粗细程度。拉制玻璃管好坏比较如图 3－17 所示。

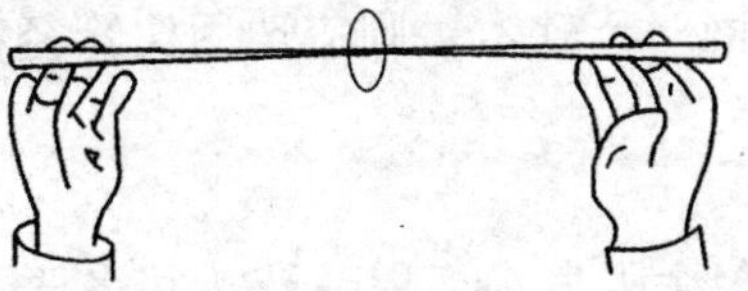

图 3－16　拉制玻璃管

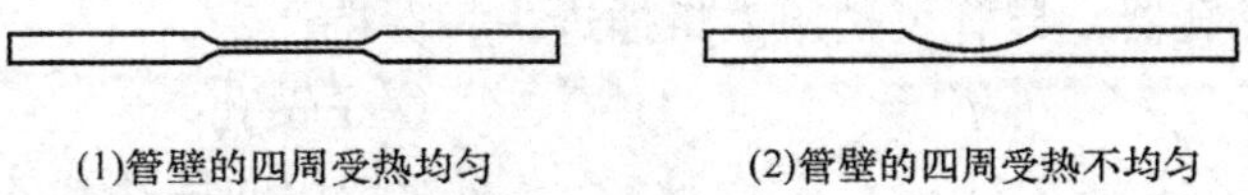

图 3－17　玻璃管好拉制坏比较

(3) 熔光与扩口

按拉制好的玻璃管长度要求，在拉细的部位折断玻璃管(棒)，把断口熔光成两个尖嘴。若制备滴管除需要圆口外还需要扩口。扩口的方法与熔光操作一样，将玻璃管的一端加热后，用锉刀细的一端斜插入玻璃管内，转动玻璃管一周，即可完成扩口操作，见图 3－18。

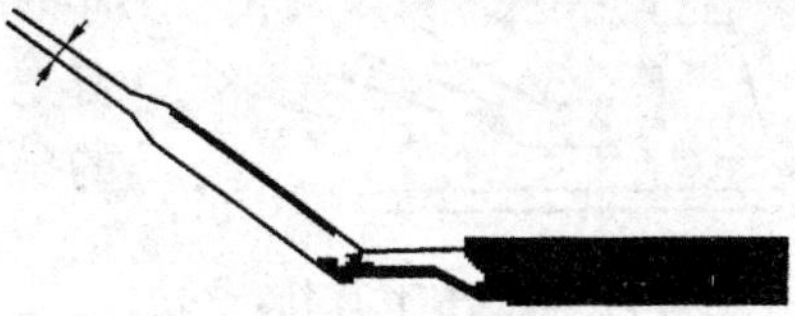

图 3－18　扩口操作

玻璃管加工时应注意：①加热后的玻璃管温度较高，不能直接放在实验台上，加热部位朝前放在石棉网上，以免烫坏实验台面，烫伤自己；②弯曲玻璃管时，如果用到吹气法弯制，应尽量注意玻璃管的清洁。

3－5.4　塞子与钻孔

1. 塞子的种类

化学实验室常用的塞子有软木塞、橡皮塞和玻璃塞。

① 软木塞：质地松软，严密性较差，且易被酸、碱腐蚀，因此一般用于有机试剂保存，且不被有机溶剂所溶胀。

② 橡皮塞：有较强的密封性，耐强碱的侵蚀，但易被强酸和某些有机物质(如丙酮汽油、氯仿、苯、二硫化碳等)侵蚀而溶胀。故一般多用于盛装碱液或固体碱的试剂瓶的封存。

③ 玻璃磨口塞：是试剂瓶和某些玻璃仪器的配套塞子，密封性很好，但可被碱和氢氟酸腐蚀，所以它只适用于盛放除碱和氢氟酸外的物质的存放。由于磨口试剂瓶的塞子与试剂瓶是配套的，因此，不同的瓶子磨口塞子不能互换。

2. 塞子的选择

不同类型的塞子，其型号大小不同，根据试剂瓶口和仪器口径的大小，选择适合的塞子。同时还应按所盛或所接触物质的性质来选用不同物质种类的塞子。大小以塞子塞进试剂瓶或仪器口的部分在 1/2 ~ 2/3 为宜。如图 3－19 所示。

3. 钻孔器的选择

通常要根据塞子的种类和塞子上所要插的温度计或玻璃导管的管径大小来选择合适的钻

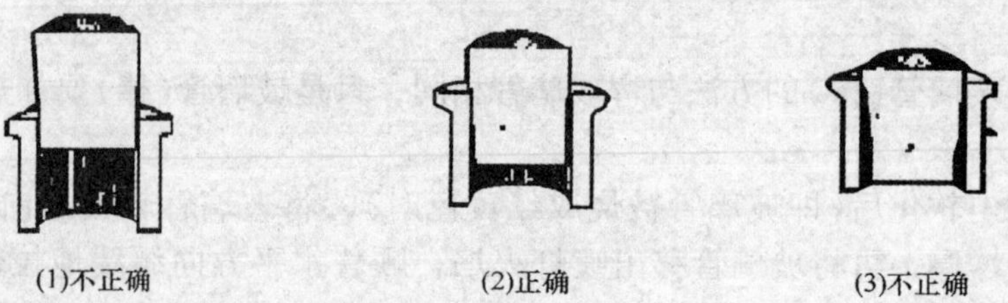

(1)不正确　　(2)正确　　(3)不正确

图 3－19　塞子的配置

孔器，这样钻出的孔在插上温度计或玻管后才能保证严密。

对于橡皮塞，应选用比欲插的管外径稍大的钻孔器，而对于软木塞则应选用比管径稍小的钻孔器，导管可稍用力挤插进去，保持严密。

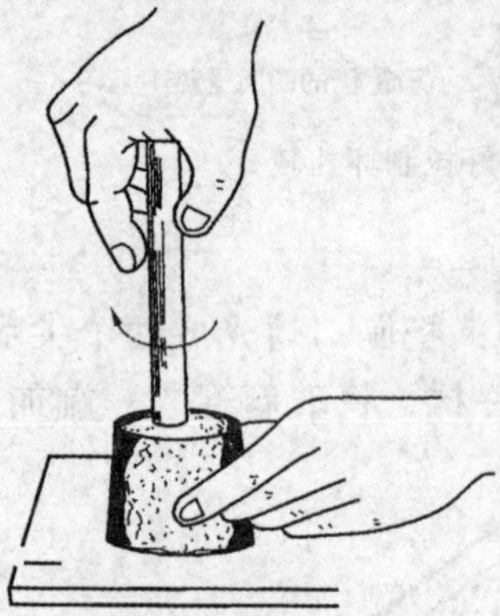

图 3－20　钻孔操作

4. 塞子钻孔

将所选用的钻孔器的前端涂肥皂水、稀碱液，并将要钻孔的橡皮塞的小头向上，平放在垫板上，左手用力按住塞子，不得移动，右手握住钻孔器的手柄，在选定的位置上，沿一个方向垂直地、边轻压边转动地往下钻，钻到深度一半时，反方向旋转并拔出钻孔器。调换橡皮塞的大头，对准原孔的方位按同样的操作方法钻孔，直到打通为止。对于软木塞，钻孔前，应首先用压塞机把软木塞稍压紧实一些，以免钻孔时钻裂。钻孔的操作方法与橡皮塞完全一样(图 3－20)。

塞子钻孔时应注意：钻孔时左手一定要按紧塞子，不能使塞子移动，右手握钻孔器手柄旋孔时，要边压边转，用力不能过大(是靠旋转削割而不是压钻)，否则左手未按住塞子，右手用力过大，很容易使塞子移动，钻孔器打滑将左手戳伤。而且右手用力过大，容易使手掌起泡或磨破。

单元 4　试样采集

分析试样的采集是指根据分析对象是气体、液体或固体，采用不同的方法从大批物料中采取少量样本作为原始试样。在取样过程中，所采试样应具有高度的代表性，采取的试样的组成能代表全部物料的平均组成。

取样的方法是根据分析对象的种类(例如：矿产资源、工业原料、工业产品、物证等)、物态(固体、气体、液体)、性质(光敏性、热敏性、挥发性、化学活性、生物活性等)、所采用的分析方法以及对分析结果的要求而确定的。某些分析对象的取样已由有关部门制定了标准方法，可查阅。本单元主要介绍几种常见分析样品的采集与制备方法。

§4-1　土样的采集与制备

土壤是一个复杂的体系，包括有机物、无机物、生物质等，同时土壤各剖面的组成也不一致，因而给土壤样品的采集带来很大的困难。

土壤样品分析的误差主要来自样品的采集过程，由于样品的特殊性，分析结果能否说明问题，关键在于采样与制备。

4-1.1　土样的采集

1. 污染土样的采集

(1) 采样点的布设

由于土壤本身分布不均匀，应多点采样并均匀混合成为具有代表性的土壤样品。在同一采样分析单位里，如面积不太大，在 1000～1500m^2 以内，可在不同方位上选择 5～10 个具有代表性的采样点，点的分布应尽量照顾土壤的全面情况，不可太集中，也不能选在采样区的边缘或某特殊的点(如堆肥旁)等。

(2) 采样的深度

如果只是一般了解土壤污染情况，采集深度 0～15cm 的表地为试样，按 3 点式(水田出口，入口和中心点)或 5 点式(两条对角线交叉点和对角线的其他 4 个等分点)取样。每点采 1～2kg，经压碎、风干、粉碎、过筛、缩分等步骤，取粒径小于 0.5mm 的样品作分析试样。如果要了解土壤污染深度，则应按土壤剖面层分层取样。

(3) 采样量

由于测定所需的土样是多点混合而成的，取样量往往较大，而实际供分析的土样不需要太多。具体需要量视分析项目而定，一般要求 1kg。因此，对多点采集的土壤，可反复按四分法缩分，最后留下所需的土样量。

2. 土样本底值测定的试样采集

样点选择应包括主要类型土壤，并远离污染源，同一类型土壤应至少有 3～5 个采样点。其次，要注意与污染土壤采样不同，同一点并不强调采集多点混合样，而是选取植物发育典型，具代表性的土壤。采集深度为 1m 以内的表土和心土。

3. 混合土样的采集

（1）混合试样采集的原则

以指导农业生产或进行田间试验为目的的土壤分析，一般都采集混合土样。采集土样时首先根据土壤类型以及土壤的差异情况，同时也要向农民作调查并征求意见，然后把土壤划分成若干个采样区，即所谓采样单元。每一个采样单元的土壤要尽可能均匀一致。一个采样单元包括多大面积的土地，要视分析目的、具体要求而定。每个采样单元则要根据面积大小，分成若干小单元，每个小单元代表面积愈小，则样品的代表性愈可靠。但是面积愈小，采样花的劳力就愈大，而且分析工作量亦愈大，那么一个混合样品代表多大面积比较可靠而经济呢？除不同土类必须分开采样外，一般可以从1/5公顷到几公顷。原则上应使所采的土样对所研究的问题，在分析数据中得到正确的结果。

由于土壤的不均一性，使每个个体都存在着一定程度的差异。因此，采集样品必须按照一定采样路线和“随机”多点混合的原则。每个采样单元的样点数，一般是人为地决定5～10点或10～20点，视土壤差异和面积大小而定，但不宜少于5点。混合土样一般采集耕层土壤(0～15cm或0～20cm)；有时为了解各土种的肥力差异和自然肥力变化趋势，可适当地采集底土(15～30cm或20～40cm)的混合样品。

（2）混合土样的采集原则与方法

① 每一点采取的土样厚度、深浅、宽狭应大体一致。

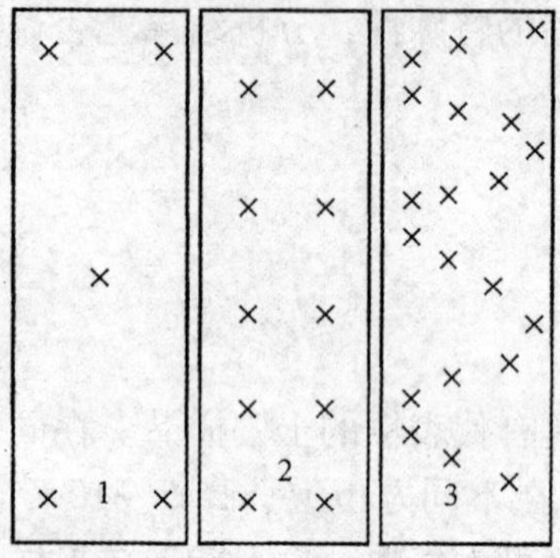

图4－1　土壤采样点的方式

1，2—不恰当的方式；3—正确方式

（×：采样点位置）

② 各点都是随机决定的，在田间观察了解情况后，随机定点可以避免主观误差，提高样品的代表性，一般按S形线路采样，从图4－1三种土壤采样点的方式可以看出第一种和第二种情况容易产生系统误差，因为耕作施肥等措施往往是顺着一定的方向进行的。

③ 采样地点应避免田边、路边、沟边和特殊地形部位以及堆过肥料的地方。

④ 一个混合样品是由均匀一致的许多点组成的，各点的差异不能太大，否则就要根据土壤的差异情况分别采集几个混合土样，使分析结果更能说明问题。

⑤ 一个混合样品重在1kg左右，如果重量超出很多，可以把各点所采集的土样放在一个木盆里或塑料布上，捏碎、混匀、摊平，用四分法对角取两份混合放在布袋或塑料袋里，附上标签，用铅笔注明采样地点、采土深度、采样日期、采样人等，标签一式两份，一份放在袋里，一份扣在袋上。与此同时要做好条样记录。

4－1.2　土样的制备

从野外取回的土样，经登记编号后，都需经过一个制备过程——风干、磨碎、过筛、混匀、装瓶，以备各项测定之用。

1. 样品的风干

除了测定挥发性的酚、氰化物等不稳定组分需要用新鲜土样外，多数项目的样品需经风干。风干后的样品容易混合均匀，测出的结果是一个常数，比较稳定可靠，而新鲜样品称样误差较大，工作又不方便。因此，在实验室测定土壤时应提前风干土样为宜。

风干的方法是将采得的土样全部倒在塑料薄膜上，压碎土块，以免完全干后结成硬块，难以磨细。除去植物根、茎、叶等杂物，铺成薄层，在室温下不时翻动，充分风干，要防止阳光直射和灰尘落入。风干场所力求干燥通风，并要防止酸蒸气、氨气和灰尘的污染。样品风干后应拣去动植物残休如根、茎、叶、虫休等和石块、结核(石灰、铁、锰结核)。如果石子过多，应当将拣出的石子称重，记下所占的百分数。

2. 样品粉碎过筛

风干后的土样，倒在钢玻璃底的木盆上，用木棍研磨，使之全部通过 2mm 孔径的筛子。充分混匀后用四分法分成两部分，如图 4－2 所示。

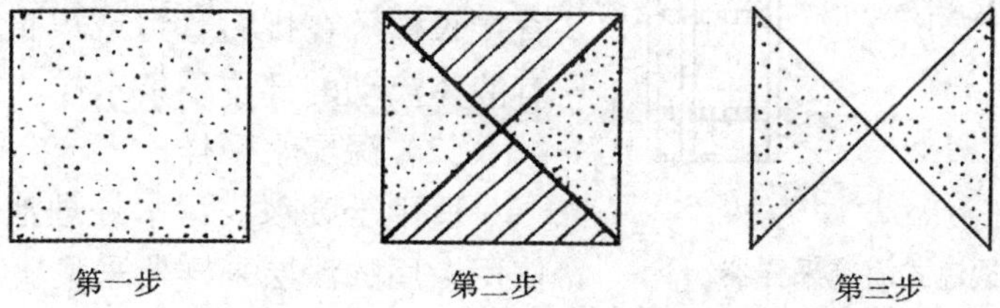

图 4－2　四分法取样步骤图

一部分作为物理分析用，另一部分作为化学分析用。作为化学分析用的土样还必须进一步研磨，使之全部通过 1mm 或 0.5mm 孔径的筛子。必须指出，要测定土壤 pH 值、交换性能、速效养分等，测定样品不能磨得太细，因为研得过细，容易破坏矿物晶粒，使分析结果偏高。同时要注意土壤研细主要使团粒或结粒破碎，这些结粒是由土壤黏土矿物或腐殖质胶结起来，而不能破坏单个的矿物晶粒，因此研碎土样时，只能用木棍滚压，不能用锤子锤打。因为矿物晶粒破坏后，暴露出新的表面，会增加有效养分的溶解。

§4－2　水样的采集

4－2.1　水样的采集方法

采集水管中或有泵水井中的水样时，取样前需将水龙头或泵打开，先放 10～15min 水后再取。采集池、江、河中的水样时，应视其宽度和深度采用不同的方法采集。对于宽度大、水深的水域，可用断面布设法采集表层水、中层水和底层水供分析用。但对静止的水域，应采不同深度的水样进行分析。

1. 地表水采样

地表水水样采样时，通常采集瞬时水样；遇有重要支流的河段，有时需要采集综合水样或平均比例混合水样。

地表水表层水的采集，可用适当的容器如水桶等采集。在湖泊、水库等处采集一定深度的水样，可用直立式或有机玻璃采样器，并借助船只、桥梁、索道或涉水等方式进行水样采集。

2. 地下水采样

地下水的水质比较稳定，一般采集瞬时水样，即能有较好的代表性。

可使用如图 4－3 所示的带重锤的采样器沉入水中采集。将采样器沉降至所需深度(可从绳上的标度看出)，上提细绳打开瓶塞，待水样充满容器后提出。

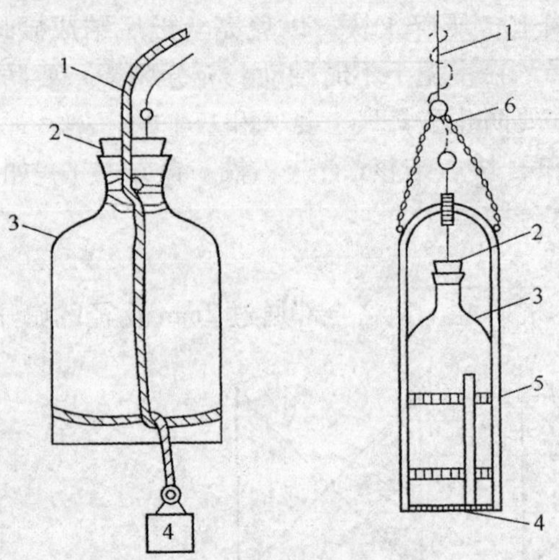

图 4－3　铁锤式简单采样器

1—绳子；2—带有软绳的橡胶塞；3—采样瓶；
4—铅锤；5—铁框；6—挂钩

3. 废水或污水采样

工业废水和生活污水的采样种类和采样方法取决于生产工艺、排污规律和监测目的，采样涉及采样时间、地点和采样频数。根据具体情况，常见采水方法如下。

(1) 浅水采样

当废水以水渠形式排放到公共水域时，应设适当的堰，可用容器或用长柄采水勺从堰溢流中直接采样。在排污管道或渠道中采样时，应在具有液体流动的部位采集水样。

(2) 深层水采样

适用于废水或污水处理池中的水样采集，可使用专用的深层采样器采集。

(3) 自动采样

利用自动采样器或连续自动定时采样器采集。可在一个生产周期内，按时间程序将一定量的水样分别采集在不同的容器中；自动混合采样时采样器可定时连续地将一定量的水样或按流量比采集的水样汇集于一个容器中。

4－2.2　水样的采集类型

1. 瞬时水样

瞬时水样是指在某一时间和地点从水体中随机采集的分散水样。对组成较稳定的水样，或水体的组成在相当长的时间和相当大的空间范围变化不大时，采集瞬时样品具有很好的代表性。

2. 混合水样

混合水样是指在同一采样点于不同时间所采集的瞬时水样混合后得到的样品，有时用“时间混合样”的名称与其他混合样区别。混合水样能节省分析监测的工作量和试剂的消耗，但混合水样不适用于测试成分水样储存过程中发生明显变化的水样。

3. 综合水样

综合水样是指把从不同采样点同时采集的各个瞬时水样混合起来所得到的样品。综合水样在各点的采样时间虽不能同步进行，但越接近越好，以便得到可以对比的资料。

4－2.3　水试样的预处理

由于环境样品中污染物种类多、成分复杂，而且多数待测组分浓度低、存在形态各异，而且样品中存在大量干扰物质，在分析测定之前，需要进行程度不同的样品预处理，以得到待测组分适合于分析方法要求的形态和浓度，并与干扰性物质最大限度地分离。

§4－3　大气试样的采集

4－3.1　大气试样的采样原则

1. 采样效率

在采样过程中，为了获得较高的采样效率，必须采用合适的采样器及吸附剂，确定适当的抽气速度，以保证空气中的被测物质能完全进入采样器中，且易于被吸收或阻留下来，便于下一步的分离测定。

2. 采集气体的量

采样前必须计算出最小采气量，以保证能测出最高允许浓度水平的被测物质。如空气中被测物质浓度很高，则不受最小采气体积的限制，可以少采些。

3. 采样点的选择

根据测定的目的选择采样点，同时应考虑工艺流程状况、被测物质的理化性质和排放情况以及当时的气象条件等因素。

4-3.2 大气试样采集的器皿

1. 直接采样的器皿

根据气体试样的性质和需要量，可分别用注射器、塑料袋和球胆等直接采样，也可用真空瓶直接采样。使用前应先将具有活塞的玻璃瓶抽真空，在现场打开活塞，被测气体即充满玻璃瓶，然后再封口。采样体积可按下式计算：

$$V = V_0 \frac{p - p'}{p}$$

式中，V 为采样体积，V_0 为真空瓶体积，p 为大气压力，p' 为真空瓶剩余压力。

（1）大气污染监测用采样仪器

用于大气污染监测的采样仪器主要由收集器、流量计和采样动力三部分组成。

① 收集器　收集器是捕集大气中欲测物质的装置。气体吸收管（瓶）、填充柱、滤料采样夹、低温冷凝采样管等都是收集器。要根据被捕集物质的存在状态、理化性质等选用适宜的收集器。

② 流量计　流量计是测量气体流量的仪器，而流量是计算采集气样体积必知的参数。常用的流量计有孔口流量计、转子流量计和限流孔等。

孔口流量计有隔板式和毛细管式两种。当气体通过隔板或毛细管小孔时，因阻力而产生压力差；气体流量越大，阻力越大，产生的压力差也越大，由下部的 U 形管两侧的液柱差，可直接读出气体的流量。

转子流量计由一个上粗下细的锥形玻璃管和一个金属制转子组成。当气体由玻璃管下端进入时，由于转子下端的环形孔隙截面积大于转子上端的环形孔隙截面积，所以转子下端气体的流速小于上端的流速，下端的压力大于上端的压力，使转子上升，直到上、下两端压力差与转子的重量相等时，转子停止不动。气体流量越大，转子升得越高，可直接从转子上沿位置读出流量。当空气湿度大时，需在进气口前连接一个干燥管，否则，转子吸附水分后重量增加，影响测量结果。

限流孔实际上是一根长度一定的毛细管，如果两端维持足够的压力差，则通过限流孔的气流就能保持恒定，此时的流量称临界状态下的流量，其大小取决于毛细管孔径的大小。使用不同孔径的毛细管，可获得不同的流量。这种流量计使用方便，价格便宜，被广泛用于大气采样器和自动监测仪器上控制流量。限流孔可以用注射器针头代替，使用中要防止限流孔被堵塞。

流量计在使用前应进行校准，以保证刻度值的准确性。校正方法是将皂膜流量计或标准流量计串接在采样系统中，以皂膜流量计或标准流量计的读数标定被校流量计。

③ 采样动力　采样动力应根据所需采样流量、采样体积、所用收集器及采样点的条件进行选择。一般应选择重量轻、体积小、抽气动力大、流量稳定、连续运行能力强及噪声小的采样动力。

注射器、连续抽气筒、双连球等手动采样动力适用于采气量小、无电供给的情况。对于采样时间较长和采样速度要求较大的场合，需要使用电动抽气泵。常用的有真空泵、刮板泵、薄膜泵及电磁泵等。

(2) 采样方式

静态气体试样直接采样，用换气或减压的方法将气体试样直接装入玻璃瓶或塑料瓶中或者直接与气体分析仪连接动态气体试样，采用取样管取管道中气体，应插入管道 1/3 直径处，面对气流方向，常压打开取样管旋塞即可取样，若为负压，连接抽气泵，抽气取样固体吸附法取样，用装有吸附剂如硅胶(吸附带氨基、羟基的气体)、活性炭(吸附苯、四氯化碳)、活性氧化铝和分子筛等的柱子吸附气体，吸附的气体用加热法或萃取法解脱，或与 GC 连接检测，对于大气粉尘采用过滤式、冲击式和静电式取样，过滤式最普遍，其采用玻璃纤维素纤维(0.3mm)过滤。

2. 专用采样装置

将收集器、流量计、抽气泵及气样预处理、流量调节、自动定时控制等部件组装在一起，就构成专用采样装置。有多种型号的商品大气采样器出售，按其用途可分为大气采样器、颗粒物采样器和个体采样器。

用于采集大气中气态和蒸气态物质，采样流量为 $0.5 \sim 2.0 L \cdot min^{-1}$。商品仪器如 GS－3 型、QG－B 型、DK－2A 型、DQ－3B 型等大气采样器。它们都是便携式的，一般可用交、直流两种电源。

3. 富集采样的器皿

当空气中有害物质含量较低，测定方法的灵敏度不能满足直接采样的要求时，则须将空气中所含有的污染物质进行浓缩、富集。其方法很多，主要介绍溶液吸收法。

溶液吸收法主要是利用溶液来吸收气态和蒸气状态的污染物质。当空气通过装有吸收液的吸收管时，有害物质分子以物理或化学反应的方式被阻留在吸收液中，从而达到浓缩富集的目的。常用的气体吸收瓶形式见表 4－1。

表 4－1　几种形式吸收瓶的使用说明

吸收瓶名称	瓶中装有吸收液的体积/mL	采样流量/$L \cdot min^{-1}$
玻璃筛板吸收瓶	35 ~ 75	0.2 ~ 2
多孔玻璃板吸收管	5 ~ 10	0.1 ~ 1
大型气泡吸收管	5 ~ 10	0.5 ~ 2
冲击式吸收瓶(小型)	10	2.8 ~ 3
冲击式吸收瓶(大型)	75	28 ~ 30

4－3.3　大气试样的采集方法

1. 抽气法

抽气法主要采用吸收液和固体吸附剂。吸收液主要吸收气态和蒸气态物质。常用吸收液的选择依据被测物质的性质及所用分析方法而定。固体吸附剂有颗粒状吸附剂和纤维状吸附剂两种。前者有硅胶、素陶瓷等。常用的硅胶是粗孔和中孔的；素陶瓷需用酸或碱除去杂质，并在110～120℃烘干。后者有滤纸、滤膜、脱脂棉、玻璃棉等，采用的滤纸及滤膜要求质密而均匀，否则采样效率降低。

2. 真空瓶法

当气体中被测物质浓度较高，或测定方法的灵敏度较高，或被测物质不易被吸收液吸收，而且用固体吸附剂采样有困难时，可用此方法采样。采样方法是：将不大于1L的带塞玻璃瓶抽成真空，在采样处打开塞子，被测空气立即充满玻璃瓶；往玻璃瓶中加入吸收液，盖上塞子，放置一定时间，使被测物质完全被吸收，然后进行化学测定。

3. 置换法

采取少量空气样品时，将采样器连接在一台抽气泵上，通入比采样器体积大6～10倍的空气，以便将采样器中原有的空气完全置换出来；也可将不与被测物质起反应的液体(如水、食盐水等)注满采样器，采样时放掉液体，被测空气即充满采样器。

4. 静电沉降法

静电沉降法常用于气溶胶状物质的采样。空气样品通过12000～20000V的电场，在电场中气体分子电离所产生的离子附着在气溶胶粒子上，使粒子带负电荷，此带电荷的粒子在电场作用下沉降到收集电极上，将收集电极表面沉降的物质洗下后即可进行分析。此法采样效率高、速度快，但在有易爆炸性气体、蒸气或粉尘存在时不能使用。

5. 过滤法

用泵将气体充入取样容器，采用装有固体吸附剂或过滤器的装置收集。过滤法用于收集气溶胶中的非挥发性组分。

6. 固体吸附剂采样

使一定量气体通过装有吸附剂颗粒的装置，收集非挥发性物质大气试样，根据被测组分在空气中存在的状态(气态、蒸气或气溶胶)、浓度以及测定方法的灵敏度，可用直接法或浓缩法取样，储存于大容器(如储气柜或槽)内的物料，因密度不同可能影响其均匀性时，应在上、中、下等不同处采取部分试样后混匀。

§4-4 其他试样的采集和制备

4-4.1 生物试样的采集与制备

1. 生物试样的采样原则

① 代表性　选择能代表总体的一定数量的植株作为样品，采集作物或蔬菜时不能采集田埂地边及离田埂2m以内的样品。若采集水生植物则应注意离开污染排放口适当距离。

② 典型性　采样部位要能反映需了解的情况，不能将植株部随意混合。

③ 适时性　根据研究的需要，在植物不同的生长发育阶段，定期采样。

2. 生物试样的采样方法

(1) 以梅花形五点取样法或以交叉间隔取样法，采5～10个试样混合成一个代表样品，按要求采集植株的根、茎、叶、果等不同部位。采集根部时，尽量保持根部完整，用清水洗四次(不可浸泡)，洗后用纱布擦干，水生植物应全株采集。

(2) 特殊生物试样其组成因部位和时季不同而有较大差异，采样应根据需要选取适当部位和生长发育阶段进行，除应注意有群体代表性外，还应有适时性和部位典型性。鲜样分析的样品，应立即进行处理和分析。生物试样中的酚、亚硝酸、有机农药、维生素、氨基酸等在生物体内易发生转化、降解等反应，一般应采用新鲜样品进行分析。

3. 植物样品的制备

从现场带回来的植物样品称为原始样品。要根据分析项目的要求，按植物特性用不同方法进行选取。例如，果实、块根、块茎、瓜类样品，洗净后切成四块或八块，据需要量各取每块的1/8或1/16混合成平均样。粮食、种子等经充分混匀后，平摊于清洁的玻璃板或木板上，用多点取样或四分法多次选取，得到缩分后的平均样。最后，对各个平均样品加工处理，制成分析样品。

（1）鲜样的制备

测定植物内容易挥发、转化或降解的污染物质，如酚、氰、亚硝酸盐等；测定营养成分如维生素、氨基酸、糖、植物碱等，以及多汁的瓜、果、蔬菜样品，应使用新鲜样品。鲜样的制备方法如下：

① 将样品用清水、去离子水洗净，晾干或拭干。

② 将晾干的鲜样切碎、混匀，称取100g于电动高速组织捣碎机的捣碎杯中，加适量蒸馏水或去离子水，开动捣碎机捣碎1~2min，制成匀浆。对含水量大的样品，如熟透的西红柿等，捣碎时可以不加水；对含水量少的样品，可以多加水。

③ 对于含纤维多或较硬的样品，如禾木科植物的根、茎杆、叶子等，可用不锈钢刀或剪刀切(剪)成小片或小块，混匀后在研钵中加石英砂研磨。

（2）干样的制备

分析植物中稳定的污染物，如某些金属元素和非金属元素、有机农药等，一般是用风干的方法制备样品，制备方法如下：

① 将洗净的植物鲜样尽快放在干燥通风处风干(茎杆样品可以劈开)。如果遇到阴雨天或潮湿气候，可放在40~60℃鼓风干燥箱中烘干，以免发霉腐烂，并减少化学和生物变化。

② 将风干或烘干的样品去除灰尘、杂物、用剪刀剪碎(或先剪碎再烘干)，再用磨碎机磨碎。谷类作物的种子样品如稻谷等，应先脱壳再粉碎。

③ 将粉碎好的样品过筛。一般要求通过1mm筛孔即可，有的分析项目要求通过0.25mm的筛孔。制备好的样品储存于磨口玻璃广口瓶或聚乙烯广口瓶中备用。

④ 对于测定某些金属含量的样品，应注意避免受金属器械和筛子等污染。因此，最好用玛瑙研钵磨碎，尼龙筛过筛，聚乙烯瓶保存。

4. 动物样品的制备

动物的尿液、血液、唾液、胃液、乳液、粪便、毛发、指甲、骨骼和脏器等均可作为检验环境污染物的样品。

（1）尿液

绝大多数毒物及其代谢产物主要由肾脏经膀胱、尿道随尿液排出。尿液收集方便，因此，尿检在医学临床检验中应用较广泛。尿液中的排泄物一般早晨浓度较高，可一次收集，也可以收集8h或24h的尿样，测定结果为收集时间内尿液中污染物的平均含量。采集尿液的器具要先用稀硝酸浸泡洗净，再依次用自来水、蒸馏水清洗，烘干备用。

（2）血液

检验血液中的金属毒物及非金属毒物，如微量铅、汞、氟化物、酚等，对判断动物受危害情况具有重要意义。一般用注射器抽取10mL血样于洗净的玻璃试管中，盖好、冷藏备用。有时需加入抗凝剂，如二溴酸盐等。

(3) 毛发和指甲

蓄积在毛发和指甲中的污染物质残留时间较长，即使已脱离与污染物接触或停止摄入污染食物，血液和尿液中污染物含量已下降，而在毛发和指甲中仍容易检出。头发中的汞、砷等含量较高，样品容易采集和保存，故在医学和环境分析中应用较广泛。人发样品一般采集2~5g，男性采集枕部发，女性原则上采集短发。采样后，用中性洗涤剂洗涤，去离子水冲洗，最后用乙醚或丙酮洗净，室温下充分晾干后保存备用。

(4) 组织和脏器

采用动物的组织和脏器作为检验样品，对调查研究环境污染物在肌体内的分布、蓄积、毒性和环境毒理学等方面的研究都有一定的意义。但是，组织和脏器的部位复杂且柔软、易破裂混合，因此取样操作要细心。

以肝为检验样品时，应剥取被膜，取右叶的前上方表面下几公分纤维组织丰富的部位作样品。检验肾时，剥去被膜，分别取皮质和髓质部分作样品，避免在皮质与髓质结合处采样。其他如心、肺等部位组织，根据需要，都可作为检验样品。

检验较大的个体动物受污染情况时，可在躯干的各部位切取肌肉片制成混合样。

采集组织和脏器样品后，应放在组织捣碎机中捣碎、混匀，制成浆状鲜样备用。

4-4.2 食品样品的采集和制备

食品种类繁多，成分复杂。同一种类的食品，其成分及其含量也会因品种、产地、成熟期、加工或保藏条件不同而存在相当大的差异；同一分析对象的不同部位，其成分和含量也可能有较大差异。从大量的、组成成分不均匀的被检物质中采集能代表全部被检物质的分析样品(平均样品)，必须采用正确的采样方法。

1. 食物样品的采样原则

① 采集的样品要均匀一致、有代表性，能够反映被分析食品的整体组成、质量和卫生状况。

② 在采样过程中，要设法保持原有的理化指标，防止成分逸散或带入杂质。

2. 食物样品的采样方法

(1) 食物样品采样的两种方法

随机抽样和代表性取样。随机抽样是按照随机的原则，从分析的整批物料中抽取出一部分样品。随机抽样时，要求使整批物料的各个部分都有被抽到的机会。代表性取样则是用系统抽样法进行采样，即已经掌握了样品随空间(位置)和时间变化的规律，按照这个规律采取样品，从而使采集到的样品能代表其相应部分的组成和质量，如对整批物料进行分层取样、在生产过程的各个环节取样、定期从货架上采取陈列不同时间的食品的取样等。

两种方法各有利弊。随机抽样可以避免人为的倾向性，但是，在有些情况下，如难以混匀的食品(如黏稠液体、蔬菜等)的采样，仅仅使用随机抽样法是不行的，必须结合代表性取样，从有代表性的各个部分分别取样。因此，采样通常采用随机抽样与代表性取样相结合的方式。具体的取样方法，因分析对象性质的不同而异。

(2) 均匀固体物料(如粮食、粉状食品)的采样方法

① 有完整包装(袋、桶、箱等)的物料可先按(总件数/2)确定采样件数，然后从样品堆

放的不同部位，按采样件数确定具体采样袋(桶、箱)，再用双套回转取样管插入包装容器中采样，回转180°取出样品，每一包装须由上、中、下三层取出三份检样，把许多份检样合起来成为原始样品；再用“四分法”将原始样品做成平均样品，即将原始样品充分混合均匀后堆集在清洁的玻璃板上，压平成厚度在3cm以下的形状，并划成对角线或“十”字线，将样品分成四份，取对角的两份混合，再如上分为四份，取对角的两份。这样操作直至取得所需数量为止，此即是平均样品。

② 无包装的散堆样品 先划分若干等体积层，然后在每层的四角和中心点用双套回转取样器各采取少量检样，再按上述方法处理，得到平均样品。

③ 较稠的半固体物料(如稀奶油、动物油脂、果酱等)不易充分混匀，可先按(总件数/2)确定采样件(桶、罐)数，打开包装，用采样器从各桶(罐)中分上、中、下三层分别取出检样，然后将检样混合均匀，再按上述方法分取缩减，得到所需数量的平均样品。

(3) 液体物料(如植物油、鲜乳等)的采样方法

① 包装体积不太大的物料可先按(总件数/2)确定采样件数。开启包装，用混合器充分混合(如果容器内被检物不多，可用由一个容器转移到另一个容器的方法混合)。然后用长形管或特制采样器从每个包装中采取一定量的检样；将检样综合到一起后，充分混合均匀形成原始样品；再用上述方法分取缩减得到所需数量的平均样品。

② 大桶装的或散(池)装的物料不易混合均匀，可用虹吸法分层(大池的还应分四角及中心五点)取样，每层500mL左右，得到多份检样；将检样充分混合均匀即得原始样品；然后，分取缩减得到所需数量的平均样品。

(4)组成不均匀的固体食品(如肉、鱼、果品、蔬菜等)的采样方法

这类食品各部位组成极不均匀，个体大小及成熟程度差异很大，取样更应注意代表性，可按下述方法采样。

① 肉类　根据分析目的和要求不同而定。有时从不同部位取得检样，混合后形成原始样品，再分取缩减得到所需数量的代表该只动物的平均样品；有时从一只或很多只动物的同一部位采取检样，混合后形成原始样品，再分取缩减得到所需数量的代表该动物某一部位情况的平均样品。

② 水产品　小鱼、小虾可随机采取多个检样，切碎、混匀后形成原始样品，再分取缩减得到所需数量的平均样品；对个体较大的鱼，可从若干个体上切割少量可食部分得到检样，切碎、混匀后形成原始样品，再分取缩减得到所需数量的平均样品。

③ 果蔬　体积较小的(如山楂、葡萄等)，可随机采取若干个整体作为检样，切碎、混匀形成原始样品，再分取缩减得到所需数量的平均样品；体积较大的(如西瓜、苹果、萝卜等)，可按成熟度及个体大小的组成比例，选取若干个个体作为检样，对每个个体按生长轴纵剖分为4份或8份，取对角线2份，切碎、混匀得到原始样品，再分取缩减得到所需数量的平均样品；体积蓬松的叶菜类(如菠菜、小白菜等)，由多个包装(一筐、一捆)分别抽取一定数量的检样，混合后捣碎、混匀形成原始样品，再分取缩减得到所需数量的平均样品。

(5) 小包装食品(罐头、袋或听装奶粉、瓶装饮料等)的采样方法

这类食品一般按班次或批号连同包装一起采样。如果小包装外还有大包装(如纸箱)，可在堆放的不同部位抽取一定量(总件数/2)大包装，打开包装，从每箱中抽取小包装(瓶、袋等)作为检样；将检样混合均匀形成原始样品，再分取缩减得到所需数量的平均样品。

3. 食物试样采样数量

食品分析检验结果的准确与否通常取决于两个方面：①采样的方法是否正确；②采样的数量是否得当。因此，从整批食品中采取样品时，通常按一定的比例进行。确定采样的数量，应考虑分析项目的要求、分析方法的要求和被分析物的均匀程度三个因素。一般平均样品的数量不少于全部检验项目的四倍；检验样品、复验样品和保留样品一般每份数量不少于0.5kg。检验掺伪物的样品，与一般成分分析的样品不同，分析项目事先不明确，属于捕捉性分析，因此，相对来讲，取样数量要多一些。

4. 其他固体样品的采集和制备

对地质样品及矿样可采取多点、多层次的方法取样，即根据试样分布面积的大小，按一定距离和不同地层深度采样，磨碎后，按四分法缩分，直到所需的量。

对金属片或丝状试样，剪一部分即可进行分析。但对钢锭和铸铁，由于表面和内部的凝固时间不同，铁和杂质的凝固温度也不一样，表面和内部组成不均匀，因此，采样时应用钢钻取不同部位的碎屑混合。

§4－5 试样的分解

4－5.1 试样的分解原则

在实际分析工作中，除了干法分析外，通常要先将试样分解，把待测组分定量转入溶液后再进行测定，在分析试样的过程中，应遵循以下几个原则：

① 试样的分解必须完全；

② 在分解试样的过程中，待测组分不能有损失；

③ 不能引入待测组分和干扰物质。

4－5.2 试样分解的方法

根据分解样品时所用的试剂不同，分解方法可分为湿法和干法。湿法是用酸、碱或盐的溶液来分解试样，干法则用固体盐、碱来熔融或烧结分解试样。

1. 酸分解法

由于酸较易提纯，过量的酸(除磷酸外)较易除去，分解时不引入除氢离子以外的阳离子，操作简单，使用浓度低，对容器腐蚀性小，因此酸分解法应用较广。酸分解法的缺点是对某些矿物质的分解能力较差，某些元素可能挥发损失。以分解用酸分别介绍如下：

(1) 盐酸

易溶于盐酸的物质是 Fe、Co、Ni、Cr、Zn、普通钢铁、高铬钢、多数金属氧化物(如 MnO_2、$2PbO \cdot PbO_2$、Fe_2O_3 等)、过氧化物、氢氧化物、硫化物、碳酸盐、硼酸盐等。不溶于盐酸的物质包括灼烧过的 Al、Be、Cr、Ti、Zr 和 Th 的氧化物，磷硝酸，磷亿矿，钡和铅的硫酸盐，尖晶石，黄铁矿，汞和某些金属的硫化物，铬铁矿。As(Ⅲ)、Sb(Ⅲ)、Ge(IV)、Se(Ⅳ)，Hg(Ⅱ)、Sn(Ⅵ)、Re(Ⅶ)容易从盐酸中(特别是加热时)挥发失去。在加热溶液时试样中的其他挥发性酸如 HI、SO_2 也会挥发。

(2) 硝酸

易溶于硝酸的物质包括晶质铀矿(UO_2)、钍石(SiO_2)、铅矿矿物及其碳酸盐、磷酸盐、硫酸盐。硝酸不宜用来分解氧化物以及单质 Se、As。很多金属浸入硝酸时形成不溶的氧化物保护层，因而不被溶解，这些金属包括 Al、Be、Cr、Ga、In、Nb、Th、Ti、Zr 和 Hf。而 Ca、Mg 能溶于较稀的硝酸。

(3) 硫酸

浓硫酸可分解硫化物、砷化物、氟化物、磷酸盐、锑矿物、铀矿物、独居石、萤石等，广泛用于氧化金属 Ba、Sr、Ca、Pb 和 As 的合金及各种冶金产品。溶解完全后，能方便地借加热至冒烟的方法除去部分剩余的酸。硫酸还经常用于溶解氧化物、氢氧化物、碳酸化合物。由于硫酸钙的溶解度较低，所以硫酸不适用于溶解以钙为主要组分的物质。硫酸的一个重要应用是除去挥发性酸，但 Hg、Se(Ⅳ)在某种程度上会失去，磷酸、硼酸也会失去。

(4) 磷酸

磷酸可用来分解许多硅酸盐矿物、多数硫化物矿物、天然的稀土元素磷酸盐、四价铀和六价铀的混合氧化物。磷酸最重要的分析应用是测定铬铁矿、铁氧体和各种不溶于氢氯酸的硅酸盐中的二价铁。磷酸通常仅用于一些单项测定，而不用于系统分析。

(5) 高氯酸

热的浓高氯酸几乎与所有的金属(除金和一些铂系金属外)起反应，并将金属氧化为最高价态，只有铅和锰呈较低氧化态，即 Pb(Ⅱ)和 Mn(Ⅱ)。但在此条件下，Cr 不被完全氧化为 +6 价 Cr。若在溶液中加入氯化物可保证所有的铱都呈四价。高氯酸还可溶解硫化物矿、倍铁矿、磷灰石、三氧化二铬以及钢中夹杂的碳化物。

(6) 氢氟酸

氢氟酸用于分解用途广泛的硅酸盐，同时也适用于许多其他物质，如 Nb、Ta、Ti 和 Zr 的氧化物，Nb 和 Ta 的矿石及含硅量低的矿石。另外，含硅钢、稀土、铀等矿物也均可用氢氟酸分解。许多矿石，包括石英、绿柱石、钻石、铬铁矿、黄玉锡石、刚玉、黄铁矿、蓝晶石、十字石、黄铜矿、磁黄铁矿、红柱石、尖晶石、石墨、金红石、硅线石和某些电气石，不易用氢氟酸分解完全。

(7)混合酸

混合酸常能起到取长补短的作用，有时还会具有新的、更强的溶解能力。王水可分解金铂等贵重金属，亦可分解铀的天然氧化物、沥青铀矿、某些硅酸盐、钒矿物、彩铜铅矿、钼钙矿、大多数天然硫酸盐类矿物。

磷酸 - 硝酸：可分解铜和锌的硫化物及氧化矿物。

磷酸 - 硫酸：可分解许多氧化矿物，如铁矿石和一些对其他无机酸稳定的硅酸盐。

高氯酸 - 硫酸：适于分解金属镓、铬矿石等。

高氯酸 - 盐酸 - 硫酸：可分解铁矿石、铬矿石、锰矿石。

氢氟酸 - 硝酸：可分解硅酸盐及含钨、钼、铬等试样。

2. 熔融分解法

用酸和其他溶剂不能分解完全的试样，可用熔融的方法分解试样，于高温下使试样转变为易溶于水或酸的化合物。

(1) 熔剂分类

① 碱性熔剂主要有：金属碳酸盐及其混合物、硼酸盐、氢氧化物等。

② 酸性熔剂主要有：酸式硫酸盐、焦硫酸盐、氟氢化物、硼酐等。

③ 氧化性熔剂主要有：过氧化钠、碱金属碳酸盐及氧化剂混合物等。

④ 还原性熔剂主要有：氧化铅和含碳物质的混合物、碱金属和硫的混合物、硫化物和硫的混合物等。

(2) 选择熔剂的基本原则

一般来说，酸性试样采用碱性熔剂，碱性试样采用酸性熔剂，氧化性试样采用还原性熔剂，还原性试样采用氧化性熔剂。

(3) 常用熔剂

① 碳酸盐　通常用 Na_2CO_3 或 K_2CO_3 作熔剂来分解矿石试样，如分解钠长石、重晶石、铁矿、锰矿等。熔融温度一般为 900～1000℃，时间为 10～30min。熔剂和试样的比例因不同的试样而有较大区别。

碳酸盐熔融法的缺点是一些元素会挥发失去，如汞、硒、砷、碘、氟、氯、溴。

② 过氧化钠　过氧化钠用来熔解极难熔的金属和合金、铬矿及其他难以分解的矿物，如铬铁矿、钛铁矿、绿柱石、锆英石和电气石等。

③氢氧化物　氢氧化钾(钠)的熔点较低(328℃)，适用于熔融硅酸盐(如高岭土、耐火土、灰分、矿渣、玻璃等)，特别是铝硅酸盐。此外，氢氧化物还可用来分解铅钒、硼矿物、磷酸盐及氟化物。

用氢氧化物熔融试样时镍坩埚和银坩埚优于其他坩埚。熔剂与试样的比例为(8～10)∶1。此法的优点是速度快，而且固化的熔融物容易溶解，F、Cl、Br、B 等不会损失。缺点是熔剂易吸潮，熔化时易发生喷溅现象。

④ 焦硫酸盐　焦硫酸钾(钠)适用于熔融 BeO、Fe_2O_3、Cr_2O_3、Al_2O_3、TiO_2、ZrO_2 和稀土氧化物及非硅酸盐矿物(如钴铁矿、磁铁矿、铬铁矿、钢铁矿、钼铁矿等)。铂和熔凝石英是进行这类熔融常用的坩埚材料，前者略被腐蚀，后者较好。熔剂与试样比例为 15∶1。

焦硫酸盐不适于熔融许多硅酸盐。此外，锡石、钻石也难以分解，酸盐熔解的应用范围由于许多元素的挥发损失而受到限制。

3. 其他分解方法

(1) 高压密闭消解

消解试样的根本目的是利用消解酸的酸性、氧化性，通过酸与试样的反应把待测物分解为可溶性物质。高压密闭消解具有类似微波消解的优点，且成本相对低廉、操作简便，是应用较为普遍的消解方法。所以虽然各种消解方法原理及操作不尽相同，但都是为消解酸提供适合的温度、压力等外部条件，消解过程中起关键作用的是各种消解酸体系。

具体操作过程是：以土样为例说明，称取 0.5g 风干土样于内套聚四氟乙烯的坩埚中，加入少许水润湿试样，再加入 HNO_3($\rho=1.42$g/mL)、$HClO_4$($\rho=1.67$g/mL)各 5mL，摇匀后将坩埚放入不锈钢套筒中，拧紧。放在 180℃的烘箱中分解 2h。取出，冷却至室温后，取出坩埚，用水冲洗坩埚盖的内壁，加入 3mL HF($\rho=1.15$g/mL)，置于电热板上，在 100～120℃加热除硅，待坩埚内剩下约 2～3mL 溶液时，调高温度至 150℃，蒸至冒浓白烟后再缓缓蒸至近干，定容后进行测定。

(2) 微波消解

微波消解技术是近年发展起来的一项新的样品前处理技术。微波是一种电磁波，它能使样品中极性分子在高频交变电磁场中发生振动，相互碰撞、摩擦、极化而产生高热。微波能直接传递给溶液中的各分子，溶液整体快速升温，加热效率高。压力自控密闭微波消解是将试样和溶剂放于耐压密闭容器里进行微波加热消解，自动控制密闭容器的压力，它结合了高压消解和微波加热迅速以及能使极性分子在高频交变电磁场中剧烈振动碰撞、摩擦、极化等方面的性能，这样可以加热到较高温度和较高压力，使分解更有效，同时也可减少溶剂用量和易挥发组分(As、B、Cr、Hg、Se、Sb、Sn等)的损失，微波消解法可用于有机和生物样品的氧化分解，也可用于难熔无机材料的分解。和传统干、湿消解方法相比，它具有节能、快速、易挥发元素损失少、污染小、操作简便、消解完全等优点。

4-5.3 溶解和分解过程中的误差来源

(1) 以飞沫形式和挥发引起的损失

当溶解伴有气体释出或溶解在沸点下进行时，总有少量溶液损失，即气泡在破裂时以飞沫的形式带出，盖上表面皿可大大减少损失。熔融分解或溶液蒸发时盐类沿坩埚壁蠕升是误差的另一来源，尽可能均匀地在油浴或沙浴上加热坩埚。

在无机物质溶解时，除了卤化氢、二氧化硫等容易挥发的酸和酸酐外，许多挥发性化合物或氢化物也可能失去(如 HgO、PH_3)。为防止挥发引起的损失，可在带球形冷凝管的烧瓶中进行反应。

(2) 吸附引起的损失

在绝大多数情况下，溶质损失的相对量随浓度的减小而增加。在所有吸附过程中，吸附表面的性质起着决定性的作用。不同的容器，其吸附作用显著不同，且随不同物质而异。

彻底清洗容器能显著减弱吸附作用。许多情况下，将溶液酸化足以防止无机阳离子吸附在玻璃和石英上。一般来说，阴离子吸附的程度较小，因此，对那些强烈被吸附的离子可通过加入配体使其生成配阴离子而减小吸附。

(3) 泡沫的消除

在蒸发液体或用湿法氧化分解试样，特别是生物试样时，有时会遇到起沫的问题。使试样在浓硝酸中静置过夜，或在300~400℃下将有机物预先灰化对消除泡沫十分有效。防止起沫的更常用的方法是加入化学添加剂，如脂肪醇，有时也可用硅酮油。

§4-6 物质的富集方法

随着科学技术的发展，现代化学的分析对象越来越复杂，待检测组分含量越来越低，在地球和宇宙科学、环境科学、生命科学、材料科学以及医学和考古学中，经常要求检测μg/g、ng/g、pg/g甚至更低含量的组分。目前，虽然有许多灵敏度和选择性很高的仪器分析方法，但在分析实践中，常常由于存在基体效应以及其他各种干扰而难以得到准确的结果，因此，分离富集仍然是分析方法中不可缺少的重要环节。在以下几种情况下，一般都必须采用适当的分离富集技术，才能保证获得准确可靠的分析结果：①样品中存在干扰物质；②待测组分在样品中分布不均匀；③待测痕量组分的含量低于测定方法的检出限；④没有合适的标准参考物质；⑤样品的物理、化学状态不适于直接进行测定；⑥样品本身剧毒或具有强放射性等。

显而易见，分离富集的目的在于消除干扰，并提高待测痕量组分的含量。它不仅可以延伸待测痕量组分的检测下限，而且对于提高化学分析和近代仪器分析结果的精密度、准确度，扩展仪器分析的领域均有重要的作用。

物质的富集是指从大量母体物质中搜集欲测定的痕量元素至一较小体积，从而提高其含量至测定下限以上的操作过程。试样中含量少于 0.01% 的痕量物质，如果它的含量低于分析方法的测定下限，就必须采用富集的方法。常用的富集方法有色谱法、离子交换、溶剂萃取、升华、挥发、蒸馏、选择溶解、汞齐作用等方法。

4-6.1 共沉淀富集法

以沉淀反应为基础的分离方法称为沉淀分离法。包括常规沉淀分离法、均相沉淀分离法、共沉淀分离法。常规沉淀法和均相沉淀法主要用于常量组分的分离，共沉淀法主要用于微量组分的分离和富集。

1. 共沉淀富集的原理

共沉淀现象是指某一物质在其离子积尚未超过溶度积或处于过饱和亚稳定状态等可溶条件时，溶液中被主体沉淀带下并一起沉淀的现象。加沉淀剂于试液中，有沉淀生成，痕量元素随之共沉淀析出，滤出沉淀，并用小体积溶剂溶解，使痕量物质富集。载带痕量元素的沉淀称为搜集剂，也称载体或共沉淀剂。

2. 共沉淀富集的类型和应用

（1）无机共沉淀剂

无机共沉淀剂的作用主要是利用无机共沉淀剂对痕量元素的吸附或与痕量元素形成混晶两种。为了增大吸附作用，应选择总表面积大的胶状沉淀作为载体。例如以 $Fe(OH)_3$ 作载体可以共沉淀微量的 Al^{3+}、Sn^{4+}、Bi^{3+}、Ga^{3+}、In^{3+}、Tl^{3+}、Be^{2+} 和 U(Ⅵ)、W(Ⅵ)、V(Ⅴ)等离子；以 $Al(OH)_3$ 作载体可以共沉淀微量的 Fe^{3+}、TiO^{2+} 和 U(Ⅵ)等离子。

无机共沉淀剂按其作用，可分为以下几种类型：

① 利用表面吸附进行痕量组分的共沉淀富集，选择性不高。共沉淀剂为 $Fe(OH)_3$、$Al(OH)_3$ 等胶状沉淀、微溶性的硫化物，如 $Al(OH)_3$ 作载体共沉淀 Fe^{3+}、TiO^{2+}；HgS 共沉淀 Pb^{2+}。通常是微溶的金属硫化物、氢氧化物或含氧酸盐等。

② 混晶作用的共沉淀型，如果两种金属离子生成沉淀时，具有相似的晶格，就可能生成混晶而共同析出。利用生成混晶进行共沉淀，选择性较好，如硫酸铅-硫酸钡、磷酸铵镁-砷酸铵镁，还常以 $MnO(OH)_2$ 为载体富集 Sb^{3+}，以 CuS 为载体富集 Hg^{2+} 等。根据形成混晶作用选择载体时，要求痕量元素与载体的离子半径尽可能接近，形成的晶格应相同。例如以 $BaSO_4$ 作载体共沉淀 Ra^{2+}，以 $SrSO_4$ 作载体共沉淀 Pb^{2+}，以 $MgNH_4PO_4$ 作载体共沉淀 $AsO_4{}^{3-}$ 等。

（2）有机共沉淀剂

待测金属离子先和简单阴离子（例如卤素离子、硫氰酸根离子等）生成络阴离子，再与相对分子质量较大的有机阳离子（碱性染料，如甲基紫、孔雀绿、次甲基蓝等）形成难溶的离子缔合物，然后被有机阳离子与简单阴离子所生成的沉淀载带下来。有机搜集剂易于灼烧除去，可以不干扰富集后的痕量元素的测定。

① 利用胶体的凝聚作用。例如，H_2WO_4 在酸性溶液中常呈带负电荷的胶体，不易凝聚，当加入有机共沉淀剂辛可宁，它在溶液中形成带正电荷的大分子，能与带负电荷的钨酸胶体共同凝聚而析出，可以富集微量的钨。常用的该类有机共沉淀剂还有丹宁、动物胶，可以共沉淀钨、铌、钼、硅等含氧酸。

② 利用形成离子缔合物。有机共沉淀剂可以和一种物质形成沉淀作为载体，能同另一种组成相似的由痕量元素和有机沉淀剂形成的化合物生成共溶体而一起沉淀下来。例如，在

含有痕量 Zn^{2+} 的弱酸性溶液中，加入 NH_4SCN 和甲基紫，甲基紫在溶液中电离为带正电荷的阳离子 MVH^+，其共沉淀反应为：

$$MVH^+ + SCN^- \xlongequal{} MVH^+ \cdot SCN^- \downarrow \text{(形成载体)}$$

$$Zn^{2+} + SCN^- \xlongequal{} Zn(SCN)_4^{2-}$$

$$2MVH^+ + Zn(SCN)_4^{2-} \xlongequal{} (MVH^+)_2 \cdot Zn(SCN)_4^{2-} \text{(形成缔合物)}$$

生成的 $(MVH^+)_2 \cdot Zn(SCN)_4^{2-}$ 便与 $MVH^+ \cdot SCN^-$ 共同沉淀下来。沉淀经过洗涤、灰化之后，即可将痕量的 Zn^{2+} 富集在沉淀之中，用酸溶解之后即可进行锌的测定。

③ 利用“固体萃取剂”进行共沉淀。例如，1-萘酚的乙醇溶液中，1-萘酚沉淀，并将 U(Ⅵ)与 1-亚硝基-2-萘酚的螯合物共沉淀下来。

④ 利用惰性共沉淀剂。加入一种载体直接与被共沉淀物质形成固溶体而沉淀下来。例如，痕量的 Ni^{2+} 与丁二酮肟镍螯合物分散在溶液中，不生成沉淀，加入丁二酮肟二烷酯的酒精溶液时，则析出丁二酮肟二烷酯，丁二酮肟镍便被共沉淀下来。这里载体与丁二酮肟及螯合物不发生反应，实质上是“固体萃取”作用，则丁二酮肟二烷酯称为“惰性共沉淀剂”。如酚酞等，其作用类似固体萃取剂，而与吸附及生成混晶等无关。

4-6.2 泡沫浮选法

泡沫浮选是一项利用物质在气泡表面上吸附性质的差异进行分离的技术，根据被分离物质的不同可以分为两类：一类是本身具有表面活性的分离以及各种天然或合成表面活性剂的分离，例如医药生物工程中蛋白质、酶、病毒的分离；另一类是本身为非表面活性剂，但可以通过配合或其他方法使其具有表面活性，这类体系的分离被广泛地用于工业污水中各种金属离子如铜、锌、镉、铁、汞、银等的分离吸收。通常把凡是利用气体在溶液中鼓泡，以达到分离或浓缩目的的方法总称为泡沫浮选分离技术。

1. 泡沫浮选的过程

泡沫浮选的主要过程是气泡带有选择性，但在气液界面粘得不紧的矿粒在矿浆中上升，然后在矿浆面上形成泡沫。把研细的矿物与水混合，在水中加入一种油(例如煤油)，向混合物中鼓入空气产生气泡。含有金属的矿物颗粒对油有吸引力，从而优先被油包覆起来并粘附在泡沫中的空气泡上，随着泡沫漂浮到表面上来，脉石的颗粒则被水沾湿并沉淀到底部，达到分离的目的。采矿业常利用这种方法将碎矿石从岩石中分离出来。

泡沫浮选是一个包括气、固、液三相的系统，浮选是在该体系中完成的复杂的物理化学过程。其中，固相是被分选的矿物；液相为分选介质，主要是水；气相是为了形成气泡，携带矿粒。

2. 常见浮选方法

（1）离子浮选法

由于表面活性剂离子具有一端亲水、另一端疏水的两亲特性，如果它和试液中待富集的痕量离子能生成离子缔合物，这类缔合物就有富集在气液界面的倾向。在试液中通入氮气使生成泡沫，痕量离子就被泡沫浮选。适当控制试液中的 pH 值、离子强度和表面活性剂浓度(低于临界胶束浓度)，可得到很高的富集效率。

（2）胶体吸附浮选法

用胶体搜集剂吸附被富集的元素，再加入与胶体带相反电荷的表面活性剂，然后通气浮选。常用的胶体有氢氧化铁、氢氧化铝和硫化物等。多孔物质富集是用泡沫塑料、巯基棉、活性炭、分子筛等多孔物质吸附痕量元素，也可得到很好的富集效果。我国在痕量贵金属的富集和分析中，常采用这一方法。

(3) 溶剂气浮分离法

在含有被分离组分的水溶液上部覆盖一层与水不混溶的有机溶剂，当附着有被分离组分的表面活性剂气泡升至水溶液上部，气泡就会溶入有机相或悬浮在两相界面成为第三相，从而分离。溶剂气浮吸光光度法就是把溶剂气浮分离法与吸光光度法相结合，达到高灵敏选择性地测定痕量组分，如 Au(Ⅲ) - Ⅰ - 次甲基蓝离子缔合体系的溶剂气浮吸光光度法。

3. 泡沫浮选方法的应用

(1) 分离溶液和处理工业废水中的离子、分子、胶粒等小微粒

分离的对象是具有一定稳定作用的分散系，通过向溶液中加入表面活性物质作为起泡剂，它在气 - 液界面上吸附，形成了憎水基团向着气相作定向排列，离子层在液相中。与溶液中的离子、分子、胶体粒子的相互作用力是范德华力、氢键和静电作用力等多种作用力的结果。而且对不同的异号离子其吸引力也不一样，这就可以把溶液中某些离子随所形成的泡沫而分离开，即吸附溶液中的离子、分子、胶体，通过鼓泡将其带出，从而实现分离。一般认为，吸附在泡沫表面的表面活性剂与溶质的作用力有两种：一种是表面活性剂与溶质间的离子 - 离子作用力，它具有良好的选择性和高的提浓率；另一种是离子 - 偶极间的作用力。泡沫浮选不仅对具有表面活性的物质有效，对非表面活性的物质也可以，只要复合物是疏水的(因为泡沫存在双电层结构，其结构类似于胶体)，复合物就会被静电力吸附在泡沫上。溶液中溶质与表面活性剂亲水基团的亲和受溶剂水的水化作用及各种离子干扰竞争的影响，只有与表面活性剂有较强亲和能力的溶质才能被较好地分离。

(2) 回收、富集具有生物活性的物质及其他生物产品的提纯

生物活性物质大多数为蛋白质，蛋白质是一大类具有特定结构的生物大分子，在生物体的生命活动中起着重要的作用。蛋白质具有极性和非极性的基团，属两性生物表面活性剂，在溶液中可以通过控制操作条件选择性地吸附在气液界面上。因此泡沫浮选分离技术可用于从稀溶液中浓缩和分离蛋白质、酶或是其他的生物产品。

总之，泡沫浮选法是一种在工业生产和日常生活中应用很广、很有发展前途的新兴分离技术，随着分析技术的提高，泡沫浮选技术必将在稀溶液的分离、有价物质的回收方面有更加广泛的应用。

4-6.3 液膜分离法

膜分离法是一项新兴的高效分离技术，已被国际公认为是 20 世纪末到 21 世纪中期最有发展前途的一项重大高新生产技术，是利用天然或人工合成的具有选择透过性的薄膜，以外界能量或化学位差为推动力，对双组分或多组分体系进行分离、分级、提纯或富集的技术。膜分离技术(以下简称膜技术)包括超滤、微滤、纳滤和反渗透等。

1. 基本原理

膜分离技术的应用原理近似机械筛，是以压力为推动力，实现溶质与溶剂的分离，当溶液体系进入滤器时，在滤器内的滤膜表面发生分离，溶剂(水)和其他小分子质量溶质透过具有不对称微孔结构的滤膜，大分子溶质和微粒(如蛋白质、病毒、细菌、胶体等)被滤膜

阻留，从而达到分离、提纯和浓缩产品的目的。液膜萃取分离涉及到三个液相：试样液、萃取液和这两者之间的薄膜。分离原理类似液-液萃取和反萃取。被分离组分从试样液进入液膜相当于萃取，再从液膜进入接受液（反萃液）相当于反萃取，可以说液膜萃取分离是液-液萃取分离中萃取与反萃取的结合。在常温下操作，无相变，能耗低。

2. 膜分离的应用

膜技术日趋成熟，已开始应用于医药领域，如临床用于血透、血液净化、亲和过滤、肾透等。在生物制药领域，用于抗生素和氨基酸的生产、发酵液和培养液的澄清、生物制品的灭菌与去除热源等，以及用于多肽、蛋白质、酶、细胞、病毒等大分子的富集、浓缩和纯化。

由于膜分离过程是一种纯物理过程，具有无相变化、节能、体积小、可拆分等特点，使膜广泛应用在发酵、制药、植物提取、化工、水处理工艺过程及环保行业中。对不同组成的有机物，根据有机物的相对分子质量，选择不同的膜，选择合适的膜工艺，从而达到最好的膜通量和截留率，进而提高生产效率、减少投资规模和运行成本。

4-6.4 浊点萃取法

浊点萃取法（CPE）是近年来出现的一种新兴的液-液萃取技术，它不使用挥发性有机溶剂，不影响环境。它以中性表面活性剂胶束水溶液的溶解性和浊点现象为基础，改变实验参数引发相分离，将疏水性物质与亲水性物质分离。目前，该法已成功地应用于金属螯合物、生物大分子的分离与纯化及环境样品的前处理中。

1. 浊点萃取的方法

CPE 法除了利用增溶作用外，还利用了表面活性剂另一个重要性质——浊点现象。溶液静置一段时间（或离心）后会形成两个透明的液相：一为表面活性剂相（约占总体积的5%）；另一为水相（胶束浓度等于 CMC）。外界条件（如温度）向相反方向变化，两相便消失，再次成为均一溶液。溶解在溶液中的疏水性物质如膜蛋白，与表面活性剂的疏水基团结合，被萃取进表面活性剂相，亲水性物质留在水相，这种利用浊点现象使样品中疏水性物质与亲水性物质分离的萃取方法就是浊点萃取，具有经济、安全、高效、简便等优点，已广泛用于生命科学、环境科学研究中。

2. 浊点萃取的应用

CPE 法可用于分离膜蛋白、酶、动物、植物和细菌的受体，还可以替代一些分离方法如硫酸铵分级法作为纯化蛋白的第一步，与色谱方法联用。另外，CPE 法分离纯化蛋白质已经可以实现大规模操作。膜蛋白（内嵌膜蛋白、外围膜蛋白）硫水性强、难溶于水，抽提内嵌膜蛋白时，既要削弱它与膜脂的疏水性结合，又要使它保持疏水基在外的天然状态，较难分离纯化。由于表面活性剂具有两亲性，它一直作为膜蛋白理想的增溶剂。增溶时，膜蛋白疏水部分嵌入胶束的疏水核中而与膜脱离，又保持了膜蛋白表面的疏水结构。相分离后，膜蛋白与表面活性剂共同析出，与亲水性蛋白质分离。所以，CPE 法在分离纯化膜蛋白方面极有优势。

4-6.5 微乳液萃取法

1943 年，Hoar 和 Schulman 用油、水和乳化剂以及醇共同配制得到一透明均一体系，并将该体系命名为微乳液，从此微乳液的研究受到广泛关注。微乳液真正作为液膜体系是近十多年来出现的一项新技术，其在石油、环境、水处理、制药、医药、食品、牛奶、饮料、造纸、纺织、电子等领域的广泛用途，已成为一个非常热门的研究课题。

1. 微乳液的形成

微乳液是在一定条件下可以自发形成的、宏观上各向同性的热力学稳定体系，一般由表面活性剂、助表面活性剂、油和水(或水溶液)组成。较为成熟的微乳形成理论有三种，即界面混合膜理论、溶解理论和热力学理论。

2. 微乳液的结构

微乳液又称膨胀胶束，可以看成是胶束内核增溶非极性或极性物质后所形成的体系。而胶束是表面活性剂分子当浓度超过其临界胶束浓度后在水或有机溶剂中自发缔合形成的自组织系统(或聚集体)，在水中形成的聚集体称为正常胶束，在有机溶剂中形成的聚集体称为反胶束。胶束内部的非极性环境使它可以增溶非极性物质形成膨胀胶束，又称为水包油型微乳液(O/W)；同样，反胶束内部的极性环境使它可以增溶极性物质形成膨胀反胶束，或称为油包水型微乳液(W/O)。目前，胶束和微乳液的区分尚无严格界定。对于反胶束和W/O型微乳液来说，两者的主要区别在于W/O型微乳液的水池内有自由水存在，反胶束则没有。胶束的大小一般在5nm以下，而微乳液的大小则在5 nm以上，但不超过40nm。根据表面活性剂分子极性端基电离性质的不同，微乳液可分为以下四种类型：非离子型微乳液(如以OP－7[壬基酚聚氧乙烯(7)醚]、OP－4[壬基酚聚氧乙烯(4)醚]等非离子表面活性剂组成的微乳液)、阳离子型微乳液(如以十六烷基三甲基溴化铵组成的微乳液)、阴离子型微乳液[如以AOT[二－(2－乙基己基)磺化琥珀酸钠]和SDS(十二烷基硫酸钠)组成的微乳液、两性离子型微乳液(如以卵磷脂、甜菜碱类表面活性剂组成的微乳液)。

3. 微乳液富集的应用

微乳萃取是一项新出现的膜萃取技术，最早用于具有经济价值的蛋白质、多肽、氨基酸的分离。在传统的液膜萃取中，由于液膜本身的稳定性和机械性能较差，不可避免地出现液膜破裂，从而造成已被萃取的溶质返回到料液相，大大降低了萃取效率；另外，萃取完毕后，还需对液膜进行破乳，以分离出萃取的溶质，因此根据液膜的不同，破乳设备也复杂多样。研究发现，反胶团W/O型微乳体系可以用于生物活性物质的萃取，由于微乳体系中的微环境和生物细胞环境类似，所萃取的蛋白质不易变性。另外，反胶团微乳液作为细胞的模拟膜，还可以用来制备生物分子的超微颗粒。

最近研究还发现，在反胶团W/O型微乳体系及低含水介质中的酶体系中，应用酶可以增加非极性试剂的溶解度，有利于反应进行，提高酶的热稳定性。在微乳体系中，酶催化应用于许多种反应，例如采用脂肪酶、磷脂酶、碱性磷酸脂酶、胰蛋白酶、溶菌酶、肽酶等催化应用于酯、肽、酰基糖的合成、酯交换、各种水解反应及生物碱的变换等。

半个世纪以来，微乳系统的理论研究和应用开发取得了显著的成就，微乳液作为一种热力学稳定的体系，制乳十分方便，黏度小，破乳容易，其所具有的超低界面张力和表面活性剂所具有的乳化、增溶、分散、起泡、润滑和柔软性等性能使它不但在医药生物领域有实际的和潜在的应用价值，而且在其他领域包括石油、环境、水处理、制药、食品、牛奶、饮料、造纸、纺织、电子等领域也得到了广泛应用，并取得了令人瞩目的成就。

单元5　基本操作

化学实验基本操作是指在进行化学实验时必须掌握的基本技能。例如溶解、搅拌、过滤、干燥、结晶、加热、冷却、蒸馏等一系列操作方法。

§5-1　溶　　解

一种物质(溶质)分散于另一种物质(溶剂)中成为溶液的过程叫溶解。一般把量多的物质称为溶剂，量少者称为溶质。若其中有水，习惯将水称为溶剂。

物质溶解一般经过两个过程：物理过程和化学过程。物理过程是溶质分子或离子的扩散过程，需要吸收热量；化学过程是溶质分子或离子和溶剂(如水)分子作用，形成溶剂分子或离子(如水合分子或水合离子)的过程，放出热量。当放出的热量大于吸收的热量时，溶液温度升高，如氢氧化钠溶于水、稀释浓硫酸时温度升高；当放出的热量小于吸收的热量时，溶液温度就会降低，如硝酸铵溶于水时温度降低；当放出的热量等于吸收的热量时，溶液温度不变，如蔗糖溶于水，温度不变。

在一定温度下，向一定量的溶剂中加入溶质，随着溶质的不断溶解，溶液浓度不断增加，当溶解的溶质达到一定质量时，继续加入溶质不再溶解，这种现象称为饱和。处于饱和状态的溶液称为饱和溶液。在特殊条件下，溶液中溶解的溶质会大于正常情况，这时称溶液为过饱和溶液。

在一定温度和压力下，溶质在一定量溶剂中(有时可能是溶液)溶解的最高量，就是该溶质在该溶剂中的溶解度，一般以100g溶剂中能溶解溶质的克数来表示。即用100g溶剂制成的饱和溶液中所含溶质的克数叫做该溶质在该溶剂中的溶解度。例如：在20℃时，100g水中可以溶解氯酸钾7.3g，因此，氯酸钾在该温度的溶解度是7.3g/100g水。溶解度的大小主要由溶质、溶剂自身的性质和温度决定，绝大多数固体的溶解度都随温度的升高而增大。气体的溶解度还和外界压强有关，如无指明，则温度及压强通常指的是标准状况。此外，如果有杂质，杂质也会不同程度地影响溶解度。

溶解过程中所用的溶剂通常分为两大类：极性溶剂和非极性溶剂。极性溶剂能够溶解离子化合物以及能离解的共价化合物，非极性溶剂则只能溶解非极性共价化合物，即所谓“相似相溶”原理。例如：氯化钠是一种离子化合物，它能溶解在极性溶剂水中，而不溶于非极性溶剂苯中；溴是非极性共价化合物，可以溶于非极性溶剂四氯化碳中。

当固体物质溶解于溶剂中时，如固体颗粒太大，可在研钵中研细，也可用搅拌、加热的方法促进溶解。若在试管中溶解固体，可用振荡试管的方法促进溶解。振荡时不能上下振荡，也不能用手指堵住管口来回振荡。

在化学实验中，由化学反应的性质和要求的不同常常需配制各种溶液，来满足具体实验的要求。常用的溶液主要有：一般酸、碱及盐溶液、缓冲溶液和标准溶液。

5-1.1 一般溶液的配制

实验室中一般溶液的配制是溶液浓度不需要十分准确的溶液配制。配制时，固体试剂用台秤称量；液体试剂及溶剂用量筒量取；有时溶液的体积还可根据所用的烧杯、试剂瓶的容积等来估计。

配制及保存溶液时必须遵循下列原则：

① 配制溶液时，要合理选择试剂的级别，不许超规格使用试剂，以免造成浪费。

② 经常并大量用的溶液，可先配制成浓度约大10倍的储备液，使用时取储备液稀释10倍即可。

③ 易侵蚀或腐蚀玻璃的溶液，不能盛放在玻璃瓶内，如含氟的盐类（如 NaF、NH_4F、NH_4HF_2）、苛性碱等应保存在聚乙烯塑料瓶中。

④ 易挥发、易分解的试剂及溶液，如 I_2、$KMnO_4$、H_2O_2、$AgNO_3$、$H_2C_2O_4$、$Na_2S_2O_3$、$TiCl_3$、氨水、Br_2 水、CCl_4、$CHCl_3$、丙酮、乙醚、乙醇等溶液及有机溶剂等均应存放在棕色瓶中，密封并置于阴凉处避光保存。

⑤ 用有机溶剂配制溶液时（如配制指示剂溶液），若有机物溶解较慢，应不时搅拌，或在热水浴中温热溶液，但不可直接加热。易燃溶剂使用时要远离明火。几乎所有的有机溶剂都有毒，应在通风柜内操作。应避免有机溶剂不必要的蒸发，烧杯应加盖。

⑥ 配好的溶液盛装在试剂瓶中，应贴好标签，注明溶液的浓度、名称以及配制日期。

⑦ 配制大多数盐溶液时，在台秤上称取一定量的试剂溶于适量水中，再用水稀释。但是有一些易水解的盐，配制溶液时，需加入适量酸，再用水或稀酸稀释；有些易被氧化或还原的盐，常在使用前临时配制，或采取措施，防止氧化或还原。

5-1.2 标准溶液的配制

标准溶液是已知准确浓度的溶液，常用 $mol \cdot L^{-1}$ 表示。通常其配制方法有两种：直接法和间接法。

1. 直接法

在分析天平上准确称取一定量的基准试剂，放入干净的烧杯中，加适量蒸馏水使其完全溶解，再定量转移到容量瓶中，用水稀释到刻度。根据称取试剂的重量和容量瓶的体积，计算它的准确浓度。

直接法配制标准溶液的试剂必须符合下列要求：

① 试剂的纯度较高，杂质含量一般不超过0.01%~0.02%。

② 试剂的实际组成应与化学式完全符合。

③ 在一定条件下性质稳定。例如烘干时不分解，在空气中称量时不吸收水分、二氧化碳等，也不起化学变化。

符合上述条件的试剂，在化学上称为“基准试剂”或“基准物质”，简称基准物。

较稀的标准溶液可由较浓的标准溶液稀释而成。由储备液配制成操作溶液时，原则上只稀释一次，必要时可稀释二次。稀释次数太多累积误差太大，影响分析结果的准确度。

2. 间接法

实际上只有少数试剂符合基准试剂的要求。大部分试剂杂质含量较多，不易提纯。有些试剂不稳定。如纯盐酸(恒沸盐酸除外)是氯化氢的水溶液，很难知道其中氯化氢的准确含量，氢氧化钠、氢氧化钾易吸收空气中的水分和二氧化碳；高锰酸钾在空气中易被还原；有一些含结晶水的试剂，结晶水的含量常与化学式中所示的不符等。这类试剂不能用直接法配制标准溶液，要用间接的方法，即标定的方法。

先配成接近所需浓度的溶液，然后用基准试剂或另一种标准溶液来测定它的准确浓度，该操作过程称为“标定”。

不能直接配制成准确浓度的标准溶液，在由原装的固体酸碱配制溶液时，一般只要求准确到1~2位有效数字，故可用量筒量取液体或在台秤上称取固体试剂，加入的溶剂(如水)用量筒或量杯量取即可。但是在以后标定溶液的整个过程中，一切操作要求严格、准确。称量基准物质要求使用分析天平，称准至小数点后四位有效数字。所要标定溶液的体积，如要参加浓度计算的均要用容量瓶、移液管、滴定管准确操作。

标准溶液浓度的标定有两种方法：

(1) 用基准试剂直接标定

称取一定量的基准试剂，溶解后用待标定的溶液进行滴定。根据基准试剂的量和待标定溶液的体积计算出标准溶液的准确浓度。

有时先将基准试剂在容量瓶中配制成一定浓度的溶液，然后用移液管准确移取一定体积，用待标定的溶液滴定。

(2) 用已知准确浓度的标准溶液标定

移取一定量待标定的溶液，用已知准确浓度的标准溶液滴定；或移取一定量已知准确浓度的标准溶液，用待标定的溶液滴定。根据标准溶液的浓度和两种溶液所消耗的体积，计算待标定溶液的浓度。

这种方法比较简便，但它的准确度不及直接标定高。因为确定标准溶液的浓度时，已经存在误差，再用它来标定待标定溶液的浓度，又将引入误差。由于误差的积累，对结果影响较大。因此，尽可能采用直接法来标定标准溶液的浓度，而且标定时，一般需称三份基准试剂，平行滴定。

为使标定的误差较小，应注意：

① 基准试剂称取的质量不宜太小。由于分析天平称量误差为±0.1mg，所以，每一次滴定至少需称基准试剂100mg，以便称量的相对误差不大于±0.1%。为此，选用的基准试剂最好有较大的摩尔质量。因为摩尔质量越大，称取的量越多，由称量引进的误差越小。如标定NaOH溶液时，选用邻苯二甲酸氢钾作基准试剂比草酸好，因邻苯二甲酸氢钾的摩尔质量(204.22)比草酸的摩尔质量(63.04)大得多。

② 标定时所用滴定剂溶液的体积不宜太小。因滴定管一次读数的绝对误差为±0.01mL，滴定时要读数二次，引入绝对误差±0.02mL。为使标定时所用溶液体积的相对误差不大于±0.1%，所用滴定剂溶液的体积必须大于20mL。滴定剂溶液的体积也不宜太大，不能超过滴定管的容量，否则将增加两次读数误差。

③ 标定时，基准试剂溶液或标准溶液的浓度和待标定溶液的浓度应相近。

在实际工作中，特别是在工厂实验室，还常采用“标准试样”来标定标准溶液的浓度。“标准试样”含量是已知的，它的组成和被测物质相近。这样标定标准溶液浓度与测定被测物质的条件相同，分析过程中的系统误差可以抵消，结果准确度较高。

§5-2　搅　拌

搅拌是化学实验中常用的基本操作，在非均相反应中，搅拌可增大相间接触面，缩短反应时间；在边加料边反应的实验中，搅拌可使体系的热量及时散发和传导，使体系的温度更加均匀，防止局部过浓，减少副反应，从而有利于反应的进行。所以搅拌在合成反应中有广泛的应用。搅拌的方法主要有四种：人工搅拌、机械搅拌、磁力搅拌和超声波搅拌。

5-2.1　人工搅拌

固体在溶解过程中或化学反应在敞口容器(如烧杯)中进行时，反应时间不长，体系没有毒气产生且对搅拌速度要求不高的情况下，可用人工搅拌。一般情况下，可以用玻璃棒搅拌(忌用温度计搅拌)。如果在搅拌过程中需要监控反应的温度，则可用小橡皮圈将温度计和玻璃棒套在一起搅拌。玻璃棒的下端要超出温度计的水银球约0.5cm，搅拌时搅棒尽量不要触及容器内壁，以免打破容器或温度计，也不宜用力过猛。

5-2.2　电动搅拌

有时反应需要进行较长时间，反应物比较黏稠，有毒气放出，有时搅拌和回流同时进行，有时需按一定速率长时间持续滴加料液，上述情况需采用电动搅拌。电动搅拌装置由支架、电动机、搅拌棒和调速器四部分组成，如图5-1所示。电动机可直接安装在铁支架上，转速由调速器控制。电动机转轴下端有连接搅拌棒的螺旋套头。搅拌棒可由玻璃捧、不锈钢管或聚四氟乙烯外壳的软铁棒制作。搅拌棒下端可以弯制或扭制成不同的形状，如图5-2所示的(a)、(b)、(c)、(d)，也可装上不同的叶片，如图5-2所示的(e)、(f)、(g)，以加大搅拌的程度。使用时可以根据反应器的大小、形状、瓶口大小及反应条件要求选择适宜的搅拌棒。

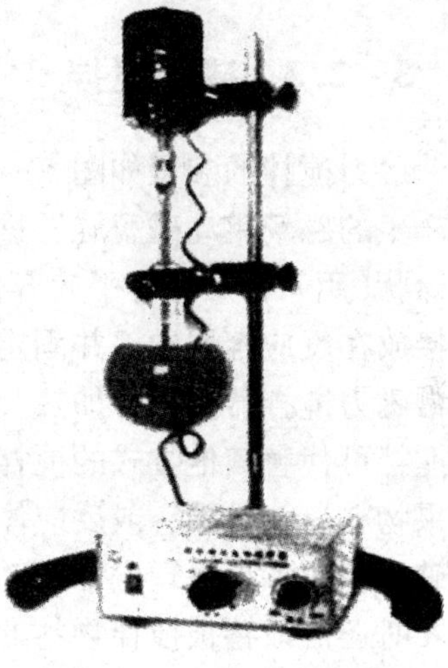

图5-1　电动搅拌装置

电动搅拌常用的有两种密封装置。一种为简易式，如图5-3(a)，操作时是将搅拌棒套入内径稍大且上端装有橡皮管的搅拌器套管，然后将搅拌器套管固定在反应瓶口，为了

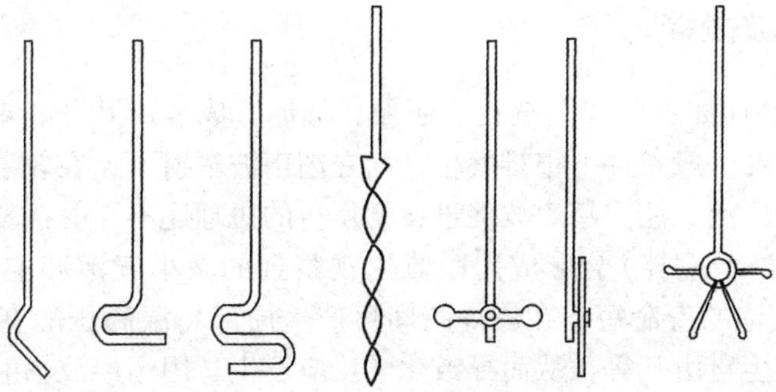

(a)　(b)　(c)　(d)　(e)　(f)　(g)

图5-2　各式搅拌棒

保证橡皮管和搅拌棒之间的密封性，通常要在橡皮管与搅拌棒之间涂上少许泵油润滑。这种装置实验室常用，制作简单，但密封性不大好。另一种为聚四氟乙烯搅拌头，由内件和外件构成，在内件的下端衬有一个弹性良好的橡胶垫圈，如图5-3(b)。当内、外件的螺纹上紧时，垫圈受挤压变形而与搅拌棒密封。旋动丝扣可调节转速和气密性能。不使用时应旋松丝扣，以免垫圈长期受力发生永久性变形。在搅拌装置安装好后，先用手指搓动搅拌棒试转，确信搅拌棒及其叶片在转动时不会触及瓶壁和温度计(如果插有温度计的话)，摩擦力亦不大，然后才可旋动调速旋钮，缓缓地由低档向高档旋转，直至所需转速。听到搅棒擦刮、撞击瓶壁的声音，或发现有停转、疯转等异常现象，应立即将调速旋钮旋至零，然后查找原因并作适当调整或处理，再重新试转。

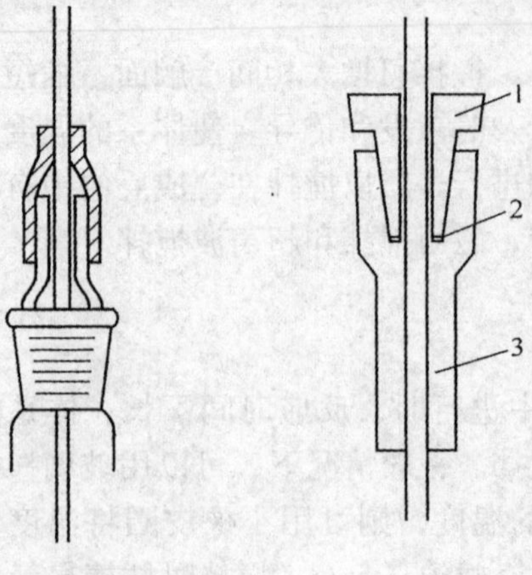

图5-3　常用密封装置

1—螺旋盖；2—垫圈；3—标准口塞

机械搅拌速度快、强度大，但安装麻烦，且具有一定的危险性。因此，在一般的反应中，如反应量不大、黏度也不是很高时，机械搅拌逐渐被磁力搅拌代替。

5-2.3　磁力搅拌

磁力搅拌的装置如图5-4所示。它是利用电动机带动固定于其转轴上的条形磁铁旋转，以产生的磁场驱动磁子旋转进行工作的。磁子是一根包裹着聚四氟乙烯外壳的软铁棒，外形为棒状(用于锥形瓶等平底容器)或枣核状(用于圆底烧瓶或梨形瓶)。使用时，只要将磁子直接放在反应容器中，并固定在搅拌台上，接通电源，旋转调速旋钮，即可达到搅拌目的。通常磁力搅拌器都兼有加热装置，可以调温控温。在物料较少、不需太高温度的情况下，磁力搅拌可代替其他方式的搅拌，具有易于密封、安全性高、使用方便，操作简单等优点。但如果物料过于黏稠，或反应体系中有大量的固体颗粒，或调速过急，都会使磁子跳动而可能撞破瓶壁。如果发现磁子跳动，应立即将调速旋钮旋到零，待磁子静止后再重新缓缓开启，必要时还需改善被搅拌物料的状况，例如加适当的溶剂以改变其黏度或者将固体颗粒进行研磨等。

5-2.4　超声波搅拌

超声波对许多反应(如：取代、氧化、还原、加成、成环、开环、聚合等)具有明显的促进作用，某些反应在一般条件下很难发生，而在超声波辐射下，在较温和的条件下即可发生，因而受到人们的广泛关注。超声波促进化学反应的机理还不十分清楚，一般认为超声波作用于液体内部(相当于搅拌)会形成肉眼难以观察到的微小气泡和空穴，即产生所谓的"空化"效应，空化气泡的寿命短，在爆炸瞬间可产生局部高温高压的高能环境，引起分子热离解、离子化及产生自由基等，从而导致化学反应发生。用超声波辐射发生的反应，一般在超声波清洗器中进行，超声波清洗器如图5-5所示，主要由超声波清洗槽和超声波发生器两部分构成，使用时调节好水温、超声波辐射频率即可。

图5－4　磁力搅拌装置

图 5－5 超声波清洗器

§5－3　过　　滤

过滤是将悬浮在液体或气体中的固体颗粒分离出来的一种方法。一般用滤纸、滤布、金属网、砂层等多孔材料作为过滤层，液体或气体通过滤层时，固体颗粒即被滤层所截留。过滤是实验室沉淀和溶液分离最常用的方法之一，当沉淀和溶液经过过滤器（通常用滤纸）时，沉淀留在过滤器上，溶液通过过滤器而进入接收容器中，所得溶液称为滤液。

实验室常用的过滤方法有：普通过滤（常压过滤）、减压过滤和保温过滤（热过滤）。过滤时，应考虑过滤目的、沉淀颗粒大小和状态等各种因素的影响，选用不同的过滤方法。

5－3.1　普通过滤

普通过滤即常压过滤，最简单、最常用。其装置主要由铁架台、铁圈、烧杯、玻璃棒、玻璃漏斗和滤纸组成，如图5－6所示。

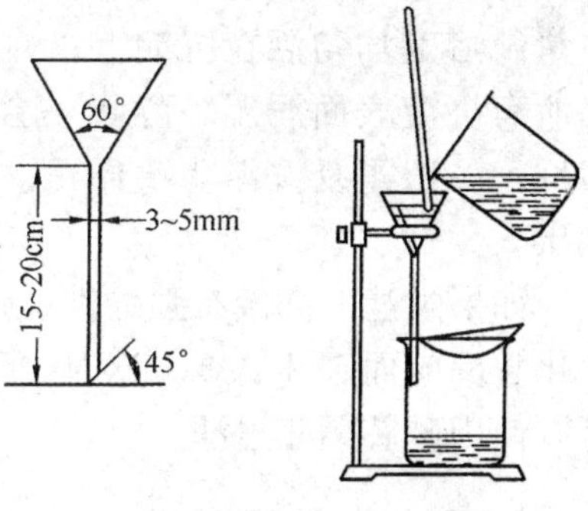

图5－6　常压过滤装置

过滤时，首先选择合适的滤纸。滤纸有定性滤纸和定量滤纸两种，按照孔隙大小又分为快速、中速和慢速三种。一般粗大颗粒沉淀选用中速滤纸，细小或无定性沉淀选用慢速滤纸，沉淀为胶体状时应选用快速滤纸。滤纸大小应略低于漏斗边缘，其折叠方法如下：将圆形滤纸沿圆心对折两次成扇形（方形滤纸需剪成扇形），但先不要折死，按三层一层比例将其撑开呈圆锥形，如图5－7所示，放入漏斗中，如果滤纸与漏斗内壁不十分密合，可适当改变滤纸的折叠角度，使之与漏斗内壁密合为止，这时可将滤纸的折边折死。然后撕去滤纸三层外面两层的一小角，用食指将滤纸按在滤纸漏斗内壁上，加少量蒸馏水润湿滤纸，轻压滤纸四周，赶走气泡，使滤纸紧贴在滤纸壁上。为了加快过滤速度，可使漏斗颈部形成完整水柱（该水柱重力可起到抽滤作用，从而加快过滤速度）。为此，加蒸馏水至滤纸边缘，让水全部流下使漏斗颈中充满水，形成完整水柱。如不能形成完整的水柱，可用手指堵住漏斗下口，用洗瓶向滤纸和漏斗空隙处加水，使漏斗被水充满，轻

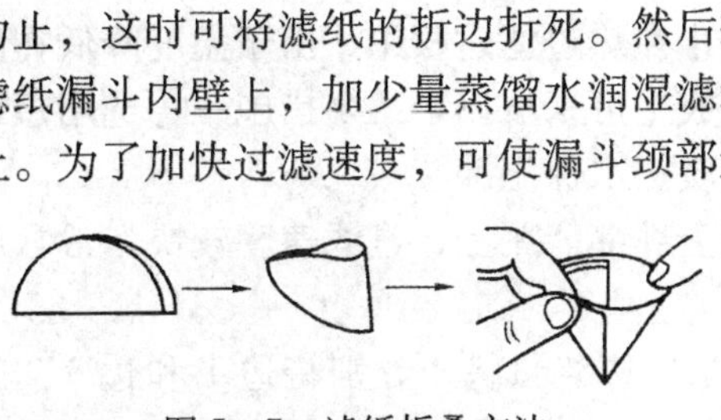

图5－7　滤纸折叠方法

压滤纸，赶尽滤纸与漏斗间的气泡，同时慢慢放开手指，即可形成水柱，此时可开始过滤操作。若形不成水柱，应考虑更换细颈的漏斗。

把上面做好完整水柱的漏斗置于漏斗架上，漏斗颈与接收容器(如烧杯)紧靠，用玻璃棒贴近三层滤纸一边，沿玻棒先倾入沉淀上层清液，后转移沉淀，漏斗中的液面高度应低于滤纸边缘约 1cm 左右，以免少量沉淀因毛细作用越过滤纸上沿而损失。

如果沉淀需要洗涤，则等溶液转移完毕后，往盛着沉淀的容器中加入少量洗涤液，充分搅拌，静置沉淀，再如上法将上方清液倒入漏斗过滤。如此重复洗涤两三遍，最后将沉淀转移到滤纸上。

5-3.2 减压过滤

减压过滤，也称抽气过滤。可以加快过滤速度，缩短过滤时间，并把沉淀抽得比较干，在用水做溶剂的重结晶操作时经常使用，但它不适用于胶状沉淀和颗粒太细的沉淀。因胶状沉淀在抽滤时易透过滤纸，颗粒太细的沉淀易在滤纸上形成一层密实的沉淀，溶液不易透过，使过滤不易进行。减压过滤装置通常由瓷质布氏漏斗、吸滤瓶、安全瓶和水泵组成，如图 5-8 所示。安装时应注意使布氏漏斗下端斜面对着吸滤瓶支管；连接水泵的橡皮管应是耐压的。

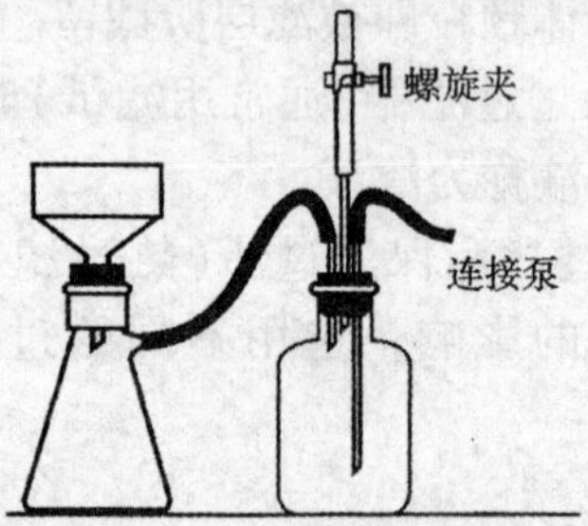

图 5-8　减压过滤装置

滤纸直径以较漏斗内径略小又能覆盖全部瓷孔为宜。在抽滤前先用少量溶剂把滤纸润湿，打开水泵将滤纸吸紧，关掉安全瓶活塞，然后用玻璃棒引流，往漏斗内转移溶液，注意溶液量应不超过布氏漏斗容积的 2/3，待溶液转移完后再转移沉淀，继续减压抽滤，直至沉淀抽干。过滤完毕，先打开安全瓶活塞，接通大气或将吸滤瓶与真空泵连接的橡皮管拆开，以免水泵中的水倒吸进入吸滤瓶内，再关掉水泵。

为了除去沉淀表面的母液，应洗涤沉淀。洗涤时，应打开安全瓶活塞停止抽气，用少量纯溶剂均匀洒在沉淀上，并用玻璃棒小心翻动沉淀(注意：不要使滤纸松动或破裂)，使所有沉淀表面润湿，静置一会再进行抽气，并用空心塞或玻璃钉挤压固体，尽量除去溶剂。一般重复洗涤 2 次即可。最后把固体转移至干净的表面皿上，滤液从吸滤瓶上口倒出。

如果过滤的滤液有强酸性、强碱性或强氧化性，不能使用滤纸过滤，因它们易与滤纸发生化学反应而破坏滤纸。这时，可以用尼龙布或玻璃纤维代替滤纸。另外，浓的强酸溶液还可以使用砂芯漏斗过滤。

5-3.3 保温过滤

保温过滤又叫热过滤，即趁热进行过滤。为了防止在热过滤过程中，由于温度降低在滤纸上析出结晶，并保持滤液的温度使过滤操作尽快完成，可采取以下三个措施：①选用短颈粗径的玻璃漏斗；②使用菊花形折叠滤纸；③使用铜质热水保温漏斗。

菊花形滤纸由于折皱较多，过滤时滤纸的表面积全部都能用上，过滤速度较快，常常用在常压热过滤中，其折叠方法见图 5-9。

将圆形滤纸对折两次，形成 1、2、3 边，打开滤纸成半圆状，分别将边 1 和边 3、边 2 和边 3 对折，形成边 4 和边 5，如图 5-9(a)；再打开滤纸至半圆状，再分别将边 2 和边5、边1和边4对折，分别形成边6、边7，如图5－9(b)；边2和边4、边1和边5对折，分别形成边8、边9，这时滤纸成8等份，如图5－9(c)；最后在8个等份的每一个小格中间按相反方向折成16等分，得到像折扇一样的排列，如图5－9(d)。将其打开，将边1和边2处如图5－9(e)折痕相同的地方，分别向内折一小折面，即得到一个菊花形滤纸，如图5－9(f)。在折叠过程中，应注意在折纹集中的圆心处，不要用力过重，以免滤纸中央过滤时破裂。使用前应将滤纸翻转并整理好，再放入漏斗中，以避免被手指弄脏的一面接触过滤的滤液。把短颈玻璃漏斗置于铜质热水漏斗内，铜质热水漏斗内两壁间注入水，若重结晶溶剂是水，可预先加热热水漏斗或边加热边过滤，若重结晶溶剂是易燃有机溶剂，应预先加热热水漏斗，过滤时必须熄灭火焰。在短颈玻璃漏斗内放入折好的菊花形折叠滤纸，用少量溶剂润湿滤纸，滤液用三角烧瓶接收(水做溶剂时可用烧杯)，漏斗壁紧贴接收瓶壁，如图5－10所示，滤液用玻璃棒引流小心倒入漏斗内。如果是有机溶剂，为了减少挥发，可用表面皿盖在漏斗上。过滤完毕，可用少量热溶剂冲洗滤纸，滤液自然冷却即得结晶体。

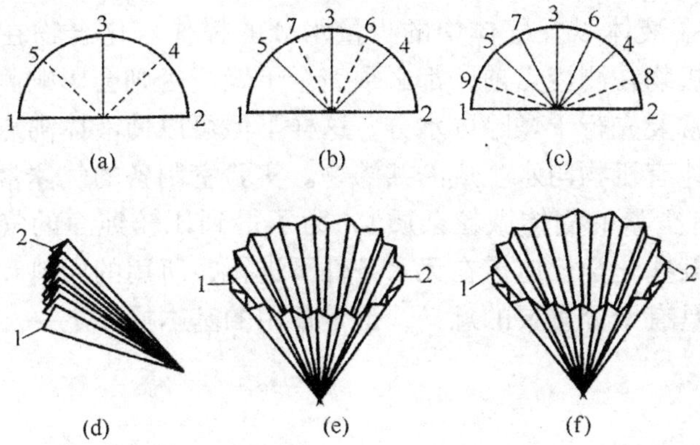

图5－9　菊花形滤纸的折叠方法

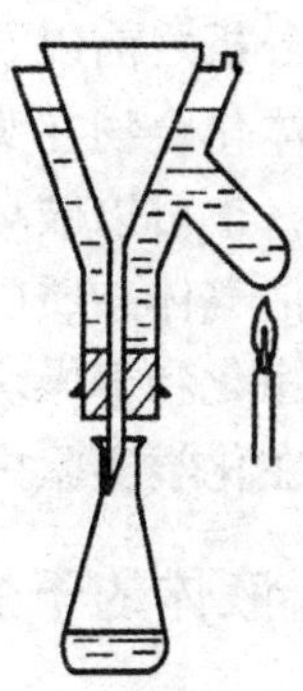

图5－10　常压热过滤装置

除了过滤法可以将溶液与沉淀分离以外，倾析法和离心分离法也可以将溶液和沉淀分离。

倾析法：将沉淀上部的溶液倾入另一容器中，使沉淀与溶液分离。此法适用于相对密度较大的沉淀或颗粒较大的晶体与溶液的分离。如需洗涤沉淀时，只需加入少量洗涤液，充分搅拌后，静置，待沉淀降到容器底部，再用倾析法，倾去溶液。如此反复操作两三遍，即可洗净沉淀。

离心分离法：当沉淀量很少时，可以用离心分离法将沉淀和溶液分离，操作简单快捷。实验室常用的离心机有手摇离心机(如图5－11)和电动离心机(如图5－12)两种。

操作时，将装有沉淀和溶液的离心试管放入离心机套管内，为了保持转动平衡，在其相对位置放一装有等体积水的同样大小的试管，然后缓慢均匀地摇动离心机，再逐渐加速，约2min后，停止摇动，使离心机自然停下。沉淀由于受到离心力的作用沉降在离心试管的底部，而与溶液分开。用滴管小心将上方溶液吸出。如需要洗涤沉淀，可往沉淀中加入少量洗涤剂，用玻璃棒充分搅拌后，再离心分离，重复操作两三遍即可。电动离心机，由于转速极快，使用时更应注意安全。在任何情况下，启动离心机都不能用力太猛，也不能强制停止。否则，不但会损坏离心机，而且容易发生危险。

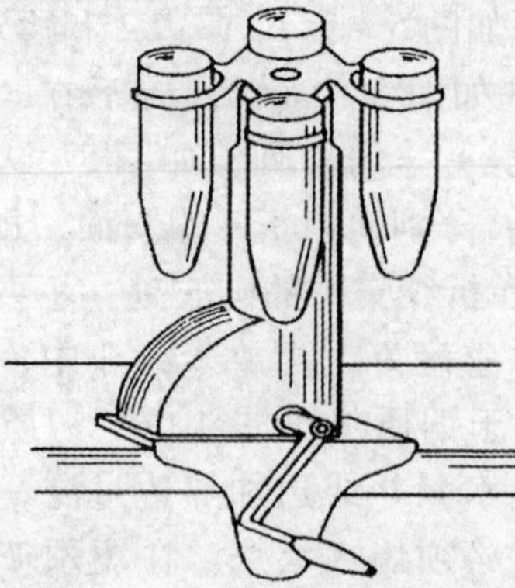

图 5－11　手摇离心机

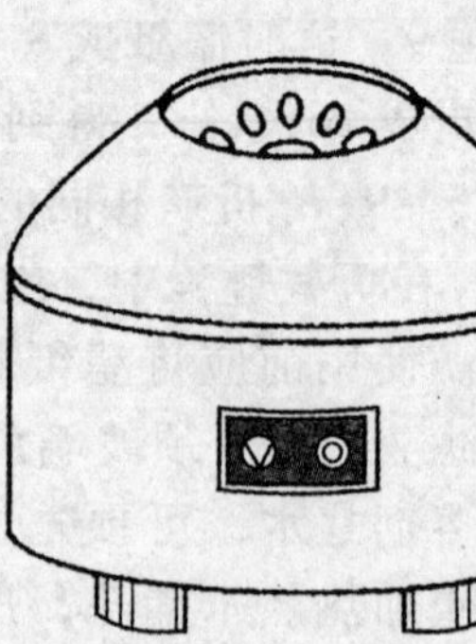

图 5－12　电动离心机

§5－4　干　　燥

干燥是指除去附在固体、混杂在液体以及气体中的少量水分的操作。化合物在进行定性、定量化学分析之前以及固体有机物在测熔点前，都必须完全干燥，否则会影响测定结果的准确性。液体化合物在蒸馏前通常要先行干燥除去水分，这样不但可以使液体沸点以下的馏分大大减少，也可以破坏某些液体有机物与水生成的共沸物。实验室制备的气体常带有酸雾、水汽和其他气体杂质(有时还有少量的固体微粒杂质)，为了得到比较纯净的气体，必须对气体进行净化和干燥。另外，某些化学反应需在无水条件下进行，所用的原料和溶剂都要干燥，因此在化学实验中，干燥具有十分重要的意义，也是常用的基本操作之一。

5－4.1　液体的干燥

液体的干燥既包括除去液体化合物里面含的少量水分，也包括除去少量溶剂。液态化合物的干燥方法通常有两种，物理方法和化学方法。在化学实验中最常用的是化学方法，即向液态化合物中加入干燥剂。干燥剂除水按照化学反应是否可逆分为两类，第一类是干燥剂和水发生化学反应不可逆，除去液态化合物中的水分，如金属钠、钾、五氧化二磷等；第二类是干燥剂和水可逆地结合生成水合物，如浓硫酸、硫酸镁、碳酸钠、氯化钙等。

1. 干燥剂的选择

干燥剂的种类很多，选用时必须注意以下两点：

① 干燥剂应与被干燥的液体化合物不发生化学反应，包括溶解、络合、缔合和催化等作用，而且干燥后易与被干燥液体完全分离。例如酸性化合物不能用碱性干燥剂，碱性化合物不能用酸性干燥剂等。表 5－1 列出了各类有机化合物常用的干燥剂。

表 5－1　各类有机化合物常用的干燥剂

化合物类型	常用干燥剂	化合物类型	常用干燥剂
烃	$CaCl_2$，Na，P_2O_5	酮	Na_2SO_4，$MgSO_4$，$CaCl_2$，K_2CO_3
卤代烃	Na_2SO_4，$MgSO_4$，$CaCl_2$，P_2O_5	酸和酚	Na_2SO_4，$MgSO_4$
醇	Na_2SO_4，$MgSO_4$，CaO，K_2CO_3	酯	Na_2SO_4，$MgSO_4$，K_2CO_3
醚	$CaCl_2$，Na，P_2O_5	胺	CaO，K_2CO_3，NaOH，KOH
醛	Na_2SO_4，$MgSO_4$		

② 使用干燥剂时要考虑干燥剂的吸水容量和干燥效能。吸水容量是指单位质量干燥剂吸水量的多少，干燥效能是指达到平衡时液体被干燥的程度。对于形成水合物的无机盐干燥剂，常用吸水后结晶水的蒸气压来表示干燥效能，吸水后结晶水的蒸气压越低，干燥效能越好。如硫酸钠形成 10 个结晶水，即 1g 硫酸钠最多能吸水 1.27g，其吸水容量为 1.27，在 25℃水合物的蒸气压为 260Pa；氯化钙最多能形成 6 个水的水合物，其吸水容量为 0.97，在 25℃时水合物的蒸气压力为 39Pa。就吸水容量而言，硫酸钠较氯化钙好，但是就干燥效能来说，氯化钙较硫酸钠好。在干燥含水量较大而又不易干燥的化合物时，为了达到较好的干燥效果，有时候需进行二次干燥：先用吸水容量较好的干燥剂干燥，然后再用干燥效能好的干燥剂进行干燥。

通常这类能形成水合物的干燥剂，干燥液体化合物需要一定的平衡时间，所以加入干燥剂后必须放置一段时间才能达到脱水效果。对于生成水合物的干燥剂，加热虽可加快干燥速度，但远远不如水合物放出水的速度快。因此，干燥通常在室温下进行，对已干燥的液体在蒸馏前必须把干燥剂滤去。

2. 干燥剂的用量

掌握好干燥剂的用量非常重要。如果干燥剂的用量不足，则达不到干燥的目的；如果干燥剂的用量过多，则会由于干燥剂的吸附而造成产品的损失。根据水在液体中溶解度和干燥剂的吸水量，可算出干燥剂的最低用量。以乙醚为例，室温时水在乙醚中的溶解度为 1% ~ 1.5%，如果用无水硫酸钠来干燥 100mL 含水乙醚时，全部转变成 $Na_2SO_4 \cdot 10H_2O$，其吸水容量为 1.27g，也就是说 1g 硫酸钠能够吸水 1.27g，所以，理论上无水硫酸钠的用量应该是 1g 左右，但是实际上投入的硫酸钠远远大于 1g，这是因为除了乙醚中溶解了一部分水，还有水滴悬浮在醚层中，且形成 $Na_2SO_4 \cdot 10H_2O$ 也需要很长的一段时间。所以，实际上投入干燥剂的量是理论用量的 7 ~ 10 倍。在实际操作中，主要是通过经验观察判断：

（1）观察被干燥液体

干燥前，液体呈浑浊状，经干燥后变成澄清，这可简单地作为水分基本除去的标志，否则应补加适量干燥剂继续干燥。

（2）观察干燥剂

将干燥剂加入待干燥的液体中时，因为溶液里含有水，干燥剂会吸水变黏，粘在器壁上，摇动时不易旋转，表明干燥剂用量不够，应适量补加干燥剂，直到新加的干燥剂不结块、不粘壁、干燥剂棱角分明、摇动时旋转并悬浮（尤其 $MgSO_4$ 等小晶粒干燥剂），表示所加干燥剂用量合适。

由于干燥剂还能吸收一部分液体，影响产品收率，故干燥剂用量应适中。应加入少量干燥剂后静置一段时间，观察用量不足时再补加。一般而言，每 10mL 的样品约需加入 0.5 ~ 1g 干燥剂。

3. 常用干燥剂

常用干燥剂的性能和应用范围见表 5 - 2。

表 5 - 2 常用干燥剂的性能和应用范围

干燥剂	吸水作用	吸水容量	干燥效能	干燥速度	应用范围
氯化钙	$CaCl_2 \cdot nH_2O$ $n = 1, 2, 4, 6$	0.97 按 $CaCl_2 \cdot 6H_2O$	中等	较快，但吸水后表面为薄层液体所覆盖，故放置时间要长些	能与醇、酚、酰胺及某些醛、酮形成络合物，因而不能用来干燥这些化合物。工业品中可能含氢氧化钙和碱或氢氧化钙，故不能用来干燥酸类

续表

干燥剂	吸水作用	吸水容量	干燥效能	干燥速度	应用范围
硫酸镁	$MgSO_4 \cdot nH_2O$ $n=1, 2, 4, 5, 6, 7$	1.05 按 $MgSO_4 \cdot 7H_2O$	较弱	较快	中性，应用范围广，可代替氯化钙，并可用以干燥脂、醛、酮、腈、酰胺等不能用氯化钙干燥的化合物
硫酸钠	$NaSO_4 \cdot 10H_2O$	1.25	弱	缓慢	中性，一般用于有机液体的初步干燥
硫酸钙	$2CaSO_4 \cdot H_2O$	0.06	强	快	中性，常与硫酸镁（钠）配合，作最后干燥之用
碳酸钾	$K_2CO_3 \cdot 1/2H_2O$	0.2	较弱	慢	弱碱性，用于干燥醇、酮、酯、胺及杂环等碱性化合物，不适于酸、酚及其他酸性化合物
氢氧化钠（钾）	溶于水	—	中等	快	强碱性，用于干燥胺、杂环等碱性化合物，不能用于干燥醇、酯、醛、酮、酸、酚等
金属钠	$Na + H_2O \longrightarrow NaOH + 1/2H_2$	—	强	快	限于干燥醚、烃类中痕量水分。用时切成小块或压成钠丝
氧化钙	$CaO + H_2O \longrightarrow Ca(OH)_2$	—	强	较快	适用于干燥低级醇类
五氧化二磷	$P_2O_5 + 3H_2O \longrightarrow 2H_3PO_4$	—	强	快，但吸水后表面为黏浆液覆盖，操作不便	适于干燥醚、烃、卤代烃、腈等中的痕量水分，不适用于醇、酸、胺、酮等
分子筛	物理吸附	约 0.25	强	快	适用于大多数有机化合物的干燥

4. 分子筛

近些年最常用的物理方法是分子筛脱水，它是一种含铝硅酸盐的结晶体，因其具有高效的选择性吸附能力，化学实验室常用分子筛吸附乙醚、乙醇和氯仿等有机溶剂中少量的水分，也可用于吸附有机反应中生成的水分。分子筛之所以具有高效的选择性吸附性能，主要是由于其独特的结构。它含有许多与外部相通的均一微孔，凡是比此孔径小的分子均可以进入孔中，而比此孔径大的分子则留在孔外。常用的 A 型分子筛根据其孔径的大小可分为 3A 型、4A 型和 5A 型三种，表 5－3 列出了它们的吸附性能。

表 5－3　分子筛的吸附性能

类型	孔径/Å	能吸附的物质	不能吸附的物质
3A	3.2～3.3	氮气、氧气、氢气和水	乙烯、乙炔等更大的分子
4A	4.2～4.7	甲醇、乙醇、乙腈、氯仿及被 3A 型分子筛吸附的分子	
5A	4.9～5.5	$C_3 \sim C_{14}$ 的正烷烃及被 4A 型分子筛吸附的分子	$(n-C_4H_9)_2NH$ 及更大的分子

注：使用分子筛前首先要活化脱水，一般在常压下，活化温度为 350℃时活化 8h。
1Å＝0.1nm。

5. 干燥液体化合物的操作

首先把待干燥液中水分尽可能除净，不应有任何可见的水层或悬浮水珠。接着把待干燥的液体放入锥形瓶中，取颗粒大小合适（如无水氯化钙，应为黄豆粒大小并不夹带粉末）的干燥剂，放入液体中，用塞子盖住瓶口，轻轻振摇、观察，判断干燥剂是否足量，静置（半小时，最好过夜）。最后把干燥好的液体滤入容器中，进行下一步操作。

5－4.2 固体的干燥

固体的干燥方法很多，需要根据固体化合物的性质来选择，常用的方法有以下几种：

（1）室温晾干

将待干燥的固体样品放在表面皿或滤纸上，铺成薄薄一层，上面再用一张滤纸覆盖以免灰尘玷污，让它在空气中慢慢地晾干。

（2）加热烘干

对于热稳定的固体化合物，可将其在低于熔点的温度下进行干燥。实验室常用红外灯（红外线穿透性强，干燥快）和恒温烘箱干燥。在烘干过程中，要注意控制温度并经常翻动固体，切记加热的温度超过该固体的熔点，以免固体变色和分解。

（3）干燥器干燥

对于热稳定性差或易吸潮的固体化合物，可用干燥器干燥。干燥器有普通干燥器和真空干燥器两种。

普通干燥器如图5－13所示，盖与缸身之间的玻璃平面经过磨砂，在磨砂处涂以润滑油脂，使其密闭。缸中间隔一个多孔瓷板，瓷板下面放置干燥剂，上面放置盛有待干燥固体的表面皿。

真空干燥器如图5－14所示，它的干燥效率比普通干燥器好。与普通干燥器不同的是真空干燥器顶部有带活塞的玻璃导气管，可以抽真空，活塞下端的玻璃管呈弯钩状，口向上，防止旋开活塞（速度宜慢不能快）通向大气时，空气流入太快将固体冲散。使用真空干燥器前必须试压，试压时用金属丝网罩或防爆布盖住干燥器，然后抽真空，关上活塞放置过夜。使用时，抽气过程中，最好也采用上述安全措施，防止万一干燥器炸碎时玻璃碎片飞溅而伤人。

使用的干燥剂可按固体所含的溶剂来选择。例如：五氧化二磷可吸收水；生石灰、氢氧化钠可吸收水或酸；无水氯化钙可吸收水或醇；石蜡片可吸收乙醚、氯仿、四氯化碳等有机溶剂。

（4）真空恒温干燥枪干燥

也称减压恒温干燥枪，如图5－15所示。此设备适用于少量物质的干燥（如被干燥化合

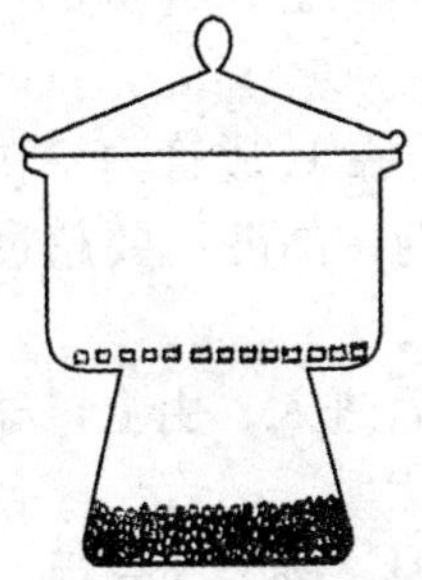

图5－13 普通干燥器

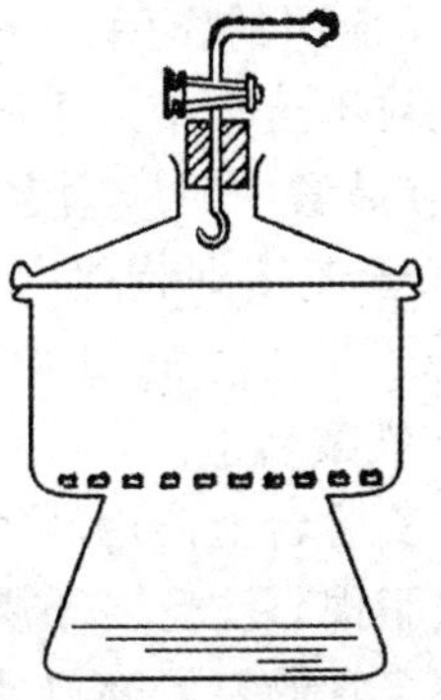

图5－14 真空干燥器

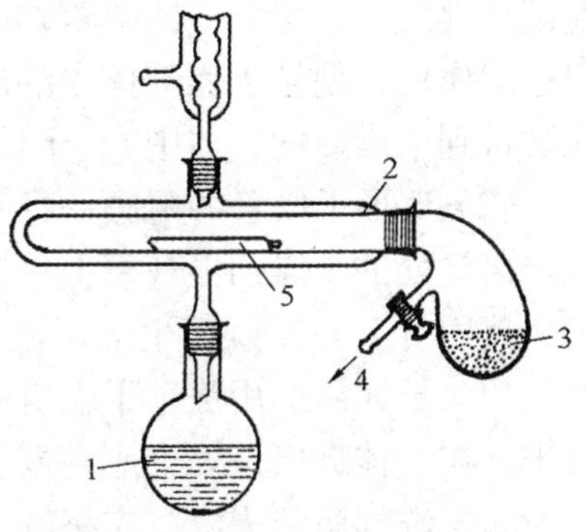

图5－15 真空恒温干燥枪

1—盛溶剂的烧瓶；2—夹层；3—曲颈瓶中P_2O_5；4—接水真空泵；5—放样品的小舟

物数量较多，可使用真空恒温干燥箱），干燥效率高，尤其对除去结晶水或结晶醇更好。使用时，将装有样品的小舟放入夹层内，连接盛有干燥剂（常用五氧化二磷）的曲颈瓶，然后抽气减压至所需真空度，关闭旋塞，停止抽气，加热溶剂（溶剂的沸点切勿超过样品的熔点）回流，当溶剂蒸气充满夹层的外层时，夹层内样品就在减压恒温下得到干燥。干燥过程中，每隔一定时间应抽气保持应有的真空度。

5-4.3 气体的净化和干燥

1. 气体的净化与干燥仪器的使用方法

为了得到比较纯净的气体，常常需要除去气体中带有的酸雾、水汽和其他气体杂质。实验室一般是将气体通过洗涤、吸收其中的杂质达到净化和干燥的目的。酸雾可用水或玻璃棉除去，水汽可用浓硫酸、无水氯化钙或硅胶等其他干燥剂吸收。而对其他杂质就要根据它们的性质，分别采用不同的洗涤剂（液）来吸收。少量的固体微粒杂质会在洗涤和干燥过程中除去。净化或干燥气体，一般使用干燥管、U 形干燥管、洗气瓶和干燥塔等仪器，如图 5-16所示。

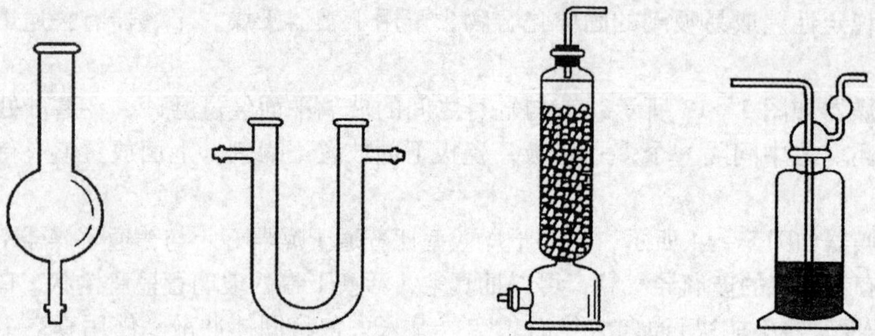

(a)球形干燥管　(b)U形干燥管　(c)干燥塔　(d)洗气瓶

图 5-16　常用的净化和干燥气体的仪器

(1) 球形干燥管的用法：球形干燥管粗端为气体进口，细端为气体出口。用时粗端应配上带短管的单孔塞，细端接橡皮管（或乳胶管），以便和其他仪器或导管连结。填干燥剂时，先把细端内口塞上一小团疏松的脱脂棉，然后从粗端管口填充干燥剂（注意不要填得过紧），填满球部后，再塞上一团疏松的脱脂棉。（棉团的作用：一是堵住干燥剂不至于流洒；二是起过滤作用，使被干燥气体中的固体小颗粒不至于带入干燥剂中，同时也防止干燥剂的小颗粒被带到干燥后的气体中）。干燥管连接在装置中时应固定在铁架台上。

(2) U 形干燥管的用法：将 U 形干燥管连接到装置中。干燥剂填充在 U 形管内，在进口与出口处的干燥剂上各塞上一团脱脂棉。带支管的 U 形管填充干燥剂，高度不要超过支管。使用时 U 形干燥管也应用铁夹固定在铁架台上。

(3) 干燥塔的用法：干燥塔可直立于实验台上使用。气体由下口导管进入，由上口导管出来，在气体进出口处也应各塞上一团脱脂棉。注意：干燥剂不要填得太紧。

(4) 洗气瓶的用法：先将洗气瓶带导气管的塞子磨口处涂少许凡士林，插入容器内，转动容器使其达到密封效果。洗气瓶内洗涤液的加入量以没过进气口长管的 2～3cm 为宜。注意长管为进气口，短管为出气口。再接入气体的生成、净化与干燥仪器装置中。

当实验中杂质气体有好几种时，通常可选用几个洗气瓶，干燥管或干燥塔连在一起，组成一个完整的装置，进行气体干燥、净化。

2. 气体的净化

气体净化试剂选择原则：首先所选试剂不与被提纯气体发生化学反应，然后再根据具体情况，选用不同的试剂进行处理。一般易溶于水的气体用水吸收；酸性气体用碱性物质吸收；碱性气体用酸性物质吸收；或选择与杂质气体生成沉淀的试剂吸收；或将不易被吸收的杂质气体转变为可吸收物后再除去。例如：实验室用锌粒与酸反应制备氢气时，由于锌粒中常含有硫、砷等杂质，所以产生的氢气中常有硫化氢、砷化氢等气体。硫化氢可以通过乙酸铅溶液除去（生成硫化铅沉淀），砷化氢可以通过高锰酸钾溶液除去（氧化还原反应，生成砷酸氢钾）。

3. 气体的干燥

用于气体干燥的干燥剂种类很多，针对每一种气体往往有多种选择，一般要求干燥剂只吸收被干燥的气体中的水分，不与被干燥的气体反应。实验室内常用的干燥剂有三大类：①酸性干燥剂：浓硫酸、五氧化二磷、硅胶等；②碱性干燥剂：烧碱、石灰、碱石灰等；③中性干燥剂：无水氯化钙等。

使用气体干燥剂应注意以下几点：

①根据气体的性质来选择干燥剂，干燥剂不应与被干燥气体起化学反应，而且要考虑干燥剂的干燥效率及经济实用性等综合因素。

②干燥剂的颗粒大小要适当。如果颗粒太大，颗粒间的缝隙就大，气体通过时的阻力虽小，但气体与干燥剂接触少，干燥效果差；如果颗粒太小，颗粒间的缝隙小，气体通过的阻力增大，干燥效率也较差。

③填充干燥剂时，不要填得太紧。

④干燥剂最好在临用前填充，因为干燥剂易吸潮而降低干燥效果。若必须提早填充，则填充后应将其置于干燥的烘箱或干燥器中保存。

⑤干燥剂用过变潮后应及时处理或更换。

⑥干燥管、干燥塔等干燥器使用完毕后，应立即把其中的干燥剂除去，并洗刷干净后放置。不允许把填有干燥剂的干燥器收藏放置，否则，干燥剂会在空气中吸收水分而变潮，有时也会结成硬块而不易清除。表5－4列出了一些常用气体的干燥剂。

表5－4　常用气体的干燥剂

气　体	常用干燥剂
H_2、O_2、N_2、CO、CO_2、SO_3	H_2SO_4（浓）、$CaCl_2$、P_2O_5
Cl_2、HCl、H_2S	$CaCl_2$
NO	$Ca(NO_3)_2$
HI、HBr	CaI_2、$CaBr_2$
NH_3	CaO（CaO + KOH）

§5－5　结　　晶

结晶是指物质从液态（溶液或熔融体）或气态形成晶体的过程。如果将晶体先行溶于溶剂或熔融，而后重新使其从溶液或熔体中结晶出来的过程叫重结晶，又称再结晶。利用重结晶可减低或除去晶体中的杂质，它是提纯固体化合物最常用的方法之一。经重结晶提纯的晶体是否达到所要求的纯度，可以通过测定其熔点来检验。以下主要介绍重结晶的原理、基本操作和固体熔点的测定方法。

5－5.1 重结晶

重结晶通常有蒸发法和冷却法两种。蒸发法所依据的原理是：通过蒸发，减少稀溶液中的一部分溶剂使溶液达到饱和而析出晶体，此法主要适用于溶解度随温度变化不大的物质，如氯化钠的提纯。冷却法，是利用固态混合物中目标固体化合物在某种溶剂中、不同温度时的溶解度不同，一般来说，在较高温度下溶解度较大，温度降低时溶解度减小，目标化合物结晶成晶体析出，达到分离提纯的目的，如乙酰苯胺的提纯。有时需将两种方法结合使用。

1. 蒸发法重结晶

为了使晶体从溶液中析出，常采用加热的方法使溶剂（大多数情况下溶剂为水）不断蒸发，溶液不断浓缩，溶液浓度达到一定程度时，冷却就可析出晶体。但若物质的溶解度较大时，必须蒸发到溶液表面出现晶膜时，才能停止加热。

蒸发通常在蒸发皿中进行，蒸发的表面积大，有利于加快蒸发速度。使用蒸发皿时要注意：

①加入蒸发皿中的液体量不得超过其容积的2/3，以防液体溅出。如果液体量较多，可随溶剂不断蒸发，分批添加液体。

②不要使瓷蒸发皿骤冷，以免炸裂。若被提纯物对热是稳定的，可用酒精灯石棉网或电热煲直接加热，否则用水浴或油浴间接加热。

冷却析出晶体的颗粒大小与结晶条件有关。如果溶液浓度过高，或溶质的溶解度较小，或溶液冷却速度过快，都会使晶体颗粒细小，反之，就可得到较大的晶体颗粒。在实际操作中，常根据需要适当控制结晶条件，得到大小合适的晶体颗粒。如果溶液发生过饱和现象，可用玻璃棒摩擦器壁或投入几粒晶体等方法，促使晶体析出。

如果第一次重结晶得到的物质经检测纯度不符合要求，可进行再次重结晶。可将所得的晶体溶于少量溶剂中，然后再进行蒸发、结晶、分离，如此反复操作，直到产品合乎要求为止。

2. 冷却法重结晶

冷却法重结晶，一般是把目标固体化合物溶解在热溶剂中制成近饱和溶液，该溶液冷却后成过饱和溶液，析出目标化合物，而让杂质全部或大部分仍留在溶液中（若杂质溶解度极小，则被热过滤除去），从而达到提纯的目的。冷却法重结晶操作过程一般分为六个步骤：选择溶剂；溶解样品化合物；热过滤除去杂质；冷却析出晶体；抽滤收集和洗涤晶体；干燥晶体。

（1）选择溶剂

对重结晶而言，选择适宜的溶剂非常关键。在选择溶剂时应依据相似相溶原理，一般来说，极性大的固体易溶解在极性大的溶剂中，反之，极性小的固体易溶解在极性小的或非极性溶剂中。可以通过查化学手册或辞典中的溶解度表，选择适宜的溶剂。

适宜的溶剂必须符合下列条件：

①不与被提纯的目标化合物起化学反应；

②对目标化合物的溶解度高温时大、低温时小，而对杂质几乎不溶或溶解度相当大；

③溶剂沸点适中，易于操作，且价格低廉、无毒或毒性较低、回收率高等；

④能得到较好的目标化合物晶体。

常用于重结晶的溶剂有：水、甲醇、95%乙醇、冰乙酸、丙酮、乙醚、石油醚、乙酸乙酯、苯、甲苯、氯仿、四氯化碳等。

从有机合成或天然产物得到的固体粗产物，有时在化学手册或辞典中查不到适宜的溶剂，可以用实验的方法进行选择。实验选择溶剂的方法如下：

取0.1g固体粉末于一小试管中，加入1mL待选溶剂，震荡，观察溶解情况，若全溶或大部分溶解，则不能用，溶解度太大。

取0.1g固体粉末加入1mL溶剂，不溶，如加热还不溶，逐步加大溶剂的量至3~4mL，加热至沸，仍不溶，则不能用，溶解度太小。

取0.1g固体粉末，能溶在3~4mL快沸腾的溶剂中，冷却时能析出大量结晶，此溶剂可以使用。

某些有机化合物在许多有机溶剂中，不是溶解度太大就是太小，找不到一个合适的溶剂，可以考虑使用混合溶剂。混合溶剂两者必须能以任意比互溶，如：乙醇-水、丙酮-水、乙酸-水、乙醚-甲醇、乙醚-石油醚、苯-石油醚、乙醇-丙酮等。目标化合物应溶于其中一种溶剂，难溶于另一种溶剂，使用混合溶剂往往能得到较好的结果。

使用混合溶剂时，应先把样品溶解在沸腾的易溶溶剂中，热过滤除去不溶性杂质，再趁热滴入难溶溶剂使溶液浑浊，然后再加热使之澄清，放置冷却，析出晶体。

（2）溶解样品化合物

固体样品的溶解常常用水或有机溶剂。

水做溶剂：通常先将样品放置在烧杯或锥形瓶中，加入较需要量稍少的适量水，加热至微沸，若未完全溶解，再分次逐渐添加水，每次加入水后都需要加热至微沸，并摇动，直至样品刚好完全溶解（要注意观察是否有不溶性杂质存在，以免误加过多的水），记下所用溶剂的量。要使重结晶得到的产品纯度高和回收率高，溶剂的用量是个关键。虽然从减少溶解损失来考虑，溶剂应尽可能避免过量，但是这样在热过滤时会引起很大的麻烦和损失，尤其是当重结晶物质的溶解度随温度变化很大时更是如此。故必须权衡两方面决定溶剂的用量，一般可比需要量多加20%左右的水。

有机溶剂：使用有机溶剂重结晶时，必须用锥形瓶或圆底烧瓶，上面加回流冷凝管，安装成回流装置，把固体放入瓶内，加入适量溶剂，加热至沸腾，如有不溶再从冷凝管上口逐渐加入溶剂至刚刚溶解，然后再补加20%~30%溶剂，甚至更多。

（3）热过滤除去杂质

如果样品溶解后溶液带有颜色，必须加入适量活性炭进行脱色。活性炭不仅可吸附有色杂质，同时还可除去树脂状杂质及高度分散的不易滤除的不溶性杂质，当然也会吸附被提纯的物质，所以活性炭的用量要适当。可根据溶液颜色深浅决定活性炭的用量，一般为固体化合物的1%~5%。活性炭必须待溶液稍冷后加入，不能加到沸腾的溶剂中，以免溶剂暴沸，活性炭加入后，应继续煮沸5~10min，再趁热过滤，除去不溶性杂质。热过滤有两种方法：常压热过滤和减压热过滤。减压热过滤时，可提前把布氏漏斗和抽滤瓶放在烘箱中预热，然后趁热减压过滤。

（4）冷却析出晶体

若热过滤时已经有结晶析出，如晶体颗粒太小，包含的杂质虽少，但却由于表面积大而吸附杂质较多，为了得到较大的结晶可重新加热溶解，将滤液静置，使其缓慢冷却，不要急冷和剧烈搅动，以免晶体过细。而颗粒太大，则在晶体中会夹杂母液，难于干燥，当发现大晶体正在形成时，轻轻摇动使之形成较均匀的小晶体。为使结晶更完全，可使用冰水冷却。

如热过滤时没有结晶析出，自然冷却待其结晶，若长时间放置仍没有结晶析出，也可加入晶种或用玻璃棒摩擦器壁引发晶体形成。

(5) 抽滤收集和洗涤晶体

滤液冷却，晶体析出，而杂质则留在母液中，进行减压过滤（操作同上减压热过滤），使晶体与母液分离。为了除去晶体表面的母液，应洗涤晶体。打开安全瓶活塞停止抽气，用少量纯溶剂均匀洒在晶体上，并用玻璃棒小心翻动晶体（注意：不要使滤纸松动或破裂），使所有晶体表面润湿，静置一会再进行抽气，并用空心塞或玻璃钉挤压晶体，尽量除去溶剂。一般重复洗涤2次即可。最后把晶体转移至干净的表面皿上，母液从吸滤瓶上口倒出。

(6) 干燥晶体

晶体干燥方法很多，可根据重结晶所用的溶剂及结晶的性质来选择。常用的有在空气中晾干、加热烘干（温度低于晶体熔点10℃以上）、干燥器中干燥、用滤纸吸干等。如果晶体在空气中容易氧化，可使用真空干燥器干燥。

5－5.2 熔点测定

1. 原理

每一种纯的固体化合物一般都有固定的熔点。熔点是指在大气压下，固液两态平衡共存时的温度，如果将固体物质加热到一定温度时，物质就开始由固态逐渐熔化，转变为液态，此时的温度就称为该固体物质的熔点。实际上，测定的熔点不是一个温度点，而是一个熔点范围，即固体物质从开始熔化到完全熔化为液体的温度范围。纯净固体有机化合物的熔点范围很小，一般不超过0.5～1.0℃，但当含有杂质时，会使熔点下降，并且熔点范围即熔程增大。如A和B两种物质熔点都是110℃，当它们混合时，熔点会下降在80～100℃之间。熔点不但是鉴定固体化合物的重要物理常数，也是检验固体纯度的重要指标，因此，测定熔点有很重要的意义。

由于大多数固体化合物熔点都在300℃以下，容易测定，利用测定的熔点范围，可以方便地鉴定化合物或估计出化合物的纯度。这可从分析物的蒸气压和温度的关系曲线图来解释。在图5－17中，曲线 *SM* 表示一种物质固相蒸气压与温度的关系，*ML* 表示液相蒸气压与温度的关系，由于固相蒸气压随温度变化的速率较大，因此两曲线相交于 *M* 处，只有在此处固液两相可同时存在（实际上固液气三相平衡共存），此温度 *T* 即该物质的熔点。当温度升至高于 *T* 时，固相全部转变为液相，说明纯净的固体物质有固定和敏锐的熔点。因而，在测定熔点时，尤其当接近熔点温度时，加热升温速度不能太快，每分钟不能超过1～2℃，确保熔化过程尽可能接近于固液两相平衡状态。

当物质中有杂质时，根据拉乌耳定律，在一定的温度压力下，在溶剂中如果增加溶质的含量，会导致溶剂蒸气分压降低。纯物质中如果含有杂质，就相当于溶剂中加入溶质，其液态饱和蒸气压曲线就会较纯物质下降，如图5－18所示。因此，固体物质有杂质时不但熔点会降低，而且熔程会加长。

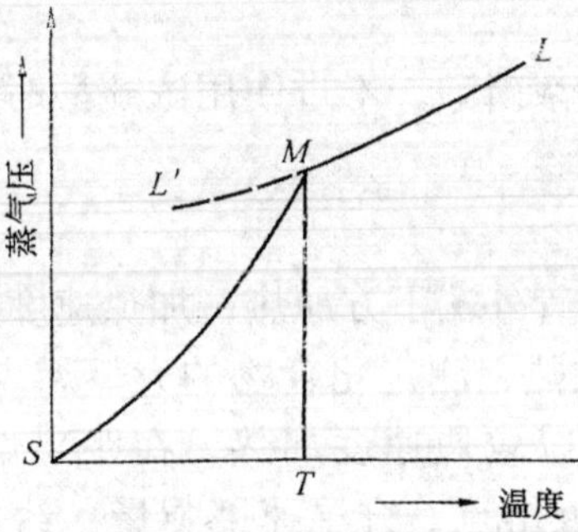

图 5－17　物质的蒸气压与温度的关系

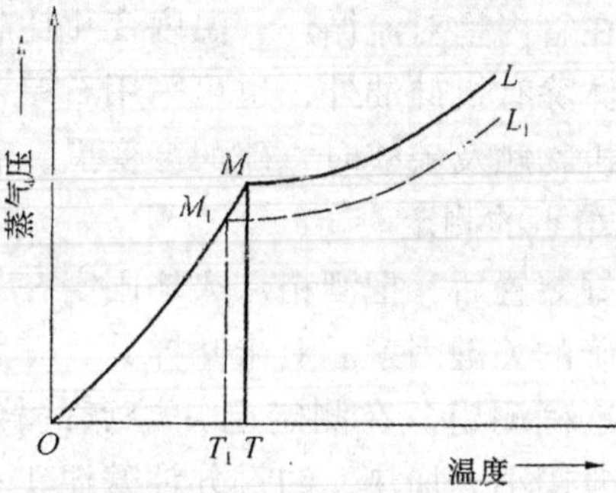

图 5－18　有杂质时蒸气压降低

2. Thiele 管测定熔点的方法

（1）熔点管的准备及试样装填

取直径约 1mm、长约 7～8cm 的毛细管，在酒精灯火焰上将一端封闭制成熔点管。将少许干燥待测样品放在表面皿上，用空心塞或玻璃棒研成粉末，堆成小堆，将制好的熔点管的开口端插入样品堆中，装入少量粉末，然后把熔点管竖立起来，在桌面上顿几下，使样品落入管底，反复取样多次，夯实数次；也可以把装有样品的毛细管熔封端朝下，投入一根长约 40～50cm 高的玻璃管中，自由落下，重复几次，使样品粉末紧密堆积在毛细管底部，管内样品高度约 2～3mm。沾于管外的样品粉末及时擦去，以免污染加热浴液。为使测量结果准确，样品一定要研细，填充一定要均匀结实。如果样品颗粒太大、中间有空隙，不易传热，会影响测量结果。

（2）装置的安装

实验室毛细管法测定熔点的装置有很多种，常用的装置 Thiele 管又叫 b 形管，如图 5－19所示。

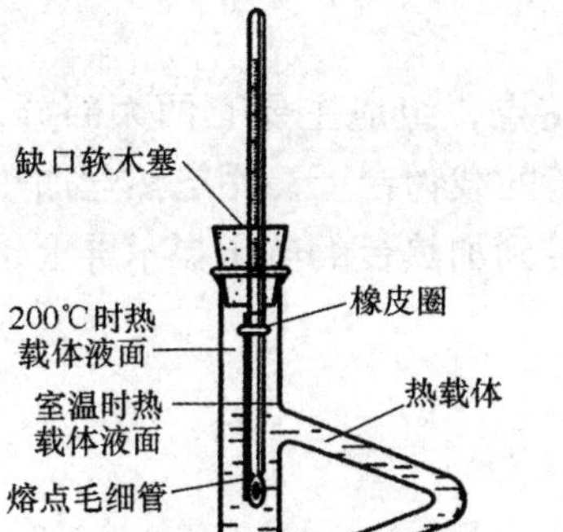

图 5－19　测熔点的装置

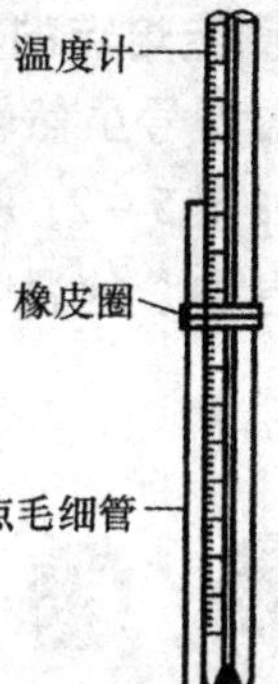

图 5－20　毛细管的安装

把装填好样品的熔点管用小橡皮圈（皮圈不要浸入浴液中）绑在温度计的一侧，样品位置居于温度计汞球中部，如图 5－20 所示。Thiele 管依据酒精灯火焰的高度，夹在铁架台上，装入有机硅油至高出上侧管即可（不可多装，加热后液面会升高），管口配一缺口软木塞，把附有熔点管的温度计插入孔中，刻度应向软木塞缺口，并使汞球处在 Thiele 管的两叉口中间，样品面向观察者，且不要与 Thiele 管管壁接触。这种装置测熔点的好处是：载热体被加热后在管内呈对流循环，温度变化比较均匀。

载热体除有机硅油外，也可采用石蜡油、浓硫酸、浓磷酸。不过使用浓硫酸时应注意安全，且有机物触及硫酸时，硫酸会变黑，有碍熔点的观察。

(3) 熔点的测定

安装好装置后，把酒精灯火焰固定在 Thiele 管的侧管外端下方加热，加热速度是熔点测定是否准确的关键因素。对未知样品，一般是先快速加热，测定化合物的大概熔点即粗测，然后再做准确测定。在测定已知熔点的样品时，可先以较快速度加热，在距离熔点 15 ~ 20℃时，改用小火加热，约每分钟升温 1 ~ 2℃，愈接近熔点，升温速度愈慢，约每分钟升温 0.2 ~ 0.3℃。一方面，为了保证有充足的时间让热量由熔点管外传至管内，令样品熔化温度与温度计所示温度尽量一致；另一方面，为了减小观察者不能同时观察温度计读数和样品情况所带来的误差。此期间要特别注意观察样品情况，记录样品由光滑变粗糙，开始塌落并有小液珠产生时的温度，表示样品已开始熔化（初熔），继续缓慢加热，直到样品全部转化成透明液体时（全熔），记录温度计读数，所得数据即为该物质的熔程。有少数化合物在测定熔点时，在熔化过程中，有颜色变化，或有气体放出，说明物质发生了分解，此时的温度是其分解点，应加以说明。另外，还要观察和记录在加热过程中是否有升华、碳化等现象。

化合物熔点测定至少要测两次，两次结果相差应在 1℃以内，每一次都要用新的毛细管重新装填样品（样品经熔化后，有可能发生了氧化、分解或晶形发生变化，不能重复使用）。再次测定时，浴液必须冷至熔点以下约 30℃才能进行，以免样品局部过热影响测量结果。

熔点测好后，温度计读数必须对照温度计校正图进行校正。

实验完毕，有机硅油冷却后，倒回瓶中，下次可继续使用；温度计冷却后，先用废纸擦去有机硅油，方可用水冲洗，否则，温度计汞柱容易发生破裂。

3. 显微熔点仪测定熔点的方法

显微熔点仪仪器型号虽然较多，但有一共同特点，组成主要有两大部分，一是显微镜；二是电加热系统，如图 5－21 所示，连接在显微镜的载物台上，用电热丝加热，用可调变压器调控温度，加热台中心的温度通过温度传感器传到加热台的电子显示屏上，观察者可直接读出温度。

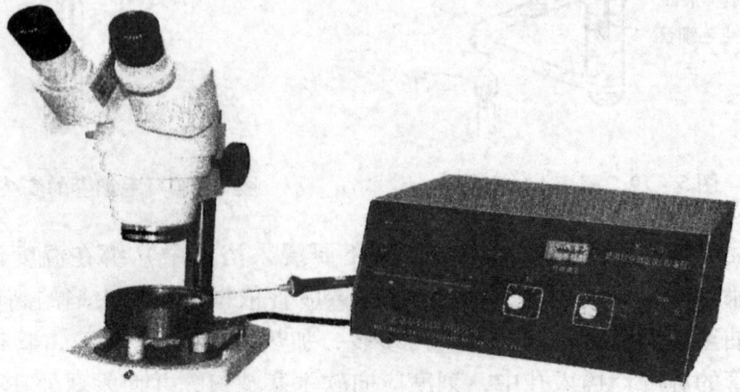

图 5－21　显微熔点测定仪

4. 显微熔点仪的操作

取两片干净且干燥的载玻片将少量样品夹在中间，将样品碾碎，送入加热平台上，用手柄调节显微镜焦距，再拨动载玻片使晶体对住光孔，观察者可以清楚的看到晶体，最后盖上配备的圆形厚玻璃盖。开启电源拧开加热旋钮，有的加热系统有两个旋钮，一个粗调旋钮，升温较快，一个微调旋钮，升温较慢，刚开始可以先让仪器快速升温，待温度升至距样品熔点值约20℃左右时，改用慢速加热，控制温度上升速度为每分钟2℃左右，到距样品熔点3℃附近时，再减到每分钟升温0.2～0.3℃。此时要通过显微镜注意观察晶体变化，当样品晶体棱角开始变圆时，表示熔化已开始（初熔），晶体形状完全消失表示熔化已经完成（全熔），记录熔程。再次测定时，仍然要使仪器冷至熔点以下30℃左右才能进行。

测定完毕，关掉升温旋钮停止加热，稍冷，用镊子去掉圆形厚玻璃盖，取出载玻片，放在小烧杯中用丙酮浸泡洗净，晾干，备用。将散热片放在加热台上，使其快速冷却，把仪器零部件全部放回原处，拔掉电源，盖上台布。

5. 温度计校正

测定熔点不但可以鉴定化合物、检验化合物的纯度，还可以用来校正温度计。在使用温度计时，可能因温度计本身的误差而使其读数与真实数值之间有一定的偏差。例如，当温度计受热后，汞球体积会有暂时的改变而需要较长时间才能恢复原来体积，由于玻璃毛细管很细，因而汞球体积的微小改变都会引起读数的较大误差。对于长期使用的温度计，玻璃毛细管也会发生变形而导致刻度不准。另外温度计有全浸式和半浸式两种，其中全浸式温度计的刻度是在温度计的汞柱全部均匀受热的情况下刻出来的，但在测量时，往往是仅有部分汞柱受热，因而露出的汞柱温度就较全部受热时低。因此，若要精确测量物质的熔点，就必须校正温度计。

（1）温度计读数的校正

将一支辅助温度计靠在测量温度计的露出部分，其汞球位于露出汞柱的中间，测量露出部分的平均温度，校正值 Δt 按下式计算，

$$\Delta t = 0.00016h\ (t_{体} - t_{环})$$

式中，0.00016为汞对玻璃的相对膨胀系数；h 为露出汞柱的高度（以温度差值表示）；$t_{体}$ 为体系的温度（由测量温度计测出）；$t_{环}$ 为环境温度，即汞柱露出部分的平均温度（由辅助温度计测出）。校正后的真实温度为：

$$t_{真} = t_{体} + \Delta t$$

半浸式温度计，在汞球上端不远处有一标志线，测量时只要将线下部分放入待测体系中，便无需进行露出部分的校正。

（2）温度计刻度的校正

以纯的有机化合物的熔点为标准来校正。其步骤为：选用数种已知熔点的纯有机物（表5－5列出了一些标准有机化合物的熔点，可供选用），用该温度计测定它们的熔点，以实测熔点温度作纵坐标，实测熔点与已知熔点的差值为横坐标，画出校正曲线，这样凡是用这只温度计测得的温度均可在曲线上找到校正数值。

表 5-5　一些标准化合物的熔点

化合物（AR）	熔点/℃	化合物（AR）	熔点/℃
水-冰	0.0	尿素	132.7
α-萘胺	50.0	水杨酸	159.0
对二氯苯	53.1	对苯二酚	170.0
苯甲酸苄酯	71.0	马尿酸	187.0
萘	80.6	3，5-二硝基苯甲酸	205.0
间二硝基苯	90.0	蒽	216.2
乙酰苯胺	114.3	酚酞	265.0
苯甲酸	122.4	蒽醌	285.0

§5-6　加　　热

化学实验中常用的加热方式有直接加热和间接加热两种。酒精灯可以用于直接加热，也可以用于间接加热。

实验室内可以直接加热的只有试管、蒸发皿和坩埚等少数仪器，对于热稳定性好的物质，可在试管、坩埚等耐热容器内直接加热。加热前必须将器皿外壁上的水分擦干，加热后不能立即与水或潮湿物接触，忌骤冷骤热。具体如下：

（1）加热试管内的液体

加热试管内的液体时，液体的量不能超过试管容积的 1/3，手持试管夹的长柄，用试管夹夹住试管的中上部，距试管口约 1/3 处。试管口稍微倾斜向上，试管与桌面成 45°~60°夹角。试管口不应对着人，以免液体喷出烫伤。加热时应先加热液体中上部，后加热底部，并上下移动，以使液体受热均匀，避免集中加热某一部分而引起暴沸，见图 5-22。

（2）加热试管内的固体

加热试管内的固体时，应将试管固定在铁架台上，试管稍稍向下倾斜，管口低于管底。这是因为加热过程产生的水蒸气会在试管口重新冷凝成水珠，此时若试管口高于试管底部，重新冷凝的水珠就会流到试管底部，遇到灼热的玻璃会发生试管炸裂现象。正确的加热方式是：先用灯焰由上到下预加热整个试管，然后再集中加热某一部位。加热试管内的固体时，应尽量防止将固体试剂全部堆积在试管底部，固体试剂铺设如图 5-23 所示。

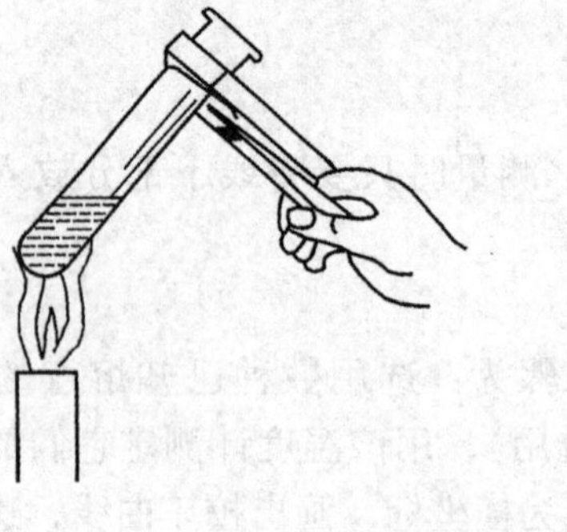

图 5-22　加热试管内的液体

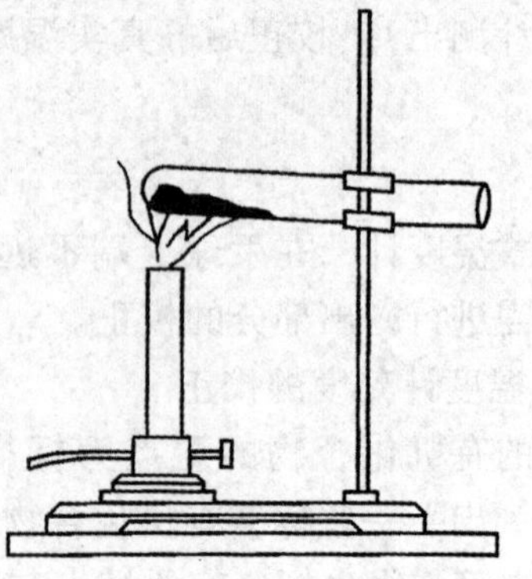

图 5-23　加热试管内的固体

(3) 加热坩埚中的固体

实验室中固体熔融或高温分解一般在坩埚中进行，通过酒精灯或煤气灯的高温灼烧实现。将坩埚放置在泥三角上，用酒精灯或煤气灯温度较高的氧化焰加热坩埚底部，以免还原焰在坩埚底结出炭黑。开始火不要太大，先让坩埚均匀受热，然后加大火焰，将坩埚烧至红热。灼烧好，停止加热，待坩埚在泥三角上稍冷后，用坩埚钳夹到干燥器内冷却。

注意：用坩埚钳夹高温坩埚时，坩埚钳必须在火焰上预热后才去夹，否则会使坩埚变形，甚至造成破裂。坩埚钳用后应尖端向上平放于石棉网上。

(4) 蒸发皿的加热

当被加热的固体较多时或进行液体的浓缩时，常在蒸发皿中进行，将蒸发皿放在泥三角或铁圈上，可直接在火焰上加热蒸发皿，但要注意充分搅拌，使固体受热均匀。具体操作方法和注意事项与坩埚加热大体相同。

§5-7 冷 却

化学反应中有很多是放热反应，反应过程产生大量的热，使得体系的温度升高。若控制不当，有可能引起副反应。同时，过高的反应温度，也可导致反应物蒸发，甚至发生事故，需要进行适当的冷却。通过冷却可以把温度控制在一定的范围内，达到控制反应的目的。结晶时，为了降低溶质在溶剂中的溶解度，也需要冷却。无机化合物的制备、有机化合物的合成等也都需要冷却。实验室中冷却的方法很多，主要有水浴冷却、冰浴冷却、冰-盐浴冷却、干冰浴冷却、液氨冷却、液氮冷却等。

1. 水浴冷却

水浴冷却是冷却中最简单的方法。把需要冷却的反应容器浸入盛有冷水的水槽中，使反应容器内的物质温度降至室温。冷却剂是水，将反应容器放置在盛有水的容器中，这个降温过程称为冷水冷却。也可以直接用流动的自来水冲淋反应容器。

2. 冰浴冷却

若要将反应物维持在0℃，需要用冰做冷却剂。将反应容器放置在盛有冰-水的容器内，从而达到控温作用，这种冷却方法称为冰浴冷却。

3. 冰-盐浴冷却

冷却温度可达0～-40℃左右，冷却剂是无机盐与冰的混合物。制作方法是将无机盐研细后再与粉碎的冰混合。冰与盐按不同的比例混合，能得到不同的制冷温度。

4. 干冰浴冷却

干冰浴冷却可获得-70℃以下的低温。在无机制备、有机合成与物化性能实验中常用，如低温率不高时，常加一些凝固点较低的有机溶剂（热传导剂）一起使用。常用的有机溶剂有：丙酮、乙醇、正丁烷、异戊烷等。

5. 利用低沸点液态气体冷却

实验时，如需更低的温度条件，可选择一些低沸点液态气体做冷冻剂。如液态氮相变温度为-196℃，用于制冷浴温度可低达-205℃；液态氦可达-268.9℃；液态氧可达-183℃等。这些低沸点液态气体一般在铜制或不锈钢的杜瓦瓶内储存。使用时，可以根据所需温度选择合适的冷却剂。

表5-6列出常用冷却剂及其最低制冷温度。

表5-6 常用冷却剂及其最低制冷温度

冷却剂	最低温度/℃	冷却剂	最低温度/℃
冰-水	0	$CaCl_2 \cdot 6H_2O$-冰（1∶1）	-29
NaCl-碎冰（1∶3）	-20	$CaCl_2 \cdot 6H_2O$-冰（1∶1.25）	-40.3
NaCl-碎冰（1∶1）	-22	液氨	-33
NaCl-冰（1∶4）	-15	干冰	-78.5
NaCl-冰（1∶2）	-17	液氮	-196

使用低沸点液态气体冷却剂时应特别注意：为了防止低温冻伤事故的发生，取用时必须戴手套（皮质或棉质）和防护眼镜，不能用手直接触摸冷却剂。盛放冷却剂的容器应是特殊玻璃制的杜瓦瓶。液态氧使用时不要与有机物接触，以防燃烧事故发生。液态氨有强烈的刺激气味，应在通风橱内进行。测量-38℃以下温度时，不能用汞温度计直接测量（Hg的凝固点-38.87℃），可使用低温酒精温度计。

此外，使用低温冷冻浴时，为了防止外界热量的传入，冷浴外壁应使用隔热材料包裹覆盖。

§5-8 升 华

当加热时，某些固体物质不经过液态而直接气化为蒸气，蒸气冷却又直接凝固成固体，这个操作过程称为升华。升华也是纯化固体有机化合物的重要方法之一，其应用受到一定程度的限制，只有固体物质在其熔点温度以下具有较高蒸气压（高于2.66kPa）时，才能用升华方法来提纯。升华法可以除去固体物质中不挥发杂质或分离具有不同挥发度的固体物质。该提纯法得到的产品一般具有较高的纯度，但损失较大，在实验室里一般用于少量（1~2g）物质的提纯。

5-8.1 升华原理

为了更好地理解升华原理，就必须分析物质的固态、液态、气态三相平衡，如图5-24所示。图中*ST*表示固-气平衡时固体的蒸气压曲线；*TW*表示液-气平衡时液体的蒸气压曲线；*TV*表示固-液平衡时的蒸气压曲线，三条平衡曲线交汇于*T*点，称为三相点，三相点时固、液、气三相平衡共存。

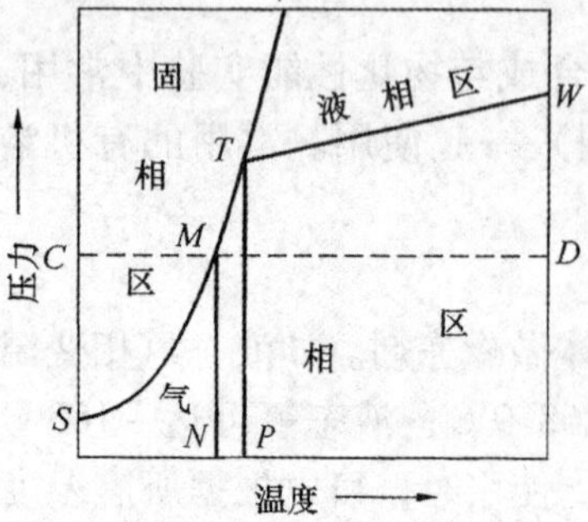

图5-24 易于常压升华的物质相图

值得注意的是：三相点时的压力是固、液、气三相的平衡蒸气压，而不是大气压，大多数固体物质三相点处的蒸气压低于大气压，只有少数固体物质三相点处的蒸气压高于大气压。如果固体物质的三相点*T*处蒸气压高于标准大气压，如图5-24所示（虚线*CD*是一个标准大气压的等压线），当被加热升温时，其蒸气压沿*ST*曲线上升，当上升到与等压线*CD*相交的*M*点时，此时的温度*N*低于三相点温度*P*，此时体系中还无液体出现，但蒸气压已与外界大气压相等，固体就不经过液态而直接转变为气体。反过来，该固体物质蒸气压随温度降低而下降的也很明显，稍降低温度即能由蒸气不经过液体而直接变成固体。可见三相点处蒸气压高于标准大气压的物质很容易在常压下升华（如樟脑熔点 179℃，蒸气压 49.3kPa，很容易常压升华）。

有些固体物质虽然三相点处的蒸气压低于大气压，不能在常压下升华，但蒸气压也相对较高（如萘熔点 80℃，蒸气压 0.93kPa），可以采用减压升华来纯化。

从上面分析可知，物质能否用升华法提纯主要看三相点的蒸气压高低，但三相点蒸气压很难测得，通常用熔点时蒸气压高低来判断是否可以升华。物质熔点的温度（固 - 液两相在大气压下平衡时的温度）虽不是三相点的温度，二者有些差别，但差别非常小，只有几分之一度，因此用熔点来代替三相点仍然能得出正确结论。表 5 - 7 列出了一些具有代表性的固体物质在熔点时的蒸气压及升华情况。

表 5 - 7　固体物质在熔点时的蒸气压及升华情况

物质	熔点/℃	熔点时蒸气压/kPa	升华情况
六氯乙烷	186	103.7	常压升华
樟脑	179	49.21	常压升华
蒽醌	285	6.92	常压升华
萘	80	0.93	减压升华
苯甲酸	122	0.80	减压升华
对硝基苯甲醛	106	0.0012	不能用升华法提纯

5 - 8.2　常压升华

最简单的常压升华装置如图 5 - 25 所示，把蒸发皿放在有石棉网的铁圈上，研细的粗产物放在蒸发皿中，上面盖一张略小于蒸发皿口径且刺有许多小孔（毛刺朝上）的圆形滤纸，避免升华上来的固体物质再落回蒸发皿内，然后将大小合适的玻璃漏斗倒盖在蒸发皿上，漏斗颈部提前塞一团脱脂棉，减少蒸气外逸。用小火隔石棉网（可在石棉网上铺一层厚 1cm 左右的细砂代替砂浴或用其他热浴）加热逐渐地升高温度，仔细观察，当发现开始升华时，控制温度低于被升华物质的熔点，慢慢使其升华，蒸气通过滤纸小孔，遇到漏斗内壁，冷凝为晶体，附在滤纸或漏斗的内壁上。最后用刮刀或药勺轻轻刮下晶体，放在表面皿上，即得提纯产物。

较大量物质的升华可在烧杯中进行，如图 5 - 26 所示。烧杯上放置一个通冷水的圆底烧瓶，圆底烧瓶外表面作为冷凝面，蒸气冷却，结成晶体并附在瓶底上。

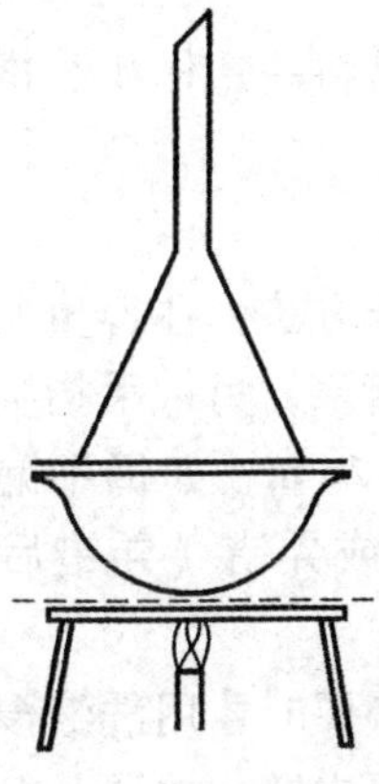

图 5 - 25　简单常压升华装置

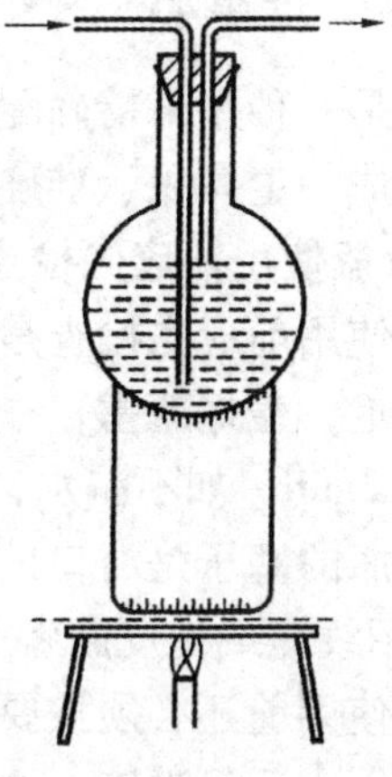

图 5 - 26　大量物质常压升华装置

若固体物质有很高的蒸气压，可在空气或惰性气体中进行升华，如图5－27所示。被提纯物放在锥形瓶底部，锥形瓶上配有二孔塞子，一孔插入导气管，导入空气或惰性气体；另一孔插入接液管，伸入圆底烧瓶中，烧瓶口塞一些脱脂棉。当加热升华时，通入空气或惰性气体带出的升华物质，遇到冷水冷却的烧瓶壁，即结晶并附于壁上。

5－8.3　减压升华

减压升华装置如图5－28所示。将固体物质放在粗抽滤管（或瓶）中，然后用装有“指形冷凝器”的橡皮塞严密塞住抽滤管管口，接通冷凝水，用水泵或油泵减压，抽滤管底部用水浴（油浴或砂浴）加热，升华物质在“指形冷凝器”管外冷却结晶，升华完毕后小心收集被提纯物质。减压升华速度比常压升华速度快，且特别适用于常压下其蒸气压不大或受热易分解的物质。

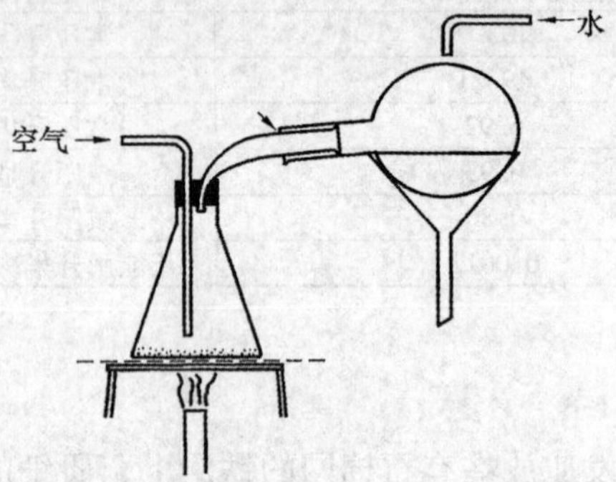

图5－27　在空气或惰性气体中升华装置

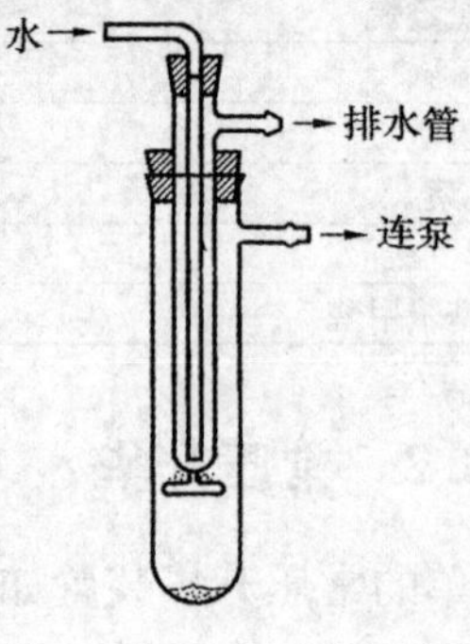

图5－28　减压升华装置

§5－9　滴　　定

滴定是化学实验的基本操作之一，也是定量分析的一种手段。它是通过两种溶液的定量反应来确定某种物质的含量。滴定操作过程中，除了使用滴定管外，往往还用到容量瓶、吸管等量器。下面主要介绍这些量器及使用方法。

5－9.1　容量瓶

容量瓶是一种用来精确配制一定体积、准确浓度的溶液，或是将一定体积、准确浓度的浓溶液稀释成一定体积、准确浓度的稀溶液的量器。

1. 容量瓶使用前应先检查是否漏水

容量瓶使用前应先检查是否漏水，如漏水，则不能使用。检查方法：往容量瓶中加自来水至标线附近，盖好瓶塞，一手拿瓶颈标线以上部位，食指按住瓶塞，另一手指尖托住瓶底边缘。倒立2min，如不漏水，将瓶直立，转动瓶塞180°，再倒立2min，如仍不漏水，则可使用。容量瓶的塞子是磨口的，与瓶身是配套的，为了防止打破或弄错（弄错后会引起漏水），一般用线绳或橡皮筋将瓶塞系在瓶颈上。

容量瓶使用前还必须按要求洗涤干净，尽可能只用水冲洗，必要时才用洗液浸洗。用洗液浸洗时，倒入适量洗液，边转动边将瓶口倾斜，至洗液布满全部内壁，放置几分钟，将洗液由上口慢慢倒出，边倒边转，使洗液在流经瓶颈时，布满全颈。然后用自来水冲洗，纯水荡洗 3 次即可使用。

2. 容量瓶的使用

如果用固体物质（基准试剂或被测试样）配制溶液时，先将准确称量的固体物质，放在小烧杯中，加入适量水，用玻璃棒搅拌溶解后，再将溶液定量转移到预先洗净的容量瓶中。转移溶液的方法如图 5－29 所示，一手拿着玻棒，并将它伸入瓶中；一手拿烧杯，让烧杯嘴贴紧玻璃棒，慢慢倾斜烧杯，使溶液沿着玻璃棒流下（注意：玻璃棒不可靠在瓶口边缘，防止转移时溶液流在容量瓶外面），倒完溶液后，将烧杯嘴沿玻璃棒轻轻上提 1～2cm，同时将烧杯直立，使附在玻璃棒和烧杯嘴之间的液滴流回到烧杯中。然后用少量纯水洗玻璃棒、烧杯 3～4 次，每次的涮洗液按同样操作，全部转入容量瓶中。再用纯水稀释至容量瓶容积的 2/3 处时，沿水平方向旋摇容量瓶，使溶液初步混匀（注意：此时切勿倒转容量瓶）。继续加水至标线以下约 1cm 处，等待 1～2min，使附在瓶颈内壁的溶液流下后，最后用滴管或洗瓶从标线以上 1cm 以内处，沿颈壁缓缓加纯水，直至溶液弯月面最低点与标线相切。盖紧瓶塞，左手捏住瓶颈标线以上部分，食指按住瓶塞，右手指尖托住瓶底边缘，将瓶倒转并摇动，再倒转过来，如此反复多次，使溶液充分混合均匀，如图 5－30 所示。

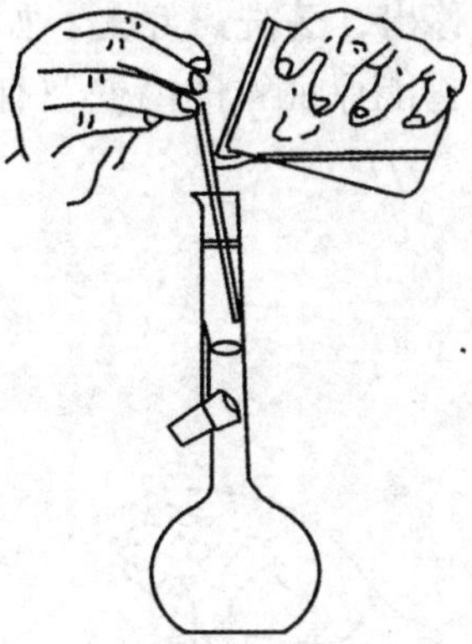

图 5－29　溶液定量转移

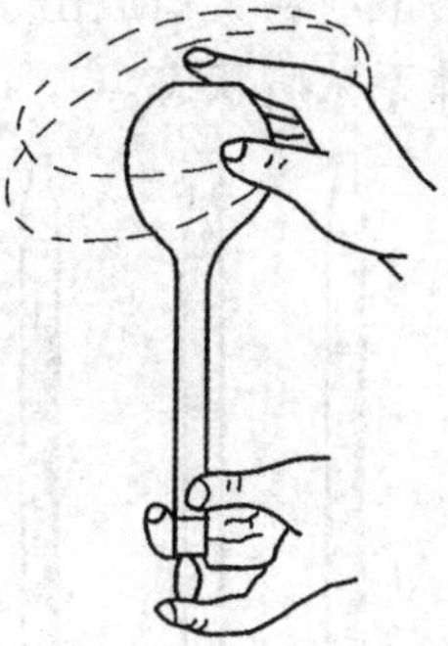

图 5－30　溶液摇匀

如果固体物质难溶解，可盖上表面皿，加热使其溶解，但热溶液应冷至室温后，才能转移至容量瓶中，否则会造成体积误差。需避光的溶液应用棕色容量瓶配制。

如果用容量瓶稀释溶液，则用移液管吸取一定体积的溶液移于容量瓶中，按上述方法加水稀释至标线，摇匀。

容量瓶是量器而不是容器，不宜长期存放溶液。如溶液需使用一段时间，应转移到试剂瓶中储存，试剂瓶应先用配好的溶液荡洗 2～3 次，以保证浓度不变。容量瓶使用完毕应立即用水冲洗干净。如长期不用，磨口处应洗净擦干，并用纸片将磨口与塞子隔开。

注意：容量瓶不能用毛刷刷洗，不能以任何方式加热，也不能放在烘箱中烘烤。

5－9.2　吸管

1. 吸管的种类

吸管是准确移取一定体积液体的玻璃仪器，它包括移液管和吸量管两种。

移液管是中间有一球部的玻璃管，如图 5－31（a）所示，球部上、下均为较细的管颈，上部管颈刻有一条标线，吸入液体弯月面最下沿与标线相切后，让液体自然流出，所放出的液体总体积，就是移液管的容量。

吸量管是刻有分度的内径均匀、下端管口尖细的玻璃管，如图 5－29（b）、（c）、（d）所示。常用于量取非固定量的小体积溶液，量取液体时每次都是从上端 0.00 刻度开始，放至所需要的体积刻度为止。

2. 吸管的使用方法

（1）吸管的洗涤和润洗

移液管和吸量管一般采用吸取铬酸洗液洗涤，也可放在高型玻璃桶和量筒内用洗液浸泡，取出沥尽洗液后，用自来水冲洗，再用纯水润洗至内壁不挂水珠为止，润洗的水应从管尖放出。

移取溶液前，应先用吸水纸将管尖端内外的水吸干，否则会因水滴的引入而改变溶液的浓度，然后再用待吸溶液润洗三次，以保证移取溶液的浓度不变。方法是：用左手持洗耳球，将食指或拇指放在洗耳球的上方，其余手指自然地握住洗耳球，用右手的拇指和中指拿住移液管或吸量管标线以上部分，无名指和小指辅助拿住移液管或吸量管，将洗耳球对准移液管或吸量管管口，如图 5－32 所示，将管尖伸入溶液或洗液中吸取，待溶液吸至球部的 1/4 处（注意：切勿使溶液流回，以免稀释溶液）时，移出，荡洗、弃去。如此反复荡洗三次，润洗过的溶液应从尖口放出、弃去。荡洗很重要，它能保证管的内壁及有关部位与待吸溶液处于同一体系浓度状态。

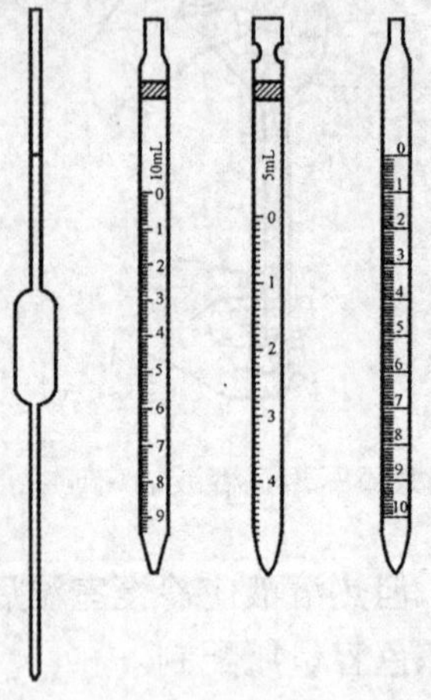

图 5－31　移液管和吸量管

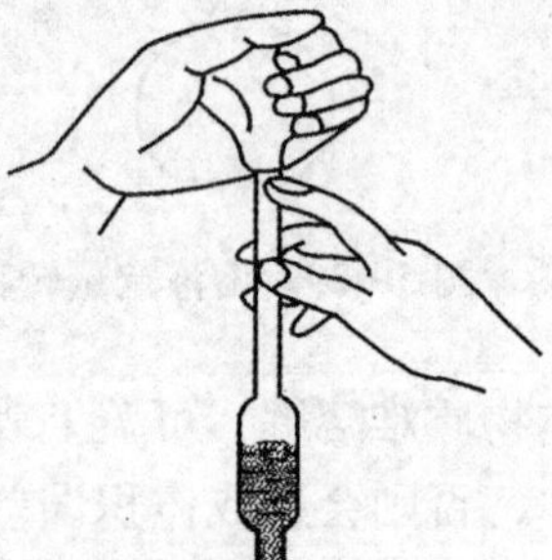
图 5－32　吸取溶液的操作

（2）移取溶液

吸管经洗涤和润洗后，方可移取溶液。移取溶液时，将管直接插入待吸液液面下约 1～2cm 处。管尖不应伸入太浅，以免液面下降后造成吸空；也不应伸入太深，以免移液管外部附有过多的溶液，影响量取溶液体积的准确性。吸液时，应注意容器中液面和管尖的位置，应使管尖随液面下降而下降。当洗耳球慢慢放松时，管中的液面徐徐上升，当液面上升至标线以上时，迅速移去吸耳球。与此同时，用右手食指堵住管口，将吸管往上提起，使之离开液面，靠在容器壁上，右手食指微微松动，使液面缓慢下降，直到视线平视时弯月面与标线相切，立即用食指按紧管口，使溶液不再流出。

取出移液管，移入准备接受溶液的容器中。左手改拿接收溶液的容器，并将接收容器倾斜，使内壁紧贴吸管管尖，与桌面成30°左右。然后放松右手食指，使溶液自然地顺壁流下，如图5－33所示。待液面下降到管尖后，等约15s左右，移出吸管。这时可见管尖部位仍留有少量溶液，对此，除特别注明"吹"（blow－out）字的以外，一般此管尖部位留存的溶液是不能吹入接收容器中的。因为在工厂生产检定吸管时是没有把这部分体积算进去的。但必须指出，由于一些管口尖部做得不很圆滑，因此可能会由于随靠接受容器内壁的管尖部位不同而留存在管尖部位的体积有大小的变化，为此，可在等15s后，将管身往左右旋动一下，这样管尖部分每次留存的体积将会基本相同，不会导致平行测定时的过大误差。

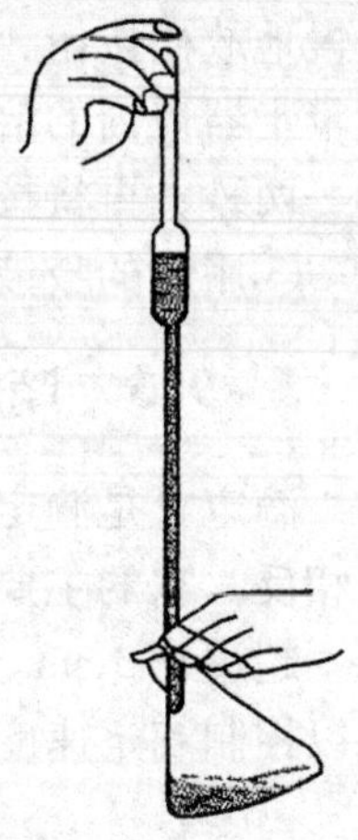

图5－33 放出溶液的操作

注意：实验中，要尽量使用同一支吸管，以免带来误差。

3. 移液器

移液器也是量出式仪器，分定量和可调式两种，主要用于仪器分析、化学分析、生化分析中进行取样和加液。移液器利用空气排代原理进行工作。它由定位部件、容量调节指示部分、活塞套和吸液嘴等组成，如图5－34和图5－35所示。移液量由一个配合良好的活塞在活塞套内移动的距离来确定。移液器的容量单位为μL（$10^{-3}cm^3$）。吸液嘴由聚丙烯等材料制成。

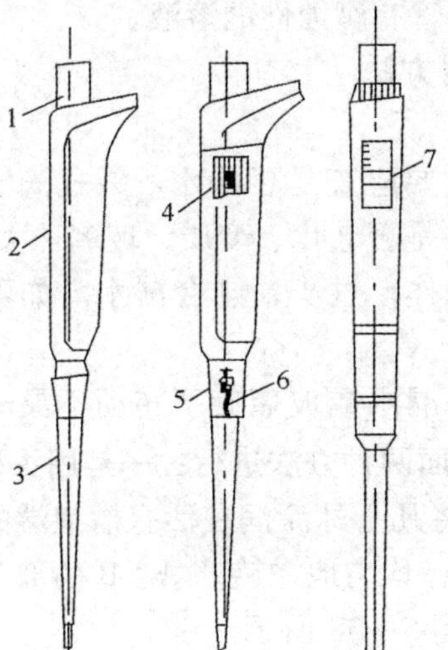

图5－34 移液器示意图

1—按钮；2—外壳；3—吸液杆；4—定位部件；
5—活塞套；6—活塞；7—计数器

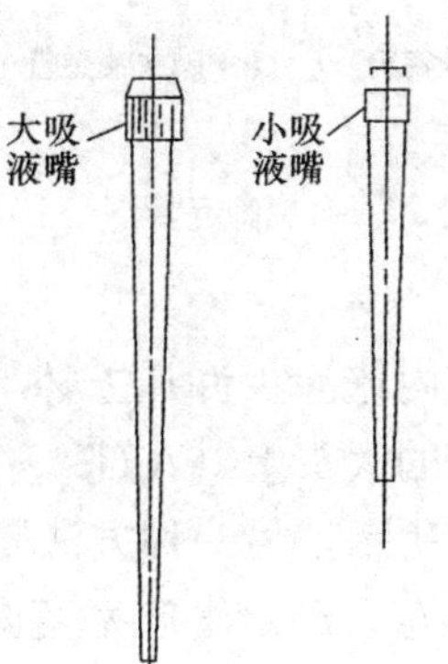

图5－35 吸液嘴示意图

移液器的使用方法：

①吸液嘴先用过氧乙酸或其他合适的洗液进行清洗，然后再依次用自来水和纯水洗涤，干燥后即可使用。

②将可调移液器的容量调节到所需微升数，再将吸液嘴紧套在移液器的下端，并轻轻旋动，以保证密闭。

③吸取和排放被取溶液两三次，以润洗吸液嘴。

④垂直握住移液器，将按钮揿到第一停点，并将吸液嘴浸入液面以下3mm左右，然后

缓慢地放松按钮，等待一两秒后再离开液面，擦去吸嘴外面的溶液，但不能碰到流液口，以免带走器口内的溶液。将流液口靠在所用容器的内壁上，缓慢地把按钮揿到第一停止点，等待一两秒，再将按钮完全揿下，然后使吸液嘴沿着容器内壁向上移开。

⑤用过的吸液嘴若想重复使用，应随即清洗干净，晾干或烘干后存放于洁净处。

5-9.3 滴定管

滴定管是滴定时可准确测量滴定剂体积的玻璃量器，刻度由上而下数值增大，与量筒刻度相反。它的主要部分管身是用细长且内径均匀的玻璃管制成，上面刻有均匀的分度线，线宽不超过0.3mm。下端的流液口为一尖嘴，中间通过玻璃旋塞或乳胶管（配以玻璃珠）连接以控制滴定速度。

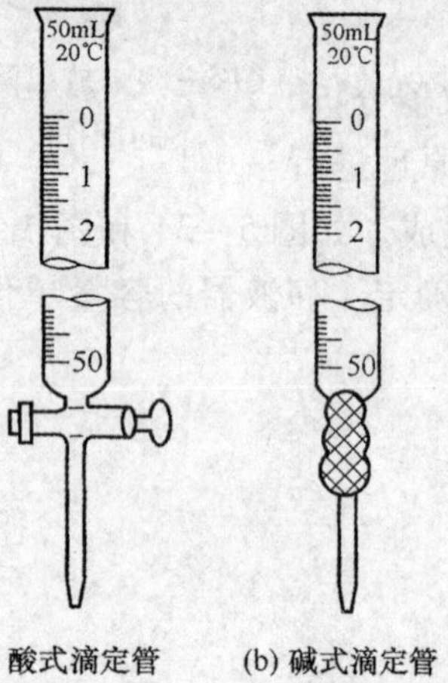

(a) 酸式滴定管　　(b) 碱式滴定管

图5-36　滴定管

1. 滴定管的种类

滴定管一般分为酸式滴定管和碱式滴定管两种，如图5-36所示。酸式滴定管下端带有玻璃活塞，用来装酸性溶液和氧化性溶液，不能装碱性溶液或对玻璃有腐蚀性的溶液。碱式滴定管的的下端连接一乳胶管，管内装有玻璃珠用以控制溶液流速，乳胶管下端再连接一尖嘴玻璃管，用于装碱类溶液，不能装对乳胶管有腐蚀性的溶液。

2. 滴定管的使用方法

（1）用前检查

滴定管在使用前要检查是否漏水。碱式滴定管，应检查橡皮管（医用胶管）是否老化、变质，玻璃珠大小是否合适，玻璃珠过大，不便操作；过小，则会漏水。如不合要求，应及时更换。

酸式滴定管若有漏水或玻璃旋塞转动不灵时，必须在塞子与塞座内壁涂少许凡士林。旋塞涂凡士林可用下面两种方法进行：一是用手指将凡士林涂润在旋塞的大头上（A部），另用火柴杆或玻璃棒将凡士林涂润在活塞槽细端的内壁上，如图5-37所示。另一种方法是用手指蘸上凡士林后，均匀地在旋塞A、B两部分涂上薄薄的一层（注意，滴定管旋塞套内壁不涂凡土林），如图5-38所示。

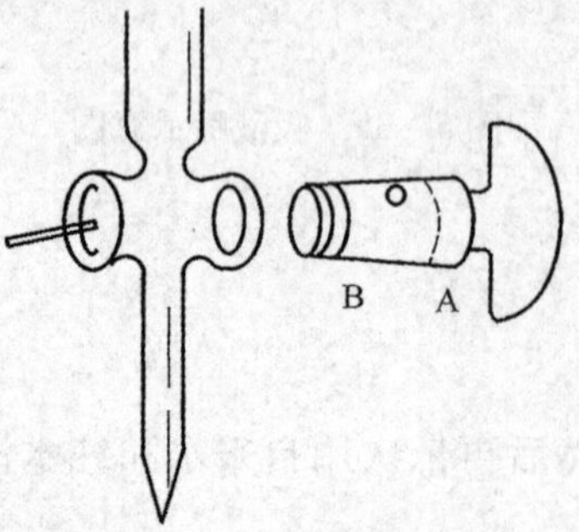

图5-37　旋塞涂凡士林操作一

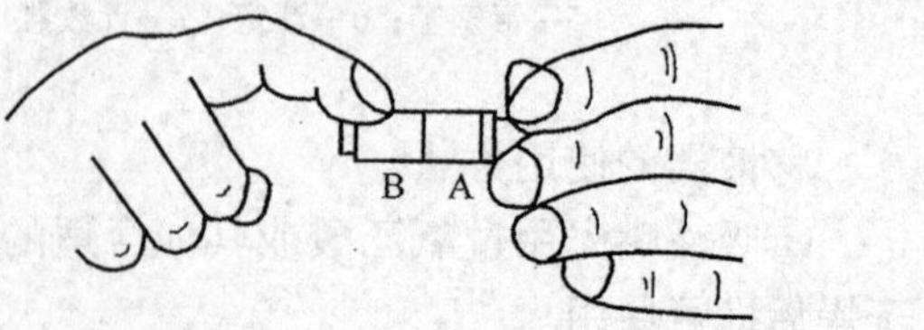

图5-38　旋塞涂凡士林操作二

（2）滴定管的洗涤

滴定管在装液前需洗涤。一般用自来水冲洗，然后用少量蒸馏水淋洗2~3次。洗净的玻璃管应不挂水珠，如果挂水珠，说明有污垢，需用洗涤剂刷洗或洗液浸洗。零刻度线以上部位可用毛刷蘸洗涤剂刷洗，零刻度线以下部位如不干净，则采用洗液浸洗（碱式滴定管应除去乳胶管，用橡胶乳头将滴定管下口堵住）。少量的污垢可装入约10mL洗液，双手平托滴定管的两端，不断转动滴定管，使洗液润洗滴定管内壁，操作时管口对准洗液瓶口，以防洗液外流。洗完后，将洗液分别由两端放出。如果滴定管太脏，可将洗液装满整根滴定管浸泡一段时间后再洗。为防止洗液流出，在滴定管下方可放一烧杯。

最后用自来水冲洗，蒸馏水淋洗2~3次。洗净后的滴定管内壁应被水均匀润湿而不挂水珠。如挂水珠，应重新洗涤。

（3）操作溶液的装入

将溶液装入滴定管之前，应将试剂瓶中的溶液摇匀，使凝结在瓶内壁上的水珠混入溶液。混匀后的操作溶液应直接装入滴定管中，不得用其他容器如烧杯、漏斗等来转移，以免标准溶液浓度改变或被污染。先用操作液润洗滴定管内壁三次，每次用约10~15mL。最后将操作液直接倒入滴定管，直至充满至零刻度以上为止。

滴定管充满操作液后，应检查管的出口下部尖嘴部分是否充满溶液，是否留有气泡。为了排除碱管中的气泡，可将碱管垂直地夹在滴定管架上，左手拇指和食指捏住玻璃珠部位，使医用胶管向上弯曲翘起，并捏挤医用胶管，使溶液从管口喷出，即可排除气泡。如图5-39所示。酸管的气泡，一般容易看出，当有气泡时，右手拿滴定管上部无刻度处，并使滴定管倾斜30°，左手迅速打开活塞，使溶液冲出管口，反复数次，一般即可达到排除酸管出口处气泡的目的。由于目前酸管制作有时不合规格要求，因此，有时按上法仍无法排除酸管出口处的气泡。这时可在出口尖嘴上接上一根约10cm的医用胶管，然后，按碱管排气的方法进行。然后将多余的溶液滴出，使管内液面处在“0.00”刻度处。

（4）滴定操作

将滴定管垂直夹在滴定管夹子上，用右手持锥形瓶颈部或烧杯。

使用酸管时，左手无名指和小指向手心弯曲，轻轻地贴着出口部分，大拇指、食指和中指控制旋塞的转动，如图5-40所示。但应注意，不要向外用力，以免推出旋塞造成漏水，应使旋塞稍有一点向手心的回力。当然，也不要过分往里用太大的回力，以免造成旋塞转动困难。

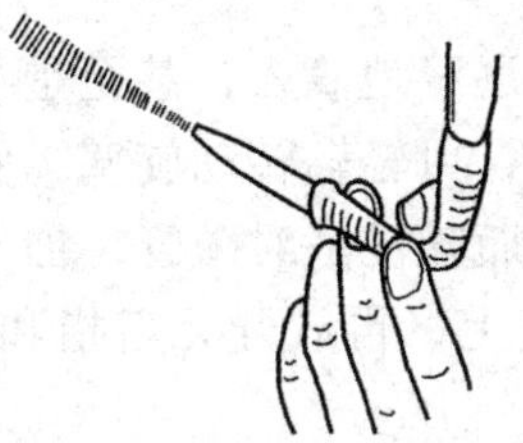

图5-39　碱式滴定管排气泡方法

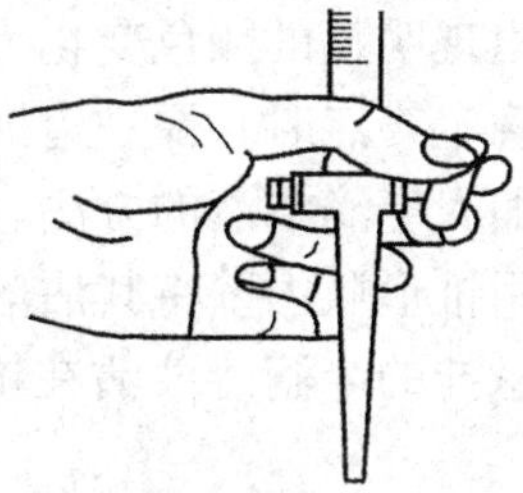

图5-40　酸式滴式管操作

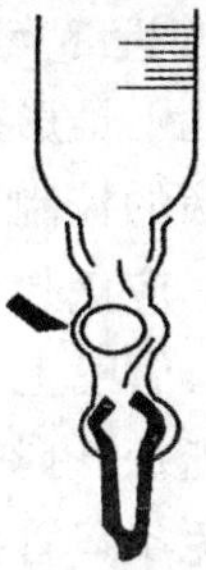

图5-41　碱式滴定管操作

使用碱管时，左手拇指在前，食指在后，其他三个指辅助夹住出口管。用拇指和食指捏住玻璃珠所在部位，向右边挤医用胶管，使玻璃珠移至手心一侧，这样，溶液即可从玻璃珠旁边的空隙流出，如图5-41所示。必须指出，不要用力捏玻璃珠，也不要使玻璃珠上下移动，不要捏玻璃珠下部胶管，以免空气进入而形成气泡，影响读数。

无论使用酸管还是碱管滴定，都要边滴边摇，左右手配合好。在锥形瓶中进行滴定时，用右手的拇指、食指和中指拿住锥形瓶，其余两指辅助在下侧，使瓶底离滴定台高约2～3cm，滴定管下端伸入瓶口内约1cm。左手握住滴定管，按前述方法，边滴加溶液，边用右手摇动锥形瓶，边滴边摇动，其两手操作姿势如图5－42所示，若在烧杯中进行滴定，参见图5－43。

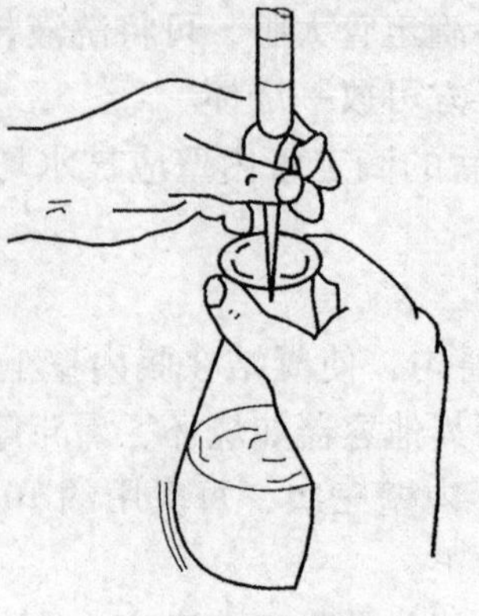

图5－42　滴定操作

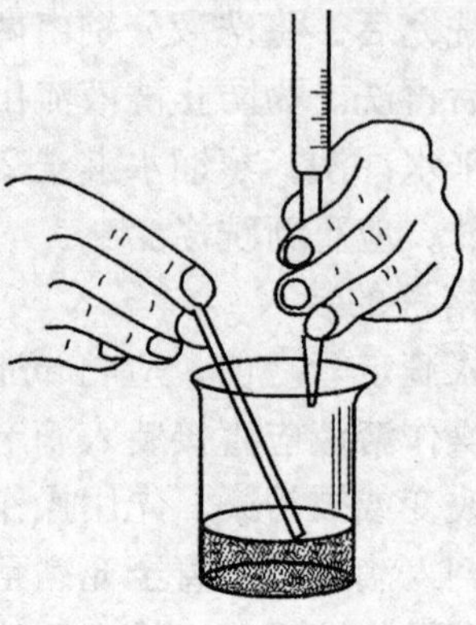

图5－43　在烧杯中的滴定操作

滴定操作是化学实验最基本、最重要的操作之一，操作还应注意以下几点：

①滴定时，应将滴定管垂直地夹在滴定管夹上，滴定台应呈白色，否则应放一块白瓷板作背景，以便观察滴定过程中溶液颜色的变化。

②最好每次滴定都从0.00mL开始，或接近0的任一刻度开始，这样可以减小滴定误差。

③滴定时，左手不能离开旋塞而任溶液自流。

④摇瓶时，应微动腕关节，使溶液向同一方向旋转（左、右旋转均可），不能前后振动，以免溶液溅出。不要因摇动使瓶口碰在管口上，以免造成事故。摇瓶时，一定要使溶液旋转出现一旋涡，因此，要求有一定速度，不能摇得太慢而影响化学反应的进行。

⑤滴定时，要观察滴落点周围颜色的变化。不要只去看滴定管上的刻度变化，而不顾滴定反应的进行。

⑥滴定速度的控制，一般开始时，滴定速度可稍快，每秒3～4滴左右，但不要滴成“水线”。接近终点时，应改为一滴一滴加入，即加一滴摇几下，再加，再摇。最后是每加半滴，摇几下锥形瓶，直至溶液出现明显的颜色变化为止。

⑦半滴的控制和吹洗：快到滴定终点时，要一边摇动，一边逐滴地滴入，甚至是半滴半滴地滴入。应该扎扎实实地练好加入半滴溶液的方法。用酸管时，可轻轻转动旋塞，使溶液悬挂在出口管嘴上，形成半滴，用锥形瓶内壁将其沾落，再用洗瓶吹洗。对碱管，加半滴溶液时，应先松开拇指与食指，将悬挂的半滴溶液沾在锥形瓶内壁上，再放开无名指和小指，这样可避免出口管尖出现气泡。

滴入半滴溶液时，也可采用倾斜锥形瓶的方法，将附于壁上的溶液涮至瓶中。避免吹洗次数太多，造成被滴物过度稀释。

（5）滴定管的读数

滴定管读数前，应注意管出口嘴尖上是否挂着水珠。若在滴定后挂有水珠读数，是不准确的。读数应遵守下列原则：

①读数时应将滴定管从滴定管夹上取下，用右手大拇指和食指捏住滴定管上部无刻度处，其他手指从旁辅助，使滴定管保持垂直，然后再读数。滴定管夹在滴定管架上读数的方

法，一般不宜采用，因为它很难确保滴定管的垂直和准确读数。

②由于水的附着力和内聚力的作用，滴定管内的液面呈弯月形，无色和浅色溶液的弯月面比较清晰，读数时，应读弯月面下缘实线的最低点，为此，读数时，视线应与弯月面下缘实线的最低点相切，即视线应与弯月面下缘实线的最低点在同一水平面上。如图5－44所示。对于有色溶液（如 $KMnO_4$、I_2 等），其弯月面是不够清晰的，读数时，视线应与液面两侧的最高点相切，这样才较易读准。

③为便于读数准确，在管装满或放出溶液后，必须等1～2min，使附着在内壁的溶液流下来后，再读数。如果放出液的速度较慢，那么可只等0.5～1min后，即可读数。记住，每次读数前，都要看一下，管壁有没有挂水珠，管的出口尖嘴处有无悬液滴，管嘴有无气泡。

④读取的值必须读至毫升小数点后第二位，即要求估读到0.01mL。

⑤对于蓝带滴定管，读数方法与上述相同。当蓝带滴定管盛溶液后将有似两个弯月面的上下两个尖端相交，此上下两尖端相交点的位置，即为蓝带管的读数的正确位置。如图5－45（a）所示。

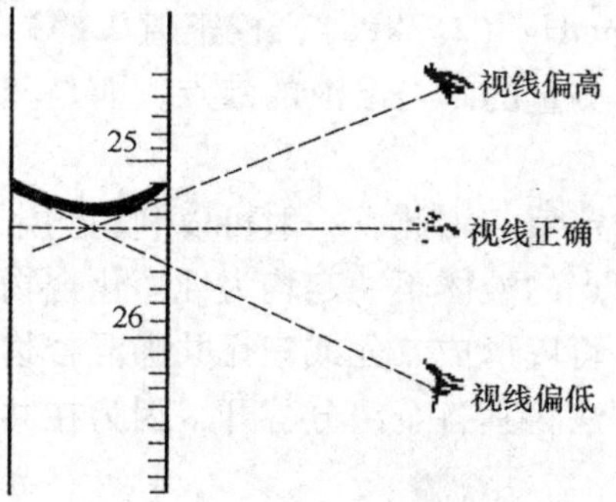

图5－44　读数视线

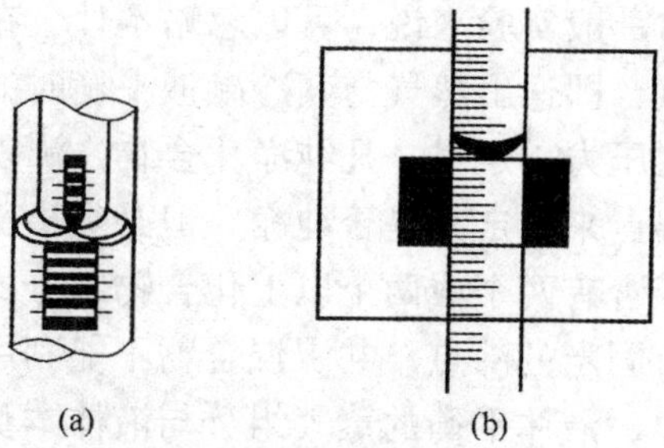

图5－45　滴定管读数

⑥为便于读数，也可采用读数卡，它有利于初学者练习读数。读数卡是用贴有黑纸或涂有黑色长方形（约3cm×1.5cm）的白纸板制成。读数时，将读数卡放在滴定管背后，使黑色部分在弯月面下约1mL处，即可看到弯月面的反射层全部成为黑色，如图5－45（b）所示。然后，读此黑色弯月面下缘的最低点。对有色溶液须读其两侧最高点时，须用白色卡片作为背景。

§5－10　蒸　馏

对于液体有机化合物的分离和提纯来说，应用最广泛的方法是蒸馏，其中包括常压蒸馏、减压蒸馏和水蒸气蒸馏。

5－10.1　常压蒸馏

常压蒸馏又称普通蒸馏，简称蒸馏，由于其分离能力较高，广泛应用于分离和纯化液体有机化合物。

1. 常压蒸馏原理

常压蒸馏根据混合物中各组分的蒸气压不同而达到分离的目的。一个液体的蒸气压 p 是该液体表面分子进入气相的倾向大小的客观量度，在一定温度下，该液体的蒸气压是一定的，并不受液体表面的总的压力—大气压（$p°$）的影响。当液体的温度不断升高时，蒸气压也随之增加，直至该液体的蒸气压等于液体表面的大气压，即 $p=p°$，这时就有大量的气泡从液体内部逸出，即液体沸腾。定义在 $p=p°$时的温度为该液体的沸点。纯净液体的沸点，在一定的外界压力下是一个常数。例如，纯水在一个标准大气压下的沸点为 100℃。在室温下具有较高蒸气压的液体的沸点比室温下具有较低蒸气压的液体的沸点要低。当一个液体混合物沸腾时，液体上面的蒸气组成和液体混合物的组成不同，蒸气组成富集的是易挥发的组分，即低沸点的组分。假如把在沸腾时液体上面的蒸气进行收集并冷却成液体，这时冷却收集到的液体组分与蒸气的组成相同。随着易挥发组分的蒸出，液体混合物的易挥发组分将逐渐变小，混合物的沸点不断升高，这是由于组成发生了变化。当温度相对稳定时，收集到的蒸出液将是原来混合物的一个纯组分。显然，蒸馏可以分离两种或两种以上沸点相差较大（至少 30℃以上）的液体混合物，但如果两个组分的沸点相差较近（小于 30℃），用蒸馏的方法分离混合物的两个组分是不适用的，只好借助于分馏。

在常压下进行蒸馏时，大气压往往不是 760mmHg（0.1MPa），严格说来，应对观察到的沸点加以校正，但因偏差较小［一般大气压相差 20mmHg（2.7kPa），校正值 ±1℃］，所以，对一般实验来说，可以忽略不计。在蒸馏时，实际测量的不是溶液的沸点，而是蒸出液的沸点，即逸出蒸气与其冷凝液平衡时的温度。

在压力一定时，凡纯净化合物，沸点一定是一个固定值。因此，一般可以利用测定化合物的沸点来鉴定其是否纯净。但必须指出，具有固定沸点的液体不一定均为纯净化合物，这是由于含有两个或两个以上化合物组分的某些混合物，可以形成二元或三元共沸混合物，它们也有固定的沸点。共沸混合物不能利用常压蒸馏的方法将其各个组分分开，因为在共沸混合物中，液体平衡的蒸气组分与液体本身的组分相同。

常压蒸馏包括将液体加热至沸腾，把液体变为蒸气；然后使蒸气冷凝，把蒸气再凝结为液体两个联合操作过程，蒸馏操作是有机化学实验基本操作之一。利用蒸馏可以测定纯净化合物的沸点；回收有机合成所用的溶剂或浓缩溶液；分离两种或两种以上沸点相差较大的液体混合物；还可以把挥发的液体与不挥发的物质分开，除去杂质达到提纯液体的目的。

2. 常压蒸馏装置

常压蒸馏最常用的装置是由蒸馏瓶、蒸馏头、温度计、直形冷凝管、接引管和接收瓶组成的，如图 5－46 所示，其中蒸馏瓶与冷凝管是蒸馏体系的主要组成部分。

常用的蒸馏瓶是圆底烧瓶，圆底烧瓶大小的选择根据所蒸馏的液体体积来确定，液体体积一般不少于圆底烧瓶容积的 1/3，不超过 2/3。如果圆底烧瓶太大，液体量太少，相对会有较多液体残留在瓶内，损失较多；如果圆底烧瓶太小，液体量太多，沸腾时液体可能从瓶中冲出，影响蒸馏效果。

冷凝管的种类很多，有直形冷凝管、空气冷凝管、蛇形冷凝管等。选用哪一种，需看具体的蒸馏液体，一般而言，被蒸馏液体的沸点（bp）在 140℃以下用水冷凝，使用直形冷凝管，冷凝水应从下口进入，上口流出，上端的出口应朝上，以保证冷凝管套管中充满水（如图 5－46 所示）。被蒸馏液体的沸点在 140℃以上时改用空气冷凝管（如图 5－47 所示），因高沸点化合物用空气冷凝管即可达到冷却的目的，而且可以防止用水冷凝温差太大而引起冷凝管接头处破裂。另外，被蒸馏液体的沸点如果很低，可以使用蛇形冷凝管。

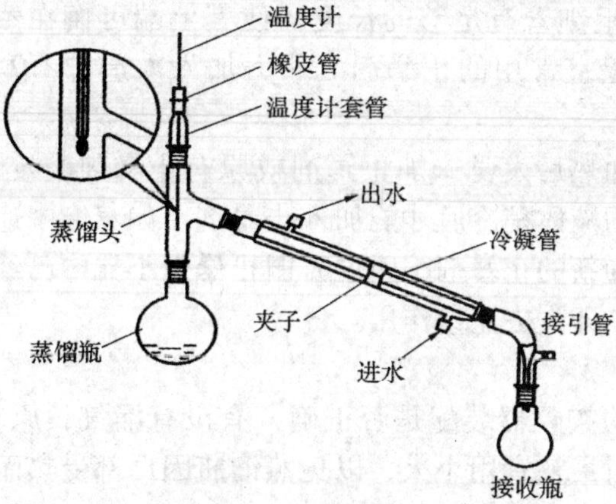

图 5-46　水冷凝普通蒸馏装置

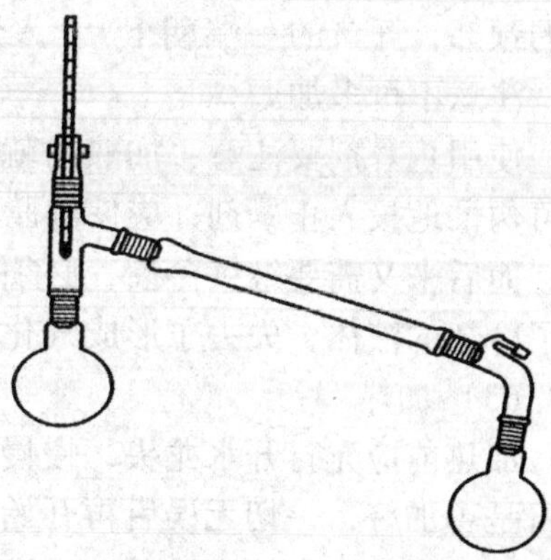

图 5-47　空气冷凝蒸馏装置

温度计最好使用比被蒸馏液体的沸点高出 10～20℃的，不宜高出太多，因温度计范围愈大，精确度愈差。接收瓶通常使用圆底烧瓶或三角烧瓶（锥形瓶），每次蒸馏至少要准备两个圆底烧瓶或三角烧瓶，一个接前馏分，一个接所需馏分（需提前干燥称重），瓶的大小可根据接收量选择。注意：禁止使用烧杯等大口的器皿接收馏出液。

3. 常压蒸馏装置的安装

蒸馏装置的安装顺序通常是：①在铁架台上放好加热器具如酒精灯、电热套或水浴锅等。如用酒精灯加热要根据酒精灯火焰高低安装铁圈（或三脚架），在铁圈上放上石棉网，然后用铁夹不紧、不松（太紧易使烧瓶破裂，太松易使装置不稳）垂直夹好圆底烧瓶颈部，且瓶底距离石棉网 1～2mm，不要触及石棉网；如用电热套加热瓶底距电热套底部也是 1～2mm，也不能触及电热套底部，防止局部过热；如用水浴锅（或油浴）时，瓶底应距水浴锅底 1cm 左右。②安装蒸馏头和温度计，磨口温度计可直接插入蒸馏头，普通温度计是借助于温度计套管固定在蒸馏头的上口处，温度计汞球上端应与蒸馏头侧管的下缘在同一水平线上，以保证蒸馏时汞球完全被蒸气所包围。③冷凝管和蒸馏头对接，并用铁夹将冷凝管的重心部位（约中下部）固定，调整铁夹使冷凝管与蒸馏头的支管在同一直线上，铁夹松紧以稍用力冷凝管能够转动为宜，冷凝管下口通过橡皮管接进水笼头，上口通过橡皮管引入下水道。④最后在冷凝管尾部通过接引管连接接收瓶，接引管与接收瓶之间不能密闭，否则可能导致爆炸。总之，安装仪器顺序一般总是自下而上、从左到右，要准确端正、横平竖直，无论从正面或是侧面观察，全套仪器的轴线都要在同一平面内。安装过程中还应注意：各个接口之间应紧密，不漏气，所有使用的铁夹都应垫有橡皮等软物质，且不要夹得太紧或太松，防止损坏仪器。

4. 常压蒸馏操作

（1）加料

任何实验都应先组装仪器后再加原料。取下温度计和温度计套管，在蒸馏头上口放一个长颈漏斗，注意长颈漏斗下口处的斜面应超过蒸馏头支管，慢慢地经漏斗加入待蒸馏的液体。

（2）加止暴剂

加止暴剂的目的是引入气化中心，保证沸腾平稳，防止“过热”和“暴沸”现象发生。止暴剂一般是表面疏松多孔、吸附有空气的物体，如素瓷片、沸石或玻璃沸石等。另外也可用几根一端封闭的毛细管引入气化中心（注意毛细管有足够的长度，使其上端可搁在蒸馏瓶的颈部，开口的一端朝下）。人造沸石是实验室常用的止暴剂之一，加入人造沸石2~3粒，注意不可多加。

使用止暴剂要注意：加热前就应加入。当加热后发觉未加止暴剂或原有止暴剂失效时，不可匆忙地投入止暴剂，应使沸腾或快要沸腾的液体稍冷后才能加入止暴剂。如蒸馏中途停止，而后来又需要继续蒸馏，必须在加热前补加新的止暴剂，因这时旧止暴剂小孔中已经吸附了冷却的液体，失去了形成气化中心的功能，即失去止暴作用。

（3）加热

加热前应先打开水龙头，慢慢通入冷水，检查仪器装配是否正确，有没有漏气，原料、沸石是否加好，一切无误后再开始加热。加热时最初宜用小火，以免蒸馏瓶因局部受热而破裂，慢慢增加火力使之沸腾，进行蒸馏。一旦液体沸腾，汞球部位出现液滴，开始控制热源，调节加热速度，使液体平稳沸腾，以蒸馏速度每秒1~2滴为宜，此时温度计的读数就是馏出液的沸点。

（4）馏分的收集

收集馏分时，应取下接收前馏分（在达到预期物质的沸点之前，先蒸出的液体）的容器，换一个经过称量干燥的容器来接收馏分，即产物。纯液态有机化合物在蒸馏过程中沸点范围很小，一般为0.5~1℃。维持原来的加热程度，当温度超过沸程范围（突然上升或下降时），停止收集，蒸馏结束。即使杂质很少，也不能蒸干，否则可能发生意外事故。

（5）仪器拆卸

蒸馏完毕后，应先停止加热，移去热源。稍冷后馏出液不再继续流出时，关掉冷却水，按安装仪器的相反顺序拆除仪器，先取下接收器、接引管，然后拆下冷凝管、温度计、蒸馏头和圆底烧瓶，并加以清洗，以备下次使用。注意温度计不应立即冲洗，否则汞球易炸裂。

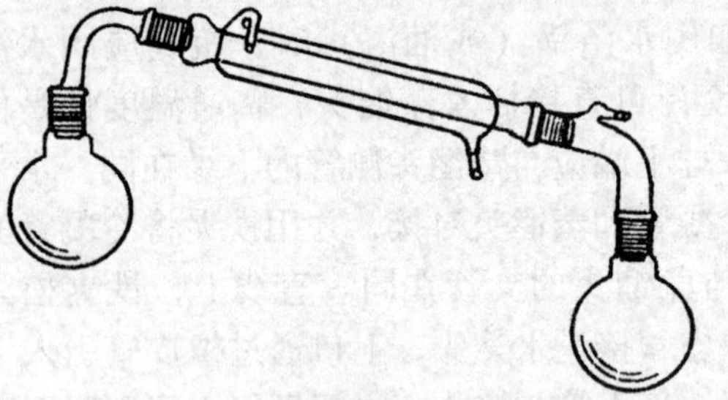

图5-48　低沸点液体蒸馏装置

5. 低沸点液体的蒸馏

低沸点液体（如乙醚）的蒸馏，使用蒸馏弯头能减少损失，如图5-48所示低沸点液体蒸馏装置。另外，在接引管侧口处接一橡皮管通入下水道，带走逸出的低沸点物，接收瓶也要用冰水浴冷却，减少损失。加热时，在预热好的热水浴上进行蒸馏（千万不能使用明火）。蒸馏过程中，如水浴温度降低，应添加热水，保证蒸出液始终以每秒1~2滴的速率蒸出。

5-10.2　减压蒸馏

减压蒸馏也是分离、提纯有机化合物的重要方法之一，它特别适用于那些在常压下蒸馏时未达到沸点温度就受热分解或氧化、聚合的物质。有时候也因为被蒸馏物质沸点太高，而考虑采用减压蒸馏。

1. 减压蒸馏原理

液体的沸点是指它的蒸气压等于外界大气压时的温度，所以液体沸腾的温度随外界压力的降低而降低。因而使用真空泵连接盛有液体的容器，使液体表面的压力降低，即可降低液体的沸点，这种在较低压力下进行蒸馏的操作称为减压蒸馏。许多有机化合物的沸点在压力降到 1.3～2.0kPa（10～15mmHg）时，可比其常压下沸点降低 80～100℃。

在减压蒸馏前，一般要查阅文献得知该化合物在所选择压力下相应的沸点，如果文献中缺乏此数据，可用下述规律进行大致推算，供实验参考。当蒸馏在 1333～1999Pa（10～15mmHg）下进行时，压力每相差 133.3Pa（1mmHg），沸点相差约 1℃；也可用压力－温度关系经验曲线图来查找。

表 5－8 列出了一些有机化合物在不同压力下的沸点，不同压力下的沸点要通过实验来确定。

表 5－8　一些有机化合物在常压和不同压力下的沸点　　℃

沸点 物质 / 压力/mmHg	水	氯苯	苯甲醛	水杨酸乙酯	甘油	蒽
760	100	132	179	234	290	354
50	38	54	95	139	204	225
30	30	43	84	127	192	207
25	26	39	79	124	188	201
20	22	34.5	75	119	182	194
15	17.5	29	69	113	175	186
10	11	22	62	105	167	175
5	1	10	50	95	156	159

2. 减压蒸馏装置

图 5－49 是常用的减压蒸馏装置，根据各部分的用途，可以将它们分为三个部分：蒸馏部分、减压部分、保护及测压部分。

（1）蒸馏部分

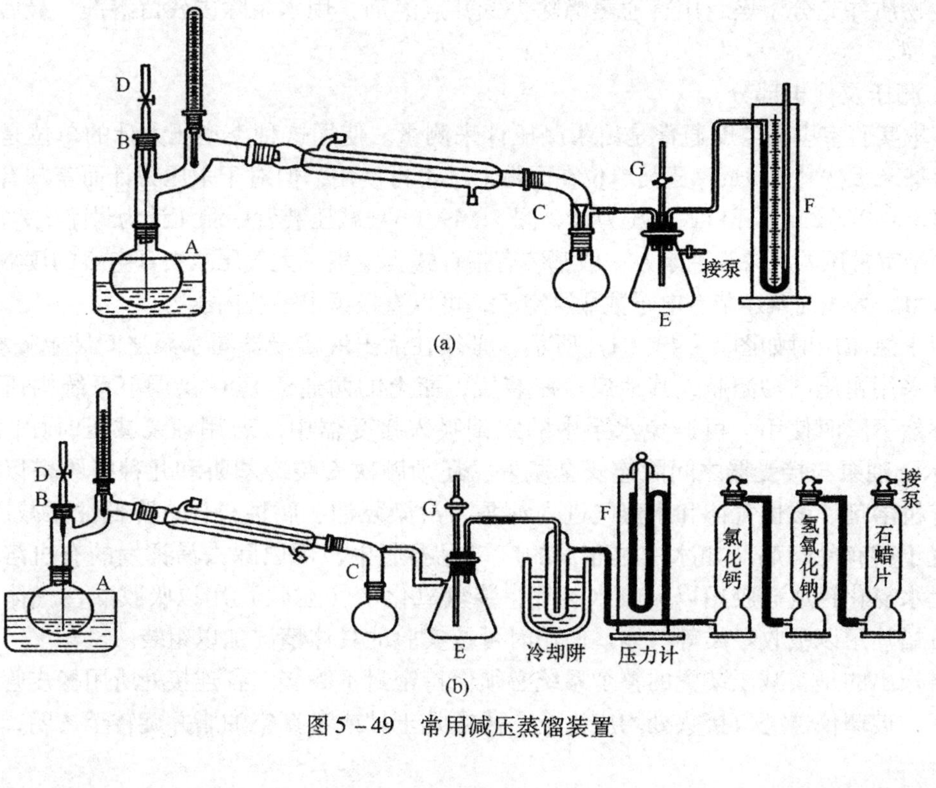

图 5－49　常用减压蒸馏装置

A 为减压蒸馏烧瓶也称克氏蒸馏烧瓶，它由普通圆底烧瓶和克氏蒸馏头组成，它有两个颈，某种程度上加长了蒸馏烧瓶的瓶颈，能防止减压蒸馏时瓶内液体由于暴沸而冲入冷凝管中。在带支管的瓶颈中插入温度计，如果是带磨口的温度计应直接插入，如果是普通温度计，通过橡胶塞固定，安装要求与常压蒸馏相同。另一瓶颈中插入一根毛细管 B（也称起泡管），毛细管可以是带磨口的玻璃管拉制的，亦可以是普通玻璃管拉制，通过一个单孔橡胶塞安装在克氏蒸馏头上，其长度为下端距瓶底约 1 ~ 2mm，安装时要小心，勿使毛细管折断。毛细管上端连一段带螺旋夹 D 的橡皮管，以调节进入的空气量，使有极少量的空气进入液体呈微小气泡冒出，产生液体沸腾的气化中心，使蒸馏平稳进行。有时候根据实验的需要毛细管也可用磁力搅拌器的磁子代替。

接受器 C 常用圆底烧瓶，切不可用平底烧瓶或锥形瓶（因不耐压，减压时易破裂）。接引管要用真空接引管（磨口仪器），若要收集不同的馏分而又不中断蒸馏，可用两叉或三叉接引管（又叫三叉燕尾管，见单元 3 磨口仪器），转动两叉或三叉接引管，就可使不同馏分收集到不同的接受器中。

根据减压时馏出液的沸点选用合适的热浴和冷凝管。一般使用热浴的温度比液体沸点高 20 ~ 30℃，为使加热温度均匀平稳，减压蒸馏中常选用水浴或油浴，如果蒸馏沸点较高的物质时，最好用石棉布包裹蒸馏瓶的两颈，以减少散热。冷凝管是根据被蒸馏液的减压沸点选择的，由于减压蒸馏时一般将馏出温度控制在 50 ~ 100℃之间，所以多用直形水冷凝管。

（2）减压部分

实验室通常用水泵或油泵进行抽气减压，应根据实验要求选用减压泵，真空度愈高，操作要求愈严。能用水泵减压蒸馏的物质则尽量使用水泵；油泵的效能主要取决于其机械结构和泵油的质量，蒸馏时如果有水蒸气、有机溶剂、酸性气体进入油泵，均会影响油泵正常工作或真空效能，甚至损坏油泵，因此使用时必须注意保护油泵。一般，减压蒸馏前，样品需除去酸性物质并充分干燥，用普通蒸馏除去低沸点溶剂，用水泵除去残留溶剂，最后再用油泵减压蒸馏。

（3）测压及保护部分

大多数实验室里真空度通常是由汞测压计来测量。使用这种类型压力计的单位是毫米汞柱。虽然毫米汞柱（mmHg）压强单位在国际上已不再使用，但对于汞压力计而言却有其方便之处。图 5 - 49（a）为开口式汞压力计，图 5 - 49（b）减压装置中测压计为封闭式汞测压计。目前，实验室常用的水泵和油泵，一般都装有指针式真空表，大气压减去真空表的读数，即为系统内压力。某些油泵还装有电子数显真空表，可以直接读出系统内压力。

使用水泵减压时如图 5 - 49（a）所示，必须在馏出液接受器与水泵之间装上安全瓶 E，安全瓶可采用耐压的抽滤瓶或其他广口瓶装置，瓶上的两通活塞 G 供调节系统内压力及防止水压骤然下降时使用，可避免水泵中的水倒吸入接受器中。若用油泵减压时如图 5 - 49（b）所示，油泵与接受器之间除连安全瓶外，还须顺次安装冷却阱和几种吸收塔以防止易挥发的有机溶剂、酸性气体和水蒸气进入油泵，污染泵油、腐蚀机体，降低油泵减压效能。冷却阱置于盛有冷却剂（如冰 - 盐等）的广口保温瓶中，用以除去易挥发的有机溶剂；吸收塔装无水氯化钙或硅胶用以吸收水蒸气；装氢氧化钠（粒状）用以吸收酸性气体和水蒸气；装石蜡片用以吸收烃类等气体。使用时可按实验的具体情况加以组装。

需要指出的是，减压装置的整个系统必须保持密封不漏气，各连接处所用橡皮管需用耐压橡皮管，玻璃仪器磨口接头处均应涂上一薄层凡士林或者真空油脂并旋转至透明，不可涂得太多，否则可能堵塞活塞孔或污染产品，太少又不严密，容易漏气。

3. 减压蒸馏的操作

因减压蒸馏要抽真空，装置外部的压力也很大，如果仪器有缺损或不耐压，有可能引起爆炸，为了防止意外事故发生，在减压蒸馏操作过程中，必须戴上护目镜，采取必要的防护措施。

①装置的安装：按照图 5－49 从热源开始逐件安装。圆底烧瓶的圆球部分至少应有 2/3 浸入热浴中。注意各磨口接头处均应涂真空油脂并旋转至透明，蒸馏部分的玻璃仪器中轴线应在同一平面内。

②检漏密封：夹紧毛细管上螺旋夹，打开安全瓶上活塞，接通电源，打开油泵，油泵开始运转后缓缓关闭安全瓶上活塞。抽气数分钟后慢慢打开压力计活塞，观察能否达到预期真空度，如不能，则说明严重漏气，可用螺丝夹夹紧尾接管与安全瓶之间橡皮管，再观察压力计读数。如能达到所需真空度，说明漏气处在蒸馏部分，应放开螺丝夹，逐个旋动各磨口接头处，观察对压力计读数有无影响，直至找到漏气部位。如夹紧尾接管后的橡皮管仍不能达到所需真空度，则说明漏气处在保护及测压部分，应逐步向后检查，直至找到漏气部位。然后打开安全瓶活塞，关闭减压泵，密封漏气处，再进行检查直到装置真空度达到要求为止。

③加料：用油泵减压蒸馏时，如被蒸液体事先已用水泵减压蒸馏除去低沸点的杂质，然后改接油泵后无需再加料，若必须加料，可拔去装毛细管的塞子（注意不要碰断毛细管），用三角漏斗加入。加料量不能超过圆底烧瓶容积的 1/2，加毕，重新装好毛细管。

④稳定工作压力：旋紧毛细管上螺旋夹，打开安全瓶上活塞，启动油泵。慢慢关闭安全瓶活塞，调整毛细管上螺旋夹，使毛细管下端有一连串的小气泡冒出为宜，再细心调节安全瓶活塞，使压力计读数稳定。

⑤加热：通冷却水后，开始缓慢加热。当开始有液体馏出时，调节加热强度，控制馏出速度为每秒钟约 1～2 滴。蒸馏过程中，应密切观察温度计和压力计的变化，当温度达到预期的减压沸点时，旋转双叉（或三叉）接液管，及时接收不同沸点的馏分。

⑥蒸馏完毕时，应先移去热源，待稍冷后，稍稍旋松螺旋夹，缓慢打开安全瓶上的活塞，解除真空，待系统内外压力平衡后方可关闭减压泵，取下接收瓶，拆除仪器。

减压蒸馏操作是化学实验中难度较大又很重要的基本技能，在操作时应注意：

①减压蒸馏装置中与减压系统连接的橡皮管应都用耐压橡皮管，否则在减压时会抽瘪而堵塞；②减压蒸馏最重要的是系统不能漏气，若漏气，对于磨口仪器来说可能是接头部分连接不紧密，或没有用油脂润滑好；③如果无气泡产生，可能是毛细管已经堵塞或断掉，应予以更换；④蒸馏完毕后一定要缓慢旋开安全瓶上的活塞，使压力计中的汞柱缓慢地恢复原状，否则，汞柱急速上升，有冲破压力计的危险；⑤蒸馏完毕后必须待内外压力平衡后才可以关闭油泵，否则油泵中的真空油会倒吸入干燥塔中。

4. 少量样品减压蒸馏装置

少量样品减压蒸馏装置，如图 5－50（a）所示。如果蒸馏的液体量不多而且沸点很高，或是低熔点固体，也可以不用冷凝管，将克氏蒸馏瓶的支管直接插入接收瓶的球形部分即可，如图 5－50（b）。

5. 旋转蒸发仪

旋转蒸发仪由电机、可旋转的蒸发瓶、冷凝器和收集瓶组成，如图 5－51 所示。此仪器在常压或减压下操作均可，可一次进料，也可分批吸入待蒸发液体。使用时，由电机带动蒸发瓶不断旋转，可免加沸石而不会暴沸，同时，料液旋转附于瓶壁，蒸发面积大大增加，加快了蒸发速率。因此，它是实验室浓缩溶液、回收溶剂的理想装置。

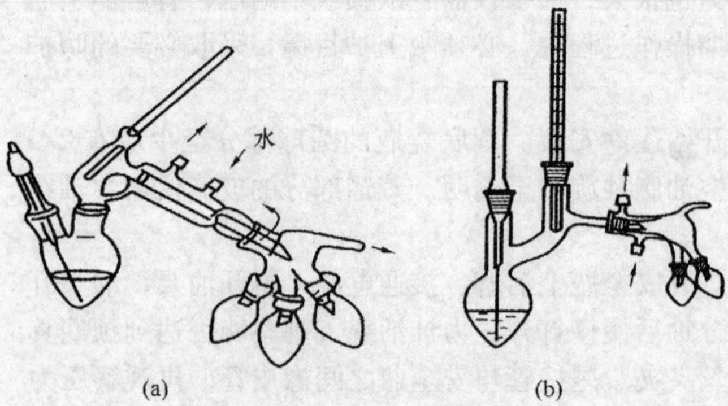

图 5－50　少量减压蒸馏装置

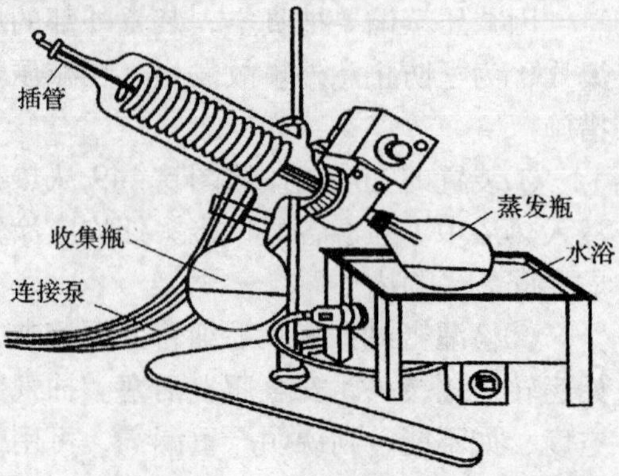

图 5－51　旋转蒸发仪

5－10.3　水蒸气蒸馏

1. 水蒸气蒸馏原理

许多不溶于水或微溶于水的有机化合物，无论是固体还是液体，只要在 100℃左右具有一定的蒸气压，即有一定的挥发性，若与水一起加热就能与水同时蒸馏出来，这种蒸馏方式称为水蒸气蒸馏。利用水蒸气蒸馏可把这些化合物同其他挥发性更低的物质分开而达到分离提纯的目的，也是从动植物中提取芳香油等天然产物最常用的方法之一。特别适用于分离那些在其沸点附近易分解的物质；适用于分离含有不挥发性杂质或大量树脂状杂质的物质；也适用于从较多固体反应混合物中分离被吸附的液体，其分离效果较常压蒸馏或重结晶好。

水蒸气蒸馏对分离提纯的有机化合物有以下几点要求：

①不溶或微溶于水，这是满足水蒸气蒸馏的先决条件；

②长时间与水共沸不发生化学反应；

③在 100℃左右，有一定的蒸气压，一般不小于 1.33kPa（10mmHg）。

水蒸气蒸馏的基本原理：互不混溶的挥发性物质的混合物，其中每一组分在一定温度时的分压等于在同一温度下纯化合物的蒸气压，而不取决于混合物中各化合物的摩尔分数，也就是说，混合物中每一组分是独立蒸发的。当不互溶的有机物与水一起加热时，整个系统的蒸气压应为各组分蒸气压之和，即：

$$p = p(H_2O) + p_A$$

式中，p 为总蒸气压，p（H_2O）为水蒸气压，p_A 为与水不互溶物质或难溶物质的蒸气压。当总蒸气压 p 与外界的压力相等时，液体就会沸腾，因此混合物的沸点低于任何一个组分的沸点。

图 5－52 是关于水（bp 100℃）和溴苯（bp 156℃）两个不互溶混合物以及两个化合物的混合蒸气压－温度关系图。图中虚线表示混合物应在 95℃左右沸腾，该温度的总蒸气压等于大气压。如上述原理指出，该沸点温度低于水的沸点，而

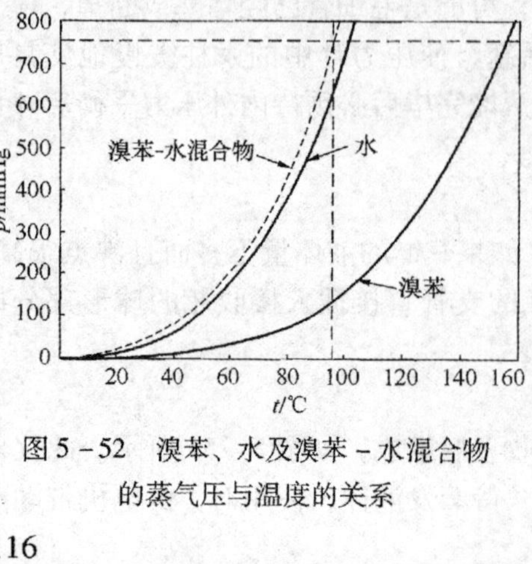

图 5－52　溴苯、水及溴苯－水混合物的蒸气压与温度的关系

在这个混合物中，水是最低沸点的组分，因此要在100℃或更低温度蒸馏化合物，水蒸气蒸馏是较为有效的方法。

尽管溴苯在蒸馏时的蒸气压很小，但由于溴苯的相对分子质量远远大于水的相对分子质量，所以按质量计算，在水蒸气蒸馏中溴苯要比水多，溴苯在馏出液中的组分中占到62%。鉴于通常有机化合物的相对分子质量比水大得多，所以即使有机化合物在100℃时蒸气压只有10mmHg（1.33kPa），用水蒸气蒸馏亦能获得良好效果。换句话说，即水蒸气蒸馏可以分离、提纯相对分子质量较高、蒸气压较低的化合物。

2. 水蒸气蒸馏的装置

水蒸气蒸馏装置由水蒸气发生器和简单蒸馏装置组成，如图5－53为常用水蒸气蒸馏装置。

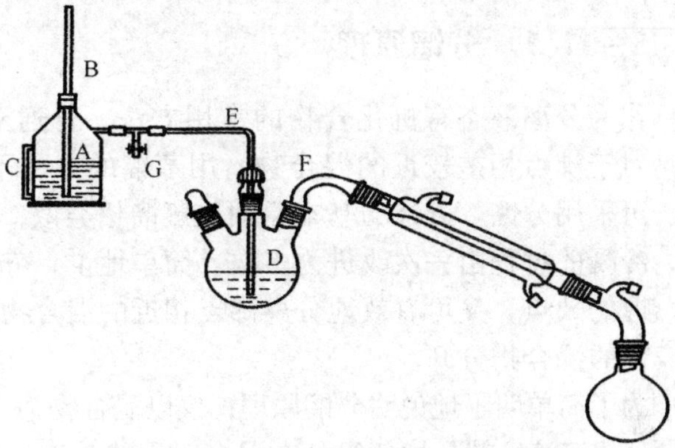

图5－53　常用水蒸气蒸馏装置

图中A为水蒸气发生器，常用金属制成（也可以用大短颈圆底烧瓶代替），旁边有水位显示玻璃管；B为安全管，是一根长1m、直径5mm的玻璃管，将此管插入发生器底部，距底部距离约1cm，如果体系内压力增大，水会沿玻璃管上升，起调节体系内部压力的作用，如果系统发生堵塞，水会从玻璃管上口喷出，这时应停止蒸馏，检查蒸馏系统是否畅通，防止危险发生。水蒸气出口管与T形管相连，T形管的支管套上一根橡皮管，用螺旋夹G夹住，可以调节蒸气量，放掉冷凝下来的水滴，当操作不当发生不正常的情况时，可打开螺旋夹，使水蒸气发生器和大气相通。T形管的另一端与蒸馏部分的导气管E相连，E管略粗些，其外径为1cm左右，以便蒸气能畅通地进入蒸馏烧瓶中，且不宜太长，否则水蒸气冷凝后会降低蒸馏瓶内温度，影响蒸馏效果。

蒸馏部分通常使用双颈蒸馏烧瓶或三颈蒸馏烧瓶D（一口用空心塞塞住），导出管直接用蒸馏弯头F代替即可，被蒸馏的液体体积不能超过其容积的1/3，最好斜放与桌面成45°，这样可以避免由于蒸馏时液体跳动十分剧烈而引起液体从导出管冲出，以致玷污馏出液。如使用单口的圆底烧瓶时，要配双孔软木塞，一孔插入水蒸气导入管，使它正对烧瓶底的中央，距瓶底约1cm，另一孔插入导出管，其末端和直形冷凝管相连。为了减少由于反复更换容器而引起产品的损失，常直接利用原来的反应器作蒸馏烧瓶。

3. 水蒸气蒸馏的操作

①在水蒸气发生瓶中，加入约占容器3/4容积的水。开始加热水蒸气发生器，使水沸腾，当有水蒸气从T形管下面喷出时，将螺旋夹拧紧，使水蒸气进入蒸馏系统。

②在蒸馏过程中，认真观察，若发现插入水蒸气发生器中的安全管的水面上升很高或喷出时，说明蒸馏系统内压力增高，可能系统内发生堵塞。应立刻打开螺旋夹，移走热源，停止蒸馏，检查系统，待故障排除后方可继续蒸馏。当蒸馏瓶内的压力大于水蒸气发生器内的压力时，将发生液体倒吸现象，此时，应打开螺旋夹或对蒸馏瓶进行保温，加快蒸馏速度。在蒸馏过程中，如由于水蒸气的冷凝或者水蒸气蒸馏速度不快而使蒸馏瓶D内液体增加，当超过烧瓶容积2/3时，可将蒸馏瓶D隔石棉网小火加热，但是要注意瓶内沸腾的剧烈程度（太剧烈，不应加热），控制蒸馏速度为每秒2～3滴，以免发生意外。

③当馏出液不再浑浊时，用表面皿取少量流出液，在日光或灯光下观察是否有油珠状物质，如果没有，可停止蒸馏。

④停止蒸馏时，一定先打开T形管上的螺旋夹，再停止加热，待稍冷却后，将水蒸气发生器与蒸馏系统断开，收集馏出物或残液（有时残液是产物），最后拆除仪器。

§5-11 分　馏

5-11.1 分馏原理

作为分离液态有机化合物的常用方法，普通蒸馏要求其组分的沸点至少要相差30℃，但是对于沸点相差较近的混合物，用蒸馏的方法不能将它们分开，若要获得良好的分离效果，可采用分馏。分馏的基本原理与蒸馏相类似，不同之处是在装置上多一个分馏柱，使汽化、冷凝的过程由一次改进为多次。简单地说，分馏即是多次蒸馏，但分馏既能克服多次普通蒸馏的缺点，又可有效地分离沸点相近的混合物。现在最精密的分馏设备已能将沸点相差1~2℃的混合物分开。

为了简单明了地说明分馏原理，仅以混合物为二组分的理想溶液的特定条件来进行讨论。所谓理想溶液，就是指各组分在混合时无热效应产生，体积没有变化，遵守拉乌尔定律的溶液，即溶液中每一组分的蒸气压等于此纯物质的蒸气压和它在溶液中摩尔分数的乘积。例如：由R和S组成的理想溶液，当$p_{R(气)}+p_{S(气)}=p_{外}$时，溶液开始沸腾。根据拉乌尔定律有：

$$p_R = p^\circ{}_R x_R, p_S = p^\circ{}_S x_S \qquad (5-1)$$

式中，p_R、p_S分别为理想溶液中R、S组分的分压，$p^\circ{}_R$、$p^\circ{}_S$分别为R、S纯物质的蒸气压，x_R、x_S分别为R、S在理想溶液中的摩尔分数。

根据Dalton分压定律，气相中每一组分的蒸气压和它的摩尔分数成正比。因此R、S在气相中的组分为：

$$x_{R(气)} = \frac{p_R}{p_R + p_S}, x_{S(气)} = \frac{p_S}{p_R + p_S} \qquad (5-2)$$

由式（5-1）和式（5-2）可以得到：

$$\frac{x_{R(气)}}{x_{S(气)}} = \frac{p_R}{p_S} = \frac{p^\circ{}_R x_R}{p^\circ{}_S x_S} \qquad (5-3)$$

如果R比S更容易挥发，即$p^\circ{}_R > p^\circ{}_S$，那么，$p^\circ{}_R / p^\circ{}_S > 1$，从式（5-3）可以得出：

$$\frac{x_{R(气)}}{x_{S(气)}} > \frac{x_R}{x_S}$$

即蒸气中易挥发组分的摩尔分子数比值大于与之平衡的液相中相应比值。由此可知，在任何温度下蒸气相中总比与之平衡的沸腾液相中有更多的易挥发组分，利用这一原理，沸点相近的液体化合物就可以借助分馏柱进行分离。

利用沸点组成曲线图，能更好地理解分馏的原理。图5-54即是大气压下的苯-甲苯溶液的沸点组成图，从图中可以看出，由苯20%和甲苯80%组成的液体（L_1）在102℃时沸腾，和此液相平衡的蒸气（V_1）组成约为苯40%和甲苯60%。若将此组成的蒸气冷凝成同组成的液体（L_2），则与此溶液成平衡的蒸气（V_2）组成约为苯60%和甲苯40%。显然如此继续重复，即可获得接近纯苯的气相。

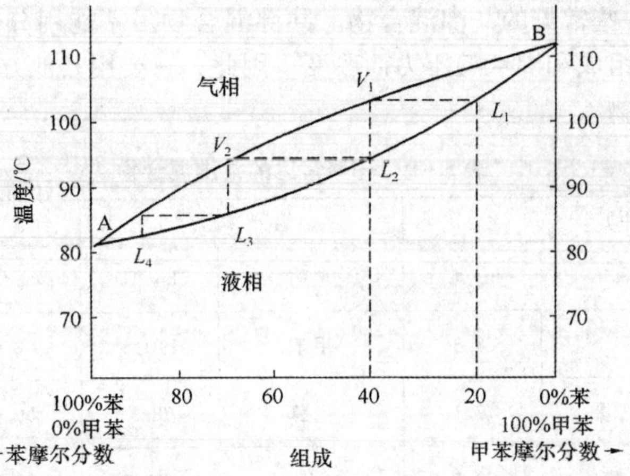

图 5－54　大气压下的苯－甲苯溶液的沸点－组成曲线

那么连续蒸馏过程是如何在分馏柱中实现的呢？当混合物蒸气进入分馏柱时，因为沸点较高的组分易被冷凝，所以冷凝液中就含有较多高沸点的物质，而蒸气中低沸点的成分就相对地增多。冷凝液向下流动时又与上升的蒸气接触，二者之间进行热量交换，即上升的蒸气中高沸点的物质被冷凝下来，低沸点的物质仍呈蒸气状上升；而在冷凝液中低沸点的物质则受热汽化，高沸点的仍呈液态。如此经多次反复的液相与气相的热交换，使得低沸点的物质不断上升，最后被蒸馏出来，高沸点的物质则不断流回加热的容器中，从而将沸点不同的物质分离。因此，在分馏时柱内不同高度的各段组分是不同的：相距越远，组分的差别就越大。也就是说，在柱的动态平衡情况下，沿着分馏柱存在着组分梯度，越接近柱顶沸点低的组分越多。

必须指出，在分馏过程中，有时可能得到与单纯化合物相似的混合物，它也具有固定的沸点和固定的组成，其气相和液相组成也完全相同，不能用分馏法进一步分离，这种混合物称为共沸混合物（或恒沸混合物），它的沸点称为共沸点（或恒沸点）。共沸混合物有两种情况：一种情况是在一定组成范围内，混合物的沸点比任何一个组分都低，这种共沸混合物叫最低共沸物，如图 5－55 所示。另一种情况是在一定组成范围内，混合物的沸点比任何一个组分都高，这种共沸混合物叫最高共沸物，如图 5－56 所示。

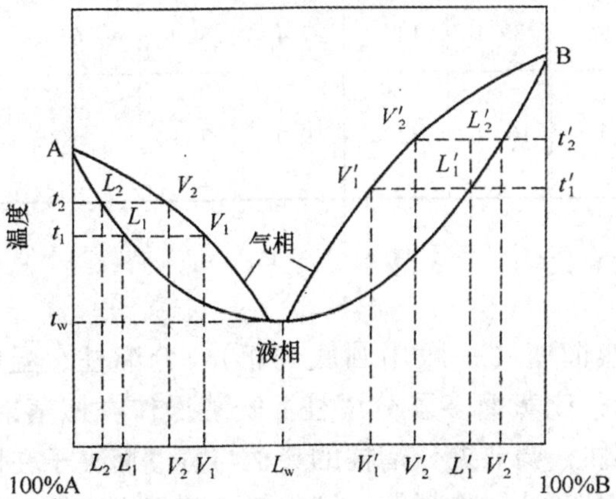

图 5－55　最低共沸混合物沸点－组成曲线

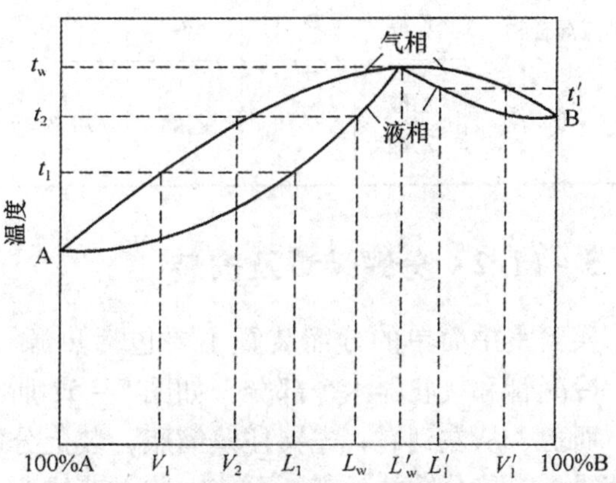

图 5－56　最高共沸混合物沸点－组成曲线

表5－9列出了一些常见的共沸混合物。共沸混合物虽不能用分馏法进行分离，但它毕竟不是化合物，它的组成和沸点随压力而改变，因此，只要用其他方法破坏了共沸物，再蒸馏也可得到纯净化合物。

表5－9　一些常见的共沸混合物

	组分（甲）		组分（乙）		共沸点混合物		
	名称	bp/℃	名称	bp/℃	$w_{甲}/\%$	$w_{乙}/\%$	bp/℃
二元最低共沸点混合物	乙醇	78.3	甲苯	110.5	68.0	32.0	76.7
	乙酸乙酯	77.1	乙醇	78.3	69.4	30.6	71.8
	叔丁醇	82.5	水	100.0	88.2	11.8	79.9
	苯	80.1	异丙醇	82.5	66.7	33.3	33.3
	苯	80.1	水	100.0	91.1	8.9	69.4
	乙酸乙酯	77.1	水	100.0	91.2	8.8	70.4
	水	100.0	乙醇	78.3	4.4	95.6	78.2
二元最高共沸点混合物	丙酮	56.4	氯仿	61.2	20.0	80.0	64.7
	甲酸	100.7	水	100.0	77.5	22.5	107.3
	甲酸	100.7	二乙基酮	102.2	33.0	67.0	105.4
	甲酸	100.7	甲基正丙基酮	102.3	32.0	68.0	105.3
	苯甲醇	205.2	间甲酚	202.2	61.0	39.0	207.1

	组分（甲）		组分（乙）		组分（丙）		共沸点混合物			
	名称	bp/℃	名称	bp/℃	名称	bp/℃	$w_{甲}/\%$	$w_{乙}/\%$	$w_{丙}/\%$	bp/℃
三元最低共沸点混合物	乙醇	78.3	水	100.0	苯	80.1	18.5	7.4	74.1	64.9
	乙酸乙酯	77.1	乙醇	78.3	水	100.0	83.2	9.0	7.8	70.3

5－11.2　分馏装置及安装

实验室中简单的分馏装置主要包括热源、蒸馏瓶（一般用圆底烧瓶）、分馏柱、温度计、冷凝管和接收器六个部分，如图5－57所示，比蒸馏多了分馏柱。安装操作类似蒸馏，自下而上、从左到右，先夹住蒸馏瓶，装上分馏柱，调节夹分馏柱的夹子与蒸馏瓶夹子在同一直线上，使分馏柱垂直，再依次装上蒸馏头、温度计、冷凝管、接收瓶，并用橡皮筋固定接引管，接收瓶底垫上用铁圈支撑的石棉网或铁架台等。

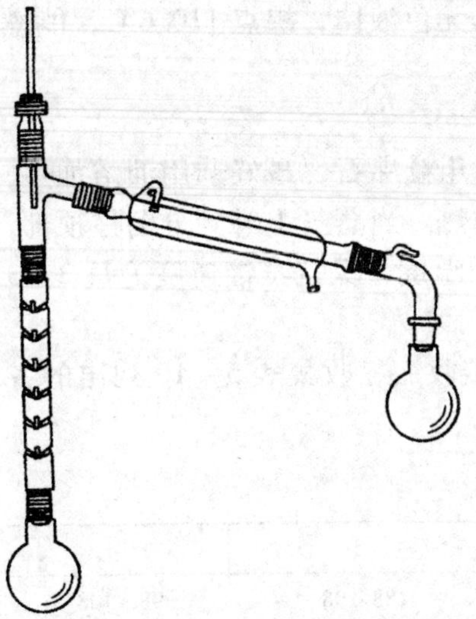

图 5－57　简单的分馏装置

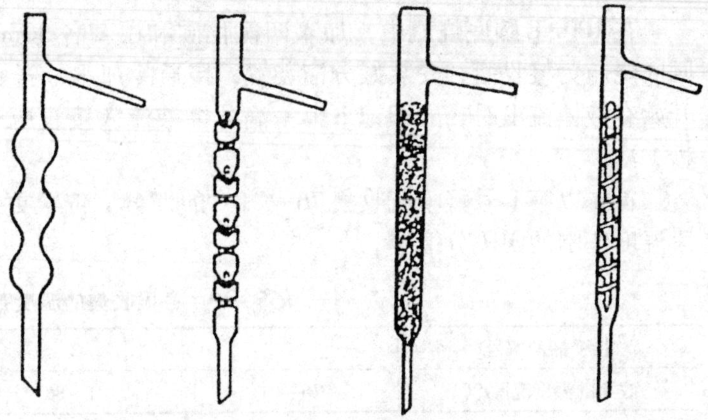

图 5－58　几种常用分馏柱

分馏柱是分馏装置的核心仪器，简单分馏所用分馏柱的种类较多，有机化学实验中常用的分馏柱如图 5－58 所示，有填充式分馏柱、刺形分馏柱（又称韦氏分馏柱）和球形分馏柱等。填充式分馏柱是在柱内填上各种惰性材料，其目的是要增大液相和气相接触的面积，提高分离效率。填料主要有玻璃珠、玻璃管、陶瓷或各种形状的金属片或金属丝，其效率较高，适合于分离一些沸点差距较小的化合物。刺形分馏柱结构简单，且较填充式粘附的液体少；缺点是比同样长度的填充柱分馏效率低，适合于分离少量且沸点差距较大的液体。如果分离沸点相距很近的液体化合物，则必须使用精密分馏装置。球形分馏柱一般用于反应中低沸点物质的分离，在分馏过程中其分离的效果最差。

5－11.3　分馏操作

简单的分馏操作与蒸馏基本相同，在圆底烧瓶中加入待分馏的混合物和沸石，安装好分馏装置，进行加热。但要特别注意控制温度，随时观察温度计显示的温度变化，分开收集不同温度区间的馏分。要达到良好的分馏效果必须注意以下几点：

①分馏一定要缓慢进行。当有馏出液滴出后，调节热源控制蒸馏速度为每 2～3 秒 1 滴，如果分馏速度太快，流出液纯度下降；但也不应太慢，否则上升的蒸气断断续续，流出温度有所波动。待低沸点组分蒸完后，再渐渐升高温度收集第二个组分。

②分馏过程中，控制蒸馏速度，使相当量的液体自分馏柱流回烧瓶中，防止“液泛”现象的发生。液泛是指有相当一部分冷凝液滞留在分馏柱中，被上升的蒸气冲入冷凝器中的现象，如有“液泛”现象发生，就达不到分馏的目的，一般可以通过调节热源和对柱保温防止“液泛”。实验过程中应尽量减少分馏柱的热量散失和波动。

③实验完毕时，应称量各段馏分或测量体积。

5－11.4　二次分馏操作

有些混合物经一次分馏还达不到要求，可把第一次分馏接收的各段，进行第二次分馏。以四氯化碳－甲苯混合物的分馏为例说明二次分馏。

四氯化碳为无色液体，沸点76.8℃，不能燃烧；甲苯为无色液体，沸点110.6℃，能燃烧。

（1）第一次分馏

在100mL圆底烧瓶中，加入四氯化碳和甲苯各30mL，几粒沸石，最好选用油浴加热，圆底烧瓶为接收瓶，安装好分馏装置，接通冷却水，开始加热。当蒸气上升到分馏柱顶部，开始有液体流出时，立即记下第一滴分馏液流入接收瓶中的温度，保持蒸馏速度为每2～3秒1滴。

首先以第1号接收瓶收集76～81℃的馏分，依次更换接收瓶，收集表5－10列出的各段温度范围的四段分馏液。

表5－10　各段收集的温度范围

接受瓶的编号	1	2	3	4
收集的温度范围/℃	76～81	81～88	88～98	98～108

当蒸气温度达到108℃时停止加热，使蒸馏烧瓶冷却，使分馏柱内的液体回流到瓶内后，将圆底烧瓶内的残液倾入第5号接收瓶里。分别量出并记录各接收瓶馏出液的体积（量准至0.1mL）并记录之。操作时应注意安全，在远离火源的地方进行。

为了分出较纯的组分，依照下面的方法进行第二次分馏。

（2）第二次分馏

先将1号接收瓶中的馏出液倒入空的圆底烧瓶内，在如前所述的装置中进行第二次分馏，仍用第1号接收瓶收集76～81℃馏出液。当温度升至81℃时，停止分馏，稍冷后，将第一次第2号接收瓶中馏出液，加入圆底烧瓶内残液中，继续加热分馏，把81℃以前的馏出液收集在第1号接收瓶中，而81～88℃的馏出液收集于原第2号接收瓶中，待温度上升到88℃时即终止加热。冷却后，将第一次第3号馏出液加入圆底烧瓶中，继续分馏。分别以第1号、第2号和第3号接收瓶收集76～81℃、81～88℃和88～98℃的馏出液，依次继续分馏第一次第4号接收瓶馏出液及第5号接收瓶残液，操作同上。至分馏第5号接收瓶的残液时，残留在烧瓶中的即为第二次分馏的第5部分馏分。

记录第二次分馏得到的各段馏出液的体积，如表5－11。

表5－11　四氯化碳和甲苯混合物分馏的馏分表

序号	温度/℃	各段馏出液体积/mL	
		第一次	第二次
1	76～81		
2	81～88		
3	88～98		
4	98～108		
5	残液		

做完实验并记录结果，把所有的馏出液均倒入指定的瓶中。

用观察到的温度作纵坐标，馏出液的体积作横坐标作图，得一分馏曲线。

注意：甲苯容易燃烧，将各段分馏液倒入圆底烧瓶中时必须先将火源熄灭，让圆底烧瓶冷却几分钟。否则，甲苯的蒸气遇到火源容易燃烧，造成事故。

§5－12　萃　取

萃取广泛用于有机化合物的分离和提纯。利用萃取可从固体或液体混合物中萃取出所需要的物质；也可用于除去产物中少量的杂质。通常称前者为“萃取”、“提取”或“抽取”，后者为“洗涤”，洗涤也是一种萃取。根据被萃取物质形态的不同，萃取又可分为从溶液中萃取（液－液萃取）和从固体中萃取（固－液萃取）两种萃取方法。从液体中萃取常用分液漏斗，分液漏斗的使用是萃取的基本操作。

5－12.1　液－液萃取

1. 液－液萃取的原理

液－液萃取利用有机化合物在两种不互溶（或微溶）的溶剂中的溶解度或分配比不同达到分离的目的。可以这样理解，有一种溶液是有机化合物 X 溶解于溶剂 A 形成的，假如要从这种溶液中将 X 萃取出来，可以选择另外一种对 X 溶解度好、而与溶剂 A 不互溶（或微溶）和不起化学反应的溶剂 B。将溶液和溶剂 B 在分液漏斗中混合、振荡、静置后，由于溶剂 A 和 B 不互溶，所以分为两层。此时 X 在 A、B 两相中的浓度比，在一定温度下为一常数，这个常数称为分配系数，用 K 表示，这种关系叫做分配定律，可以表示为：

$$K(\text{分配系数}) = \frac{c_A}{c_B}$$

c_A、c_B 表示一种物质在 A、B 两种互不相溶的溶剂中的物质的量浓度。依据分配定律，要节省溶剂而提高提取的效率，用一定量的溶剂一次加入溶液中萃取，不如把相同量的溶剂分成几份作多次萃取好，下面用算式来加以说明。

假设 V 为被萃取溶液的体积（可近似看做是溶剂 A 的体积，且多次萃取时溶剂 A 的损耗忽略），V_{Bn} 为第 n 次萃取时所用溶剂 B 的体积，m_0 为被萃取溶液中溶质 X 的质量，m_n 为第 n 次萃取后溶质 X 在溶剂 A 中的剩余量。

$$\text{一次萃取}\ K = \frac{\dfrac{m_1}{V}}{\dfrac{m_0 - m_1}{V_{B1}}},\text{整理后得}: m_1 = m_0\left(\frac{KV}{KV + V_{B1}}\right)$$

$$\text{二次萃取}\ K = \frac{\dfrac{m_2}{V}}{\dfrac{m_1 - m_2}{V_{B2}}},\text{整理后得}: m_2 = m_1\left(\frac{KV}{KV + V_{B2}}\right)$$

因为 $V_{B1} = V_{B2}$，将 $m_1 = m_0\left(\dfrac{KV}{KV + V_{B1}}\right)$ 代入上式可得：$m_2 = m_0\left(\dfrac{KV}{KV + V_{B1}}\right)^2$

$$n\ \text{次萃取}\quad m_n = m_0\left(\frac{KV}{KV + V_{B1}}\right)^n$$

当用一定量的溶剂萃取时，希望在溶剂中的剩余量越少越好。而上式 $KV/(KV + V_{B1})$ 总是小于 1，所以 n 越大，m_n 就越小。即将溶剂分成数份作多次萃取比用全部量的溶剂作一次萃取效果好，这一点非常重要，它是提高分离效率的有效手段。

一般从水溶液中萃取有机物时，选择合适萃取溶剂的原则是：要求溶剂在水中溶解度很小或几乎不溶；被萃取物在所选溶剂中要比在水中溶解度大；所选溶剂与水和被萃取物都不反应；萃取后溶剂易于和溶质分离，因此最好使用低沸点溶剂，萃取后溶剂可用常压蒸馏回收。此外，价格便宜、操作方便、毒性小、不易着火也应考虑。经常使用的萃取剂有：乙醚、苯、四氯化碳、氯仿、石油醚、二氯甲烷、二氯乙烷、正丁醇、乙酸酯等。

2. 分液漏斗的使用

分液漏斗除用于萃取外，还可用于代替滴液漏斗滴加试剂；分离两种互不相溶的液体；用水或酸或碱洗涤某种产品。分液漏斗的使用是化学实验的基本操作之一，使用分液漏斗的方法如下。

（1）用前检查

使用分液漏斗前应检查：分液漏斗的玻璃塞和旋塞有没有用皮筋固定；玻璃塞和旋塞是否紧密。如果有漏水现象，应取下旋塞，并将旋塞及其通道的内壁擦干净，将旋塞两端涂上一薄层凡士林，注意不能将旋塞的通道堵塞，然后小心插上旋塞，相同方向旋转至透明即可使用。涂抹凡士林后的分液漏斗不能放在烘箱里干燥。

（2）振荡

将已检查好的分液漏斗放在固定于铁架台上的铁圈中，关好旋塞，加入待萃取液和萃取剂或待分离的溶液，盖上上口玻璃塞。取下分液漏斗，先用右手食指的末节将漏斗上端的玻璃塞顶住，再用大拇指及食指和中指握住漏斗颈，左手握住旋塞部位，由拇指、食指按住旋塞炳，使振荡过程中玻璃塞和旋塞均夹紧，如图 5－59 所示。然后缓缓振荡分液漏斗，每隔几秒钟将分液漏斗上口向下倾斜，下部旋塞朝向斜上方（无人处），用拇指和食指慢慢旋开旋塞，以平衡内外的压力（也叫放气）。重复操作 2～3 次，然后再用力振荡约 2～3min，使互不相溶的两相液体充分接触，提高萃取率。

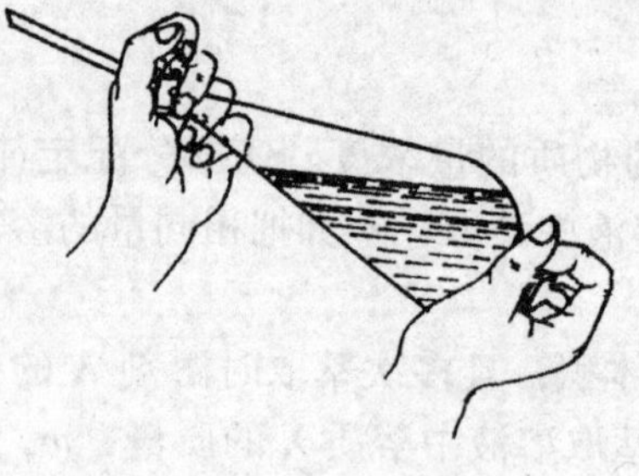

图 5－59　分液漏斗的振摇

注意：在振荡过程中应不断放气，以免萃取或洗涤时，内部压力过大，造成漏斗塞子被顶开，使液体喷出，严重时会引起漏斗爆炸，造成伤人事故。一般振荡 2～3 次就放一次气。

如果由于大力振荡以致溶液乳化，静置后难以分层。则应使液体集中在下面，用控制旋塞的拇指和食指打开旋塞放气，注意不要对着人。一般振荡 2～3 次后，改变操作方法，可用右手按住漏斗口端玻璃塞，左手挡住下端旋塞，平放漏斗，前后振荡数次，然后斜置漏斗使下端朝上，旋开活塞放出气体，静置。如果乳化严重，则需破乳，如水与有机溶剂部分互溶而发生乳化，可以加少量氯化钠，利用盐析作用进行破乳。

（3）静置分液

将分液漏斗重新放回铁环中，静置一段时间后，溶液分为两层，打开上端玻璃塞（如塞子上有小孔，把小孔对准漏斗上小孔即可）通大气，小心旋开下端旋塞，把下层液体从分液漏斗下口放出，放入三角烧瓶或烧杯内，如图 5－60 所示，直到液层界面刚刚进入旋塞孔，关闭旋塞。放下层液体时，速度不能太快，待下层液体流出后，关上旋塞，等待片刻，观察是否还分层，若有，再放出。上层液体必须从上口倒出。注意：分液时，不能用手拿住分液漏斗下端的玻璃支管；不能用手拿住分液漏斗进行分液。

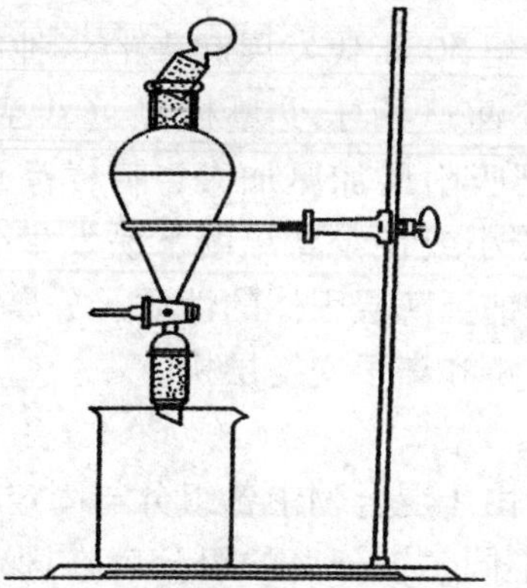

图 5－60　用分液漏斗分层

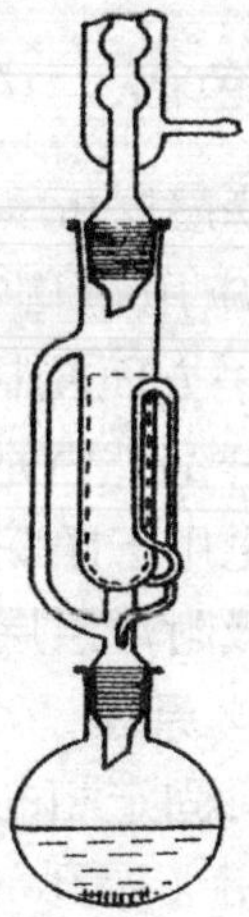

图 5－61　Soxhlet 提取器

5－12.2　固－液萃取

从固体混合物中萃取所需要的物质是利用固体物质在溶剂中的溶解度不同来达到分离、提取的目的。通常是用长期浸出法或采用 Soxhlet 提取器（又叫脂肪提取器）来提取物质，如图 5－61 所示。前者是用溶剂长期的浸润溶解而将固体物质中所需物质浸出来，然后用过滤或倾析的方法把萃取液和残留的固体分开，这种方法虽然简单，但效率不高，所需时间长，溶剂用量大，实验室不常采用。

Soxhlet 提取器是利用溶剂加热回流及虹吸原理，使固体物质每一次都能被纯的溶剂所萃取，因而效率较高并节约溶剂，但对受热易分解或变色的物质不宜采用。Soxhlet 提取器由三部分构成，上面是冷凝管，中部是带有虹吸管的提取管，下面是烧瓶。萃取前应先将固体物质研细，以增加液体浸溶的面积。然后将固体物质放入滤纸套内，置于提取器中部，内装物高度不得超过虹吸管。当溶剂加热沸腾时，蒸气就通过侧管上升，被冷凝管冷凝成液体，滴入提取管中，当液面超过虹吸管的最高处时，产生虹吸，萃取液自动流入烧瓶中，因而萃取出溶于溶剂的部分物质。如此循环多次，直到被萃取物质大部分富集于烧瓶中，然后用适当方法将萃取物质从溶液中分离出来。

§5－13　色　　谱

色谱法是 20 世纪由俄国科学家提出，并成功地用来分离植物色素。后来不仅用于分离有色物质，还用来分离无色物质，并出现了各种类型的色谱法。目前色谱法已是分离、纯化和鉴定化合物的重要方法之一，广泛应用于许多领域。

色谱法是一种物理分离方法，分离效果远比分馏、重结晶等方法要好。其分离的基本原理是利用混合物中各组分在某一种物质中的吸附或溶解性能的不同，或其他亲和作用性能的差异，使混合物的溶液流经该种物质，进行反复的吸附或分配等作用，从而将各组分分开。流动的混合物溶液称为流动相；固定的物质称为固定相（可以是固体或液体）。根据组分在固定相中作用原理不同，可以分为吸附色谱、分配色谱、离子交换色谱、凝胶色谱、亲和色谱、排阻色谱等；根据操作条件不同又可分为柱色谱、纸色谱、薄层色谱、气相色谱及高效液相色谱等。

5-13.1 薄层色谱

薄层色谱，又称薄层层析（TLC），是20世纪50年代发展起来的一种简便、微量、快速的分离分析技术，应用范围非常广泛，一方面适用于少量样品（少到几微克，甚至0.01μg）的分离；另一方面在制作薄层板时，把吸附层加厚加大，将样品点成一条线，则可分离多达500mg的样品。特别适用于挥发性较小或在较高温度下易发生变化而不能用气相色谱分析的物质，也用于跟踪反应进程。根据铺上薄层固体的性质、分离原理不同，薄层色谱可以分为三类：吸附薄层层析、分配薄层层析和离子交换层析。

1. 薄层色谱的基本原理

当流动相沿着含有固定相的支持物移动时，由于混合物中各组分与固定相之间的吸附力不同和各组分在流动相（展开剂）中的溶解度不同，被分离的组分就在固定相与流动相之间进行分配或吸附，经过反复多次的分配平衡或吸附平衡，与吸附剂吸附力小、在流动相中溶解度大的物质移动的较快；相反与吸附剂吸附力大、在流动相中溶解度小的物质移动的较慢，这样各个组分因移动速度不同产生移动距离不同而被分离。然后取出晾干、显色、测定斑点的位置。化合物移动的距离常用 R_f 值（比移值）即原点到斑点中心的距离（溶质移动的距离）与原点到溶剂前沿的距离（溶剂移动的距离）的比值，表示物质移动的相对距离，用式子表示为：

$$R_f = \frac{\text{溶质移动的距离}}{\text{溶剂移动的距离}}$$

在固定的条件下，R_f 对每一种化合物来说是一个特定常数。因此，在条件完全相同的情况下，R_f 值可以作为定性分析的依据，鉴定有机化合物。但由于影响 R_f 值的因素很多，如吸附剂的种类、性质，薄层的厚度、活度，展开剂的组成、纯度、挥发性，外界温度等，实验数据往往与文献记载不完全相同。为了获得相同的薄层色谱条件，通常把未知样与标准样点在同一块板上，进行对照比较。

吸附薄层层析化合物的吸附能力与其极性成正比，极性较大的化合物吸附能力较强，R_f 值较小；极性较小的化合物吸附能力较弱，R_f 值较大，利用化合物极性不同，可以将一些结构相近如顺反异构体分开。

2. 薄层板的制备和活化

（1）固定相或载体

固定相常用的吸附剂为硅胶和氧化铝，粒度一般为150~300目。

硅胶类常用的有：

硅胶G——最常用的薄层硅胶。含煅烧石膏10%~15%作黏合剂的层析用硅胶，因含黏合剂，增加了薄层的强度。

硅胶H——不含黏合剂和其他添加剂的层析用硅胶。

硅胶HF254——含荧光物质层析用硅胶，可用于254nm的紫外光下观察荧光。

硅胶GF254——含煅烧石膏又含荧光物质的层析用硅胶。

氧化铝类与硅胶相似，也因含黏合剂或荧光剂分为：氧化铝G、氧化铝GF254、氧化铝HF254。

其次有硅藻土、硅藻土G、微晶纤维素、微晶纤维素F254等。黏合剂除煅烧石膏外，还可用羧甲基纤维素钠、淀粉和聚乙烯醇等。

（2）薄层板

最常用的薄层板是玻璃板，除另有要求外，常用规格有：3cm×10cm，5cm×20cm，10cm×20cm 或 20cm×20cm，要求玻璃板光滑、平整，干净，洗净后不挂水珠，晾干后使用。使用时可根据样品量的多少、组分多少和展开方式来选择。此外硬质塑料膜也可以作载片。

（3）吸附剂的调制

1 份吸附剂如硅胶 G 或氧化铝 G，加 2～3 份水或 2～3 份 1% 羧甲基纤维素钠溶液用玻璃棒或药勺调匀，去除表面的气泡后，即可使用，制好的吸附剂要求黏度适当、均匀，不带团块。若调制的吸附剂太稠，薄层可能太厚，且流动性不好，不易铺均匀；若太稀虽易铺均匀，但可能使涂层太薄，因此需调整吸附剂的黏稠度。

（4）薄层板的制备

薄层板的铺法常用的有两种：倾注法和平铺法。

倾注法：将调好的吸附剂倒在清洁干燥的玻璃板上，用拇指和食指捏住玻璃板，在水平桌面上下、左右来回轻微振摇，使表面均匀平整，然后平放在实验平台上，室温下晾干。此法简便、快捷，适合少量薄层板的制作。

平铺法：这种方法使用商品或自制的薄层涂布器进行制板，如图 5－62 所示。将清洁干燥的数块玻璃板放在涂布器中间摆好，倒入调好的吸附剂，然后立即匀速、平稳地由左向右推动涂布器进行涂布，取下涂好的薄层板，平放在实验平台上，室温下晾干。此法可同时制备多块薄层板，适合于需求数量较大、要求较高的薄层板的制备。

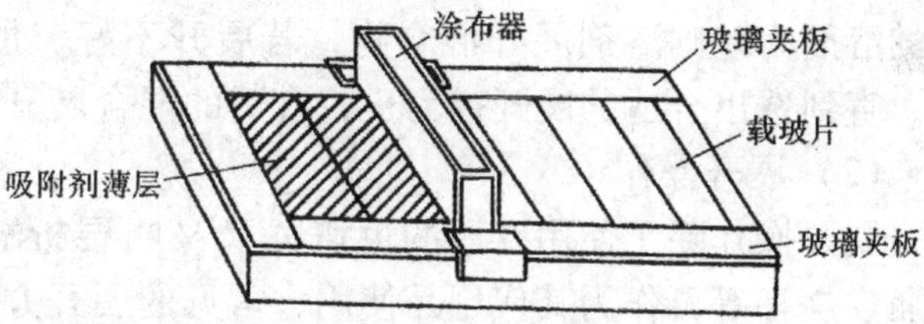

图 5－62　薄层涂布器

薄层板制备的好坏直接影响薄层色谱的效果。好的薄层板要求厚度在 0.25～0.5mm 之间，薄厚均匀，表面平整、均匀、光滑，不应有波纹、斑点、破损及污染。否则展开时展开剂前沿不齐，结果不准确，也不易重复。

（5）薄层板的活化

制好的薄层板放在室温下晾干后，需放在烘箱内加热活化，吸附剂不同，薄层板的活化温度也不同。一般情况下，硅胶薄层板在烘箱中逐渐升温，在 105～110℃ 烘 30min，氧化铝薄层板需在 150～160℃ 烘 4h，可得到活性Ⅲ～Ⅳ级的薄层板。活化好的薄层板放置于有干燥剂的干燥器中备用。

3. 点样

常用的点样工具是微量注射器或毛细管。在距薄层板一端约 1cm 处，轻轻的划一条线（注意不要损伤薄层）作为点样起始线，如图 5－63 所示，用管口平整的毛细管（内径小于 1mm）吸取少量样品溶液，垂直并轻轻地在起始线上小心点样，样点直径一般不超过 2mm，如果溶液太稀，一次点样往往不够，需重复点样。第二次点样需等第一次样点晾干后进行，每次点样都应在同一圆心上，以防样点过大，造成拖尾、扩散等现象，影响分离效果。点样次数依

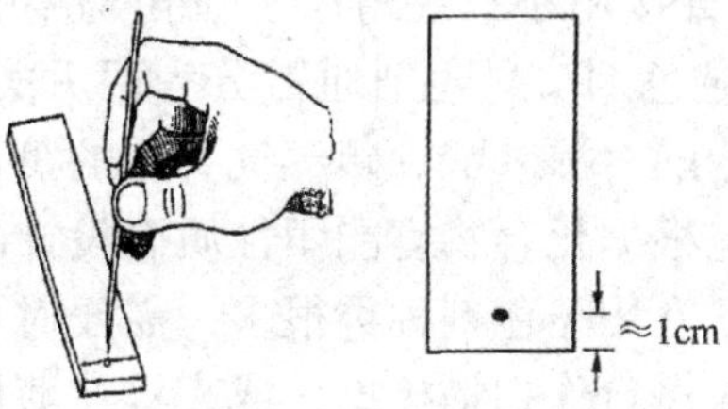

图 5－63　薄层色谱点样

样品溶液浓度而定，浓度大点样次数少，反之次数多，一般为2~5次。如果在同一块薄层板上多处点样，点样间距离应为1~1.5cm。点样质量直接影响薄层色谱的分离效果，切记样点直径不可过大。

样品溶液通常是以氯仿、丙酮、甲醇、乙醇、苯或四氯化碳等作溶剂，配成1%的溶液。

4. 展开

(1) 展开剂的选择

薄层色谱展开剂的选择，主要根据样品中各组分的极性、溶剂对样品中各组分溶解度和吸附剂的活性等因素来考虑。展开剂的极性越大，对化合物的洗脱力也越大，即 R_f 值越大，反之 R_f 值越小。薄层色谱使用的展开剂绝大多数是有机溶剂，常见的各种溶剂极性次序如下：

乙酸 > 吡啶 > 水 > 甲醇 > 乙醇 > 丙醇 > 丙酮 > 乙酸乙酯 > 乙醚 > 氯仿 > 二氯甲烷 > 苯 > 甲苯 > 二硫化碳 > 四氯化碳 > 环已烷 > 已烷或石油醚

选择展开剂时，除参照溶剂极性来选择外，更多地采用试验的方法，在一块薄层板上进行试验：①若所选展开剂使混合物中所有的组分点都移到了溶剂前沿，此溶剂的极性过强；②若所选展开剂几乎不能使混合物中的组分点移动，留在了原点上，此溶剂的极性太弱。

当一种溶剂不能很好地展开各组分时，常选择用混合溶剂作为展开剂。先用一种极性较小的溶剂为基础溶剂展开混合物，若展开不好，加入极性较大的溶剂，调整极性，再次试验，直到选出合适的展开剂为止，合适的混合展开剂常常需要多次仔细选择才能确定。

(2) 展开操作

展开操作除了使用专用的色谱缸（又叫层析缸）外，常见的玻璃标本缸、染色缸、广口瓶、烧杯等可作为其代用品使用，常见的展开方式有倾斜上升法、垂直上升法、、下行法、双向展开法等。这里介绍常用的倾斜上升法。

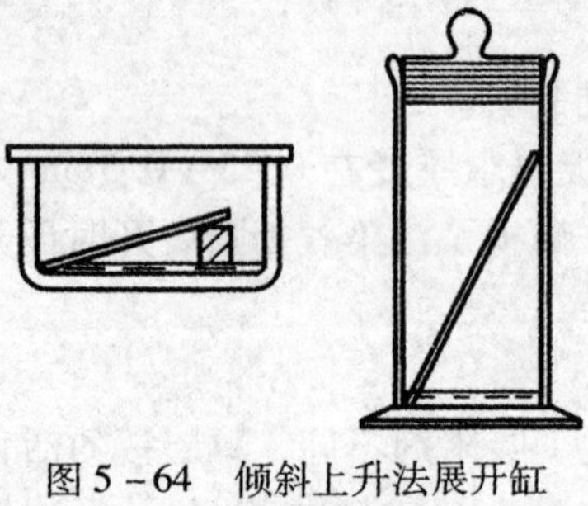

图5-64　倾斜上升法展开缸

在色谱缸中加入适量选好的展开剂，为使展开在展开剂饱和的氛围中进行，可在色谱缸壁上贴二条与缸一样高的滤纸条，一端浸入展开剂中，密封缸盖，放置一会，使系统达到平衡。再将点好样品的薄层板放入色谱缸中，薄层板最好倾斜约45°，浸入展开剂的深度为距薄层板底边0.5~1.0cm（切勿将样点浸入展开剂中），密封缸盖如图5-64所示，待展开剂前沿上升至薄层板顶端约1cm处时或混合物各组分已明显分开时，取出薄层板，用铅笔标出展开剂前沿的位置，晾干后即可显色。

5. 显色

显色是在混合物展开之后为了确定无色组分斑点所在位置而使用的方法，如果化合物本身有颜色，就可直接观察到它的颜色，就不用显色。显色有物理显色和化学显色两种方法。

物理显色是在紫外光照射下观察有无荧光斑点，若有直接用小针在薄层上画出斑点位置；若没有可用化学试剂进行化学显色，这些化学试剂叫显色剂。显色剂通常分为两大类：一类是检查一般有机化合物的通用显色剂，如浓硫酸、浓盐酸、浓磷酸、碘蒸气、碘的氯仿溶液、酸性高锰酸钾试剂、酸性重铬酸钾试剂等；另一类是根据化合物官能团性质而设计的专用显色剂，如茚三酮是常用的氨基酸和氨基糖的显色剂。专用显色剂种类很多，需要时可查阅有机分析化学手册。如果有条件可用薄层扫描仪对色谱斑点作扫描检出，或直接在薄层上对色谱斑点作扫描定量分析。

显色后测出斑点的位置，计算各组分的 R_f 值，对各组分进行鉴定。

注意：薄层色谱虽然简单，但每一步都非常重要，操作过程要严格按照操作规程进行。

5－13.2 纸色谱

纸色谱（又称纸上层析）是以滤纸作为载体的一种色谱方法，让样品溶液在滤纸上展开达到分离各组分的目的。主要用于多官能团或极性较大的化合物如羟基酸、氨基酸、蛋白质、糖类等化合物的分析分离，对亲水性强的化合物分离有广泛的应用，对亲脂性的物质则较少用纸色谱。它具有操作简单、试剂用量少、灵敏度高、便于保存等优点。

1. 纸色谱的原理

纸色谱的原理比较复杂，涉及到分配、吸附和离子交换等机理，但主要是分配过程。作为纸色谱的载体滤纸是由高纯度的纤维素制造的，纤维素是多羟基的高分子化合物，具有亲水性，它可以吸附20%～25%的水分，其中约6%～7%的水与纸纤维的羟基以氢键相连，极为牢固，这些水就构成了纸色谱的固定相（注意：滤纸是载体，不是固定相，滤纸上的水才是固定相），展开剂为流动相。样品溶液点在纸上，实际上是溶解在固定相水中的，作为展开剂的有机溶剂（提前被水饱和的有机溶剂）自下而上移动时，样品混合物中各组分在水－有机溶剂两相间不断进行多次溶解分配，由于各组分的分配系数不同，结果在流动相中具有较大溶解度的组分移动得较快，而在水中溶解度较大的组分移动速度较慢，这样不同组分的物质便达到了分离的目的。因此，纸色谱又称纸上分配色谱，属于分配色谱的一种。

纸色谱通常也用比移值 R_f 表示物质移动的相对距离，其计算方法同薄层色谱法。各种物质的 R_f 值随化合物的结构、滤纸的种类、溶剂、温度等条件的不同而异，但只要上述条件相同，R_f 值对于每种化合物都是一个特定的值，可以作为鉴定各组分的定性指标。实际上，同薄层色谱一样，由于影响 R_f 值的因素很多，实验结果与文献记载往往不完全相同，因此在测定时也要通过与标准样品对比，才能断定是否为同一种物质。纸色谱的缺点是展开所需的时间较长，操作不如薄层色谱方便。

2. 滤纸的选择与处理

一般来说，纸色谱用滤纸应符合以下几点要求：

①滤纸应薄厚均匀、平整、无折痕、无污点，保证展开速度均一。

②滤纸应有一定的强度、适宜的松紧度，太疏松样点容易扩散，太紧密展开速度太慢。

③滤纸应能吸附一定量的水，但不应含有水或有机溶剂可溶的杂质，即纯度高、杂质少。普通纸色谱实验对滤纸要求并不苛刻，实验室常用的滤纸即可满足要求，通常用新华1号或2号滤纸。如果需要加大点样量，可选择较厚的新华5号滤纸。新华牌层析用滤纸的型号和性能见表5－12。

表5－12 层析用滤纸的型号和性能

型号	标重/（g/m^2）	厚度/mm	吸水性（30min 内水上升的高度）/mm	灰分	性能
1	90	0.17	150～120	0.08	快速
2	90	0.16	120～91	0.08	中速
3	90	0.15	90～60	0.08	慢速
4	180	0.34	151～121	0.08	快速
5	180	0.32	120～90	0.08	中速
6	180	0.32	90～60	0.08	慢速

在要求严格或分离某些特殊化合物时，需将滤纸作特殊处理，如分离酸、碱性物质时为保持恒定的酸碱度，可将滤纸浸于一定的 pH 缓冲溶液中预处理后再使用。

滤纸规格，可以根据需要自行选择，一般为 3cm × 20cm、5cm × 30cm、8cm × 50cm 等。在裁剪滤纸时，应顺着纤维排列的方向，裁剪整齐，且不能污染滤纸，尤其注意手指不能与滤纸的层析部分接触，否则会显出指印，影响样品斑点观察。

3. 流动相（展开剂）和固定相的选择

纸色谱中流动相和固定相的选择，要根据分离物质的性质、极性，按照相似相溶原理来进行。很少用单一溶剂作为展开剂，多用极性的混合溶剂。对极性化合物来说，增加展开剂中极性溶剂的比例，可以增大比移值；增加展开剂中非极性溶剂的比例，可以减小比移值。此外，还应考虑到分离物质在两相中有恒定的分配比，最好不随温度而改变，易达到分配平衡。

对于分离易溶于水的化合物，如氨基酸和糖类，多采用吸附在滤纸上的水为固定相，能与水混溶的有机溶剂作为流动相。水为固定相，又为展开剂的一个组分，因此在操作时展开剂通常先用水饱和，使溶剂在滤纸上移动时，有充足的水分供给滤纸吸附。如纸色谱中常用的展开剂丁醇 - 水，是指用水饱和的丁醇，有时也加入一定比例的甲醇、乙醇，增加水在正丁醇中的溶解度，加大展开剂的极性，有利于极性化合物的展开。再如体积比为 5∶4∶1 的水 - 正丁醇 - 乙酸展开剂，就是按比例用量把它们放在分液漏斗中，充分振荡混合、放置、分层后，取上层正丁醇溶液作为展开剂。

对于分离难溶于水的极性化合物，应选择非水极性溶剂作为固定相，如甲酰胺、*N*，*N*-二甲基甲酰胺浸渍滤纸作固定相，以不能与固定相混溶的非极性溶剂作展开剂，如环己烷、苯、甲苯、四氯化碳、氯仿等为展开剂的主要组分。

对于不溶于水的非极性化合物，应以非极性溶剂为固定相，如液体石蜡，以极性溶剂作流动相，如含水乙醇、含水乙酸等。

总之，根据需要选择合适的展开剂和固定相，可以获得较理想的 R_f 值。

4. 点样

纸色谱点样方法与薄层色谱类似。用铅笔在滤纸一端 2 ~ 3cm 处轻轻画一平行线，然后用直尺从中间作一对折，在中间对折处剪一小孔作悬挂滤纸用，如图 5 - 65 所示。

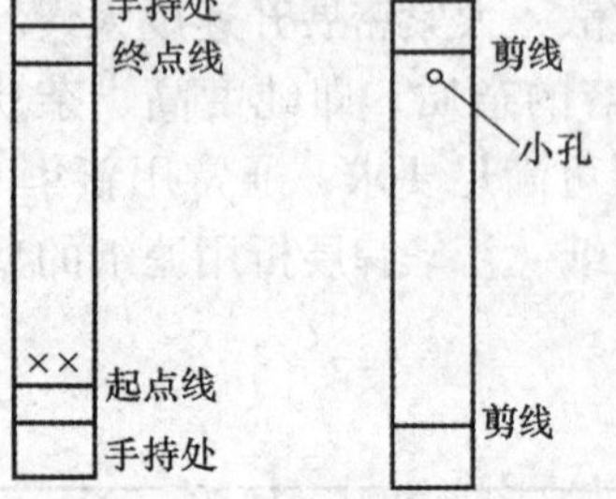

图 5 - 65　滤纸点样及剪线

若试样为液体，一般可直接点样；若试样为固体，应溶于适当的溶剂中，最好用与展开剂极性相近的溶剂，尽量避免用水，因水溶液斑点易扩散，并且水不易挥发除去，一般用丙酮、乙醇、氯仿等。

用内径小于 0.5mm 的毛细管或微量注射器吸取试样，轻轻接触滤纸，控制样点直径小于 3mm，如果同一张滤纸上点两个或两个以上样点，样点间距离约为 1cm，一根毛细管只能用于一种物质的点样，待样点晾干后，剪去纸条上下手持的部分。必须注意：整个过程手指不能接触到滤纸中部，以免弄脏滤纸，展开时出现错误斑点。

5. 展开

纸色谱展开需在密闭的层析缸中进行。按展开方式，纸色谱又分为上行法、下行法、双向展开法。

上行法：装置简单，如图 5 - 66 所示，也可以用配有带钩塞子的大试管、量筒、锥形瓶代替，操作方便，是最常用的方法。首先在层析缸中加入少量选择好的展开剂，放置片刻，使缸内空间为展开剂所饱和，再将点好样的滤纸垂直挂在层析缸中，使有样品一端轻轻浸入展开剂中，但不可浸及样点，即试样的原点应在液面之上。由于毛细作用，展开剂沿滤纸条慢慢上升，观察展开情况，当溶剂前沿上升到离滤纸顶端约 1cm 处时，取出滤纸，并立即用铅笔记下展开剂前沿位置，晾干。

下行法：与上行法操作相反，滤纸样点朝上，挂在层析缸上端，与盛液槽相连，如图 5－67所示。展开剂自上而下通过滤纸，由于毛细和重力的双重作用，下行法展开的速度比上行法要快。

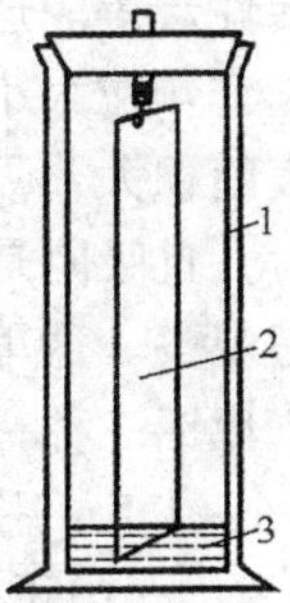

图 5－66　上行法装置

1—色谱缸；2—滤纸条；3—展开剂

图 5－67　下行法装置

双向展开法：先将试样在一个方向用一种展开剂展开，取出晾干后，更换另一种展开剂在相反方向进行第二次展开称为双向展开。此法适用于组分复杂、难于分离的样品。

6. 显色

纸色谱的显色与薄层色谱相似。常先在日光下观察，画出有色物质的斑点位置，然后在紫外灯下观察有无荧光斑点，并记录其颜色、位置及强弱，最后利用物质的特性反应喷洒适当的化学显色剂，如氨基酸、蛋白质用茚三酮溶液显色，糖类用银氨溶液显色等。显色剂用量以基本打湿滤纸为宜，然后吹干或烘干，观察斑点位置。注意：纸色谱不能用浓硫酸、浓硝酸等显色，最后测量点样（原点）点到溶剂前沿及各斑点中心位置的距离，计算 R_f 值。

5－13.3　柱色谱

柱色谱也是分离、提纯有机化合物的常用方法，与薄层色谱不同的是可以分离量比较大的化合物。常用的柱色谱有吸附柱色谱和分配柱色谱，这里主要介绍吸附柱色谱。

1. 吸附柱色谱的原理

吸附柱色谱一般是在一根玻璃柱中装入固定相吸附剂，液体样品从柱顶倒入，被吸附在柱的顶端，再用流动相洗脱剂（相当于薄层色谱的展开剂）流经样品。与薄层色谱一样，由于固定相对混合物各组分吸附能力不一样，混合物各组分在吸附剂和洗脱剂之间重新分配，反复进行吸附解吸，以不同速度沿柱向下移动，形成色带，最终混合物各组分按顺序从柱下端流出，用不同容器收集，达到分离、提纯的目的。

一般化合物在吸附剂上吸附能力越强，在洗脱剂中就溶解越少，沿柱向下移动的速度就越慢。化合物的吸附能力与分子极性有关，分子极性越强，其吸附能力就越大，这样化合物分子中所含极性基团越多，吸附能力就越强。含有下列极性基团的化合物，吸附能力排列如下：

$$—COOH > —OH > —NH_2 > —SH > —CHO > \;\rangle C{=}O > —CO_2R$$

$$> —OCH_3 > \;\rangle C{=}C\langle\; > —Cl,\ —Br,\ —I$$

根据分离混合物各组分的结构和性质，选择合适的吸附剂和洗脱剂是柱色谱分离效果好坏的关键。

2. 吸附剂的选择

常用的吸附剂有氧化铝、硅胶、氧化镁、碳酸钙和活性炭等。选择适宜的吸附剂应满足以下条件：①与混合物各组分和洗脱剂不发生化学反应；②颗粒大小均匀适中，颗粒太大太粗，洗脱剂流速太快，分离效果不好；颗粒太小太细，表面积大，吸附能力相对较高，但流速太慢，效率不高；③对混合物各组分有不同的吸附能力，且吸附是可逆的，有足够的吸附力，同时又能够解吸；④价格便宜，容易得到且无色，易观察。这里介绍最常用的氧化铝。

柱色谱吸附剂用的氧化铝可分为酸性、中性和碱性氧化铝三种，粒度多为100～200目。酸性氧化铝是用1%盐酸浸泡后，用蒸馏水洗至pH值为4～4.5，用于酸性物质的分离，如有机酸、酸性氨基酸等的分离；中性氧化铝pH值为7～7.5，用于分离中性物质，应用最广，如醛、酮、酯、内酯、醌等有机化合物的分离；碱性氧化铝pH值为9～10，用于碱性物质的分离，如胺、生物碱等的分离。

吸附剂的吸附能力称为活性。吸附剂的活性与含水量有关，含水量越低，活性越强，但大多数吸附剂都能强烈地吸水，使吸附剂活性降低，通常用加热的方法使吸附剂活化。氧化铝的活性分为五级，见表5－13，数字越大，含水量越高，活性越小。一般将氧化铝在高温350～400℃下烘3h，得到无水氧化铝，加入不同量的水，得到不同级别的活性氧化铝，常用的为Ⅱ～Ⅲ级。

表5－13　氧化铝的活性与含水量的关系

活　性	Ⅰ	Ⅱ	Ⅲ	Ⅳ	Ⅴ
含水量/%	0	3	6	10	15

3. 洗脱剂的选择

洗脱剂的选择通常要考虑被分离的混合物各组分的极性、溶解度和吸附剂的活性等因素。一般应符合下列条件：①洗脱剂与样品和吸附剂不发生化学反应；②对混合物样品各组分的溶解度有较大差别；③沸点不宜太高，黏度小，易流动且杂质含量一定要低。根据相似相溶原理，极性化合物用极性洗脱剂洗脱，非极性化合物用非极性洗脱剂洗脱效果较好。但对于复杂组分的样品，首先将分离样品溶于非极性溶剂中，使用极性小的洗脱剂，使最易解吸的组分分离，然后加入极性较大的洗脱剂洗脱吸附能力较强的物质；也可以使用混合溶剂，用不同比例的非极性和极性溶剂配成洗脱剂，依次将混合物各组分洗脱下来。常用洗脱剂及其极性大小见薄层色谱实验。

值得指出的是要找到最佳的柱色谱分离条件往往不容易，为了减少样品损失，节省溶剂，可以参考先用薄层色谱摸索出的分离条件，再进行柱色谱分离。

4. 装柱

色谱柱的装置如图5－68所示，色谱柱的大小规格由分离样品的量和吸附、解吸难易来决定，一般柱的直径1～10cm，长度为直径的10～20倍。柱中所装吸附剂的用量，一般为被分离样品量的 30～50 倍，若分离的样品中各组分性质比较相近，则吸附剂的用量会更大些，甚至可增大至 100 倍。另外酸式滴定管也可以当色谱柱使用。

装柱前应将色谱柱洗净、晾干，垂直固定在铁架台上，关闭活塞。如果柱子底部有筛板就可直接装入氧化铝；如果底部没有筛板，取一小团玻璃毛或脱脂棉，用一长玻璃棒送到柱底，轻轻塞紧，再铺一层约 0.5cm 厚的干净细砂，并轻轻敲打柱管，使砂面平整，然后才能装入氧化铝。常用的装柱方法有干法和湿法两种，柱装得好坏，直接影响到分离效果。

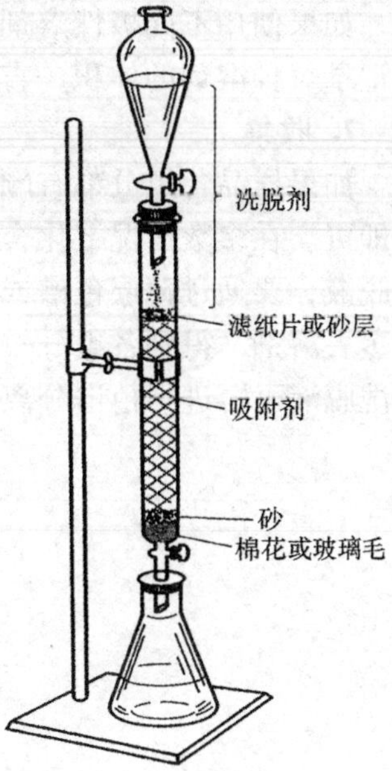

图 5－68　色谱柱的装置

干法装柱：在柱管顶端放一个玻璃漏斗，吸附剂氧化铝经漏斗均匀地成一细流慢慢装入柱内，中间不应间断，同时用吸耳球或套在玻璃棒上的橡皮塞轻轻敲打柱子，使柱装填得尽可能均匀，适当的紧密，然后加入溶剂，使氧化铝全部润湿，氧化铝的高度约为柱管长的 3/4，敲打柱子直到氧化铝不再下沉为止。再在上面加一层约 0.5cm 厚的干净细砂，继续敲打柱子，使氧化铝顶端和砂子上层保持水平，此法装柱的缺点是容易使柱中混有气泡。

湿法装柱：与干法类似，所不同的是，装柱前先将洗脱剂和一定量的吸附剂氧化铝调成糊状，慢慢倒入柱中，应尽可能连续均匀地一次完成。此时，应将柱子的下端活塞打开，使溶剂慢慢流出（流速约为 1 滴/s），氧化铝渐渐沉于柱底，加完氧化铝后，继续让溶剂流出至氧化铝沉淀不变为止，同样再在上面加一层约 0.5cm 厚的干净细砂。注意操作过程中，为使色谱柱均一，洗脱剂液面不能低于氧化铝和砂子的上层，否则洗脱剂流干时，会使柱身干裂，影响分离色带的均一性。

无论采用哪种方法装柱，装好的色谱柱应是填充均匀、适当紧密，都不能使柱中有裂缝或气泡。

5. 装样

若样品为液体，一般可直接加样。若样品为固体，则需将样品溶解在一定量的溶剂中，溶剂的极性不但要比样品的极性小一些（溶剂极性如果大于样品的极性，则样品不易被吸附剂吸附），而且溶剂对样品的溶解度不能太大，也不能太小（若溶解度太大，易影响吸附；若溶解度太小，溶液体积增加，易使色谱分散）。

将溶剂液面降至砂子平面时，关闭活塞，沿管壁小心加入已配好的样品溶液，勿搅动表面，样品溶液加完后，用少量溶剂把粘附在管壁上的样品溶液洗净，打开活塞，使液体渐渐流出，至溶剂液面刚好与砂子表面相齐，此时样品溶液集中在柱顶端的小范围区带，关闭活塞。

6. 洗脱

在装好样品的色谱柱上端装上滴液漏斗，加入选好的洗脱剂，直到洗脱剂液面较高为止，打开活塞，控制流出速度 1 滴/s（流速不应太快，否则柱中交换来不及达到平衡，因而影响分离效果；太慢，会延长整个操作时间），即开始洗脱。在洗脱过程中要注意：①应随时添加洗脱剂，并保持液面有一定的高度，使其产生足够的压力提供平稳的流速；②切勿使液面高度低于砂子平面，一旦流干后再加洗脱剂，易使柱中产生气泡和裂缝，影响分离。

如果使用不同极性溶剂分段洗涤，首先应从极性最小的洗脱剂开始，再依次增加极性，并记录每种溶剂的体积，直到最后一个成分流出。

7. 收集

如果样品各组分都有颜色，在柱上分离的情况可直接观察出来，按色带分别收集各个组分即可。在多数情况下化合物无颜色，一般采用分等份多份收集，每份收集量要小，对每份洗脱液，要通过薄层色谱或纸色谱作定性检查。根据检查结果，可将组分相同的洗脱液合并后蒸去溶剂，得到各组分较纯的样品，待作进一步的结构分析。对于有两种或两种以上组分的洗脱液可再进行色谱分离。目前，较先进的方法是采用分步接收瓶自动控制接收。

单元6　测量仪器

§6-1　称量仪器

称量仪器指利用作用在物体上的重力以平衡原理测定物体质量或确定作为质量函数的其他量值、参数或特性的仪器。

6-1.1　天平

天平是化学实验室最常用的称量仪器。称量的准确度直接影响实验结果的准确度，因此，了解天平的种类、结构，熟练掌握天平的原理和正确的称量方法，是做好化学实验的基本保证。

1. 天平的分类

（1）按结构原理分类

按结构原理分，天平可分为机械天平和电子天平两大类。

机械天平根据杠杆原理设计而成，按结构特点可分为等臂和不等臂两类。等臂和不等臂的又可分为等臂单盘天平、等臂双盘天平及不等臂单盘天平。单盘天平一般均具有光学读数、机械加减码和阻尼等装置。双盘天平带有普通标牌，有阻尼器和无阻尼器之分。在具有普通标牌的天平中，无阻尼器的天平称为摆幅天平（或摇摆天平或摆动天平等），有阻尼器的称为阻尼天平。具有微分标牌的天平，一般均有阻尼器和光学读数装置，亦称电光天平。电光天平按其加码器加码范围，可分为部分机械加码天平和全量机械加码天平，即双盘电光天平中最常用的半自动电光天平和全自动电光天平。

由于双盘天平存在不等臂性误差，已逐渐被不等臂单盘电光天平所代替。不等臂单盘电光天平采用全量机械加码，操作简便。

（2）按相对精度分类

《中华人民共和国国家计量检定规程》（JJG 1036—2008）电子天平检定规程规定：按其检定标尺分度值 e 和标尺分度数 n，划分为四个准确度级别：特种准确度级别、高准确度级别、中准确度级别和普通准确度级别天平，如表6-1所示。

表6-1　天平准确度级别与 e、n 的关系

准确度级别	检定分度值 e	检定分度数 $n=max/e$		最小称量
		最　小	最　大	
特种准确度级Ⅰ	$1\mu g \le e \le 1mg$	可小于 5×10^4	不限制	$100e$
	$1mg \le e$	5×10^4		
高准确度级Ⅱ	$1mg \le e \le 50mg$	1×10^2	1×10^5	$20e$
	$0.1g \le e$	5×10^3	1×10^5	$50e$
中准确度级Ⅲ	$0.1g \le e \le 2g$	1×10^2	1×10^4	$20e$
	$5g \le e$	5×10^2	1×10^4	$20e$
普通准确度级Ⅳ	$5g \le e$	1×10^2	1×10^3	$10e$

最大称量　最大称量又叫最大载荷，表示天平称量的最大值，用 max 表示。天平的最大称量必须大于被称量物品可能的质量。在分析工作中常用的天平最大称量一般为 100 ~ 200g。

分度值　天平标尺一个分度相对应的质量叫检定标尺分度值，简称分度值。即天平读数时标尺上能够读取的有实际意义的最小质量，用 e 表示。最大载荷为 100 ~ 200g 的分析天平分度值一般为 0.1mg，即万分之一天平；最大载荷为 20 ~ 30g 的分析天平分度值一般为 0.01mg，即十万分之一天平。

天平的最大载荷与分度值之比称为检定标尺分度值，用 n 表示，$n = max/e$。n 越大，天平的准确度级别越高。

按天平准确度级别与 e、n 的关系，只要知道天平的级别和分度值就可知道它的最大称量。同样知道了级别和最大称量也可算出分度值。

2. 天平的性能

任何一种计量仪器都有它特定的计量性能，天平作为精密的衡量仪器，主要计量性能有灵敏性、稳定性、准确性和示值变动性。

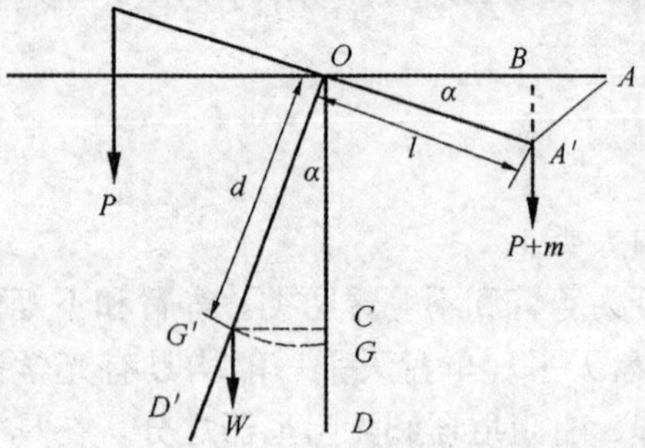

图 6 - 1　天平灵敏度原理图

(1) 灵敏性

分析天平必须具有足够的灵敏度（E）。天平的灵敏度是指在一个秤盘上加 1mg 质量时引起指针偏斜的程度，一般以分度/mg 表示。指针倾斜程度大表示天平的灵敏度高。设等臂天平（如图 6 - 1）的臂长为 l，d 为重心 G 到支点 O 的距离，天平梁质量为 W，P 为天平质量，当天平两边都是空盘时，指针位于 OD 处，当一盘增加质量 m 后，横梁由 OA 偏斜至 OA'，指针移向 OD'，重心由 G 移向 G'，休止后，A'投影到 OA 线交于B、G'投影到 OD 线交于 C，其偏斜角为 α。

根据杠杆原理，支点右边的力矩等于支点左边的力矩之和，即：

$$(P + m) \times OB = P \times OB + W \times CG'$$

$$P \times OB + m \times OB = P \times OB + W \times CG'$$

$$m \times OB = W \times CG'$$

因为

$$OB = OA' \times \cos\alpha = l \times \cos\alpha$$

$$CG' = OG' \times \sin\alpha = d \times \sin\alpha$$

则

$$m \times l \times \cos\alpha = W \times d \times \sin\alpha$$

$$\frac{\sin\alpha}{\cos\alpha} = \tan\alpha = \frac{ml}{Wd}$$

当 α 很小时，$\tan\alpha \approx \alpha$，$\alpha$ 可用弧度表示，当指针长度一定时，α 角可以用对应弧 GG' 表示，即表示灵敏度。当 $m = 1$mg 时，指针偏移的分度数，即为天平灵敏度 E。此时：

$$E = \alpha = \frac{l}{Wd} \tag{6 - 1}$$

式（6－1）即是灵敏度的简易公式。由公式可知，天平的灵敏度与天平梁的质量（W）及重心到支点的距离（d）成反比，与天平臂长（l）成正比。一架天平其梁的质量和臂长是一定的，通常只能改变 d（升或降重心螺丝）来调整天平的灵敏度。天平的灵敏度一般保持 2～3 格为宜。太低，称量误差大；太高，则指针摆动不易静止而降低天平的稳定性。

但是天平的灵敏度并非仅与这三个因素有关，还与三个玛瑙刀口的质量有关。若刀口锋利，天平摆动时摩擦小，灵敏度也高；若刀口缺损，不论如何调节重心螺丝，也不能显著提高其灵敏度。因此，在使用天平时，应该注意保护玛瑙刀口，不可损伤，在加减砝码和称量物时，必须先关闭天平。

（2）感量

在实际工作时，常以感量（S）表示天平的灵敏性，感量又称为分度值（e）。感量是指天平横梁由原来的平衡位置移动一个分度需要在秤盘中增加的质量值。感量与灵敏度互为倒数：$S=e=1/E$，S 的单位是 mg/分度。1 分度在标尺上显示的就是 1 小格，双盘半自动天平的感量为 0.1mg/分度，称为万分之一分析天平。

天平的灵敏度在空载和负载两种情况下是不一样的，灵敏度随负载的增加而降低，因此，有空载灵敏度和负载灵敏度之分。

（3）天平灵敏度的测定

调节好天平零点后，关闭天平，在天平的左盘上放置已校准的 10mg 片码或圈码，开启天平，标尺应移至（100±2）分度范围内为合格。若不合格则应细心调节重心螺丝，使灵敏度达到规定的要求。调节重心螺丝时，会引起天平零点的改变，故应重新调节零点再测定灵敏度。

当天平载重时，其灵敏度随载重的增加而减少。必要时可制作灵敏度曲线，即分别测定载重为 5g、10g、20g、30g、40g、50g 时相应的灵敏度，然后以灵敏度为纵坐标、载重为横坐标绘制灵敏度曲线。

（4）准确性

天平的准确性是指横梁两臂长度相等的程度。用等臂天平称量时，由于天平的不等臂引起的误差称为不等臂性误差，用 Y 表示，属于系统误差，单位是 mg。其检验方法如下：

调好天平零点后，将两个相同的 20g 砝码分别放在天平的两个秤盘上，开启天平，读取停点 l_1。关闭天平，然后将两砝码互换位置，开启天平，再读取停点 l_2。计算不等臂性误差的最简单的公式是：

$$Y=\frac{|l_1+l_2|}{2} \tag{6-2}$$

规定 Y 小于 0.4mg，即为合格，否则应请专门人员进行修理。

在精密衡量中可采用替代法称量，以抵消其误差。这种称量方法是在天平左盘置一固定质量的物体，右盘加上砝码与它平衡。然后，在右盘上放上待称量的物体，再逐渐减除砝码，重新使之平衡，减少的砝码质量，即为待测物体的质量。因为衡量只在一盘进行，另一盘中质量只为平衡用，所以抵消了由不等臂性而引起的误差。

影响天平准确性的因素很多，其中温度为主要因素。当温度发生改变或两臂受热不均时，臂长会发生改变，产生不等臂误差。另外仪器装配的过程中也有可能造成不等臂性。因此，在实际工作中，保持工作环境温度的稳定，并尽量使用同一台天平进行称量，有助于减小不等臂性误差，提高准确性。

（5）稳定性

天平的稳定性是指天平在其平衡状态被扰动后，经过若干次的摆动，仍能自动恢复原位的性能。

天平的稳定性主要与天平梁的重心到支点的距离（*d*）以及天平梁上支点刀刃和两个重点刀刃在平面上的距离有关。在一般情况下，天平的稳定性可通过改变天平的重心（升、降重心螺丝）来调节。重心离支点愈远，天平愈稳定。可见天平的稳定性和灵敏性是相互矛盾的两种性质，必须使两者都兼顾好，才能使天平处于最佳状态。

（6）示值变动性

天平在相同情况下，多次称量同一物体，所得称量结果的不一致程度称为天平的示值变动性。

天平载重时所处的平衡位置称为平衡点（或停点）。检查天平变动性的方法如下：

调好天平零点后，在天平两盘中各加20g砝码，开启天平，读取停点。关闭天平，取下砝码再测其空载零点。关闭天平，然后再把20g砝码按原位加上，再测停点。如此反复几次，若零点及停点的最大变动不超过±0.1mg，即为合格。若超过0.1mg，须找出原因进行调整。

天平的示值变动性与天平的稳定性有密切关系，但不是同一概念。天平稳定性主要与梁的重心有关，而天平的示值变动性除了与稳定性有关外，还与天平的结构及称量时的环境条件等因素有关。

天平的示值变动性实际上表示了称量结果的可靠性。天平的精确度不单决定于感量，还与示值变动性有关，单纯提高灵敏度会使变动性增大。因此，单纯提高或单独考虑天平的灵敏度是没有意义的，两者在数值上应保持一定的比例。

3. 天平的选用

选择天平主要考虑称量的最大质量和要求的精度。首先不能使天平超载，以免损坏天平；其次，要按称量要求选择精密度合适的天平，精密度低，达不到测定要求的准确度，但滥用高精密度天平，也会造成不必要的浪费。

例如，称量配制1000mL 0.1mol·L^{-1}的NaOH溶液所需的固体NaOH时，选择最大载荷100g、分度值为0.1g的托盘天平即可；而称量配制1000mL $c\left(\frac{1}{6}K_2Cr_2O_7\right)=0.1000mol\cdot L^{-1}$的重铬酸钾标准溶液所需的$K_2Cr_2O_7$基准试剂时，则需选择分度值0.1mg的分析天平。

天平及砝码应定时检定，一般规定检定时间间隔不超过一年。

6-1.2　双盘电光分析天平

双盘电光分析天平分为半自动和全自动两种，二者的称量原理相同，区别在于加码的方式，半自动电光天平为部分机械加码，即1g以下、10mg以上的圈码通过转动指数盘加减。各种型号的双盘电光分析天平的构造和使用方法大同小异。下面以半自动电光天平为例介绍使用方法。

1. 双盘半自动电光天平的构造

双盘半自动电光天平包括外框部分、立柱部分、横梁部分、悬挂系统、制动系统、光学读数系统和机械加码装置等。其结构如图6-2所示。

（1）外框

外框部分包括框罩和底板。框罩为木制框架，镶有玻璃，用以保护天平。天平前门可升降，供安装、清洁和修理天平用，称量时不准打开。取放称量物和砝码时要用两侧的推门，但在读数时，两侧门必须关好。底部为大理石或玻璃底板，用以固定立柱、天平脚和制动器座架。天平底板上有三个脚，前两个用来调节水平位置，后一个固定不动。

(2) 立柱

天平正中是立柱，安装在天平底板上。柱的上方嵌有一块玛瑙平板，与支点刀口相接触。柱的上部装有能升降的托梁架，关闭天平时它托住天平梁，使刀口脱离接触以减少磨损。柱的中部装有空气阻尼器的外筒。

(3) 横梁

天平横梁是天平的主要部件，一般由铝铜合金制成。三个三棱形的玛瑙刀等距安装在梁上，其中一个装在正中的称为支点刀，刀口向下。天平启动后，为固定在立柱上方的玛瑙刀承接，称为天平横梁的支点。另外两个与支点刀等距离地安装在横梁的两端称为承重刀，刀口向上。天平启动后，承接于吊耳底面的玛瑙刀承上。三个刀口的棱边完全平行，并处于同一个水平面上。

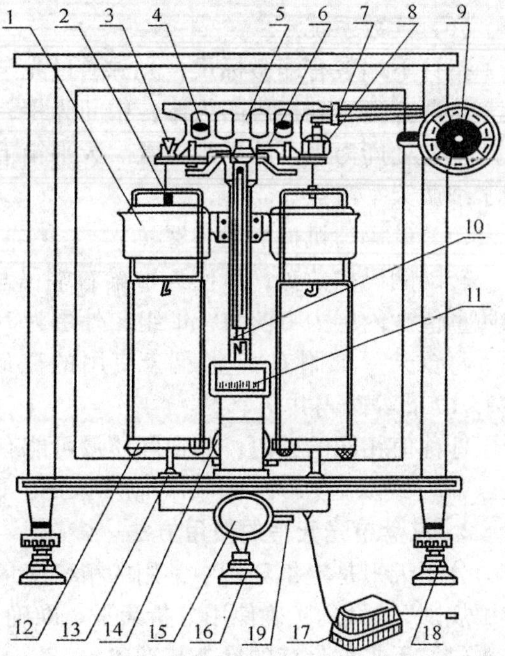

图 6-2　半自动电光天平

1—阻尼盒；2—吊耳；3—支点刀；4—平衡螺丝；5—横梁；6—支点刀口；7—环码钩；8—支柱；9—机械加码器；10—指针；11—投影屏；12—天平盘；13—盘托；14—光源；15—旋钮（升降枢）；16—垫脚；17—变压器；18—螺旋脚；19—微动调节

梁的两边装有两个平衡螺丝，用来调节横梁的平衡位置（即粗调零点），梁的中间装有垂直的指针，用以指示平衡位置。支点刀的后上方装有重心螺丝，用以调整天平的灵敏度。

(4) 悬挂系统

① 吊耳　它的平板下面嵌有光面玛瑙，与力点刀口相接触，使吊钩及秤盘、阻尼器内筒能自由摆动。

② 空气阻尼器　由两个特制的铝合金圆筒组成，外筒固定在立柱上，内筒挂在吊耳上。两筒间隙均匀，没有摩擦，开启天平后，内筒能自由上下运动，由于筒内空气的阻力作用使天平横梁很快停摆而达到平衡。

③ 秤盘　天平的两个秤盘分别挂在吊耳上，左盘放被称物，右盘放砝码。

吊耳、阻尼器内筒、秤盘上一般都刻有“1”，“2”标记，安装时要分左、右配套使用。

(5) 天平升降枢

天平升降枢位于天平底板正中，它连接托梁架、盘托和光源。开启天平时，顺时针旋转升降旋钮，托梁架即下降，梁上的三个刀口与相应的玛瑙平板接触，吊钩及秤盘自由摆动，同时接通了光源，屏幕上显出标尺的投影，天平已进入工作状态。停止称量时，关闭升降旋钮，则横梁、吊耳及秤盘被托住，刀口与玛瑙平板分开，光源切断，屏幕黑暗，天平进入休止状态。

(6) 读数系统

指针下端装有缩微标尺，光源通过光学系统将缩微标尺上的分度线放大，再反射到光屏上，从屏上可看到标尺的投影，中间为零，左负右正。屏中央有一条垂直刻线，标尺投影与该线重合处即为天平的平衡位置。天平箱下的投影屏调节杠可将光屏在小范围内左右移动，用于细调天平零点。

(7) 砝码与机械加码装置

转动圈码指数盘，可使天平梁右端吊耳上加 10～990mg 圈形砝码。指数盘上刻有圈码的质量值，内层为 10～90 mg 组，外层为 100～900mg 组。

每台天平都附有一盒配套使用的砝码。盒内装有 1g、2g、2g、5g、10g、20g、20g、50g、100g 等砝码共 9 个。

标称值相同的砝码，其实际质量可能有微小的差异，所以分别用单点“.”或单星“＊”、双点“..”或双星“＊＊”作标记以示区别。取用砝码时要用镊子，用完及时放回盒内并盖严。

2. 双盘电光天平的使用方法

分析天平是定量分析中常用的精密衡量仪器，使用时要认真、仔细，遵守“分析天平的使用规则”，做到正确使用分析天平，准确快速完成称量而又不损坏天平。

(1) 天平称量前的检查与准备

拿下防尘罩，叠平后放在天平箱上方。检查天平是否正常、天平是否水平、秤盘是否洁净、圈码指数盘是否在“000”位、圈码有无脱位、吊耳有无脱落、移位等。

检查和调整天平的空盘零点。这一操作应使每个学生都会做，让学生掌握用平衡螺丝(粗调)和投影屏调节杠(细调)调节天平零点，这是分析天平称重练习的基本内容之一。

(2) 称量

当要求快速称量，或怀疑被称物可能超过最大载荷时，可用架盘药物天平(台秤)粗称。

将待称物置于天平左盘的中央，关上天平左门。按照“由大到小，中间截取，逐级试重”的原则在右盘加减砝码。试重时应半开天平，观察指针偏移方向或标尺投影移动方向，以判断左右两盘的轻重和所加砝码是否合适及如何调整。注意：指针总是偏向轻盘，标尺投影总是向重盘方向移动。先调定克以上砝码(应用镊子取放)，关上天平右门。再依次调整百毫克组和十毫克组圈码，每次都从中间量(500mg 和 50mg)开始调节。调定十毫克组圈码后，再完全开启天平，准备读数。

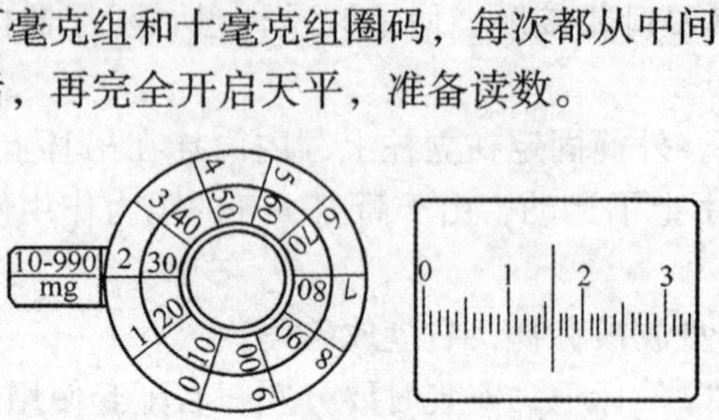

图 6－3　天平读数

(3) 读数

砝码调定，全开天平，待标尺停稳后即可读数。

被称物的质量等于砝码总量加标尺读数(均以克计)。克以上的读取可由砝码而得，克以下的由加码器上的数加上投影屏上的数字，而投影屏上的最后位数采取“四舍六入五入双”的办法。例如现在天平右盘放有 20g 砝码，而旋转圈砝码指示盘旋钮停止后，投影屏上的零点指示线在如图 6－3 所指的位置，这时物质的质量为 $20+0.230+0.0016=20.2316$(g)。标尺读数在 9～10mg 时，可再加 10mg 圈码，从屏上读取标尺负值，记录时将此读数从砝码总量中减去。

（4）复原

称量、记录完毕，应关闭天平，取出被称物，将砝码夹回盒内，圈码指数盘退回到“000”位，关闭两侧门，盖上防尘罩，并在天平使用登记本上登记。

6－1.3　单盘电光分析天平

1. 单盘双刀电光天平的构造

单盘双刀电光天平的构造与双盘半自动天平有许多相似之处，其构造可分为外框部分、起升部分、横梁部分、悬挂系统、光学读数系统和机械加码装置等六个部分。天平不同角度的外形图如图 6－4(a)、(b)所示。

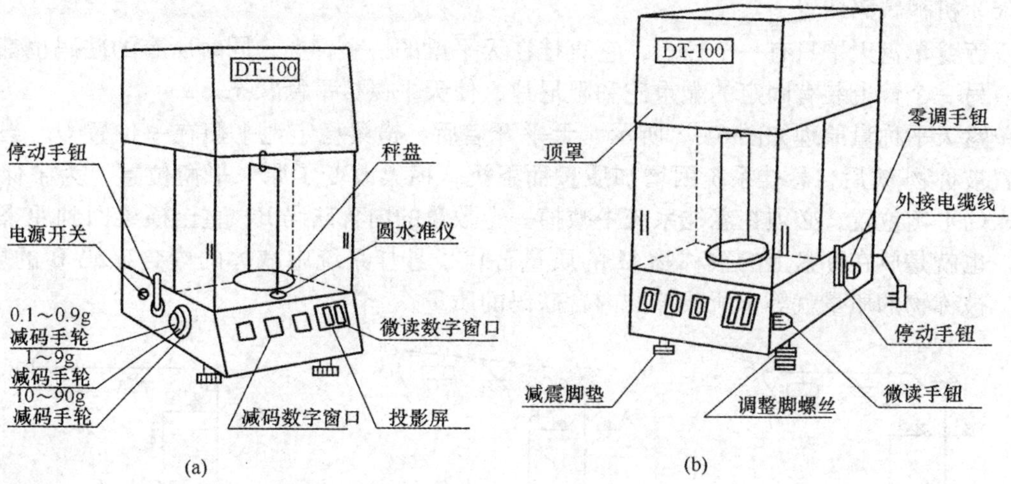

图 6－4　DT－100 型天平

（1）外框部分

外框由保护天平的框罩和底板组成。在底板下面有电源变压器、电源转换开关、停动轴、减码装置、调零装置及微读系统。天平左右两边各有一个停动手钮，两个手钮控制同一个停动钮，左右手都开关天平。秤盘在中央，左右都有玻璃推门，供取放被称物用。天平底板下有三个角脚，前两个用来调节水平位置，后一个固定不动。水准器位于底板前面。

（2）起升部分

起升部分的作用是支撑横梁和悬挂系统，实现天平的开关动作。天平的开关用停动手钮（即升降枢纽）控制。停动手钮可向三个方向转动。

① 向操作者方向转 90°，此时，天平全开，横梁可在 0～100 分度范围内自由摆动。

② 向后转 30°，横梁可在一个很小的范围内（10～15 分度）摆动，此时天平为“半开”状态。天平为“半开”时，转动减码手钮进行减码操作，不会使天平刀口受到损失。

③ 垂直向上，天平关闭，取放被称物。

（3）横梁部分

不等臂单盘双刀电光天平的横梁部分除了包括横梁、刀子、感量砣、平衡砣、微分标尺等部分外，还装有配重砣。配重砣主要起横梁平衡作用，配重砣上有阻尼片。和双盘电光天平不同的是，不等臂单盘双刀天平只有两把刀，即一个支点刀和一个承重刀，由人造白石制成。

(4) 悬挂系统

悬挂系统由承重板(下有承重刀垫)、砝码架和秤盘组成。砝码架的槽中可放置16个圆柱形砝码，组合成99.9g范围内的任意质量。砝码为整块实心体结构，保证其质量稳定。砝码架前后盖上的数字表示下面安放砝码的质量(以g计)，不可错位。

(5) 光学读数系统

不等臂双刀单盘电光天平的光学读数系统也是对微分标尺进行光学放大的系统。转动调零手钮可以在6分度以内调整零点，如超过此范围，需通过调整平衡砣来调整零点。通过调零微读手钮来改变微读镜的角度，可以读出标尺1分度(1mg)的1/10的数值(0.1mg)，即微读轮转动0～10分度相应于投影屏上标尺的1个分度。

(6) 机械减码装置

不等臂单盘天平只有一个秤盘，它直挂在天平梁的一个臂上，同时所有的砝码也都挂在上部。另一个臂上装有固定的配重砣和阻尼片，使天平保持平衡状态。

单盘天平称量原理如图6-5所示，天平开启后，横梁稳定地平衡在一位置O。当秤盘上放置被称物M后，悬挂系统因增加质量而下沉，横梁改变了原来平衡位置，为了保证横梁原来的平衡位置，必须在悬挂系统中减掉一定数量的内含砝码B，直至横梁回到原来平衡位置。也就是放在秤盘上的被称物M的质量替代了悬挂系统中减掉的内含砝码B的质量。因此，被称物的质量就等于所减掉的内含砝码的质量。

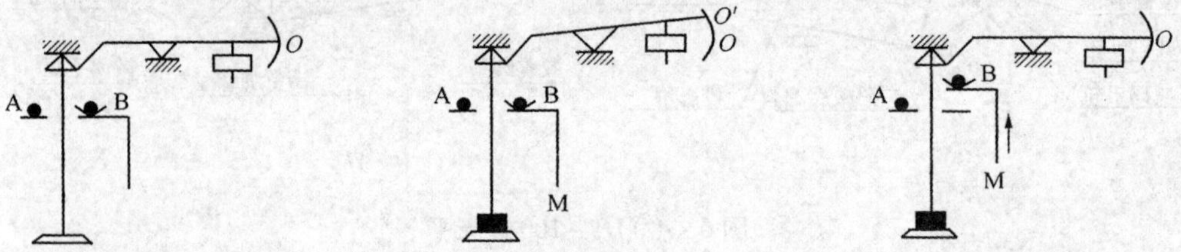

(a) 砝码在悬挂系统上，横梁平衡在O　(b) 被称物加在悬挂系统上，横梁平衡在O'　(c) 减掉砝码B后横梁又平衡在O

图6-5　称量原理

机械减码装置由减码手钮控制3组不同几何形状的凸轮，凸轮转动使减码杆起落，托起砝码实现减码动作。同时在读数窗口显示出减去的砝码质量。

2. 单盘电光天平的优点

与双盘天平比较，单盘天平具有以下优点：

① 由于天平横梁上负载恒定，所以天平的灵敏度恒定，在整个称量范围内，灵敏度不随称量物质量大小而改变，称量精度高。

② 由于砝码和称量物在同一臂上，砝码和称量物对支点力是同一力臂，因此不存在因臂长不相等而引起的不等臂性误差，保证了称量结果的正确性。

③ 停稳时间短，称量速度快。

④ 使用操作简便，称量效率高。

3. 单盘电光天平的使用方法

① 接通电源。

② 各数字指示器调整在“0”位，将机械减码旋钮(手轮)转到“0”位(减码旋钮有大、中、小三个，重叠在一起成塔形，安装在天平底座左侧的前方)，使读数窗出现0.00示值，转动

微读手钮，将微读装置的“0”位与读数标线重合。操纵各旋钮要均匀、缓慢，进行加减负荷或砝码时应先休止天平。

③ 校正零点。开启天平，转动调零手钮，使微标“0”点刻线夹于读数双线中间。

④ 称量和读数。先用台秤粗称物品质量，再放了天平盘内。然后依次转动大、中、小旋钮，使读数窗的数字与称量相一致。最后启动天平，观察投影屏上微标移动情况，若微标向正数移动夹入读数双线(但读不出数)，说明砝码轻了。转动小旋钮，让读数窗小数后的数字加1(反之，减1)，不足再加，直至微标尺的刻度线在读数双线内。再转动微读手钮，使微标靠近读数双线的一条刻度线正好夹在读数双线中间，如图6-6，即可读数。

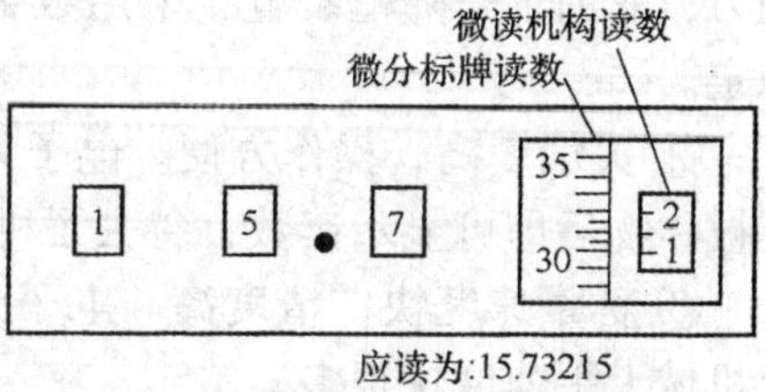

图6-6 DT-100型单盘天平读数

读数方法：读数窗的数+微标数+微读机构读数。在图6-6中物质为15.73215g。

⑤ 称量完毕休止天平，取出物品，关好侧门，数字指示器调回“0”位，关闭电源开关。

6-1.4 电子天平

电子天平是较先进的称量仪器，是根据电磁力平衡原理，直接称量，全量程不需砝码，放上被称物后，在几秒钟内即达到平衡，其质量即可从天平面板的屏幕上显示出来。

1. 电子天平的构造

电子天平由外框部分、称量部分、键盘部分和电路部分组成。

(1) 外框部分

保护电子天平的外框一般为镶有玻璃的合金框架，顶部和左右两侧均有可移动的玻璃门，供称量时使用。天平底部有三个底脚，既是电子天平的支撑部件，也是天平的水平调节器，和电光天平不同的是，电子天平一般用后两个底脚来调节天平的水平位置。

(2) 称量部分

称量部分包括水平仪、秤盘、盘托和传感器。

水平仪位于天平框罩内，秤盘的左(或右)前方，用来指示天平的水平情况。

盘托位于秤盘的下面，用来支撑秤盘；秤盘位于框罩内中部，多为金属材料制成，使用中应注意清洁卫生，不许随便调换秤盘。

传感器由外壳、磁钢、极靴和线圈等组成，装于秤盘的下方。其作用是检测被测物加载瞬间线圈及连杆所产生的位移。称量时要保持称量室清洁卫生，称量时不要将样品洒落，以保护传感器。

(3) 键盘部分

FA系列天平采用轻触按键，实行多键盘控制，操作灵活方便。

(4) 电路部分

电路部分包括位移检测器、PID调节器、前置放大器、A/D(模数)转换器、微机和显示器。

位移检测器的作用是将秤盘上的载荷转变成电信号输出；PID调节器能保证传感器快速而稳定地工作；前置放大器可以将微弱的信号放大，从而保证电子天平的精度达到工作要求。A/D转换器的作用是将连续变化的模拟信号转换成计算机能接受的数字信号，其转换精度高，易于自动调零和有效地排除干扰。微机主要负担天平称量数据的采集、数据传送和数字显示工作，还兼具开机操作、自动校准、去皮、故障报警及操作错误控制等功能。显示器作用是将输出的数字信号显示在屏幕上。

2. 电子天平的优点

① 使用寿命长，性能稳定。电子天平支撑点采用弹性簧片，没有机械天平的宝石和玛瑙刀，取消了升降枢装置，采用数字显示方式代替指针刻度式显示，故使用寿命长，性能稳定。

② 灵敏度高，操作方便。电子天平采用电磁力平衡原理，称量时全量程不用砝码，放上被称物后即可显示读数，省去了机械天平加减砝码的繁琐，操作简便，易于掌握。

③ 称量速度快，精度高。电子天平放上被称物后，在几秒内即达到平衡，显示读数，比机械天平速度快很多。

④ 功能多。电子天平可在全量程范围内实现去皮、累加、超载显示、故障报警等。电子天平还具有质量电信号输出，可与打印机、计算机联用，进一步扩展其功能，如统计称量的最大值、最小值、平均值及标准偏差等。由于电子天平具有机械天平无法比拟的优点，尽管其价格较高，但已广泛应用于各领域。

3. 电子天平的使用方法

电子天平按结构可分为上皿式和下皿式两种。秤盘在支架上面为上皿式，秤盘吊挂在支架下面为下皿式。目前广泛使用的是上皿式电子天平。尽管电子天平种类繁多，但其使用方法大同小异。图 6－7 是上海天平仪器厂生产的 FA1604 型电子天平，以其为例简要介绍电子天平的使用方法。

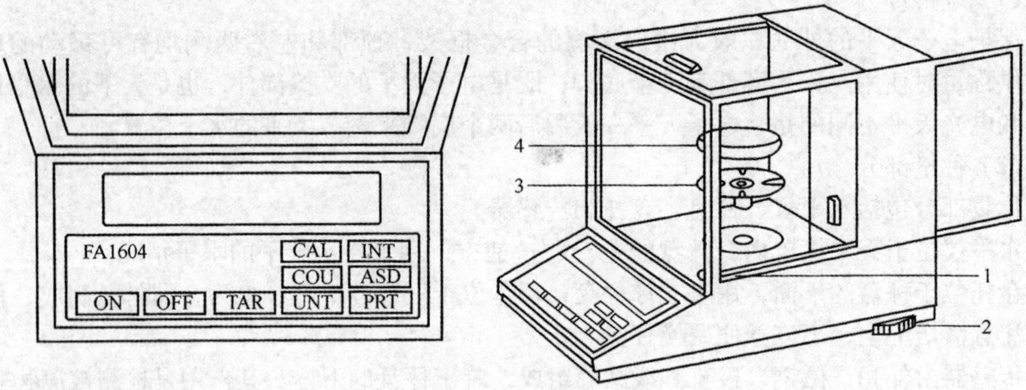

图 6－7　FA1604 型电子天平外型图

1—水平仪；2—水平调节脚；3—盘托；4—秤盘

ON—开启显示器键；OFF—关闭显示；TAR—清零、去皮键；CAL—校准功能键；INT—积分时间调整键；COU—点数功能键；ASD—灵敏度调整键；UNT—量制转换键；PRT—输出模式设定键

① 水平调节。观察水平仪，如水平仪水泡偏移，需调整水平调节脚，使水泡位于水平仪中心。

② 预热。接通电源，预热到规定的时间后，打开天平开关，天平则自动进行灵敏度及零点调节。若天平不处于零位，则按去皮键 TAR 调零。待稳定标志显示后，可进行正式称量。

称量完毕，一般不用切断电源，再用时可省去预热时间。

③ 开启显示器。轻按 ON 键，显示器全亮，约 2s 后显示天平的型号，然后是称量模式 0.0000g，读数时应关上天平门。

④ 天平基本模式的选定。天平一般为“通常情况”模式，并具有断电记忆功能。使用时若改为其他模式，使用后一经按 OFF 键，天平即恢复“通常情况”模式。

量制单位的设置，由 UNT 控制，例如显示“8”时松手，即设置单位为克。积分时间的选择，由 INT 控制，INT—0，快速；INT—1，短；INT—2，较短；INT—3，较长。灵敏度的选择，由 ASD 控制。灵敏度的顺序为：ASD—0，最高；ASD—1，高；ASD—2，较高；ASD—3，低(其中 ASD—0 是生产调试时用，用户不宜选择此模式)。ASD 和 INT 两者配合使用情况如下：

最快称量速度：	INT—1	ASD—3
通常情况：	INT—3	ASD—2
环境不理想时：	INT—3	ASD—3

⑤ 校准。天平安装后，第一次使用前应对天平进行校准。因存放时间较长、位置移动、环境变化或为获得精确测量，使用前天平一般都应进行校准操作。

⑥ 称量。按 TAR 键，显示为零后，置被称物于秤盘上，待数字稳定即显示器左下角的“0”标志熄灭后，该数字即为被称物的质量值。

⑦ 去皮称量。按 TAR 键清零，置容器于秤盘上，天平显示容器质量，再按 TAR 键，显示零，即去皮重。再置被称物于容器中，或将被称物(粉末状物或液体)逐步加入容器中直至加物达到所需质量，待显示器左下角“0”熄灭，这时显示的是被称物的净质量。将秤盘上的所有物品拿开后，天平显示负值，按 TAR 键，天平显示 0.0000g。若称量过程中秤盘上的总质量超过最大载荷(FA1604 型电子天平为 160g)时，天平仅显示上部线段，此时应立即减小载荷。

⑧ 称量结束后，按 OFF 键关闭显示器。若当天不再使用天平，应拔下电源插头。

4. 分析天平使用注意

① 开、关天平，放、取被称物，开、关天平侧门其动作均要轻、缓，切不可用力过猛、过快，以免造成天平部件脱位或损坏。

② 调定零点和读取称量读数时，要留意天平门是否已关好；称量读数要立即记录在实验报告本中。调定零点和称量读数后，应随手关好天平。加、减砝码或被称物必须在天平处于关闭状态下进行(单盘天平允许在半开状态下调整砝码)。砝码未调定时不可完全开启天平。

③ 对于热的或过冷的被称物，应置于干燥器中直至其温度同天平室温度一致后才能进行称量。

④ 天平的前门仅供安装、检修和清洁时使用，通常不要打开。

⑤ 通常在天平箱内放置变色硅胶作干燥剂，当变色硅胶失效后应及时更换。注意保持天平、天平台和天平室的安全、清洁和干燥。

⑥ 必须使用指定的天平及该天平所附的砝码。如果发现天平不正常，应及时报告教师或实验室工作人员，不要自行处理。称量完成后，应及时对天平进行还原并在天平使用登记本上进行登记。

6-1.5　试样的称量方法及称量误差

1. 称量方法

需要称量的试样固体，是而且称量的精度要求不高时，可放在称量纸上称量；对于具有腐蚀性、强氧化性、易潮解的固体试剂要用小烧杯、称量瓶、表面皿等装载后进行称量。根据称量精确度的要求，可分别选择台秤和天平称量固体试样。实验中物质用量多、称量的精度要求不高时，常用托盘天平；分析天平适用于化学分析和物质称量的精密度要求较高的实验。下面介绍几种常用的称量方法。

（1）直接称量法

此法用于称量物体的质量。例如，称量某小烧杯的质量，容量器皿校正中称量某容量瓶的质量，重量分析实验中称量某坩埚的质量等，都使用这种称量法。该称量方法适于称量洁净干燥的不易潮解或升华的固体试样。

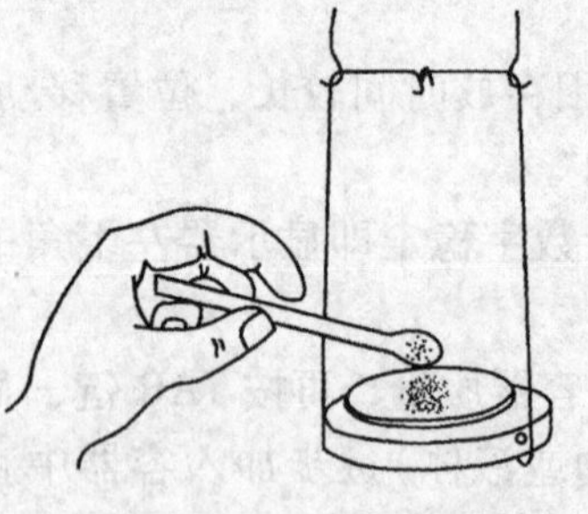

图6-8　固定质量称量法

（2）固定质量称量法

固定质量称量法又称增量法，操作时先直接称取盛试样器皿的质量，然后在右边秤盘添加固定质量的砝码或圈码，再用小匙将试样逐步加到盛试样的器皿中，直到天平达到平衡。这种称量操作的速度很慢，适于称量不易吸潮、在空气中能稳定存在的粉末状或小颗粒(最小颗粒应小于0.1mg)样品。

固定质量称量法如图6-8所示。若不慎加入试样超过指定质量，应先关闭升降旋钮，然后用牛角匙取出多余试样。重复上述操作，直至试样质量符合指定要求为止。严格要求时，取出的多余试样应弃去，不要再放回原试剂瓶中。操作时不能将试样散落于天平左盘表面皿等容器以外的地方，称好的试样必须定量地由表面皿等容器直接转入接受器，即所谓“定量转移”。

（3）递减称量法

递减称量法又称减量法。此法用于称量一定质量范围的样品或试剂。样品易吸水、易氧化或易与 CO_2 反应时，可选择此法称量。由于称取试样的质量是由两次称量之差求得，故又称差减法。称量步骤如下：从干燥器中取出称量瓶(注意：不要让手指直接触及称瓶和瓶盖)，用小纸片夹住称瓶盖柄(见图6-9)，打开瓶盖，用牛角匙加入适量试样(一般为称一份试样量的整数倍)，盖上瓶盖。将称量瓶置于天平左盘，称出称量瓶加试样后的准确质量。将称量瓶取出，在接受器的上方，倾斜瓶身，用称量瓶盖轻敲瓶口上部使试样慢慢落入容器中(见图6-10)。当倾出的试样接近所需量(可从体积上估计或试重得知)时，一边继续用瓶盖轻敲瓶口，一边逐渐将瓶身竖直，使粘附在瓶口上的试样落下，然后盖好瓶盖，把

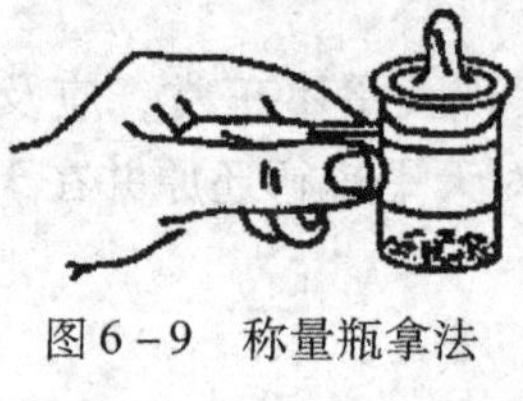

图6-9　称量瓶拿法

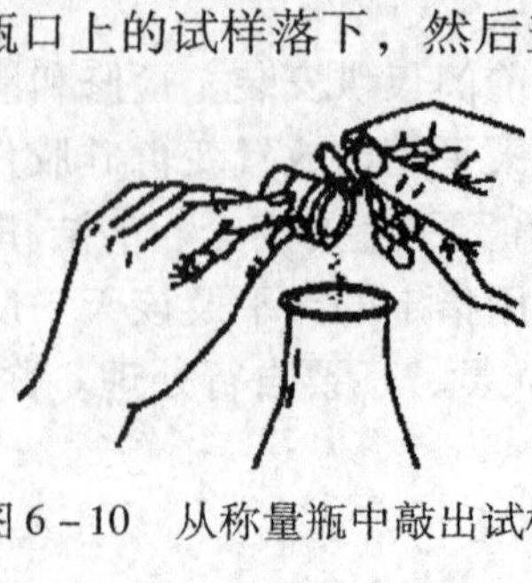

图6-10　从称量瓶中敲出试样

称量瓶放回天平左盘，准确称取其质量。两次质量之差，即为试样的质量。按上述方法连续递减，可称取多份试样。有时一次很难得到合乎质量范围要求的试样，可进行多次相同的操作过程。

2. 称量误差

误差是客观存在的，称量过程中，称量值和真实值之间总有误差存在。称量误差分为系统误差、偶然误差和操作误差。称量误差主要由以下因素造成：

（1）被称物变化的影响

试样本身能吸收空气中的水分和二氧化碳，或本身具有挥发性，会使称量质量产生误差，因此这类物质应放在带盖的称量瓶中称量；灼烧产物都有吸湿性，应放在带盖的坩埚中称量，且称量速度要快。

（2）天平和砝码的影响

① 双盘天平的不等臂性会给称量带来一定的系统误差。但如果在合格范围内，其所带来的误差很小，可忽略不计。

② 砝码的标示值和真实值之间微小的差别，也会带来一定的称量误差。一般在称量试样量较少时，应设法不更换克组大砝码，以减少称量误差。

（3）环境因素的影响

由于环境不符合要求，如振动、气流温度的变化等，可能导致天平的变动性增大。

（4）空气浮力的影响

当物体的密度与砝码的密度不同时，所受空气浮力也不同，空气浮力对称量的影响可进行校正。在分析工作中，空气浮力对试样和砝码的影响可大致抵消，所以，一般可忽略其影响。

§6－2　测量仪器

测量仪器是指为了取得目标物某些属性值而进行衡量所需要的第三方标准。

6－2.1　电学测量仪器

电学测量仪器指以电子技术理论为依据，以电子测量仪器和设备为手段，对各种电量、电信号及电路元器件的特性和参数进行测量（通过各种传感器也可对非电量进行测量）的仪器。在化学实验中，常见的测量仪器有：离子计、酸度计、电导率仪、电位差计等。

1. 通用离子计

通用离子计是一种测量溶液中离子浓度的分析仪器，仪器可直接读取溶液中被测离子的pX值。目前已广泛应用于环保、医疗、科研等领域。

（1）测量原理

离子选择电极是一类利用膜电势测定溶液中离子活度或浓度的电化学传感器，又叫膜电极。它是将溶液中特定离子的活度转换成相应的电位，从而实现化学量到电量的转换。玻璃电极是最早的离子选择性电极。它对溶液中的氢离子有选择性，能把氢离子的活度转换成相应的电位，从pH计上将该电位读出，并指示出氢离子活度的大小。所以玻璃电极也称为氢离子选择电极。另外还有氟、氯、溴、碘、汞、硫、银、铜、镉、钠、钾、铵、钙、钡等离子选择性电极。利用离子选择性电极，可以测定某离子的含量。

为各种离子选择性电极配套进行测量的仪表叫离子计。它将离子电极在溶液中产生的电势读出，并指示出相应的离子含量。

(2) pXD－2 型通用离子计

pXD－2 型通用离子计是一种精密的二次仪表，与各种离子选择电极配合使用，精密测量溶液中各种离子在电极上产生的电动势。根据 Nernst 方程，毫安档可以测定与离子活度有关的电极电势，pX 档可以测定离子活度的对数值 pX。整个仪器由指示电极(离子选择性电极)、参比电极(甘汞电极)和专配离子选择性电极的测量仪器组成。

(3) pXD－2 型通用离子计使用方法

① 机械调零 在仪器接通电源前电表指针应在零位置上，如不为零，微调表头机械调零螺丝，使指针为零。

② 电器校零 按下“选择”键中要测项目的键，例如要测量 mV 值则按下“mV”键。如果用交流电，将交直流“电源转换”开关旋至 AC 位置；如果用直流电，将开关选至 DC 位置，检查各个旋钮是否处于正常位置，即“量程”开关置于零，“转换”开关置于“校零”，测量开关不按下。然后打开电源开关，预热 10min 使仪器稳定，此时电表指针应在零位置上，如不在零位置，则调节“零位”旋钮使指针指零。

③ 仪器校准 将温度补偿器按测定时的温度调好，并将“转换”开关置于“校准”位置，使指针指向满刻度。

④ 仪器调整后，将指示电极(离子选择性电极)与参比电极(甘汞电极)接好并浸入待测溶液(电极末端不要离杯底太近，以防电磁搅拌器的磁子打坏电极)。开动电磁搅拌器，将“转换”开关置于“粗测”位置，然后轻轻将测量按钮按下，此时表头即有指示，可粗略地看出被测信号的大小，为下一步正确选择“细测”量程做准备。如“粗测”时电位为 360mV，应把量程选择开关置于 3，然后将“转换”开关置于“细测”位置，此时仪表指示为 61. 5mV，则测量值应读数为 361. 5mV。

⑤ 读数完毕后，应立即将“转换”开关置于“粗测”，并放开“测量”按钮，一定要严格按此步骤操作。如“测量”按钮没有复原就更换测量溶液或电极，将会损坏仪表的指针。

⑥ 全部测量完后，应将仪器复原，检查“测量”按钮是否已放开，将“转换”开关置于“校零”位置，“量程”选择开关置于零的位置，关闭电源开关，将甘汞电极从仪器上卸下并套好内管的橡皮套，外管的 KNO_3 倒掉，用蒸馏水洗净放回盒中，选择性电极浸在蒸馏水中，再将仪器罩好。

(4) 注意事项

① 该仪器的输入阻抗很高，为防止感应信号损坏仪器，与其配合使用的交流仪器都应有良好的接地。

② 仪器配有交、直流两用电源。如仪器使用交流档时发现仪器不正常，应先检查 ±9V 电源是否正常；如仪器使用电池，为了保证仪器精度，电池电压不可低于 8V(电池电压为 7. 5V 时也可使用，但精度略低)。

③ 仪器在校零的基础上(使用哪一档，必须在哪一档校零)进行自校，这时电表的指示应为满度。如校准时指针不在满度，应先检查 pX 档校准时的温度是否在 20℃，斜率是否在 100% 的位置；再检查电池电压、电源电压是否正常。否则，可按下述方法进行调节：用电位差计或数字电压表在正、负两档校准标准电阻各端对地的电压是否为 100mV 和 220mV。若未达到 100mV 和 220mV，此时可分别调整两只电压调节电位器，使电压达

到规定值。电压调好后，如电表仍不指示满度，可微调电表上串联的量程电位器，使电表指示满度。

④ 使用本仪器时，必须严格遵循校零、校准、粗测、选择量程、细测的步骤。更换电极和被测溶液前，必须先把“转换”开关拨至“粗测”，并使测量按键复原。切勿在“测量”开关按下时，拔掉电极或更换被测溶液；也不可在“细测”位置时将“测量”按键复原，否则指针将反打或超过满度。

⑤电极的插头或插座应清洁、干燥，切勿受潮、沾污，如发现阻抗降低，可用蘸过乙醚的棉花球将这些部位擦干净。高阻电极的测量，除注意输入线屏蔽外，还应避开干扰源。

⑥ 开启仪器后如发现电表指针乱动，首先要仔细检查电池是否接反、电压是否正常、焊头是否脱落、盐桥是否堵塞，然后再开始测量。

⑦ 该仪器是采用从稀到浓的标准溶液来补偿电斜率的，在定斜率时，要注意极性开关的位置，使之正好和测量溶液的 pX 值相反，即正离子置“阴”，负离子置“阳”。斜率定好后，用定位调节器使仪器指示在标准溶液 pX 值上。在以后的测量中，正离子置“阳”，负离子置“阴”。

⑧ 仪器应放在干燥、清洁、无腐蚀性气体的场所。

2. 酸度计

酸度计简称 pH 计，由电极和电流计组成，主要用来测量液体介质的酸碱度值，配上相应的选择电极也可用来测量电极电势。

(1) 结构和测量原理

各种类型的酸度计都是由玻璃电极(又称指示电极)、参比电极和电流计三部分组成，其中复合 pH 电极是将玻璃电极和参比电极合并，使得测量装置更简化。

① 参比电极　对溶液中离子活度无影响，具有已知和恒定的电极电位的电极称为参比电极。参比电极有硫酸亚汞电极、甘汞电极和银/氯化银电极，最常用的是甘汞电极，其组成表示如下：

$$Hg \mid Hg_2Cl_{2(S)} \mid Cl^-(c)$$

电极反应是：

$$Hg_2Cl_2 + 2e^- \rightleftharpoons 2Hg + 2Cl^-$$

甘汞电极如图 6－11 所示。在电极玻璃管内装有一定浓度的 KCl 溶液，溶液中还装有一作为内部电极的玻璃管，此管内封接一根铂丝插入汞中，汞下面是汞与甘汞混合的糊状物，底部有多孔物质与外部 KCl 溶液相通。甘汞电极下端也是用多孔物质与被测溶液隔开，但能使离子传递。

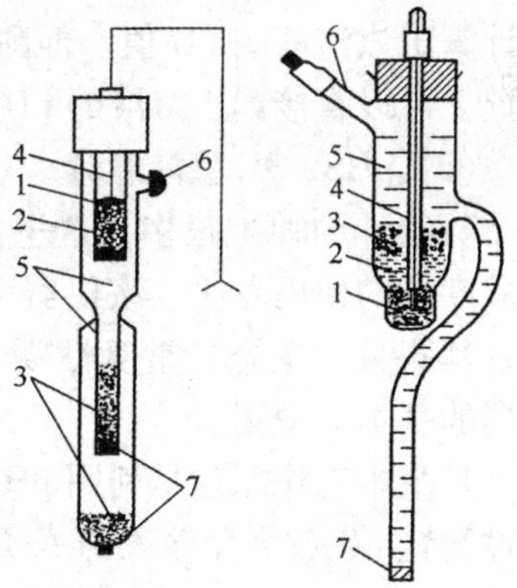

图 6－11　甘汞电极

1—汞；2—甘汞糊；3—氯化钾晶体；4—铂丝电极；5—饱和氯化钾溶液；6—加料口；7—滤纸塞或多孔瓷

在一定温度下，甘汞电极的电极电势只与 KCl 溶液的浓度有关，不随被测溶液的 pH 值改变：

$$\varphi(Hg \mid Hg_2Cl_2) = \varphi^{\ominus}(Hg \mid Hg_2Cl_2) - \frac{RT}{F}\ln\alpha(Cl^-)$$

②玻璃电极　玻璃电极是酸度计中的测量电极，其结构如图 6－12 所示。它是一种氢离子选择性电极，在一支玻璃管下端焊接一个特殊材料制成的玻璃球型薄膜，膜内盛有一定

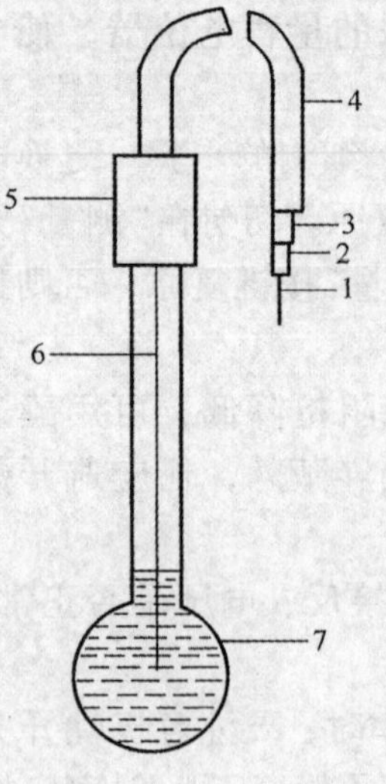

图 6-12　玻璃电极

1—导线；2—绝缘体；3—网状金属屏；4—外套管；5—电极相；6—Ag/Agcl 内参比电极；7—内参比溶液

pH 值的缓冲溶液，或用 $0.1mol \cdot kg^{-1}$ HCl 溶液（称为内参比溶液），溶液中浸入一根 Ag－AgCl 电极（称为内参比电极）。玻璃电极膜的组成一般是 27% SiO_2、22% Na_2O 和 6% CaO。玻璃电极具有可逆电极的性质，其电极电势符合于：

$$\varphi(\text{玻}) = \varphi^{\ominus}(\text{玻}) - \frac{RT}{F} \times \ln \frac{1}{(\alpha_{H^+})_x}$$

$$= \varphi^{\ominus}(\text{玻}) - \frac{RT}{F} \times 2.303\text{pH} = \varphi^{\ominus}(\text{玻}) - 0.05916\text{pH}$$

玻璃电极只有浸泡在水中才能显示测量电极的作用，所以使用前必须先将玻璃电极在蒸馏水中浸泡 24h，测量完毕后仍浸泡在蒸馏水中。长期不用时应将玻璃电极放入盒内。

③ pH 值测定原理　当玻璃电极与另一参比电极（甘汞电极）组成电池时，就可从测得的 E 值求出溶液的 pH 值。

Ag | AgCl(S) | HCl($0.1mol \cdot kg^{-1}$) ┆ 溶液(pH = x) | 摩尔甘汞电极

玻璃电极　　玻璃膜

$$E = \varphi_{\text{甘汞}} - \varphi_{\text{玻}} = \varphi_{\text{甘汞}} - (\varphi^{\ominus}_{\text{玻}} - 0.05916\text{pH})$$

经整理后得：

$$\text{pH} = \frac{E - \varphi_{\text{甘汞}} + \varphi^{\ominus}_{\text{玻}}}{0.05916}$$

式中，$\varphi_{\text{甘汞}}$在一定温度下是常数；$\varphi^{\ominus}_{\text{玻}}$对于给定的玻璃电极也为一常数，它可以由测定一个已知 pH 值的标准缓冲溶液的电动势求得。所以，只要测出待测溶液的电动势 E，就可以计算出该溶液的 pH 值。但酸度计把测得的电动势直接用 pH 值刻度表示出来，因而在酸度计上可以直接读出溶液的 pH 值。

（2）pHS－3C 型酸度计

酸度计的种类很多，这里主要介绍 pHS－3C 型酸度计的使用方法。该仪器是精密数字显示 pH 计，其测量范围宽，重复性误差小。图 6－13 是仪器的基本原理图。

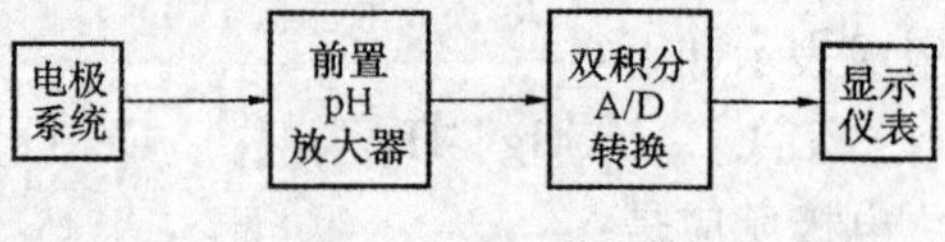

图 6－13　pHS－3C 型酸度计基本工作原理

其基本工作原理是利用 pH 电极和甘汞电极对被测溶液中不同的酸度产生的直流电位，通过前置 pH 放大器输入到 A/D 转换器中，以达到显示 pH 值数字的目的。同样，再配上适当的离子选择电极作电位滴定分析时，以达到显示终点电位的目的。其测量范围：pH 值：0～14；mV 数：0～±1400。

（3）使用方法

pHS－3C 型酸度计的面板结构如图 6－14 和图 6－15 所示。

① 仪器使用前的准备：将复合电极按要求接好，置于蒸馏水中，并使加液口外露。

② 预热：按下电源开关，仪器预热 30 min，然后对仪器进行标定。

③ 仪器的标定（单点标定）：按下“pH”键，斜率旋钮调至 100% 位置；将复合电极洗干净，并用滤纸吸干后将复合电极插入一已知 pH 值的标准缓冲溶液中，温度旋钮调至标准缓

冲溶液的温度，搅拌使溶液均匀；调节定位旋钮使仪器读数为该标准缓冲溶液的 pH 值。仪器标定结束。

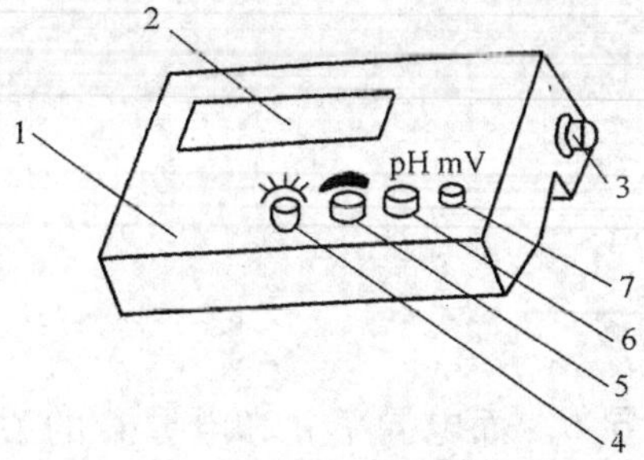

图 6－14　pHS－3C 型酸度计正面图

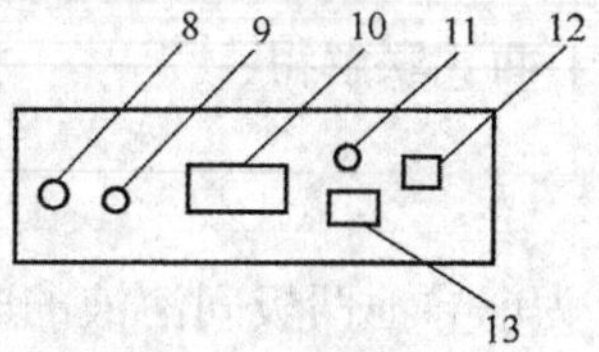

图 6－15　pHS－3C 型酸度计后面板

1—前面板；2—显示屏；3—电极梗插座；4—温度补偿调节旋钮；5—斜率补偿调节旋钮；6—定位调节旋钮；7—选择旋钮(pH 或 mV)；8—测量电极插座；9—参比电极插座；10—铭牌；11—保险丝；12—电源开关；13—电源插座

④ 测量 pH 值：将电极移出，用蒸馏水洗干净，并用滤纸吸干后将复合电极插入待测溶液中，搅拌使溶液均匀，仪器显示的数值即是该溶液的 pH 值。

⑤ 测量电极电位：将所需的离子选择性电极和参比电极按要求接好，按下“mV”键；将电极用蒸馏水洗干净，并用滤纸吸干后插入待测溶液中，搅拌使溶液均匀，仪器显示的数值即是该溶液的电极电位值；电极插入溶液后要充分搅拌均匀(2～3min)，待溶液静止后(2～3min)再读数；复合电极和饱和甘汞电极补充参比补充液，复合电极的外参比补充液是3mol·L^{-1}的氯化钾溶液，饱和甘汞电极的电极补充参比补充液是饱和氯化钾溶液。电极的引出端，必须保持干净和干燥，绝对防止短路；离子选择性电极使用之前要用蒸馏水浸泡活化。

(4) 注意事项

① 防止仪器与潮湿气体接触。否则，潮气浸入会降低仪器的绝缘性，使其灵敏度、精确度、稳定性都降低。

② 玻璃电极小球的玻璃膜极薄，容易破损，切忌与硬物接触。

③ 玻璃电极的玻璃膜不要沾上油污，如不慎沾有油污可先用四氯化碳或乙醚冲洗，再用酒精冲洗，最后用蒸馏水洗净。

④ 甘汞电极的氯化钾溶液中不允许有气泡存在，其中必须有极少结晶，以保持饱和状态。如结晶过多，将导致毛细孔堵塞，最好重新灌入新的饱和氯化钾溶液。

3. 电导率仪

电解质溶液的电导率是以数字表示溶液传导电流的能力，目前多采用电导率仪来进行测量。它测量范围广，操作简便，可以直接从表盘上读取数据，并有 0 ～ 10 mV 讯号输出，可接自动平衡记录仪进行连续记录。下面介绍 DDS－11A 型电导率仪的构造原理和使用方法。

(1) 基本原理

DDS－11A 型电导率仪基于“电阻分压”原理不平衡的测量方法，如图 6－16 所示，把振荡器产生的一个交流电压源 E，送到电导池 R_x 与量程电阻(分压电阻)R_m 的串联回路里。根据欧姆定律，其电流强度为：

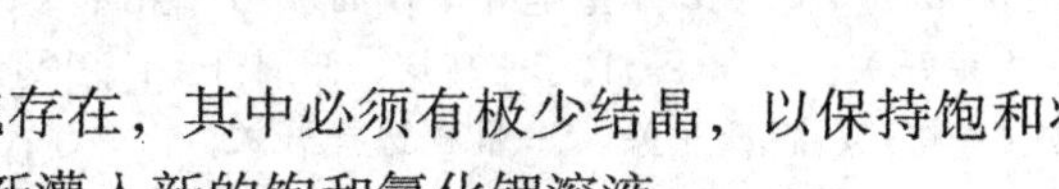

图 6－16　DDS－11A 型电导率仪测量原理图

$$I_x = \frac{E}{R_x + R_m} \tag{6-3}$$

因电池和负载是串联的，故通过负载(标准电阻器)R_m 的电流强度也是 I_x：

$$I_x = \frac{E_m}{R_m} \tag{6-4}$$

式(6-4)中，E_m 为负载电阻两端的电压降。

将以上两式联解得：

$$E_m = \frac{R_m}{R_m + R_x}E \tag{6-5}$$

其中，R_x 为电导池两极间溶液的电阻，其倒数为电导 G。而电导率 κ 和电导 G 的关系为：

$$G = \kappa \frac{A}{l} \tag{6-6}$$

式(6-6)中，A 为电极的面积，l 为电极间的距离，对一定的电极为常数。

由式(6-5)和式(6-6)可得：

$$E_m = \frac{R_m}{R_m + \frac{l}{\kappa A}}E \tag{6-7}$$

令 E、R_m 均为定值，A 和 l 为常数，由式(6-7)可知：当 κ 发生变化时，E_m 也发生相应变化，E_m 只是 κ 的函数，E_m 信号通过放大器线性放大后，由电导率仪表头直接指示出来，这样通过 E_m 的测量就相应地从指示器读出溶液的电导率 κ。

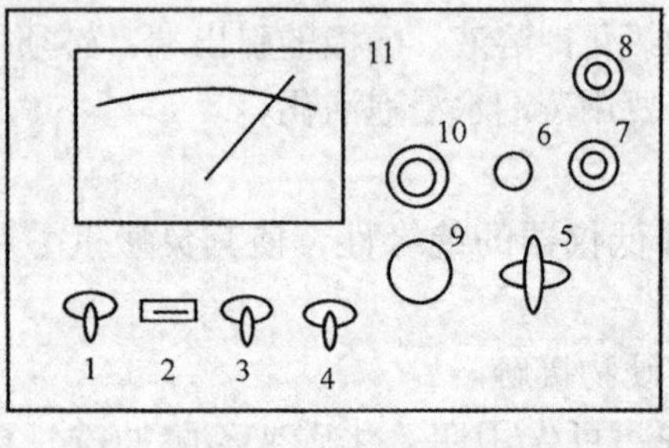

图 6-17　DDS-11A 型电导率仪面板图

1—电源开关；2—指示灯；3—高周、低周开关；4—校正、测量开关；5—量程选择开关；6—电容补偿调节；7—电极插口；8—10mV 输出插口；9—校正调节器；10—电极常数调节器；11—表头

(2) DDS-11A 型电导率仪使用方法

DDS-11A 型电导率仪的面板如图 6-17 所示。具体使用方法如下：

① 打开电源开关前，应观察表针是否指零，若不指零，可调节表头的螺丝，使表针指零。

② 将校正、测量开关拨在“校正”位置。

③ 插好电源后，再打开电源开关，此时指示灯亮。预热数分钟，待指针完全稳定下来为止。调节校正调节器，使表针指向满刻度。

④ 根据待测液电导率的大致范围选用低周或高周，并将高周、低周开关拨向所选位置。

⑤ 将量程选择开关拨到测量所需范围。如预先不知道被测溶液电导率的大小，则由最大档逐档下降至合适范围，以防表针打弯。

⑥ 根据电极选用原则，选好电极并插入电极插口。各类电极要注意调节好配套电极常数，如配套电极常数为 0.95(电极上已标明)，则将电极常数调节器调节到相应的位置 0.95 处。

⑦ 倾去电导池中的电导水，将电导池和电极用少量待测液洗涤 2~3 次，再将电极浸入待测液中并恒温。

⑧ 将校正、测量开关拨向“测量”，这时表头上的指示读数乘以量程开关的倍率，即为待测液的实际电导率。

⑨ 当量程开关指向黑点时，读表头上刻度（$0 \sim 1\mu S \cdot cm^{-1}$）的数值；当量程开关指向红点时，读表头下刻度（$0 \sim 3\mu S \cdot cm^{-1}$）的数值。

⑩ 当用 $0 \sim 0.1\mu S \cdot cm^{-1}$ 或 $0 \sim 0.3\mu S \cdot cm^{-1}$ 这两档测量高纯水时，在电极未浸入溶液前，调节电容补偿调节器，使表头指示为最小值（此最小值是电极铂片间的漏阻，由于此漏阻的存在，使调节电容补偿调节器时表头指针不能达到零点），然后开始测量。

（3）注意事项

① 电极的引线不能潮湿，否则测不准。

② 高纯水应迅速测量，否则空气中 CO_2 溶入水中变为 CO_3^{2-}，使电导率迅速增加。

③ 测定一系列浓度待测液的电导率，应注意按浓度由小到大的顺序测定。

④ 盛待测液的容器必须清洁，没有离子玷污。

⑤ 电极要轻拿轻放，切勿触碰铂黑。

⑥ 测定完毕，应将电极洗净浸在蒸馏水中。

4. 电位差计

（1）工作原理

电位差计是按照对消法测量原理设计的一种平衡式电压测量仪器。它与标准电池、检流计等相配合，成为电压测量的基本仪器。图 6－18 是对消法测量电池电动势原理示意图。图中，E_N 是标准电池，其电动势精确值是已知的。E_x 为被测电动势，G 为灵敏度很高的检流计，用来做示零指示，通常用磁电式检流计。R_N 为标准电池的补偿电阻，它的大小根据工作电流来选择。R 是被测电动势的补偿电阻，它是由已知电阻值的各进位盘组成，可以调节 R_K 的数值，使其电压降与 E_x 相补偿。r 是调节工作电流的变阻器，B 是工作电源用的电池，K 是转换开关。

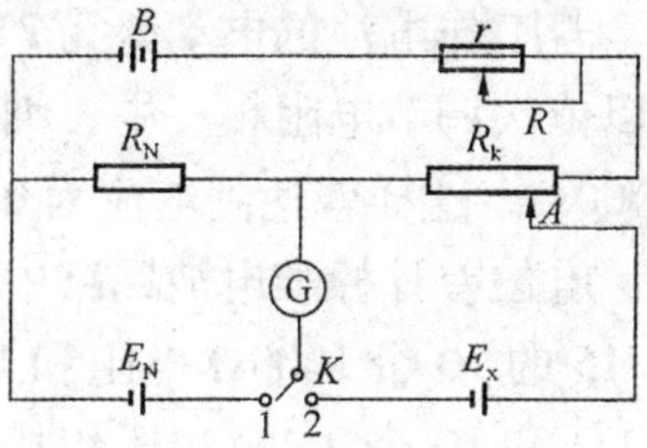

图 6－18 对消法测量电动势原理示意图

由图 6－18 可知，电位差计由工作电流回路、标准回路和测量回路三个回路组成。

工作电流回路，也叫电源回路。从工作电池 B 正极开始，经变阻器 r，再经被测电动势的补偿电阻 R，标准电池的补偿电阻 R_N，回到工作电池负极。它的作用是借助于调节 r 使在 R_N 上产生一定的电位降。

标准回路，也叫校准回路。从标准电池的正极开始（当换向开关 K 扳向 1 时），经检流计 G，再经标准电池的补偿电阻 R_N 回到标准电池负极。它的作用是校准工作电流回路以标定 R_N 上的电位降。令 $U_N = IR_N = E_N$（借助于调节 r 使 G 中电流为零 $I_G = 0$ 来实现），式中 I 是流过 R_N 和 R 上的电流，称为电位差计的工作电流。使 R_N 段上的电位降 U_N（称为补偿电压）与标准电池的电动势 E_N 相对消，大小相等而方向相反。

测量回路。从待测电池的正极开始（当换向开关 K 扳向 2 时），经被测电动势的补偿电阻 R，再经检流计 G，回到待测电极的负极。它的作用是用标定好的 R_k 的电位降来测量未知电池的电动势。在保持校准后的工作电流不变（即固定 r 的条件下），在 R 上找出 A 点，使得 G 中电流为零 $I_G = 0$，从而 $U_k = IR_k = E_x$，使 R_k 段上的电位降 U_k（称为补偿电压）与待测电池的电动势 E_x 相对消，大小相等而方向相反。因工作电流 I 相同，则：

$$E_x = \frac{E_N}{R_N} R_k \quad (6-8)$$

由式(6-8)可以看出，应用补偿法测量电动势有以下优点：不需要测量出线路中所流过电流 I 的数值，只要测得 R_N 与 R_k 的比值即可；当完全补偿时，测量回路与被测量回路之间无电流通过，所以测量线路不消耗被测量线路的能量，故被测量线路的电动势不因为接入电位差计而有变化。

测量结果之准确性依赖于标准电池的电动势 E_N 及被测电动势之补偿电阻 R_k 与标准电池电动势补偿电阻 R_N 之比值的准确性，由于标准电池及 R_k、R_N 电阻的制造精度都较高，可以应用高灵敏度检流计，使测量结果极为准确。

(2) UJ-25 型电位差计

UJ-25 型电位差计是一种实验室常用的高精密度的电势电位差计，其内部电路如图 6-19 所示。图中 E 为工作电池，E_N 为标准电池，E_X 为被测电池。

该电路图的工作回路由下列各部分组成：第Ⅰ测量十进盘为 18 个 1000Ω 的电阻组成，其中第 5 个电阻是由一个 999Ω 和温度补偿 B 的十进盘 10 个 0.1Ω 电阻串联而成，第 16 个电阻则由 1 个 180Ω、1 个 810Ω 及温度补偿 A 的十进盘 10 个 1Ω 电阻串联而成；第Ⅱ测量十进盘为 11 个 100Ω 的电阻组成；第Ⅲ测量十进盘为 10 个 10Ω 电阻组成，另有 10 个 10Ω 电阻为其替代盘；第Ⅳ测量十进盘为 10 个 1Ω 电阻组成，另有 10 个 1Ω 电阻为其替代盘；第Ⅴ、Ⅵ测量十进盘为分路十进盘，分别由 10 个 1Ω 及 10 个 0.1Ω 电阻(有 10 个 0.1Ω 为替代盘)组成。它与 1 个 889Ω 电阻串联后，并联在第Ⅱ测量十进盘的 1 个 100Ω 电阻上。

以上五个部分Ⅰ~Ⅵ测量盘的电阻值共计 19200Ω(相当于图 6-18 中 R)。

工作回路中的电流由调节电阻(分粗、中、细、微四挡)来调节，使其达到电流为 0.0001A。调节电阻是由 3 个 17 档进位盘(粗：17×240Ω，中：17×14.5Ω，细：17×1Ω)和 1 个 21 档进位盘(微：21×0.05Ω)组成(相当于图 6-18 中的 r)。

若工作电池的电动势为 2V，要使电流为 0.0001A，则必须使回路电阻值为 20000Ω，这可以依次调节电阻粗、中、细、微到总值 800Ω，加上 6 个测量十进盘的阻值 19200Ω，总共 20000Ω，这样就达到电流为 0.0001A。

电位差计标准电池回路中标准电池电动势的补偿电阻包括下列电阻：第Ⅰ测量十进盘从 5~15 的 10 个 1000Ω 电阻和 1 个 180Ω 电阻共计 10180Ω；温度补偿十进盘 A、B 分别由 10 个 1Ω 和 10 个 0.1Ω 电阻组成。当标准电池的电动势在一定室温下为 1.01863V，要使检流

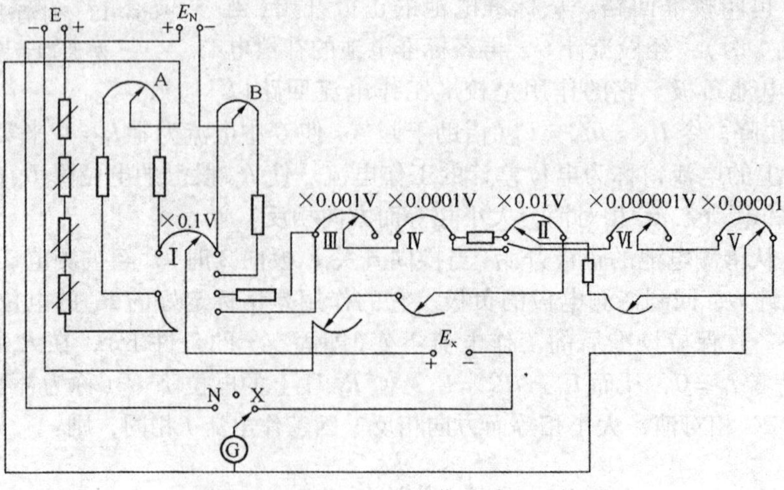

图 6-19　UJ-25 型电位差计电路简图

计中没有电流通过，必须使标准电池回路与工作电池回路电流相等（方向相反）、检流计两端电压相等。可以通过调节标准回路中电阻值为 10186.3Ω（电流 0.0001A）即把 A 盘放在“6”，B 盘放在“3”的位置上（总电阻就是 $10000+180+6+0.3=10186.3\Omega$，相当于图 6－18 中 R_N），这样就达到对消的目的。

在测量未知电动势时，把开关由标准推向未知，由于工作电流固定为 0.0001A，放在测量回路中的每只电阻上的电压降为：第Ⅰ测量十进盘为 $1000\Omega\times0.0001A=1\times10^{-1}V$。同理，第Ⅱ测量盘为 $1\times10^{-2}V$，第Ⅲ盘为 $1\times10^{-3}V$，第Ⅳ盘为 $1\times10^{-4}V$。第Ⅴ、Ⅵ盘为第Ⅱ盘的分路，电流为其 1/10（即 0.00001A），所以，第Ⅴ测量盘上每只电阻的电压降为 $1\times10^{-5}V$，第Ⅵ测量盘则为 $1\times10^{-6}V$。

（3）UJ－25 型电位差计使用方法

UJ－25 型电位差计面板如图 6－20 所示。电位差计使用时都配用灵敏检流计和标准电池以及工作电源。下面说明测量电压的方法。

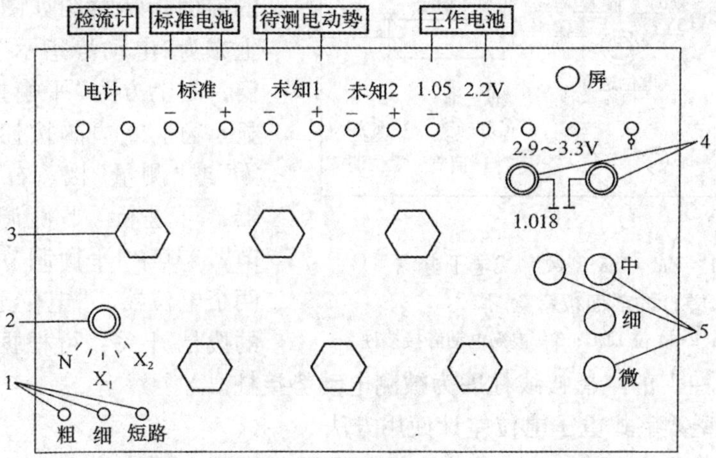

图 6－20 UJ－25 型电位差计面板示意图

1—按钮（粗、细、短路）；2—换向开关；3—测量旋钮（1～6）；
4—标准电池温度补偿旋钮；5—工作电流调节旋钮（粗、中、细、微）

① 连接线路。先将（N、X_1、X_2）转换开关放在断的位置，并将左下方三个电计按钮（粗、细、短路）全部松开，然后依次将工作电源、标准电池、检流计以及被测电池按正、负极性接在相应的端钮上，检流计没有极性的要求。

② 调节工作电压（标准化）。将室温时的标准电池电动势值算出，调节温度补偿旋钮（A，B），使数值为校正后的标准电池电动势。

将（N、X_1、X_2）转换开关放在 N（标准）位置上，按“粗”电计旋钮，旋动右下方（粗、中、细、微）四个工作电流调节旋钮，使检流计示零。然后再按“细”电计按钮，重复上述操作。注意按电计按钮时，不能长时间按住不放，需要“按”和“松”交替进行。

③ 测量未知电动势。将（N、X_1、X_2）转换开关放在 X_1 或 X_2（未知）位置，按下电计“粗”，由左向右依次调节六个测量旋钮，使检流计示零。然后再按下电计“细”按钮，重复以上操作使检流计示零。读出六个旋钮下方小孔示数的总和即为电池的电动势。

（4）UJ－25 型电位差计注意事项

① 测量过程中，若发现检流计受到冲击时，应迅速按下短路按钮，以保护检流计。

② 由于工作电源的电压会发生变化，故在测量过程中要经常标准化。另外，新制备的电池电动势也不够稳定，应隔数分钟测一次，最后取平均值。

③ 测定时按电计按钮的时间要尽量短，以防止电流通过而改变电极表面的平衡状态。

④ 若在测定过程中，检流计一直往一边偏转，找不到平衡点，这可能是电极的正负号接错、线路接触不良、导线有断路、工作电源电压不够等原因引起，应该进行检查。

⑤ 接线时，电池的正、负极切勿接错。

(5)EM－2A 型数字式电子电位差计

传统的电动势测量实验装置由电位差计、检流计、工作电源和标准电池四部分组成，虽有助于理解基本的物理概念，但系统结构复杂。EM－2A 型的数字式电子电位差计，既沿用了原装置的测量原理，又提高了测量精度并简化装置的结构。仪器采用 6 位及 4 位两组高亮度 LED 的数字显示。

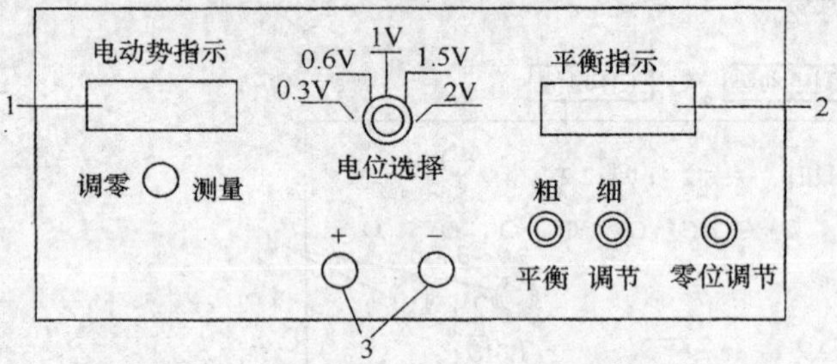

图 6－21　EM－2A 型数字式电子电位差计的前面板示意图

1—6 位 LED；2—4 位 LED；3—被测电动势接接柱

EM－2A 型数字式电子电位差计的前面板示意图如图 6－21 所示，左上方为“电动势指示”6 位数码管显示窗，右上方为“平衡指示”4 位数码管显示窗。左边的按钮开关可置于“调零”或“测量”档。右下角有三个电位器，可进行“平衡调节”和“零位调节”。其中“平衡调节”包括“粗”“细”两个电位器。“电位选择”为一个五档的拨档开关，可根据测量需要选档。两个标记为“＋”“－”的红黑接线柱即为被测电动势接柱。

(6)EM－2A 型数字式电子电位差计使用方法

① 插上电源插头，打开电源开关，两组 LED 显示即亮，预热 5min。

②连接线路，将被测电动势按正负极在红黑接线柱上接好。左 LED 显示为内置高精度电压源的值，右 LED 通常为“999”或“－999”。如显示均为 7，则表示被测电动势超量程。

③ 选择量程，“电位调节”分“0.3V”、“0.6V”与“1V”、“1.5V”和“2V”，分别对应：0～0.3V、0.3～0.6V、0.6～1V、1～1.5V、1.5～2V。各档之间有一定的交叉。也就是说，如被测电动势在 0.3V 左右，则选择 0.3V 和 0.6V 档都可以。选档有两种方法：根据估计的被测电势值，将“电位选择”开关拨至相应档位；任选一档位，如“平衡指示”为“999”，则选此档或需向左换档；如“平衡指示”为“－999”，则选此档或需向右换档，再进一步调节电位器即可选出正确的档位。

④ 调零，将前面板上的按钮开关拨至“调零”位置，调节“零位调节”电位器，使得“平衡指示”数码显示稳定在正零指示上。“电动势指示”此时显示为“——”。

⑤ 测量，将前面板上的按钮开关拨至“测量”位置，调节“平衡调节”处的“粗”、“细”调节电位器，使得“平衡指示”数码显示在零值附近。此时，等待“电动势指示”数码显示稳定下来，即为被测电动势值。需注意的是，因为仪器的精度极高，“电动势指示”和“平衡指示”数码显示在小范围内摆动属正常，摆动数值通常在 ±2 之间。

(7) EM－2A 型数字式电子电位差计注意事项

① 当电动势指示窗口的数值接近实际值的 ±10mV 时，平衡指示窗口才显示数值，否则

显示999或-999。

② 由于仪器精密度较高，每次调节平衡调节旋钮后，电动势指示窗口的显示数值需经过一定时间才能稳定。

③ 测量仪器需单独放置，不要用手触摸仪器外壳。

④ 测量完毕后，需将开关置于调零档，并及时将被测电池取下。

5. 标准电池

在测定电池的电动势时，需要一个电动势已知并且稳定不变的辅助电池，此电池即为标准电池。标准电池分为饱和式和不饱和式两类。前者可逆性好，因而电动势的重现性和稳定性均很好，但温度系数 K 较大，使用时需进行温度校正，常用于精密测量。后者的温度系数较小，但可逆性较差，常用于精度要求不很高的测量，可免除繁琐的温度校正。实验室中常用的饱和式标准电池是 Weston 标准电池。

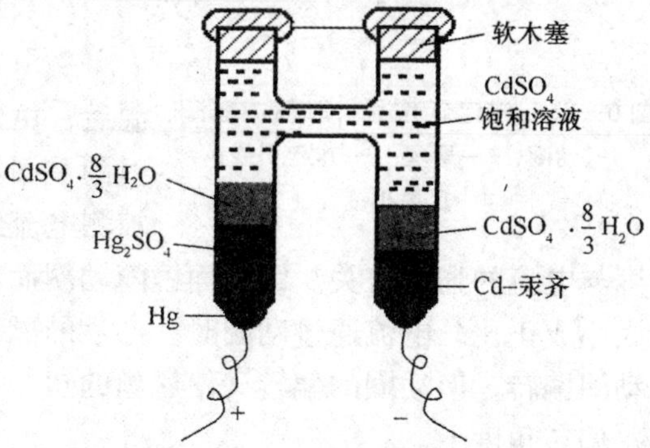

图6-22 标准电池

(1) 标准电池的结构

Weston 标准电池结构如图6-22所示。它的正极是 Hg(l) 和 Hg_2SO_4(s) 的糊状物，下方放少许汞(Hg)是为了使引出的导线接触良好；负极是含 Cd 12.5% 的镉汞齐，在糊状体和镉汞齐上面均放有 $CdSO_4\cdot\frac{8}{3}H_2O$(s)的晶体及其饱和溶液。电池图式为：

$$Cd-Hg(12.5\%\,Cd)\ |\ CdSO_4\cdot\frac{8}{3}H_2O\ |\ CdSO_4(\text{饱和})\ |\ CdSO_4\cdot\frac{8}{3}H_2O\ |\ Hg_2SO_4(s)\ |\ Hg$$

其电极反应为：负极： $Cd(\text{汞齐})\longrightarrow Cd^{2+}+2e$

正极： $Hg_2SO_4(s)+2e\longrightarrow 2Hg(l)+SO_4^{\ 2-}$

总反应： $Cd(\text{汞齐})+Hg_2SO_4(s)+\frac{8}{3}H_2O =\!=\!= 2Hg(l)+CdSO_4\cdot\frac{8}{3}H_2O$

电池内的反应是可逆的，并且电动势很稳定。因为根据电池的净反应，标准电池的电动势只与镉汞齐的活度有关，而且用于制备标准电池的镉汞齐的活度在定温下有定值。20℃时 $E_0=1.0186V$，其他温度下 E_t 可按下式计算：

$$E_t=E_0-4.06\times10^{-5}(t-20)-9.5\times10^{-7}(t-20)^2$$

(2)标准电池使用和维护

① 机械振动会破坏电池的平衡，故使用及搬动时应避免振动，且绝对不允许倒置或倾斜放置。

② 因 $CdSO_4\cdot\frac{8}{3}H_2O$ 晶体在温度波动的环境中会反复不断溶解、再结晶，致使原来微小的晶粒结成大块，增加电池的内阻及降低电位差计中检流计回路的灵敏度。因此，应尽可能将标准电池置于温度波动不大的环境中。

③ 由于温度系数与电池的正极、负极都有关系，故放置时应使两极处于同一温度下。

④ $CdSO_4$ 是一感光性物质，光的照射会使其变质，变质后的 $CdSO_4$ 将使电池的电动势对温度变化的滞后增大，故标准电池放置时应避免光的照射。

6. 检流计

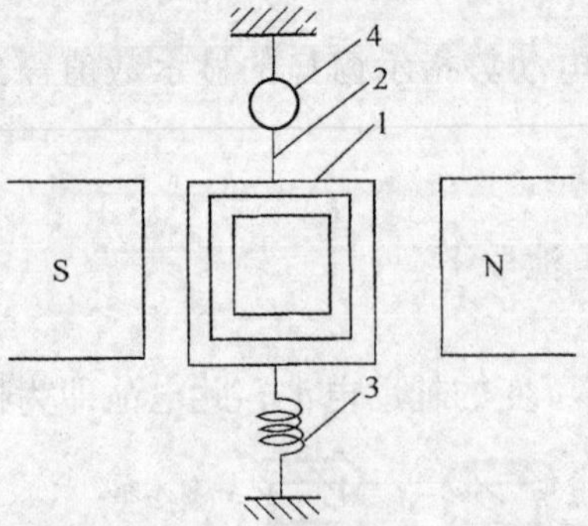

图 6－23　磁电式检流计结构示意图
1—动圈；2—悬丝；3—电流引线；
4—反射小镜

检流计也是电学测量中最基本的测试设备之一，常用来检查电路中有无电流通过，主要用在平衡式直流电测量仪器，如电位差计、电桥作示零仪器。另外在光－电测量、差热分析等实验中测量微弱的直流电流。实验室中使用最多的是磁电式多次反射光点检流计，它可以和分光光度计及 UJ－25 型电位差计配套使用。

（1）检流计工作原理

磁电式检流计结构如图 6－23 所示。当检流计接通电源后，由灯泡、透镜和光栏构成的光源发射出一束光，投射到平面镜上，再反射到反射镜上，最后成像在标尺上。被测电流经悬丝通过动圈时，使动圈发生偏转，其偏转的角度与电流的强弱有关。因平面镜随动圈而转动，所以在标尺上光点移动距离的大小与电流的大小成正比。电流通过动圈时，产生的磁场与永久磁铁的磁场相互作用，产生转动力矩，使动圈偏转。但动圈的偏转又使悬丝的扭力产生反作用力矩，当二力矩相等时，动圈就停在某一偏转角度上。

（2）AC15 型检流计

AC15 型检流计是一种磁电式高灵敏度仪表，采用光点复射式（光标多次反射再投射到刻度尺上）读数，故又叫光点检流计。其分度值约 5×10^{-9} A/分度，用来测量微小电流（$10^{-7}\sim10^{-9}$ A）或微小电压（$10^{-5}\sim10^{-7}$ V），如光电流、生物电流及温差电动势等，也常作为电桥和电位差计的零指示器，以提高测量的准确度。仪器面板如图 6－24 所示。

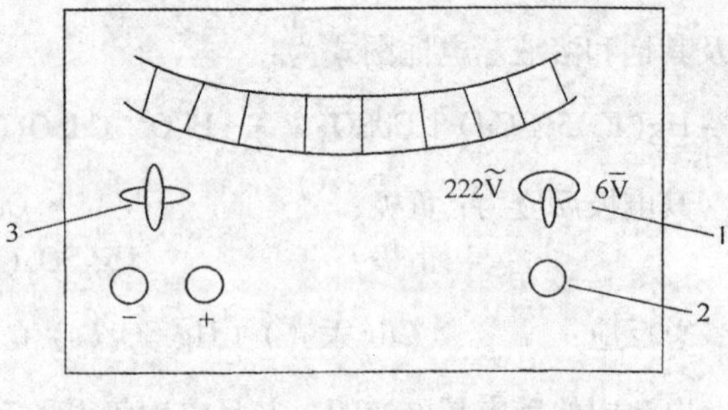

图 6－24　AC15 型检流计面板图
1—电源开关；2—零点调节器；3—分流器开关

（3）AC15 型检流计使用方法

① 首先检查电源开关所指示的电压是否与所使用的电源电压一致，然后接通电源。

② 旋转零点调节器，将光点准线调至零位。

③ 用导线将输入接线柱与电位差计“电计”接线柱接通。

④ 测量时先将分流器开关旋至最低灵敏度档（0.01 档），然后逐渐增大灵敏度进行测量（“直接”档灵敏度最高）。

⑤ 在测量中如果光点剧烈摇晃时，可按电位差计短路键，使其受到阻尼作用而停止。

⑥ 实验结束时，或移动检流计时，应将分流器开关置于“短路”档，以防止损坏检流计。

（4）AC15 型检流计使用注意事项

① 移动检流计或使用完毕时，“分流器”均应置于“短路”档；因线圈的金属悬丝很细、易断，切忌摇晃、震动，操作时动作一定要轻。

② 供电有交流 220 V 和直流 6 V 两种方式，实验室接 220 V 电源，不得插错；面板“电源”开关扳向所选择的供电方式；一般电流由“＋”流入检流计时，光标向右偏。

③ 使用前要调零：先调节“零点调节”，使光标中线指在中间“0”左右，然后移动标尺上的金属小柱使光标精确指“0”。

④ 找不到光点时，可将“分流器”旋钮旋至“直接”档；当光标摆动不停时，可旋向“短路”档，使检流计受到阻尼而停止摆动。

⑤“分流器”选择旋钮“×0.01”、“×0.1”、“×1”等，其中“×1”为灵敏度最高档，使用时，可先选最低档，调节后再换高灵敏档。

6－2.2　光学测量仪器

光学测量仪器是利用光与物质相互作用可以产生各种光学现象，如光的反射、折射、吸收、散射、偏振以及物质的受激辐射等，通过研究这些光学现象，可以提供原子、分子、以及晶体结构等方面的大量信息的仪器。在化学实验中常用的光学测量仪器有：阿贝折光仪、旋光仪、分光光度计等。

1. 阿贝折射仪

折射率是化合物的重要常数之一，作为检测液态物质纯度的标准，它比沸点更为可靠。折射率也用于确定液体混合物的组成，通常用阿贝折射仪测定折射率。

（1）基本原理

光在不同介质中的传播速度不同。当光从介质1进入介质2时，它的传播方向会发生改变，这一现象称为光的折射。根据折射定律，在一定温度下，入射角 α 和折射角 β 之间有如下关系：

$$\frac{\sin\alpha}{\sin\beta}=\frac{v_1}{v_2}=\frac{n_2}{n_1} \tag{6-9}$$

式(6－9)中，v_1 和 v_2 分别是光在介质1、2中的传播速率；n_1 和 n_2 分别为介质1、2的折射率。如图6－25所示。

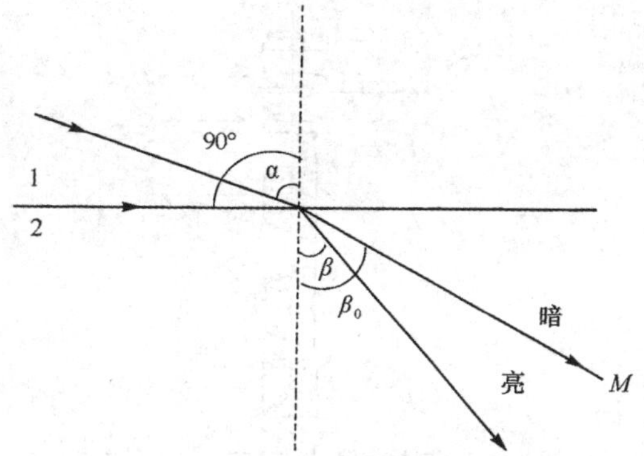

图6－25　光在不同介质中的折射

如果 $n_2>n_1$，即光线由光疏介质进入光密介质时，则入射角 α 大于折射角 β，随着入射光入射角的不断增大，相应的折射角也增大，当入射角 α 为90°时，折射角也达最大值 β_0，β_0 称为临界折射角，显然，从图中法线左边入射的光线折射入第二种介质时，折射线都应落在临界折射角 β_0 之内。这时若在 M 处放一目镜，则可见镜上出现半明半暗。从式(6－9)可以看出，当一种介质固定时，临界折射角 β_0 的大小和折射率有简单的函数关系。阿贝折射仪就是根据这个原理设计而成。

阿贝折射仪的外形如图6－26所示，仪器的主要部分为棱镜组11，由上面的测量棱镜和下面的辅助棱镜组成。测量棱镜是光滑的，辅助棱镜是磨砂的。两棱镜中间留有小缝隙，其中可以铺展一层待测液体。光线由反射镜入射到辅助棱镜产生漫射，以0～90°不同入射角进入液体层，再到达测量棱镜。测量棱镜的折射率很高（约1.85），大于液体的折射率，其折射角小于入射角，这使得在临界角以内的区域有光线通过，是明亮的；而临界角以外的区域没有光线通过，是暗的，从而形成了半明半暗的图像。

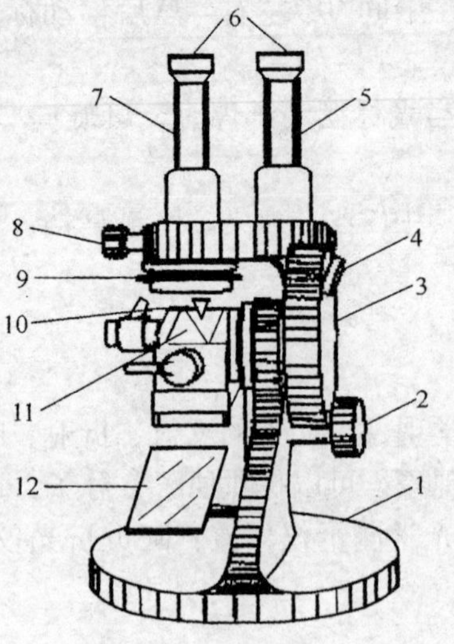

图 6-26　阿贝折射仪的外形图
1—底座；2—棱镜转动手轮；3—圆盘组(内有刻度板)；4—小反射镜；5—读数镜筒；6—目镜；7—望远镜；8—阿米西棱镜手轮；9—色散值刻度圈；10—棱镜锁紧扳手；11—棱镜组；12—反光镜

阿贝折射仪光学系统由望远系统和读数系统组成。望远系统如图 6-27 所示。光线经反射镜 1 反射进入进光棱镜 2 及折射棱镜 3，待测液体放在 2 与 3 之间，经阿米西色散棱镜组 4 以抵消由于折射棱镜与待测物质所产生的色散，通过物镜将明暗分界线(明暗分界线的形成见实验原理)成像于分划板 6 上，再经目镜 7，8 放大后为观察者所观察。

阿贝折射仪读数系统，如图 6-28 所示，光线由小反射镜 14 经毛玻璃 13、照明刻度盘 12，经转向棱镜 11 及物镜 10 将刻度成像于分化板 9 上，经目镜 7′、8′放大成像于观察者眼中。

(2) 使用方法

① 仪器校正：阿贝折射仪刻度盘上的标尺的零点有时会发生移动，必须校正。方法是用蒸馏水来校正，因为蒸馏水在一定温度(20℃)和一定光源(钠光 5893Å)下，它的折射率为定值，$n=1.3330$。因此，只要在棱镜上滴几滴蒸馏水到进光棱镜上，调节并读取其折射率值，如不相符，可微动仪器上的校正螺旋，使完全相同。这样，阿贝折射仪的读数就校正好了。

② 仪器安装：将阿贝折射仪安放在光亮处，但应避免阳光的直接照射，以免液体试样受热迅速蒸发。用超级恒温槽将恒温水通入棱镜夹套内，检查棱镜上温度计的读数是否符合要求[一般选用(20.0±0.1)℃或(25.0±0.1)℃]。

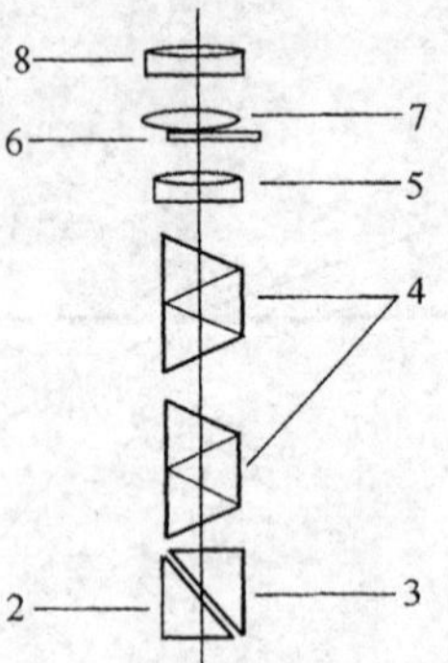

图 6-27　阿贝折射仪望远系统

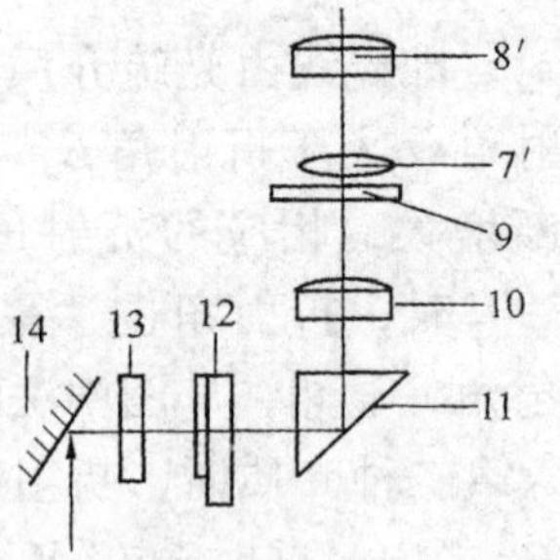

图 6-28　阿贝折射仪读数系统

③ 加样：旋开测量棱镜和辅助棱镜的闭合旋钮，使辅助棱镜的磨砂斜面处于水平位置，若棱镜表面不清洁，可滴加少量丙酮，用擦镜纸顺单一方向轻擦镜面(不可来回擦)。待镜面洗净干燥后，用滴管滴加数滴试样于辅助棱镜的毛镜面上，迅速合上辅助棱镜，旋紧闭合旋钮。若液体易挥发，动作要迅速，或先将两棱镜闭合，然后用滴管从加液孔中注入试样(注意切勿将滴管折断在孔内)。

④ 对光：用白炽灯照明，调节两反光镜，使望远镜与读数目镜视场明亮。

⑤ 读数：旋转棱镜及刻度盘转动手轮，使棱镜组转动，这时在望远镜视场中可观察到

明暗分界线随着上下移动，旋转阿西米棱镜手轮，使视场中除黑白二色外无其他颜色，如图6－29所示。将分界线对准十字交叉中心，读出目镜视场右边所示的刻度值，即为待测液体在该温度下的折射率 n_x，如图6－30所示。

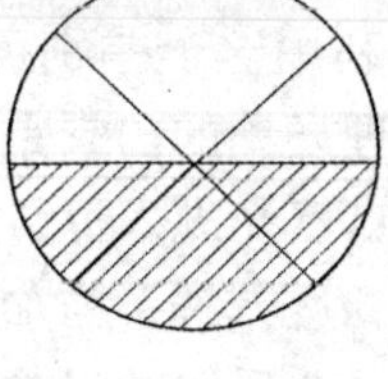

图6－29　阿贝折射仪明暗分界

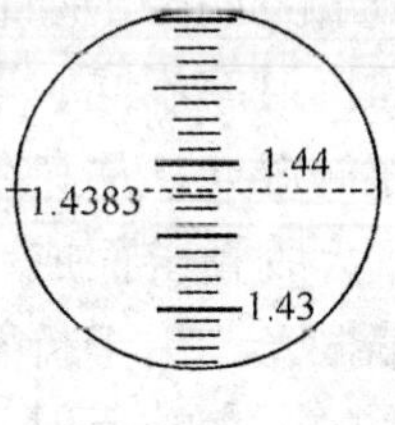

图6－30　读数目镜视场

（3）数字阿贝折射仪

数字阿贝折射仪的工作原理与上面讲的完全相同，都是基于测定临界角。它由角度－数字转换系统将角度量转换成数字量，再输入微机系统进行数据处理，而后数字显示出被测样品的折射率。下面介绍一种WYA－S型数字阿贝折射仪，其外形结构如图6－31所示。该仪器使用颇为方便，内部具有恒温结构，并装有温度传感器，按下温度显示按钮可显示温度。按下测量显示按钮可显示折射率。

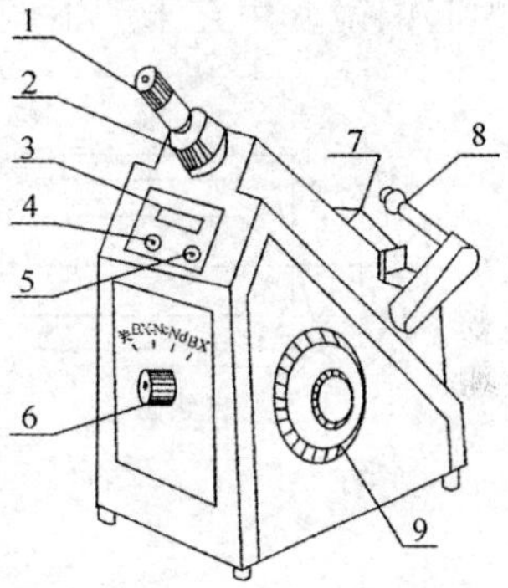

图6－31　WYA－S数字阿贝折射仪外形结构示意图

1—望远镜系统；2—色散校正系统；3—数字显示窗；4—测量显示按钮；5—温度显示按钮；6—方式选择旋钮；7—折射棱镜系统；8—聚光照明系统；9—调节手轮

（4）数字阿贝折射仪的注意事项

① 使用时要注意保护棱镜，清洗时只能用擦镜纸而不能用滤纸等。加试样时不能将滴管口触及镜面。对于酸碱等腐蚀性液体不得使用阿贝折射仪。

② 每次测定时，试样不可加的太多，一般只需加2～3滴即可。

③ 要注意保持仪器清洁，保护刻度盘。每次实验完毕，要在镜面上加几滴丙酮，并用擦镜纸擦干。最后用两层擦镜纸夹在两棱镜镜面之间，以免镜面损坏。

④ 读数时，有时在目镜中观察不到清晰的明暗分界线，而是畸形的，这是由于棱镜间未充满液体，若出现弧形光环，则可能是由于光线未经过棱镜而直射到聚光镜上。

⑤ 若待测试样折射率不在1.3～1.7范围内，则阿贝折射仪不能测定，也看不到明暗分界线。

⑥ 仪器应放在干燥、空气流通和温度适宜的地方，以免仪器的光学零件受潮发霉。

⑦ 仪器使用前后及更换试样时，必须先清洗擦净折射棱镜的工作表面。

⑧ 被测液体试样中不可含有固体杂质，测试固体样品时应防止折射镜工作表面拉毛或产生压痕。

⑨ 仪器应避免强烈振动或撞击，防止光学零件震碎、松动而影响精度。

2. 旋光仪

旋光仪是当平面偏振光通过具有旋光性的物质时，测定物质旋光度的大小和方向的仪器。通过对样品旋光度的测定，可以分析确定物质的浓度、含量及纯度等。另外，具有旋光性的物质是由于结构具有非对称性，故测定旋光度也可确定化合物的结构。

（1）偏振光和旋光度

普通光源发出的光，其光波在垂直于传播方向的一切方向上振动，这种光称为自然光；而只在一个方向上有振动的光称为平面偏振光。一束单色自然光通过双折射的晶体（如方解石）时，产生两束振动平面相互垂直的偏振光，如图6－32所示。

这两束偏振光的折射率不同，因而其临界角也不同，利用这个差别可以将两束光分开，从而获得单一的平面偏振光。尼科尔棱镜就是根据这一原理设计的。它是将方解石晶体沿一定对角剖开再用加拿大胶粘合而成，如图6－33所示。当自然光进入尼科尔棱镜时就分成两束互相垂直的平面偏振光，由于折射率不同，当这两束光到达方解石与加拿大树胶的界面上时，其中折射率较大的一束被反射，而另一束光自由通过。全反射的光被直角面上的黑色涂层吸收，从而在尼科尔棱镜的射出方向上获得一束单一的平面偏振光。在这里，尼科尔棱镜称为起偏镜，用它来产生偏振光。

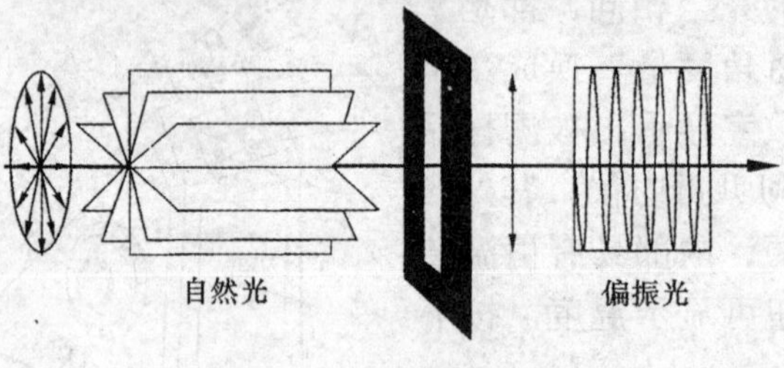

图6－32　偏振光的产生

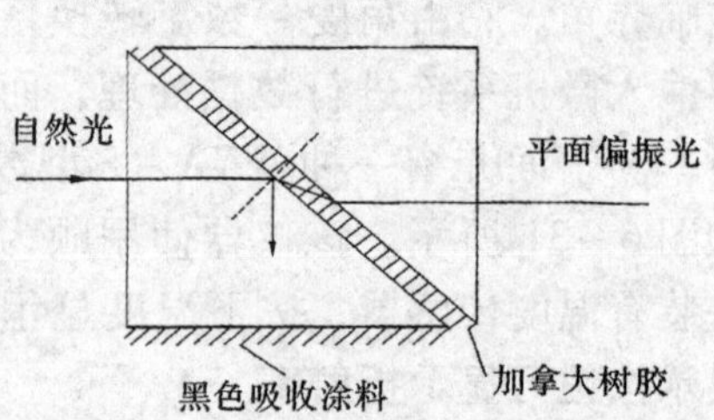

图6－33　尼科尔棱镜起偏振的原理图

当偏振光通过具有旋光性物质时，光的偏振面会发生偏转，其偏转的角度称为旋光度，用α表示。物质具有旋光性是由于分子结构的不对称引起的，旋光的方向和大小与分子立体结构有关，当来自起偏镜的偏振光通过旋光物质后在光前进的方向上向右旋转一个角度。则该物质具有右旋性，旋光度α定为正值；反之，则称该物质为左旋性，旋光度α为负值。

旋光度的大小与光穿过旋光物质液层厚度成正比，如为溶液，还与旋光物质浓度成正比。这样，α的计算如下式：

$$\alpha = [\alpha]_{\lambda}^{t} c \cdot l \qquad (6-10)$$

式（6－10）中：λ是入射光波长；t为测定时的温度；l为液层厚度，dm；c为溶液浓度，以每毫升溶液中所含溶质的克数表示；$[\alpha]_{\lambda}^{t}$称为比旋光度，当l和c都等于1时，则$\alpha = [\alpha]_{\lambda}^{t}$。

因此，比旋光度的定义是：在一定温度下，光的波长一定，将1mL中含有1g旋光性物质的溶液，放入1dm长的盛液管中测出的旋光度。

在测定旋光度时一般以钠光灯作光源，波长是589.3nm，通常用D表示。比旋光度就表示为：$[\alpha]_{D}^{t}$，当溶质不同时，$[\alpha]_{D}^{t}$值不同，故$[\alpha]_{D}^{t}$值是衡量物质旋光能力大小的量。

（2）测量原理和结构

当一束单色光照射到尼柯尔棱镜时，分解为两束相互垂直的平面偏振光，一束折射率为1.658的寻常光，一束折射率为1.486的非寻常光，这两束光线到达加拿大树脂粘合面时，折射率大的（加拿大树脂的折射率为1.550）被全反射到底面上的墨色涂层被吸收，而折射率小的光则通过棱镜，这样就获得了一束单一的平面偏振光。用于产生平面偏振光的棱镜称为起偏镜，如让起偏镜产生的偏振光照射到另一个透射面与起偏镜透射面平行的尼柯尔棱镜，则这束平面偏振光也能通过第二个棱镜，如果第二个棱镜的透射面与起偏镜的透射面垂直，则由起偏镜出来的偏振光完全不能通过第二个棱镜。如果第二个棱镜的透射面与起偏镜的透射面之间的夹角 θ 在 $0° \sim 90°$ 之间，则光线部分通过第二个棱镜，此第二个棱镜称为检偏镜。通过调节检偏镜，能使透过的光线强度在最强和零之间变化。如果在起偏镜与检偏镜之间放有旋光性物质，则由于物质的旋光作用，使来自起偏镜的光的偏振面改变了某一角度，只有检偏镜也旋转同样的角度，才能补偿旋光线改变的角度，使透过的光的强度与原来相同。旋光仪就是根据这种原理设计的。如图 6－34 为旋光仪构造示意图。

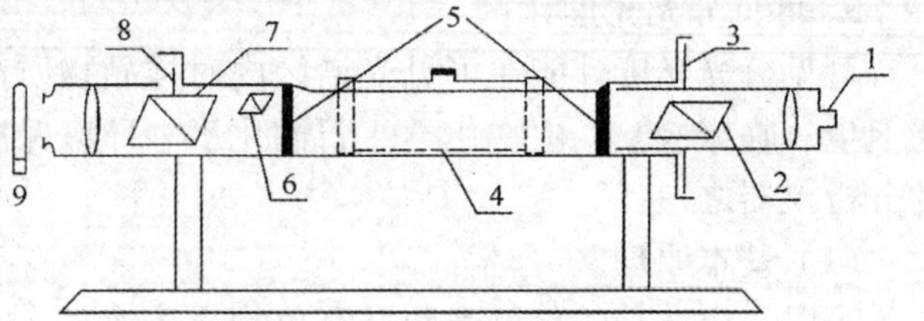

图 6－34　旋光仪构造示意图

1—目镜；2—检偏棱镜；3—圆形标尺；4—样品管；5—窗口；6—半暗角器件；7—起偏棱镜；8—半暗角调节；9—灯

用肉眼判断偏振光通过旋光物质前后的强度是否相同是十分困难的，这样会产生较大的误差，为此设计了一种在视野中分出三分视界的装置。原理是在起偏镜后放置一块狭长的石英片，其长度约为视野的 1/3，由起偏镜透过来的偏振光垂直通过石英片时，由于石英片的旋光性，使偏振面旋转了一个角度 Φ，通过镜前观察，光的振动方向如图 6－35 所示。A 是起偏镜后的振动方向，A' 是通过石英片后的振动方向，此两偏振方向的夹角 Φ 称为半暗角（$\Phi = 2° \sim 3°$），若检偏镜的主截面此时与起偏镜的主截面平行时，则在目镜中看到 6－35（a）的情况，即两边亮而中间暗；若检偏镜主截面与通过石英片后偏振光之偏振面平行时，则出现中间亮而两边暗的现象，如图 6－35（b）所示；当检偏镜主截面位于 Φ 角一半时，则看到的三等份视野亮度完全相等，即图 6－35（c）。将这一位置作为仪器的零点，而游标卡尺的零刻度也与刻度盘零点重合。在进行测定时，先旋转起偏镜，直至视野中三部分亮度相同，所测得的读数即为零点。然后，将装入旋光物质的旋光管放入仪器中，因旋光物质又使透过其偏振光再旋转一旋光角，则视野中的三部分亮度不同。此时，再转动检偏镜，重新令视野三部分相等，这就是旋光物质使偏振光振动偏转的角度，即旋光角。旋光角可从刻度盘和游标尺读出。

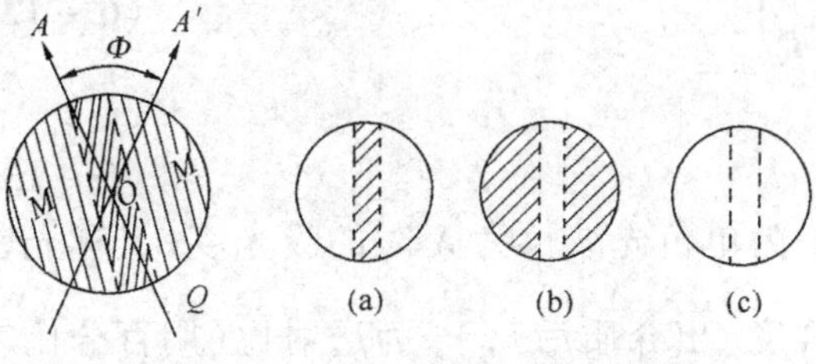

图 6－35　三分视野示意图

（3）使用方法

① 接通电源，打开钠光灯，稍等几分钟，待光源稳定后，从目镜中观察视野，如不清楚可调节目镜焦距。

② 选用合适的样品管并洗净，充满蒸馏水（应无气泡），放入旋光仪的样品管槽中，调节检偏镜的角度使三分视野消失，读出刻度盘上的刻度并将此角度作为旋光仪的零点。

③ 零点确定后，将样品管中蒸馏水换为待测溶液，按同样方法测定（使检偏棱镜顺时针旋转的物质称为右旋体，其旋光度为正值，使检偏棱镜逆时针的物质称为左旋体，其旋光度为负值），此时刻度盘上的读数与零点时读数之差即为该样品的旋光度。

④ 测定完毕后，关闭电源，将样品管洗净擦干，放入盒内。

（4）注意事项

① 旋光仪在使用时，需通电预热几分钟，但钠光灯使用时间不宜过长。

② 旋光仪是比较精密的光学仪器，使用时，仪器金属部分切忌沾污酸碱，防止腐蚀。

③ 光学镜片部分不能与硬物接触，以免损坏镜片。

④ 不能随便拆卸仪器，以免影响精度。

3. 可见分光光度计

可见分光光度计能在可见光谱区内对样品物质作定性和定量分析。该仪器广泛应用于医药卫生、临床检验、生物化学、石油化工、环境保护、质量控制等部门，是理化实验室常用的分析仪器之一。

（1）基本原理

当以一定波长的单色光照射有色物质溶液时，由于有色物质分子吸收一部分光能，使透射光的强度减弱，记录照射前、后光强度随波长的变化情况，即可得到该物质的吸收光谱。因为各种物质分子的组成和结构上的差异，它们的吸收光谱也不相同，可见光分光光度法就是利用物质分子对光的选择性吸收进行定量测定的分析方法。Lambert - Beer 定律是光吸收的基本定律，也是分光光度法的定量依据，其数学表达式为：

$$\lg\left(\frac{I}{I_0}\right)_\lambda = -\varepsilon_\lambda cl \qquad (6-11)$$

定义吸光度：

$$A_\lambda = \lg\left(\frac{I_0}{I}\right)_\lambda \qquad (6-12)$$

则：

$$A_\lambda = \varepsilon_\lambda cl \qquad (6-13)$$

式(6-11)、式(6-12)、式(6-13)中：A_λ 为单色光波长为 λ 时的吸光度（又称光密度）；I_0 为入射光强度（入介质前）；I 为透射光强度（出介质后）；$\frac{I_0}{I}$ 为透射比（用百分比表示，即为透光度）；ε_λ 为吸光系数；c 为溶液浓度；l 为溶液层厚度。

当入射单色光的波长、溶剂、溶质以及溶液层厚度不变时，则吸光度与溶液浓度 c 成正比，即：

$$\frac{A_\lambda}{A'_\lambda} = \frac{c}{c'} \qquad (6-14)$$

测定光电流的微电计的标尺上分别标有透光度和吸光度的刻度，前者指 $\frac{I_0}{I}\times 100$，后者指 $\lg\frac{I_0}{I}$，这里 I_0 为透过空白溶液的光强度，I 为透过被测溶液的光强度。如果将空白液的透光度调到 100%，则测定待测溶液时的读数就是溶液中溶质的透光度或吸光度。

由于吸光物质对波长具有选择性，当溶液的层厚、浓度、溶剂、溶质不变时，用不同波长的入射光测得一系列对应的吸光度。将波长作横坐标，吸光度作纵坐标，绘制吸收光谱图，选其中最大吸收时的波长作为比色分析的入射光波长，可以提高测定的精确度。

（2）基本部件

可见分光光度计主要由图 6-36 中所示的五个主要部件组成，由光源发出复合光，经单色器（棱镜或光栅）色散为测量所需的单色光，然后通过盛有吸光溶液的比色皿，投射光照

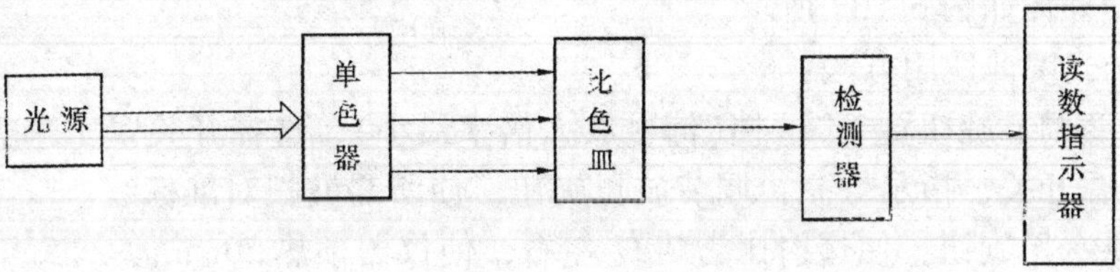

图 6-36 分光光度计主要部件示意图

到检测器上，检测器将光信号转变为电信号，并在读数指示器上显示吸光度或透光率的数值。

通常用 6~12V 钨丝灯作可见光区的光源，发出的连续光谱在 360~800nm 范围内。光源应该稳定，即要求电源电压保持稳定。因此，通常在仪器内同时配有电源稳压器。

单色器的作用是将光源发出的连续光谱分解为单色光，分为棱镜和光栅。棱镜是根据光的折射原理将复合光色散为不同波长的单色光，然后再让所需波长的光通过一个很窄的狭缝照射到吸收池上。它由玻璃或石英制成。玻璃棱镜用于可见光范围，石英棱镜则在紫外和可见光范围均可使用。光栅是根据光的衍射和干涉原理将复合光色散为不同波长的单色光，然后再让所需波长的光通过狭缝照射到吸收池上。它的分辨率比棱镜大，可用的波长范围也较宽。

比色皿也称吸收池，是用于盛放试液的容器。它是由无色透明、耐腐蚀、化学性质相同、厚度相等的玻璃或石英制成的，按其厚度分为 0.5cm、1cm、2cm、3cm 和 5cm。在可见光区测量吸光度时使用玻璃吸收池，紫外区则使用石英吸收池。使用比色皿时应保持清洁、透明，避免磨损透光面。

检测器的作用是接受从比色皿发出的透射光并转换成电信号进行测量，分为光电管和光电倍增管。光电管是一个真空或充有少量惰性气体的二极管。阴极是金属做成的半圆筒，内侧涂有光敏物质，阳极为一金属丝。光电管依其对光敏感的波长范围不同，分为红敏和紫敏两种。红敏光电管是在阴极表面涂银和氧化铯，适用波长范围为 625~1000nm。紫敏光电管是阴极表面涂锑和铅，适用波长范围为 200~625nm。

光电倍增管是由光电管改进而成的。管中有若干个称为倍增极的附加电极。因此，可使光激发的电流得以放大。它的灵敏度比光电管高二百多倍，适用波长范围为 160~700nm。光电倍增管在现代分光光度计中采用较广泛。

显示装置的作用是把放大的信号以吸光度 A 或透射比 T 的方式显示或记录下来。分光光度计常用的显示装置是检流计、微安表、数字显示记录仪。

实验室常用的分光光度计有国产的 721 型、722 型、723 型等，下面以 722 型光电分光光度计为例说明其结构及使用。

(3) 722 型光栅分光光度计

722 型分光光度计是以碘钨灯为光源，衍射光栅为色散元件的单光束、数显式分光光度计。工作波长范围为 330~800nm，波长精密度为 ±2nm，光谱带宽为 6nm，吸光度显示范围为

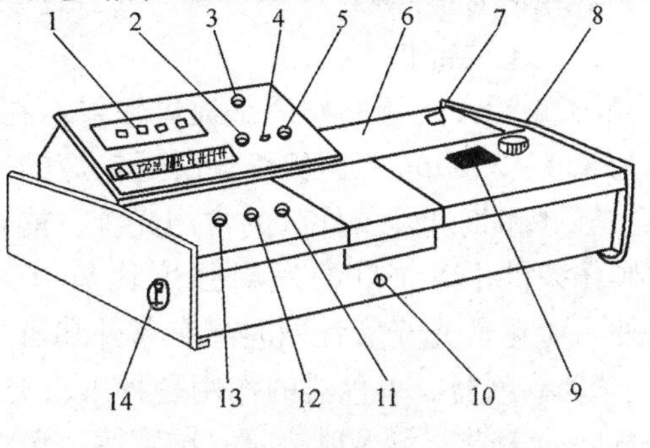

图 6-37 722 型分光光度计外形

1—数字显示器；2—吸光度调零旋钮；3—选择开关；4—斜率电位器；5—浓度旋钮；6—光源室；7—电源开关；8—波长手轮；9—波长刻度盘；10—试样架拉手；11—100%T 旋钮；12—0%T 旋钮；13—灵敏度调节旋钮；14—干燥器

0 ~ 1. 999。仪器外形如图 6 - 37 所示。

722 型分光光度计使用方法：

① 将灵敏度调节旋钮置于“1”档(信号放大倍率最小)，选择开关置于“T”。

② 打开电源开关，指示灯亮，调节波长旋钮，使所需波长对准标线。

③ 调节 100% T 旋钮，使透射比为 70% 左右，使仪器预热 20min。

④ 待数字显示器显示数字稳定后，打开样品室盖，调节 0% T 旋钮，使数字显示为“000. 0”。

⑤ 将盛有参比液和待测溶液的比色皿分别置于试样架上，盖上样品室盖，将参比溶液置于光路中，调节 100% T 旋钮，使数字显示为“100. 0”(若显示不到“100. 0”，则应适当增加灵敏度档)，然后再调节 100% T 旋钮，直到显示为“100. 0”。

⑥ 重复步骤④和⑤，直到显示稳定。

⑦ 将选择开关置于“A”档(即吸光度)，调节吸光度调节旋钮，使数字显示为“. 000”。将待测溶液置于光路中，显示值即为被测溶液的吸光度。

⑧ 若测量浓度，将选择开关置于“C”，将已标定浓度的样品放入光路中，调节浓度旋钮，使得数字显示为标定值，将待测样品放入光路，此时数字显示值即为该待测溶液的浓度值。

⑨ 实验完毕，打开试样室盖，取出比色皿，洗净擦干。切断电源，待仪器冷却后，盖上试样盖，罩上仪器罩。

4. 紫外 - 可见分光光度计

紫外可见分光光度计是利用一定频率的紫外 - 可见光照射被分析的物质，引起分子中价电子的跃迁，通过该物质对紫外 - 可见光有选择地吸收，产生吸收光谱而反映试样的特征。在紫外可见光的范围内，对于一个特定的波长，吸收的程度正比于试样中该成分的浓度，因此测量光谱不仅可以进行定性分析，而且根据吸收与已知浓度的标样的比较，还能进行定量分析。

紫外 - 可见光分光光度计按其光学系统分为单光束和双光束分光光度计、单波长和双波长分光光度计，其中最常用的是双光束分光光度计。其主要部件有光源、单色器、吸收池、检测器和信号显示器。

(1) 主要部件

① 光源　光源的作用是提供辐射。在可见光区最常用的光源是钨灯。它提供的波长范围为 320 ~ 2500nm。卤钨灯比普通钨灯的发射强度大，使用寿命长。

氢灯和氘灯是紫外区的常用光源，能在 180 ~ 375nm 波长范围内产生连续辐射，在相同的操作条件下，氘灯的发射强度比氢灯约大 4 倍，它是紫外光区应用最广的一种光源。紫外 - 可见分光光度计同时配有紫外和可见两种光源。

② 单色器　单色器的作用是将来自光源的连续光谱按波长顺序色散，并从中分离出一定宽度的谱带。由入射狭缝、准直镜、色散元件、聚焦透镜和出射狭缝等组成。聚焦于入射狭缝的光，经准直镜变成平行光，投射于色散元件。色散元件的作用是使各种不同波长的平行光有互不相同的投射方向(或偏转角度)。再经与准直镜相同的聚光镜将色散后的平行光聚焦于出射狭缝上，形成按波长排列的光谱。

狭缝是分光光度计上十分精密的部件，它由边缘锐利的两片金属薄片构成，狭缝宽度连续可调，一般由测微机构测量缝宽数值，狭缝宽度直接影响单色光的纯度；准直镜(透镜或凹面反射镜)使入射光束变为平行光束；色散元件使不同波长的光色散开来，它是单色器的最关键部件，常用的是棱镜和光栅。棱镜一般由玻璃或石英材料制成，玻璃棱镜可用于350～2000nm波长范围，石英棱镜可用的波长范围为185～4000nm。紫外－可见分光光度计使用石英棱镜，棱镜单色器的缺点在于色散率随波长变化，得到的光谱呈非均匀排列，而且穿透光的效率较低。光栅单色器在整个光学光谱区具有良好的几乎相同的色散能力，而且成本低，便于保存。因此，现在的商品仪器几乎都用光栅做色散元件。

③ 吸收池　吸收池是用于盛放溶液并提供一定吸光厚度的器皿，材料有石英和玻璃两种。玻璃吸收池仅适用于可见光光区，而石英吸收池在紫外和可见光区都可用。吸收池有多种尺寸和不同结构，根据使用要求选用，其中最常用的吸收池吸光厚度为1cm。

④ 检测器 检测器用于检测光信号，并将光信号转变为电信号。分光光度计对检测器的要求是灵敏度高、响应时间短、线性关系好，对不同波长的辐射具有相同的响应，噪音低、稳定性好等。常用的检测器有光电管和光电倍增管。

⑤ 记录器及信号显示系统　由检测器将光信号转变为电信号，再经适当放大后，用记录器进行记录或用数字显示在显示窗内。现在的许多紫外－可见分光光度计都装有微处理机，一方面可以对紫外－可见分光光度计进行操作控制；另一方面将信号进行处理、记录并在显示器中显示出来，这个处理过程也包含一些数学运算，如对数函数、导数等运算，最终给出所需要的吸收曲线、标准曲线、最大吸收波长、多个波长处的吸收值及其他运算结果等。

（2）构造原理

① 单光束分光光度计　单光束分光光度计是最简单的分光光度计，构造原理如图6－38所示。由光源发出的复合光经单色器分光后获得单色光，此单色光通过吸收池后照射到光电检测器上转变为电信号，再经放大后在显示装置上以吸光度或透射比的形式显示出来。

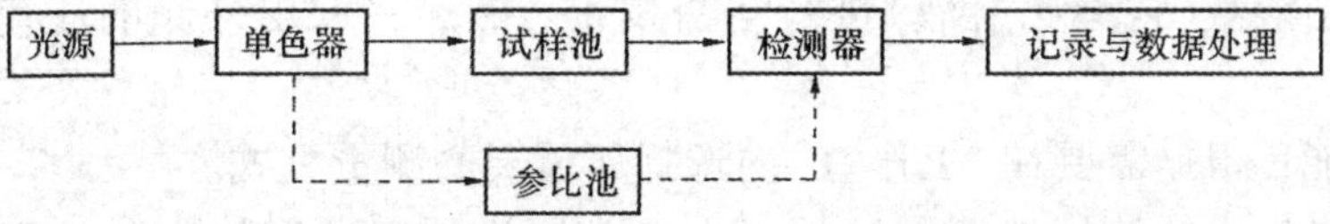

图6－38　单光束分光光度计结构示意图

② 双光束分光光度计　图6－39是一种双光束分光光度计的结构示意图。光源发出的光经单色器 M_0 分光后被同步旋转镜 M_1 转变为交替入射参比溶液 R 和试液 S 的两束光，再经同步旋转镜 M_4 交替地照射在同一检测器 PM 上，即检测器交替接受参比型号和试样信号。两信号的比值通过对数转换为试样的吸光度 A。调制器 T 可以带动 M_1 和 M_4 同步旋转。

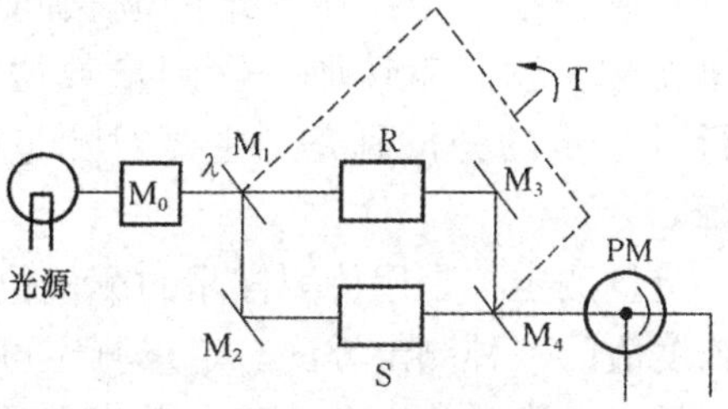

图6－39　双光束分光光度计结构示意图

双光束分光光度计对参比信号和试样信号的测量几乎是同时进行的，补偿了光源和检测系统的不稳定性，具有较高的测量精密度和准确度。可以不断地变更入射光波长，自动测量不同波长下试样的吸光度，实现吸收光谱的自动扫描。

③ 双波长分光光度计　双波长分光光度计采用双单色器，如图6－40所示。从光源发出的光分成两束，分别经过两个单色器，得到两束强度相同、波长分别为 λ_1 和 λ_2 的

单色光。以切光器(旋转镜)调制使λ_1和λ_2两单色光交替地照射到同一吸收池上，其透过光被检测器所接收，经信号处理系统处理可直接获得溶液对λ_1及λ_2两单色光的吸光度之差值。

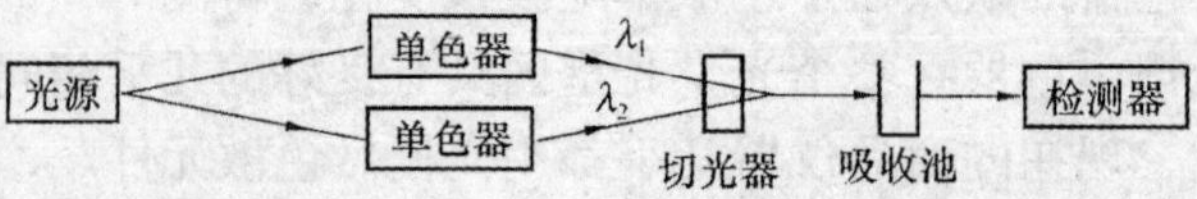

图6-40　双波长分光光度计原理图

采用双波长分光光度计进行分析，可通过波长的选择方便地校正背景吸收，消除吸收光谱重叠的干扰，因而适用于浑浊液和多组分混合物的定量分析。由于只使用一个吸收池，参比溶液就是被测溶液本身，避免了单波长法测定中因被测溶液与参比溶液在组成、均匀性上的差异以及两个吸收池之间的差异所引起的误差。

(3) 使用方法

TU-1901紫外可见分光光度计测定的波长范围是190~900nm，可测定吸光度、透光率、能量等，还可以根据数据计算样品的浓度、定量测定中的标推偏差值、定量测定中的相对标准偏差值、标准曲线相关性等。使用方法如下。

① 开机 首先打开计算机的电源开关，进入Window操作环境。确认样品室中无挡光物，打开主机电源开关，用鼠标单击“开始”选择“程序”→TU-1901UVWin 4.0→TU-1901UVWin，即可启动TU-1901控制程序，进入光电计自检过程，经过15~30min的预热稳定时间，然后开始测量。

② 测量

正确放入比色皿：TU-1901紫外-可见分光光度计是双光束分光光度计，要在两个样品池内都放入空白溶液(或参比溶液)进行空白校正。然后只取出外侧的比色皿，放入测量的样品进行读数。

选择测量功能：根据需要在“工作室”内选择所需要的测量方式。

光度测量：在指定的波长处读取数据，即通常所说的定点读数。在UVWin 4.0中，可以指定多个波长点进行光度测量，并且还可以对测量数据进行简单的数学计算。

光谱扫描：指按照一定的波长间隔，对某个波段范围进行扫描。在扫描过程中，波长每变化一次，就读取一次测量数据，并将测量数据以二维图形的方式进行显示，从而进行进一步的分析研究。主要对测量样品的图谱做定性分析，即寻找测量样品的最大吸收峰。

定量测定：是用待测样品的测量值与标准样品的测量值进行比对，最后计算出待测样品的浓度值的一种测定方法。定量测定可分为单波长定量、双波长定量、三波长定量、一次微分定量、二次微分定量、三次微分定量等诸多的定量方法。

时间扫描：是指按照一定的时间间隔连续进行采样，并将采样数据以图形的方式进行显示的一种测量方法。此方法主要用于观察样品随时间的变化趋势，也称动力学测量。

设置参数：选择好测量方式后，直接按F4(或点击“测量”，在下拉菜单中选择“参数设置”)进入参数设置界面。设置测量波长范围、扫描速度、扫描间隔和光度模式等，设置完成后单击“确定”，完成设置。

空白校正：正确放入空白溶液后，点击“校零”(在光谱扫描功能下是“基线”)键进行空白校正。

读数：空白校正完成后，正确放入样品，点击“开始”键（或按F9）进行测量。

③ 完成　测量完成后根据需要保存或打印测量数据。退出紫外程序后，如果不保存，数据将自动清除。

④ 关机　一定要取出样品池内的所有比色皿，关闭UVWin 4.0紫外软件，退出紫外操作系统后，依次关掉主机、计算机、打印机电源，最后关闭稳压电源。

（4）注意事项

① 样品池内侧的参比溶液在测量中不能取出，除非空白溶液改变或测量波长改变才可拿出重新进行空白校正。

② 采用光谱扫描测定样品时，扫描速度尽量采用中速或慢速，使测定和读数同步。采样间隔根据所需要的精度进行调整。

③ 测定结束后，默认的数据存储形式只能在紫外操作系统中打开。如果需要使用origin办公软件打开，需将测定数据导出，导成ASCⅡ简单文本格式。

④ 仪器默认狭缝均设置为2 nm。

5. 红外分光光度计

红外分光光度计是一种用棱镜或光栅进行分光的光谱仪，主要有色散型和傅里叶变换红外分光光度计两大类。

（1）色散型红外分光光度计

色散型红外分光光度计按测光方式的不同，可分为光学零位平衡式与比例记录式两类。光学零位平衡式仪器是把调制光信号经检测与放大后，用以驱动参比光路上的光学衰减器，使两束光的能量达到零位平衡。同时记录仪与光学衰减器同步运动以记录样品的透射比。比例记录式仪器是把调制光信号经检测与放大后分离，通过测量两个电信号的比例而得出样品的透射比。不论是何种类型的色散型红外分光光度计，其原理基本相同。

① 基本原理　红外分光光度计的原理如图6－41所示。

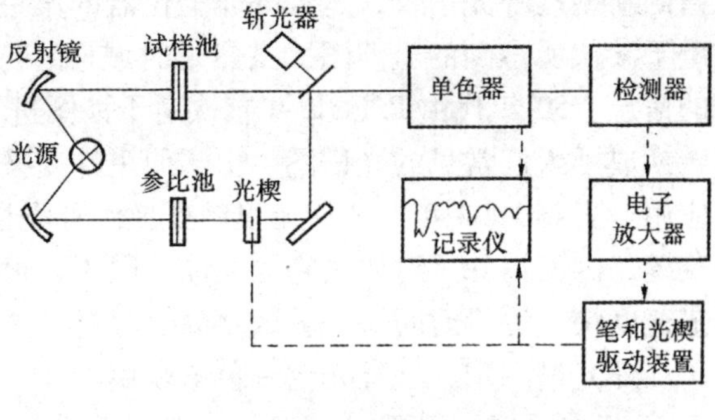

图6－41　色散型双光束分光光度计原理

从光源发出的红外辐射分成两束，一束通过样品池作为测量光束，另一另束通过参比池作为参比光束。通过参比池的光束经光楔与通过样品的光束会合于斩光器（扇形镜），它使参比光束和样品光束交替进入单色器，经过棱镜或光栅色散之后两光束交替射到检测器上，若交替照射在热电偶上的两束光强度相等，热电偶无交变信号输出。当参比光束大于测量光束时，热电偶将产生与光强差成正比的交变信号，此信号经放大后将推动参比光束中的光楔使之向减弱参比的方向移动，直至两光束相等为止。记录笔与光楔同步移动，光楔所削弱的参比光束的能量就是试样池中所吸收的能量，经放大器后进行记录，即得到一张红外吸收光谱图。

② 主要部件　红外分光光度计也叫红外吸收光谱仪，由光源、单色器、吸收池、检测器和记录系统五部分组成。

光源红外光源是能发射出稳定、高强度连续波长的红外光的光源，通常使用能斯特

(Nernst)灯、碳化硅或涂有稀土化合物的镍铬旋状灯丝。

Nernst 灯　由钍、锆、钇和铈的氧化物烧结制成。多为圆筒状，直径为 1 ~ 3mm，长为 20 ~ 50mm，由于 Nernst 灯在室温下是非导体，加热到 700℃ 以上才成为导体，因此，在 Nernst 棒上需绕上铂丝导线，由一个辅助加热器预热，当 Nernst 灯被点燃后，辅助加热器停止加热，该灯不需用水冷却，但其性脆易碎，且在光源线路上还需加一限制电流的稳流装置，灯的工作温度一般为 1800K，使用寿命可达 2000h。

硅碳棒　由硅碳砂压制成型后经高温烧结而成，其直径约为 5mm，长 50mm，由于硅碳棒在室温下是导体，工作前不需预热，工作温度为 1300K 左右，成品坚固耐用，寿命比 Nernst 灯长。缺点是电极接触部分需用水冷却。

吸收池　红外光不能透过玻璃和石英，因此，红外光度计的吸收池通常是由无机盐(KBr)的大晶体作为透光材料制成的。盐片容易吸潮，应主要防潮。

单色器　单色器是由色散元件(光栅或棱镜)、入射与出射狭缝以及准直反射镜等组成。单色器的功能是将混合光色散为单色光，然后将单色光按波长依次由出射狭缝射出。在傅里叶变换红外光谱仪中用迈克尔逊干涉仪取代了单色器。

检测器　由于红外光子能量低，不足以引发光电子的发射，紫外 - 可见检测器中光电管不适应于红外光的检测。常用的红外检测器有真空热电偶、热电量热计和光电导管。当红外光照射到检测器时，将产生的热效应转变为十分微弱的电信号，经放大器放大后，带动可逆电机工作，记录红外吸收光谱。这些检测器具有对红外辐射接受灵敏度高、响应快、热容量小等特点。

记录系统　红外光谱仪一般都由记录仪自动记录谱图。新型的仪器还配有微处理机以控制仪器操作、谱图检查等。

(2) 傅里叶变换红外分光光度计

傅里叶变换红外光度计(以下称傅里叶变换红外光谱仪)是利用物质干涉图来获得红外光谱的新型红外光谱仪，是红外光谱仪器的第三代。早在 20 世纪初，人们就意识到由迈克尔逊干涉仪所得到的干涉图，虽然是时域(或距离)的函数，但这一时域干涉图却包含了光谱的信息。50 年代由 P. Fellgett 首次对干涉图进行了数学上的傅里叶变换计算，把时域干涉图转换成了人们常见的光谱图。由于傅里叶变换的数学计算量太大，从而限制了这一新技术的应用。直到 1964 年，才使傅里叶变换红外光谱仪(FTIR)迅速变成了商品仪器。该仪器不用狭缝，因而消除了对通过它的光能的限制，可同时获得光谱所有频率的全部信息。它具有扫描速度快、测量时间短、灵敏度高、分辨率高、光谱范围广和测定精度高等优点。特别适用于红外光谱测定、红外光谱 - 色谱联用等。

① 基本原理　FTIR 主要由迈克尔逊干涉仪和计算机两部分组成。FTIR 仪器整机原理如图 6 - 42 所示。

由红外光源 S 发出的红外光进入干涉仪系统，经干涉仪调制后得到一束干涉光。干涉光通过样品 Sa，获得含有光谱信息的干涉信号到达探测器 D 上，由 D 将干涉信号变为电信号。此处的干涉信号是一时间函数，即由干涉信号绘出的干涉图，其横坐标是动镜移动时间或动镜移动距离。这种干涉图经过 A/D 转换器送入计算机，由计算机进行傅里叶变换的快速计算，即可获得以波数为横坐标的红外光谱图。然后通过 D/A 转换器送入绘图仪绘出标准红外光谱图。目前，FTIR 仪器基本上为双光道单光束仪器。即干涉光反射镜可分为前光束光道和后光束光道。使用时仅用一光道。由于干涉信号是时域函数，加之计算机快速采样后，

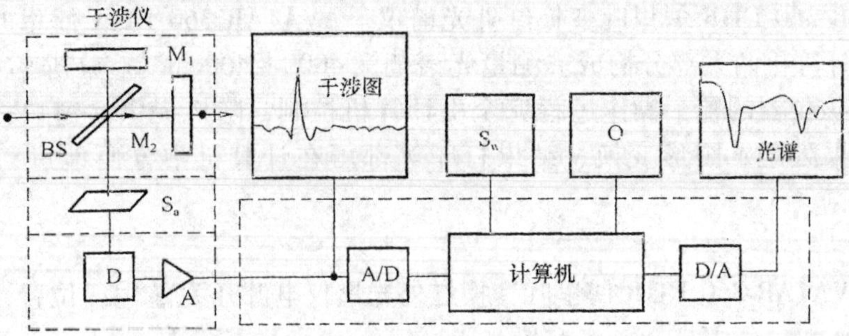

图 6-42　傅里叶变换红外光谱仪工作原理示意图

S—光源；M_1—定镜；M_2—动镜；BS—分束器；D—探测器；S_a—样品；

A—放大器；A/D—模数转换器；D/A—数模转换器；S_w—键盘；O—外部设备

将样品光束信号同参比光束信号（可以空白参比，也可加入人为参比）进行快速比例计算，可以获得类似于双光束光学零位法的效果。

② 主要部件　傅里叶变换红外光谱仪由光源、迈克尔逊干涉仪、检测器、记录系统-红外工作软件组成。

光源　傅里叶变换红外光谱仪要求光源能发射出稳定、能量强、发散度小和具有连续波长的红外光。光源通常使用能斯特灯、硅碳棒或涂有稀土化合物的镍铬旋状灯丝。

迈克尔逊干涉仪　迈克尔逊干涉仪是 FTIR 仪器的核心部分，如图 6-43 所示。它由定镜、动镜、分束器和探测器组成。定镜和动镜相互垂直放置，定镜 M_1 固定不动，动镜 M_2 可沿图示方向作微小的平行移动。在 M_1 和 M_2 之间，以 45°角放置一半透膜光束分裂器 BS（由半导体锗和单晶 KBr 组成），它能将光源 S 发出的光分为相等的两部分，即光束Ⅰ和光束Ⅱ。光束Ⅰ穿过 BS，被动镜 M_2 反射，沿原路回到 BS 并被反射到检测器 D；光束Ⅱ被反射到固定镜 M_1，再由 M_1 沿原路反射回 BS 到达检测器 D。当到达检测器的两束光的光程为 $\lambda/2$ 偶数倍时，发生相长干涉，光程为 $\lambda/2$ 奇数倍时，发生相消干涉。连续改变干涉计中可移动反射镜 M 的位置，并以检测器所接收的光强度对可移动镜的移动距离作图，即得一干涉图。

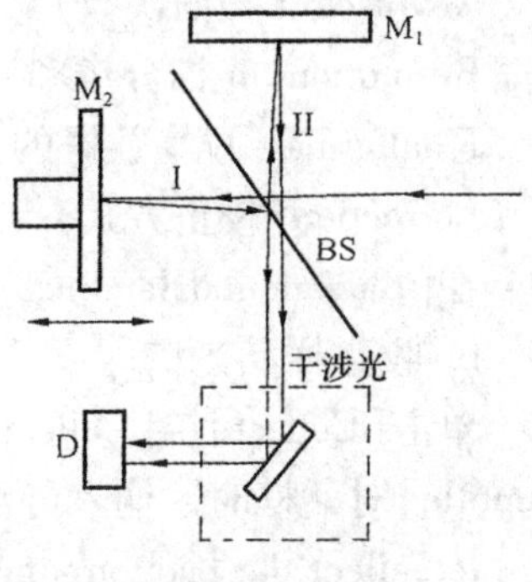

图 6-43　迈克尔逊干涉仪示意图

M_1—定镜；M_2—动镜；S—光源；D—检测器；BS—光束分离器

检测器　检测器也称探测器，一般分为热检测器和光检测器两大类。热检测器的工作原理是：把某些热电材料的晶体放在两块金属板中，当光照射到晶体上时，晶体表面电荷分布发生变化，由此可以测量红外辐射的功率。热检测器有氘化硫酸三甘钛（DTGS）、钽酸锂（$LiTaO_3$）等类型。光检测器的工作原理是：某些材料受光照射后，导电性能发生变化，由此可以测量红外辐射的变化。常见光检测器有锑化铟、汞镉碲（MCT）等类型。

记录系统-红外工作软件　傅里叶变换红外光谱仪红外图谱的记录和处理一般都在计算机上进行。目前，国内外都有较好的工作软件，如美国 PE 公司的 Spectrumv3.01，可以在软件上直接进行扫描操作，也可以对红外图谱进行优化、保存、比较和打印等。此外，仪器上的各项参数也可以在工作软件上直接调整。

③AVATAR 360 FTIR 傅里叶变换红外光谱仪　AVATAR 360 FTIR 傅里叶变换红外光谱仪由光学台和计算机两大部分构成。测量光谱范围 4000 ~ 400cm^{-1}；分辨率 0.9cm^{-1}；信噪比 15000: 1。该仪器的整个操作过程完全由计算机控制，随机提供的窗口式操作软件，使样品测试、结果处理、图形变换、结果打印等都可在计算机中方便地进行。其操作步骤如下：

A. 开机

a. 检查 AVATAR 360 FTIR 傅里叶变换红外光谱仪电源开关置"关"位置，光谱仪样品室中无任何样品。

b. 打开计算机的电源开关，计算机进入 Windows 桌面。

c. 打开光谱仪开关，光谱仪左后方的电源指示灯与扫描指示灯亮，此时在计算机 Windows 桌面双击[EZOMNICE. S. P.]图标，进入[OMNIC]窗口，扫描指示灯开始闪亮。

d. 检查光谱仪的工作状态，在[OMNIC]窗口的菜单栏下面[BenchStatus]指示器绿色"V"，即为正常。

e. 打开样品室，将压有薄膜样品的螺母放入光谱仪的样品室中，关上样品室。

B. 收集样品的光谱图

a. 设定光谱收集参数：单击菜单[Collect]→[Experiment Setup]，出现相应的对话框，在以下栏目中设定合适的参数后，选择[OK]按钮。

No. ofscan(扫面次数)　8

Resolution(光谱分辨率)　4

Finalformat(收集数据的 Y 轴格式)　Tansmittance%

Correction(校正方式)　None

在[BackgroundHandling]中选择[Collect background before every sample]。

b. 收集样品光谱

单击[Collect]→[Collect Sample]，然后按屏幕提示进行操作。在出现[Enter the spectrumtitle]对话框时，输入待测物谱图的标图，按[OK]按钮。在出现[Background please prepare to collect the back ground spectrum]提示时检查光路中是否有样品，没有样品后，选择[OK]按钮。计算机收集背景的干涉图，并立即将其转换成单光束图，显示在窗口中。在出现[Sample please prepare to collect the Sample spectrum]提示时，将制好的样品插入样品支架上，然后选择[OK]按钮。计算机收集样品的干涉图，将其转换成单光束图，并做背景扣除处理。在窗口中显示的是扣除背景后的样品红外光谱图。

C. 光谱处理

a. 将收集的样品光谱图从透光率的形式转变为吸光度的形式：单击[Abs](Absorbance)工作按钮。

b. 做基线校正：单击[Aut Bsln](Automatic Baseline)工具按钮，窗口中出现两条谱线，其中红色为校正后的谱线(在谱图标题上由" * ")。

c. 清除原谱(即未经校正的谱图)：点击原始谱线，原始谱线即变为红色，且标题上没有" * "标记，按[Clear]工具按钮。

d. 将谱图从吸光度的形式重新转变为透光率的形式：单击[T%](Transmittance%)工具按钮。

e. 在谱图上标注吸收峰的位置。方法一：单击[FindPks](Find Pink)，窗口出现一横线，可单击鼠标左键上下移动，以确定自动标峰的限度；方法二：单击窗口下方的工具按钮[T]，移动鼠标箭头指向吸收峰尖峰，在按住键盘"Shift"同时按鼠标左键，然后按键盘上的"Enter"键确定。

D. 红外标准谱库检索

a. 将谱库放入计算机内存：单击菜单[Analyze]→[Library Setup]，在显示的对话框中选择要用的数据库名称，按[Add]按钮，再按[OK]按钮。

b. 谱库检索：按[Search]工具按钮，计算机给出与所测谱图相似的一个或几个标准谱图及它们的名称、分子式等信息，并提供每一个的匹配程度。

c. 按屏幕下方的[Close]按钮，可关闭谱库检索窗口，回到原来收集样品谱的窗口。

d. 光谱数据的打印：按[打印机]工具按钮，即可打印屏幕显示的内容。

e. 光谱数据的存盘：如果将收集的光谱数据保存下来，就需要将数据存盘。操作方法为，单击菜单[File]→[Library Setup]。

E. 关机

关机时，先关闭 OMNIC 软件，再关闭仪器电源，盖上仪器防尘罩。

④ AVATAR 360 FTIR 傅里叶变换红外光谱仪注意事项

a. 保持实验室电源、温度和湿度等环境条件，使电压稳定，室温为(21 ±5)℃左右，湿度≤65%。

b. 保持实验室安静和整洁，不得在实验室内进行样品化学处理，实验完毕即取出样品室内的样品。

c. 样品室窗门应轻开轻关，避免仪器振动受损。

d. 当测试完有异味样品时，须用氮气进行吹扫。

单元7 实验数据

化学实验数据是描述化学实验现象、揭示化学规律的一种特有“数字语言”，准确分析和处理实验数据是从事化学实验研究必备的实验能力。

§7-1 误 差

在实际工作中，由于受实验方法、仪器、试剂、工作环境和操作者自身等主客观因素的制约，实验观测值和真值之间总存在一定的差异，这种差异称作误差。即使由技术熟练并富有经验的人员，采用当前最完善的分析方法和精密的仪器进行测定，所得的结果与待测组分的真实值也不可能完全相符，也存在着误差。而且同一操作者在相同的条件下，对同一试样细致地进行多次测定(称平行测定)，其结果也彼此不同。换句话说，真值，即待测物理量客观存在的确定值，也称理论值或定义值，无法测得。在实验过程中，误差不仅客观存在不可避免，而且可能出现在测定过程的每一步骤中，并影响着分析结果的准确性。因此，实验者不仅要对试样进行测定，还需根据实际要求，对实验结果的可靠性和精确程度作出合理的评价和正确的表示。同时，还应查明产生误差的原因及其规律，采取减免误差的有效措施，从而不断提高实验测定的准确程度。

7-1.1 准确度与误差

准确度是指分析结果接近真值的程度，用平均值的误差表示。

误差是表示测定值与真值的差异。平均值的误差就是平均值与真值的误差，可用绝对误差(E_a)和相对误差(E_r)两者来表示。

绝对误差表示测定值与真值之差，即：

$$E_a = x - T \tag{7-1}$$

相对误差表示误差在真值中所占的比例，即

$$E_r = \frac{E_a}{T} \times 100\% \tag{7-2}$$

式(7-1)中 x 为单次测定值。如果进行了数次平行测定，$\bar{x}$ 为全部测定结果的算术平均值，此时

$$E_a = \bar{x} - T \tag{7-3}$$

平均值的误差越小，分析结果越接近真值，其准确度越高；反之，平均值的误差越大，分析结果的准确度越差。

7-1.2 精密度与偏差

精密度是指一组平行测定结果之间相互接近的程度。

偏差是个别测量值与平均值之间的差值；用来衡量分析结果精密度的好坏。

1. 绝对偏差和相对偏差

绝对偏差是指单次测定值与平均值之差称为绝对偏差，即：

$$d_i = x_i - \bar{x} \tag{7-4}$$

相对偏差是指绝对偏差在平均值中所占的百分比，即：

$$\bar{d}_r = \frac{\bar{d}}{\bar{x}} \times 100\% \tag{7-5}$$

2. 平均偏差和相对平均偏差

平均偏差是指单次测定结果的绝对偏差的平均值称为平均偏差，即：

$$\bar{d} = \frac{\sum |d_i|}{n} = \frac{1}{n}\sum_{i=1}^{n} |x_i - \bar{x}| \tag{7-6}$$

相对平均偏差是指平均偏差占平均值的百分比，即：

$$\bar{d}_r = \frac{\bar{d}}{\bar{x}} \times 100\% \tag{7-7}$$

3. 标准偏差和相对标准偏差

标准偏差是指单次测定结果与平均值的差方和与 $n-1$ 的商取算术平方根，用 S 表示，用来衡量一组测定值的精密度。其中差方和均根的目的，一是避免各次分析结果的偏差相互抵消；二是突出大的偏差，更好地反映各次分析结果的分散程度；三是描述各次测定值的平均分散程度。标准偏差越小，表示平行测定结果的随机误差越小、分散度越小和精密度越高。

相对标准偏差是指标准偏差在平均值所占的百分比，用来比较在不同情况下测定结果的精密度，在生物统计学上有时也称变异系数，用来比较变异的大小。

平均值的标准偏差，也称标准误差，是标准偏差除以 n 的算术平方根，用来衡量 n 组平行测定结果的平均值的精密度，即 n 组平均值的标准偏差。

7-1.3 准确度与精密度的关系

准确度是指测定值接近真值的程度，决定于平均值的误差(包括随机误差和系统误差)，而精确度是指一组平行测定的结果间相互接近的程度，只决定于随机误差的大小。于是准确度(平均值的误差)=精密度(随机误差)+系统误差。由此可见，系统误差影响测定的准确度，而随机误差对精密度和准确度均有影响。评价测定结果的优劣，要同时衡量其准确度和精密度。为了说明精密度与准确度的区别，可用图 7-1 所示打靶子的例子来说明。

图 7-1(a)中表示精密度和准确度都很好，则精确度高；图 7-1(b)表示精密度很好，但准确度却不高；图 7-1(c)表示精密度与准确度都不好。在实际测量中没有像靶心那样明确的真值，而是设法去测定这个未知的真值。

上述情况说明，精密度高表明测定条件稳定，这是保证准确度高的先决条件。精密度低的测定结果是不可靠的，因而是不准确的。但是高精密度的测定值中也可能包含有系统误差的影响，只有在消除了系统误差的前提下，精密度高其准确度必然也高。对于含量未知的试样，由于仅凭测定的精密度难以正确评价测定结果，因此常同时测定一个或数

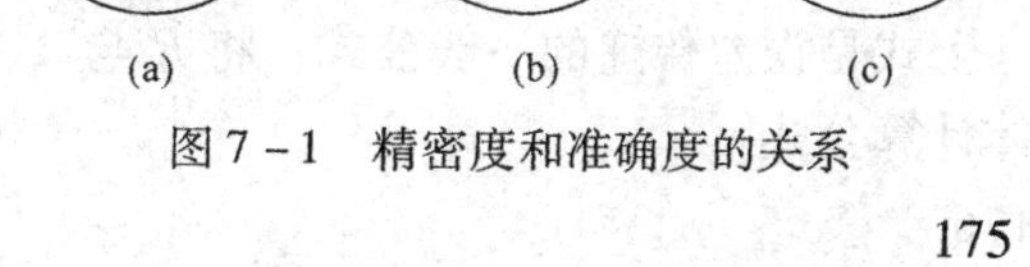

图 7-1　精密度和准确度的关系

个标准试样，检查标样测定值的精密度，并对照真实值以确定它的准确度，从而对试样测定结果的可靠性作出评价。

7-1.4 误差产生的原因及减少的方法

测量误差产生的原因是多方面的，根据测量误差产生的来源和性质的不同，分为系统误差、偶然误差及过失误差三类。

1. 系统误差

系统误差是指在测量和实验中未发觉或未确认的因素所引起的误差，而这些因素影响结果永远朝一个方向偏移，其大小及符号在同一组实验测定中完全相同，当实验条件一经确定，系统误差就获得一个客观上的恒定值。

当改变实验条件时，就能发现系统误差的变化规律。

系统误差产生的原因：测量仪器不良，如刻度不准、仪表零点未校正或标准表本身存在偏差等；周围环境的改变，如温度、压力、湿度等偏离校准值；实验人员的习惯和偏向，如读数偏高或偏低等引起的误差。针对仪器的缺点、外界条件变化影响的大小、个人的偏向，待分别加以校正后，系统误差是可以清除的。

2. 偶然误差

在已消除系统误差的一切量值的观测中，所测数据仍在末一位或末两位数字上有差别，而且它们的绝对值和符号的变化，时大时小，时正时负，没有确定的规律，这类误差称为偶然误差或随机误差。偶然误差产生的原因不明，因而无法控制和补偿。但是，倘若对某一量值作足够多次的等精度测量后，就会发现偶然误差完全服从统计规律，误差的大小或正负的出现完全由概率决定。因此，随着测量次数的增加，随机误差的算术平均值趋近于零，所以多次测量结果的平均值将更接近于真值。

3. 过失误差

过失误差是一种显然与事实不符的误差，它往往是由于实验人员粗心大意、过度疲劳和操作不正确等原因引起的。此类误差无规则可循，只要加强责任感、多方警惕、细心操作，过失误差是可以避免的。

7-1.5 误差的传递

每一个分析结果，都是通过一系列的测量操作步骤后获得的。而其中的每一个步骤可能发生的误差都会对分析结果产生影响，称为误差的传递。

1. 系统误差的传递

设 A、B、C 三个测量值，R 为分析结果：

$$R = f(A,B,C)$$

若 A、B、C 的绝对误差为 $\mathrm{d}A$、$\mathrm{d}B$、$\mathrm{d}C$，分析结果绝对误差 $\mathrm{d}R$ 可以通过各自变量(A、B、C)的偏微分求全微分：

$$\mathrm{d}R = \frac{\partial R}{\partial A}\mathrm{d}A + \frac{\partial R}{\partial B}\mathrm{d}B + \frac{\partial R}{\partial C}\mathrm{d}C \tag{7-8}$$

上式是误差传递的一般公式，将 R 与 A、B、C 的具体函数关系代入，便可得误差传递具体计算公式。

(1) 加减运算

设：
$$R = A + bB - C(b\text{ 为常数})$$
$$dR = dA + bdB - dC$$
$$\Delta R = \Delta A + b\Delta B - \Delta C \tag{7-9}$$

即在加减运算中，结果的绝对误差等于各直接测量值绝对误差的代数和。

(2)乘除法

设：
$$R = b\frac{AB}{C}(b\text{ 为常数})$$

根据上式有：
$$\ln R = \ln A + \ln B - \ln C$$

由 $\ln R$ 对各对数值的偏微分求全微分：
$$d(\ln R) = \frac{\partial(\ln R)}{\partial(\ln A)}d(\ln A) + \frac{\partial(\ln R)}{\partial(\ln B)}d(\ln B) + \frac{\partial(\ln R)}{\partial(\ln C)}d(\ln C)$$
$$\frac{dR}{R} = \frac{dA}{A} + \frac{dB}{B} - \frac{dC}{C}$$
$$\frac{\Delta R}{R} = \frac{\Delta A}{A} + \frac{\Delta B}{B} - \frac{\Delta C}{C} \tag{7-10}$$

即：乘除法运算结果的相对误差等于各直接测量值相对误差的代数和(乘对应加，除对应减)。

(3)指数关系
$$R = mA^n$$
$$dR = mnA^{n-1}dA$$
$$\frac{dR}{R} = \frac{mnA^{n-1}}{mA^n}dA$$
$$\frac{dR}{R} = \frac{ndA}{A}$$
$$\frac{\Delta R}{R} = \frac{n\Delta A}{A} \tag{7-11}$$

(4)对数关系
$$R = m\lg A$$
$$dR = d(m\lg A)$$
$$dR = 0.434m d\ln A$$
$$dR = 0.434m\frac{dA}{A}$$
$$\Delta R = 0.434m\frac{\Delta A}{A} \tag{7-12}$$

2. 随机误差的传递

随机误差的传递常采用标准偏差法计算。

由于随机误差和分析结果(无系统误差时)服从正态分布，因此只有用标准偏差(或方差)才能反映其分布的离散程度，求得各直接测量值的标准偏差(或方差)与分析结果标准偏差(或方差)之间的关系，是解决随机误差传递的最科学的方法，这种方法称为标准偏差法。

(1) 加减法

设分析结果 R 是 A、B、C 三个测量值相加减的结果：$R = A + bB - C$

若以 S 代表各项的标准偏差，则有：

$$S_R^2 = S_A^2 + b^2 S_B^2 + S_C^2 \tag{7-13}$$

(2) 乘除法

若分析结果 R 是 A、B、C 三个测量值相乘除的结果：

$$R = m\frac{AB}{C}$$

则：

$$\left(\frac{S_R}{R}\right)^2 = \left(\frac{S_A}{A}\right)^2 + \left(\frac{S_B}{B}\right)^2 + \left(\frac{S_C}{C}\right)^2 \tag{7-14}$$

即分析结果相对标准偏差的平方等于各测量值相对标准偏差的平方和。

(3) 指数关系

若关系为：$R = mA^n$

可得到：

$$\left(\frac{S_R}{R}\right)^2 = n^2\left(\frac{S_A}{A}\right)^2 \tag{7-15}$$

或

$$\frac{S_R}{R} = n\frac{S_A}{A} \tag{7-16}$$

(4) 对数关系

若关系为：$R = m\lg A$

可得出：

$$S_R = 0.434mS_A/A \tag{7-17}$$

3. 极值误差

分析化学中，通常采用一种简便的方法估计分析结果的最大可能误差，即考虑在最不利的情况下，各步骤带来的误差互相累加起来，这种误差称为极值误差。不过这种情况出现的概率很小，可用来估计可能出现的最大误差。

(1) 加减运算

$$R = A + B + C$$

则：

$$\Delta R_{max} = |\Delta A| + |\Delta B| + |\Delta C| \tag{7-18}$$

(2) 乘除运算

$$R = \frac{A \cdot B}{C}$$

分析结果的极值相对误差：

$$\left(\frac{\Delta R}{R}\right)_{max} = \left|\frac{\Delta A}{A}\right| + \left|\frac{\Delta B}{B}\right| + \left|\frac{\Delta C}{C}\right| \tag{7-19}$$

7-1.6 提高测定结果准确度的方法

为提高测定结果的准确度，必须在实验设计、实验过程以及实验结果处理中尽量减少误差，提高结果的可靠性，具体可从以下几个方面进行。

1. 选择合适的分析方法

① 根据试样中待测组分的含量选择分析方法。高含量组分用滴定分析法或重量分析法；低含量用仪器分析法。

② 充分考虑试样共存组分对测定的干扰，采用适当的掩蔽或分离方法。

③ 对于痕量组分，分析方法的灵敏度不能满足分析的要求，可先定量富集后再进行测定。

2. 减小测量误差

① 准确称量。分析天平的称量误差为 ±0.0002g，为了使测量时的相对误差在 0.1% 以下，试样质量必须在 0.2g 以上。

② 滴定管读数常有 ±0.01mL 的误差，在一次滴定中，读数两次，可能造成 ±0.02mL 的误差。为使测量时的相对误差小于 0.1%，消耗滴定剂的体积必须在 20mL 以上，最好使体积在 25mL 左右，一般在 20～30mL 之间。

③ 微量组分的光度测定中，可将称量的准确度提高约一个数量级。

3. 减小随机误差

在消除系统误差的前提下，平行测定次数愈多，平均值愈接近真实值。因此，增加测定次数，可以提高平均值精密度。在化学分析中，对于同一试样，通常要求平行测定 2～4 次。

4. 消除系统误差

由于系统误差是由某种固定的原因造成的，因而找出这一原因，就可以消除系统误差的来源。有下列几种方法。

（1）对照试验

与标准试样的标准结果进行对照，例如：标准试样、管理样、合成样、加入回收法。

与其他成熟的分析方法进行对照，例如：国家标准分析方法或公认的经典分析方法。

由不同分析人员、不同实验室来进行对照试验，例如：内检、外检。

（2）空白试验

在不加待测组分的情况下，按照试样分析同样的操作手续和条件进行实验，所测定的结果为空白值，从试样测定结果中扣除空白值，来校正分析结果。

消除由试剂、蒸馏水、实验器皿和环境带入的杂质引起的系统误差，但空白值不可太大。

（3）校准仪器

仪器不准确引起的系统误差，通过校准仪器来减小其影响。例如砝码、移液管和滴定管等，在精确的分析中，必须进行校准，并在计算结果时采用校正值。

（4）分析结果的校正

校正分析过程的方法误差。例如：用重量法测定试样中高含量的 SiO_2，因硅酸盐沉淀不完全而使测定结果偏低，可用光度法测定滤液中少量的硅，而后将分析结果相加。

5. 控制测量的相对误差

如滴定管的最小刻度只精确到 0.1mL，两个最小刻度间可以估读一位，则单次读数估计误差为 ±0.01mL。要获得一个滴定体积值 V(mL) 需两次读数相减。则最大读数误差为 ±0.02mL。若要控制滴定分析的相对误差在要求的 0.1% 以内，则滴定体积要大于：$V = \frac{\pm 0.02\text{mL}}{\pm 0.1\%} > 20(\text{mL})$。

§7－2　有效数字

7－2.1　有效数字的定义

有效数字是指在分析工作中实际能够测量到的数字，能够测量到的包括最后一位估计的、不确定的数字。通常把通过直读获得的准确数字叫做可靠数字；把通过估读得到的数字叫做存疑数字。把测量结果中能够反映被测量大小的带有一位存疑数字的全部数字叫有效数字。

7－2.2　有效数字的修约规则

有效数字修约通常按“四舍六入五成双”规则进行，即当尾数≤4 时则舍，尾数≥6 时则入；尾数等于5而后面的数都为0时，5前面为偶数则舍，5前面为奇数则入；尾数等于5而后面还有不为0的任何数字，无论5前面是奇或是偶都入。如：

$$150.650 \longrightarrow 150.6$$

$$10.2150 \longrightarrow 10.22$$

$$16.851 \longrightarrow 16.9$$

pH、p*M*、lg*c*、lg*K* 等对数值，有效数字由尾数决定。

7－2.3　有效数字的运算规则

当测量结果需要进行中间运算时，有效数字的取舍，原则上取决于参与运算的各数中精度最差的一项。一般应该遵循以下规则：①当几个近似值进行加、减运算时，在各数中以小数点后的位数最小的那一个数（如无小数点，则以有效值最小者）为准，其余个数均舍入至比该数多一位，而计算的结果所保留的小数点后的位数，应与各数中小数点后位数最少者的位数相同；②进行乘法运算时，以有效位数最小者为准，其余各数相乘（或者除）均舍入比该因子多一位，而与小数点位置无关；③将数平方或开方后，结果可比原数多保留一位；④进行对数运算时，*n* 位有效数字的数应该用 *n* 位对数表；⑤若计算式中出现如 e、π、$\sqrt{3}$ 等常数时，可根据具体情况来决定它们该取的位数。

§7－3　实验数据记录与处理

7－3.1　实验数据的记录

实验者要有专门的实验报告本，标上页数，不得撕去任何一页。绝不允许将数据记在单页纸上、小纸片上，或随意记在其他地方。实验数据应按要求记在实验记录本或实验报告本上。

实验过程中的各种测量数据及有关现象，应及时、准确而清楚地记录下来，记录实验数据时，要有严谨的科学态度，要实事求是，切忌夹杂主观因素，决不能随意拼凑和伪造数据。

实验过程中涉及的各种特殊仪器的型号和标准溶液浓度等，也应及时准确记录下来。

记录实验数据时，应注意其有效数字的位数。用分析天平称量时，要求记录至0.0001g；滴定管及移液管的读数，应记录至0.01mL；用分光光度计测量溶液的吸光度时，如吸光度在0.6以下，应记录至0.001的读数，大于0.6时，则要求记录至0.01读数。

实验中的每一个数据都是测量结果，所以，重复测量时，即使数据完全相同，也应记录下来。在实验过程中，如果发现数据算错、测错或读错而需要改动时，可将数据用一横线划去，并在其上方写上正确的数字。

7-3.2 实验数据的处理

数据处理是指对实验中测量到的数据进行记录、整理、计算、作图、分析处理的过程。通过对实验数据的规范记录及科学分析，来揭示出物理量之间的联系程度或事物的内在规律。常见的数据处理法有下面几种：

1. 列表法

在记录和处理数据时，常常将所得数据列成表。数据列表后，可以简单明确、形式紧凑地表示出有关物理量之间的对应关系；便于随时检查结果是否合理，及时发现问题，减少和避免错误；有助于找出有关物理量之间规律性的联系，进而求出经验公式等。

列表的要求是：

① 要写出所列表的名称，列表要简单明了，便于看出有关量之间的关系，便于处理数据。

② 列表要标明符号所代表物理量的意义(特别是自定的符号)，并写明单位。单位及量值的数量级写在该符号的标题栏中，不要重复记在各个数值上。

③ 列表的形式不限，根据具体情况，决定列出哪些项目。有些个别的或与其他项目联系不大的数据可以不列入表内。列入表中的除原始数据外，计算过程中的一些中间结果和最后结果也可以列入表中。

④ 表中所列数据要正确反映测量结果的有效数字。

2. 作图法

某些实验的观测对象是互相关联的两个(或两个以上)物理量之间的变化关系，实验的任务就是寻求这些物理量互相依存的变化规律。例如，研究单摆周期和摆长的关系，研究金属电阻随温度变化的关系，研究气体压强随温度变化的关系等。这一类实验中的观测方法是控制某一个量(例如温度)使之依次取不同的值，从而观测另一个量所取的对应值，得出一列 x_1，x_2，…，x_n 和另一列对应的 y_1，y_2，…，y_n 值。如果将这两组数据记录在合适的表格内，就是列表法。更形象地处理这类实验数据常用作图法，它能直观地揭示出物理量之间的规律。

为了使图线能清楚地、定量地反映出物理现象的变化规律，并能准确地从图线上确定物理量值或求出有关常数，在作图时必须注意准确度要求，因此必须用坐标纸作图。

作图规则：

① 选择合适的坐标分度值。坐标分度值的选取应符合测量值的准确度，即应能反映测量值的有效数字位数。一般以1mm或2mm对应于测量仪表的最小分度值或对应于测量值的次末位数，即倒数第二位数。对应比例的选择应便于读数，不宜选成1∶1.5或1∶3，坐标范围应恰好包括全部测量值，并略有富余。最小坐标值不必都从零开始，以便作出的图线大体上能充满全图，布局美观、合理。

② 标明坐标轴。以自变量(即实验中可以准确控制的量，如温度、时间)为横坐标，以因变量为纵坐标。用粗实线在坐标纸上描出坐标轴，在轴上注明物理量名称、符号、单位(要加括号)，并按顺序标出标尺整分格上的量值。

③ 标实验点。实验点可用“+”、“○”、“·”等符号标出。

④ 连成图线。因为每一个实验点的误差情况不一定相同，因此不应强求曲线通过每一个实验点而连成折线(仪表的校正曲线不在此例)。应该按实验点的总趋势连成光滑的曲线，

要做到图线两侧的实验点与图线的距离最为接近且分布大体均匀。曲线正穿过实验点时，可以在点处断开。

⑤ 写明图线特征。利用图上的空白位置注明实验条件和从图线上得出的某些参数，如截距、斜率、极大值、极小值、拐点和渐近线等。有时需通过计算求某一特征量，图上还须标出被选计算点的坐标及计算结果。

⑥ 写图名。在图纸下方或空白位置标出图线的名称以及某些必要的说明，要使图线尽可能全面反映实验的情况。最后写上实验者姓名、实验日期，将图纸与实验报告订在一起。

3. 曲线改直法

在实际工作中，许多物理量之间的关系并不都是线性的，但仍可通过适当的变换而成为线性关系，即把曲线变换成直线，这种方法叫做曲线改直。作这样的变换不仅是由于直线容易描绘，更重要的是直线的斜率和截距所包含的物理内涵是所需要的，例如：

① $y=ax^b$，式中 a，b 为常量，可变换成 $\lg y=b\lg x+\lg a$，$\lg y$ 为 $\lg x$ 的线性函数，斜率为 b，截距为 $\lg a$。

② $y=ab^x$，式中 a，b 为常量，可变换成 $\lg y=(\lg b)x+\lg a$，$\lg y$ 为 x 的线性函数，斜率为 $\lg b$，截距为 $\lg a$。

③ $PV=C$，式中 C 为常量，可变换成 $P=C(1/V)$，P 是 $1/V$ 的线性函数，斜率为 C。

④ $y^2=2px$，式中 p 为常量，可变换成 $y=\pm\sqrt{2p}x^{1/2}$，y 为 $x^{1/2}$ 的线性函数，斜率为 $\pm\sqrt{2p}$。

⑤ $y=x/(a+bx)$，式中 a，b 为常量，可变换成 $1/y=a(1/x)+b$，$1/y$ 为 $1/x$ 的线性函数，斜率为 a，截距为 b。

⑥ $s=v_0t+at^2/2$，式中 v_0，a 为常量，可变换成 $s/t=(a/2)t+v_0$，s/t 为 t 的线性函数，斜率为 $a/2$，截距为 v_0。

4. 逐差法

逐差法又称逐差计算法，一般用于等间隔线性变化测量中所得数据的处理。由误差理论可知，算术平均值是若干次重复测量的物理量的近似值。为了减少随机误差，在实验中一般都采用多次测量。但是在等间隔线性变化测量中，若仍用一般的平均值方法，则只有第一次测量值和最后一次测量值起作用，所有的中间测量值全部抵消。因此，这种测量无法反映多次测量的特点。

5. 最小二乘法(线性回归)

作图法虽然在数据处理中是一个很便利的方法，但在图线的绘制上往往带有较大的任意性，所得的结果也常常因人而异，而且很难对它作进一步的误差分析。为了克服这些缺点，在数理统计中研究了直线拟合问题(或称一元线性回归问题)，常用一种以最小二乘法为基础的实验数据处理方法。由于某些曲线型的函数可以通过适当的数学变换而改写成直线方程，这一方法也适用于某些曲线型的规律。

设物理量 y 和 x 之间满足线性关系，则函数形式为：

$$y=a+bx \tag{7-20}$$

最小二乘法就是用实验数据来确定方程中的待定常数 a 和 b，即直线的斜率和截距。

为简便起见，假定每个测量值都是等精度的，且 x 和 y 值中只有 y 有明显的测量随机误差。如果 x 和 y 均有误差，只要把误差相对较小的变量作为 x 即可。由实验测量得到一组数据为(x_i，y_i；$i=1$，2，…n)，其中 $x=x_i$ 时对应的 $y=y_i$。由于测量总是有误差的，将误差归结为 y_i 的测量偏差，并记为 ε_1，ε_2，…，ε_n，见图 7－2。

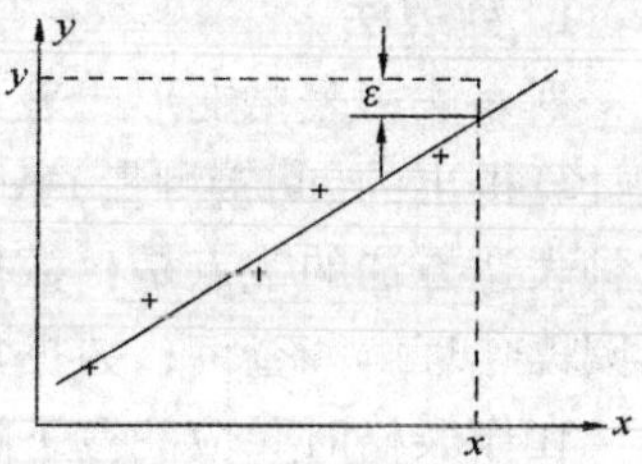

图 7－2　最小二乘法

这样，将实验数据 (x_i, y_i) 代入方程 $y=a+bx$ 后，得到 y_i 的测量偏差：

$$\left.\begin{aligned} y_1-(a+bx_1)&=\varepsilon_1\\ y_2-(a+bx_2)&=\varepsilon_2\\ &\vdots\\ y_n-(a+bx_n)&=\varepsilon_n \end{aligned}\right\} \qquad (7-21)$$

利用上述的方程组来确定 a 和 b。比较合理的 a 和 b 是使 ε_1，ε_2，…，ε_n 数值上都比较小。但是，每次测量的误差不会相同，反映在 ε_1，ε_2，…，ε_n 大小不一，而且符号也不尽相同。所以只能要求总的偏差最小，即：

$$\sum_{i=1}^{n}\varepsilon_i^2\rightarrow \min$$

经运算得：

$$a=\overline{y}-b\overline{x} \qquad (7-22)$$

$$b=\frac{\overline{x}\cdot\overline{y}-\overline{xy}}{\overline{x}^2-\overline{x^2}} \qquad (7-23)$$

如果实验是在已知 y 和 x 满足线性关系下进行的，那么用上述最小二乘法线性拟合(又称一元线性回归)可解得斜率 a 和截距 b，从而得出回归方程 $y=a+bx$。如果实验是要通过对 x、y 的测量来寻找经验公式，则还应判断由上述一元线性拟合所确定的线性回归方程是否恰当。这可用下列相关系数 r 来判别：

$$r=\frac{\overline{xy}-\overline{x}\cdot\overline{y}}{\sqrt{(\overline{x^2}-\overline{x}^2)(\overline{y^2}-\overline{y}^2)}} \qquad (7-24)$$

其中：　$\overline{y}^2=\left(\frac{1}{n}\sum_{i=1}^{n}y_i\right)^2$，$\overline{y^2}=\frac{1}{n}\sum_{i=1}^{n}y_i^2$

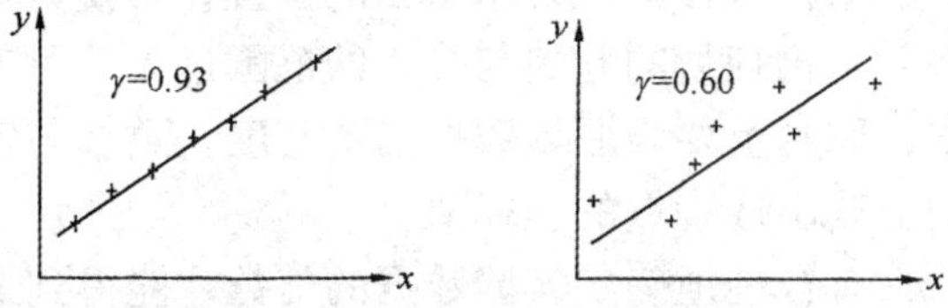

图 7－3　相关系数与线性关系

可以证明，$|r|$ 值总是在 0 和 1 之间。$|r|$ 值越接近 1，说明实验数据点密集地分布在所拟合的直线的近旁，用线性函数进行回归是合适的。$|r|=1$ 表示变量 x、y 完全线性相关，拟合直线通过全部实验数据点。$|r|$ 值越小线性越差，一般 $|r|\geqslant 0.9$ 时可认为两个物理量之间存在较密切的线性关系，此时用最小二乘法直线拟合才有实际意义，见图 7－3。

这一方法也适用于某些曲线型的规律。

7－3.3　实验结果的正确表示方法

实验数据经误差分析和数据处理之后，就可考虑结果的表述形式。实验结果的表述不是简单地罗列原始测量数据，需要科学地表述，既要清晰，又要简洁。推理要合理，结论要正确。实验结果的表示有列表法、图解法和数学方程(函数)法。分别简要介绍如下。

1. 列表法

列表法用表格的形式表达实验结果。具体做法是：将已知数据、直接测量数据及通过公式计算得出的(间接测量)数据，按自变量 x 与因变量 y 的关系，一个一个地对应列入表中。这种表达方法的优点是：数据一目了然，从表格上可以清楚而迅速地看出二者间的关系，便于阅读、理解和查询；数据集中，便于对不同条件下的实验数据进行比较与校核。

在作表格时，应注意下述几点：

① 表格的设计。表格的形式要规范，排列要科学，重点要突出。每一表格均应有一完全又简明的名称。一般将每个表格分成若干行和若干列，每一变量应占表格中一行或一列。

② 表格中的单位与符号。在表格中，每一行的第一列(或每一列的第一行)是变量的名称及量纲。使用的物理量单位和符号要标准化、通用化。

③ 表格中的数据处理。同一项目(每一行或列)所记的数据，应注意其有效数字的位数尽量一致，并将小数点对齐，以便查对数据。如果用指数来表示数据中小数点的位置，为简便起见，可将指数放在行名旁，但此时指数上的正负号应易号。

此外，表格中不应留有空格，失误或漏做的内容要以“/”记号划去。

2. 图解法

图解法利用实验测得的原始数据，通过正确的作图方法画出合适的直线或曲线，以图的形式表达实验结果。该法的优点是使实验测得的各数据间的相互关系表现得更为直观，能清楚地显示出所研究对象的变化规律，如极大值或极小值、转折点、周期性和变化速度等。从图上也易于找出所需的数据，有时还可用作图外推法或内插法求得实验难于直接获得的物理量。

图解法的缺点是存在作图误差，所得的实验结果不太精确。因此，为了得到理想的实验结果，必须提高作图技术。下面简单介绍作图的一般步骤及规则。

① 坐标纸的选择。通常采用的是直角毫米坐标纸，有时为了方便处理非线性变化规律的数据，也用半对数或对数坐标纸。例如，在用玻璃的软化点测定数据作图时，既可用直角坐标纸，也可用半对数坐标纸，但后者更为方便。个别特殊情况还采用三角坐标纸。例如，三组分系统的相图用的就是三角坐标纸。

② 坐标轴的确定。用直角坐标纸作图时，一般以自变量为横轴，因变量(函数)为纵轴。坐标轴上的尺度和单位的选择要合理，要使测量数据在坐标图中处于适当的位置，不使数据群落点偏上或偏下，不使图形细长或扁平。如果某一物理量的起始与终止的范围过大，可考虑采用对数坐标轴。此外，各坐标的比例和分度，原则上要与原始数据的精密度一致，与实验数据的有效数字相对应，以便于很快就能从图上读出任一点的坐标值。

曲线的形状随比例尺的改变而改变。因此，只有合理地确定实验数据的倍数才能得到最佳的图形与实验结果。不要过分夸大或缩小各坐标的作图精度，因为图形过大，会浪费纸张和版面；图形过小，当曲线有极大值、极小值或转折点时将表达不清楚，还会给实验结果计算带来误差。通常应以单位坐标格子代表变量的简单整数倍，例如，用坐标轴 1cm 表示数量的 1、2 或 5 倍，而不宜代表 3、6、7、9 倍等。若作出的图是一条直线时，则直线与横坐标的夹角应为 45°左右，角度过大或过小都会给实验结果带来较大的误差。

如无特殊需要(如直线推求截距等)时，就不必从坐标原点作标度起点，而可以从略低于最小测量值的整数开始，这样才能充分利用坐标纸，使作图紧凑同时读数精度也可提高。

画上坐标轴后，在轴旁注明该轴变量的名称及单位，在纵轴的左面和横轴的下面每距一定距离写下该处变量应有的“值”，以便作图及读数，但不要将实验值写在轴旁。

③ 原始数据点的标出。将实验所测得的各个数据的位置标在坐标图上时，每个数据可用“·”来表示，这种点称为实验点、数据点或代表点。这些点的中心应与原始数据的坐标相重合，点的面积大小应代表测量的精密度，不可太大或太小。如果同一坐标图中要表示多条曲线，则各曲线中的实验点位置可用★、○、□、⊙、△、◆等符号分别表示，并在图中或图下注明各记录符号所代表的意义。

描绘曲线时需要有足够的数据点，点数太少不能说明参数的变化趋势和对应关系。对于一条直线，一般要求至少有 4 点；一条曲线通常应有 6 点以上才能绘制。当数据的数值变化较大时，该处曲线将出现突折点，在这种情况下，曲线拐弯处所标出的数据点应当多一些，以使曲线平滑过渡、弯曲自然。

④ 曲线的绘制。在图纸上作出数据点后，就可用直尺或曲线板(尺)，按数据点的分布情况确定一直线或曲线。直线或曲线不必全部通过各点，但应尽可能地接近(或贯穿)大多数的实验点，只要使各实验点均匀地分布在直(曲)线两侧邻近即可。如果有个别数据点离曲线很远，该点可不考虑，因为含有这些点所得的曲线一般是不正确的。但遇到这种情况要谨慎处理，最好将此个别点的数据重新测量。如原测量确属无误，则应考虑其特殊性，并考虑将此数据纳入绘制曲线中。

画曲线时，先用淡铅笔轻轻地循各数据点的变动趋势手描一条曲线。然后用曲线板逐段凑合手描曲线的曲率，作出光滑的曲线。最后根据所得图形或曲线进行计算与处理，以获得所需的实验结果。

3. 函数表示法

用一定的数学方法将实验数据进行处理，可得出实验参数的函数关系式，这种关系式也称经验公式，被普遍应用。

当通过实验得出一组数据之后，可用该组数据在坐标纸上粗略地描述一下，看其变化趋势是接近直线或是曲线。如果接近直线，则可认为其函数关系是线性的，可以用线性函数关系公式进行拟合，用最小二乘法求出线性函数关系的系数。拟合可以用手工或计算机编程完成。手工拟合十分麻烦，若将拟合方法编成计算程序，将实验数据输入计算机，就可迅速得到实验结果。

对于非线性关系的数据，可将粗描的曲线与标准图形对照，再确定用何种曲线的关系式进行拟合。当然，曲线拟合要复杂得多。为了简化，在可能的条件下，可通过数学处理将数据转化为线性关系。例如，在处理测量玻璃软化点温度的数据时，将实验数据在直角坐标纸上描绘时是明显的非线性关系，但在半对数坐标纸上描绘时则成为线性关系，可以用最小二乘法方便地进行处理，用计算机进行快速计算。

用函数形式表达实验结果，不仅给微分、积分、外推或内插等运算带来极大的方便，而且便于进行科学讨论和科技交流。随着计算机的普及，用函数形式来表达实验结果将会得到更普遍的应用。

7-3.4 分析测试中的标准曲线

在分析化学实验中，常用标准曲线法进行定量分析，通常情况下的标准工作曲线是一条直线。与校正曲线不同，它是以标准溶液及介质组成的标准系列标绘出来的曲线。校正曲线的标准系列的伴生组分必须与试样相匹配，以便测量结果准确。只有标准曲线与校正曲线相重合的条件下，才可以用标准曲线来代替校正曲线。

标准曲线的横坐标（X）表示可以精确测量的变量（如标准溶液的浓度），称为普通变量，纵坐标（Y）表示仪器的响应值（也称测量值，如吸光度、电极电位等），称为随机变量。当 X 取值为 X_1，$X_2\cdots$，X_n 时，仪器测得的 Y 值分别为 Y_1，Y_2，…，Y_n。将这些测量点 X_i，Y_i 描绘在坐标系中，用直尺绘出一条表示 X 与 Y 之间的直线线性关系，即常用的标准曲线法。用作绘制标准曲线的标准物质，它的含量范围应包括试样中被测物质的含量。标准曲线不能任意延长。用作绘制标准曲线的绘图纸的横坐标和纵坐标的标度以及实验点的大小均不能太大或太小，应能近似地反映测量的精度。

标准曲线法的优点：绘制好标准工作曲线后测定工作就变得相当简单，可直接从标准工作曲线上读出含量，因此，特别适合于大量样品的分析。

标准曲线法的缺点：每次样品分析的条件很难完全相同，因此，容易出现较大误差。此外，绘制标准工作曲线时，一般使用欲测组分的标准样品（或已知准确含量的样品），而实际样品的组成却千差万别，因此，必将给测量带来一定的误差。

§7-4 Excel 在化学实验数据处理中的应用

Microsoft Excel 是微软公司的办公软件 Microsoft office 的组件之一，是微软办公套装软件的一个重要的组成部分，它可以进行各种数据的处理、统计分析和辅助决策操作，因而被广泛地应用于众多领域。

Excel 作为电子表格软件工具，除具有强大的表格数据计算与分析功能外，还可以把表格中的数据用各种统计图形象地表示出来，使得数据的收集、处理和分析更为科学、便捷。

在化学化工实验中，经常使用 Excel 的功能主要有以下 3 项：

① 表格制作。Excel 是一个以表格方式为主的处理数据的软件，利用 Excel 的表格处理功能，可以非常简便地将实验中的数据制作成各种表格。

② 强大的计算能力。在 Excel 中内置了大量的函数，涵盖了统计、财务、工程和数学等多个领域，利用这些函数可进行一些复杂的数学运算、统计、分析等，而且表格中公式和函数的利用可以确定一组单元格之间的逻辑关系，可以根据数据之间的逻辑关系来进行数据跟踪，不但有利于对数据进行分解分析，而且还有利于发现数据异常的原因。

③ 丰富的图表功能。利用 Excel 可以实现表、图、文三者的完美结合，且作图过程也非常简单，只需点击几下鼠标即可完成。在 Excel 中，系统提供了多种类型的图表，可以根据需要选择柱形图、折线图、条形图等，也可以根据不常用的方式如气泡图或雷达图来生成图表。

7-4.1 Excel 的启动与退出

1. 启动

Excel 软件的启动和 Windows 中其他软件的使用过程相似。启用 Excel 通常有三种方法：

方法一：从"开始"菜单启动 Excel，即点击"开始"→"所有程序"→"Microsoft Office"→"Microsoft Office Excel 2003"。

方法二：通常安装 Microsoft Office 软件后，Windows 桌面上有 Excel 的快捷方式图标，用鼠标双击 Excel 的快捷方式图标即可启动 Excel。

方法三：利用已有的工作簿文件来启动，即找到一个已经存在的 Excel 文件，然后双击该文件即可启动。在启动的同时，被双击的工作薄文件也同时打开。

2. 退出

Excel 的退出方法有以下几种：

方法一：单击 Excel 窗口右上角的  按钮。

方法二：在 Excel 窗口为当前活动窗口时，按 Alt + F4 组合键。

方法三：在 Excel 窗口左上方单击选择“文件”→“退出”命令。

7 - 4.2 Excel 的窗口界面

Excel 应用程序启动后，在屏幕上即可显示出其工作界面的主窗口，如图 7 - 4 所示，它主要包括标题栏、菜单栏、工具栏、任务窗格、编辑栏、滚动条、工作表标签、状态栏和分割框等。

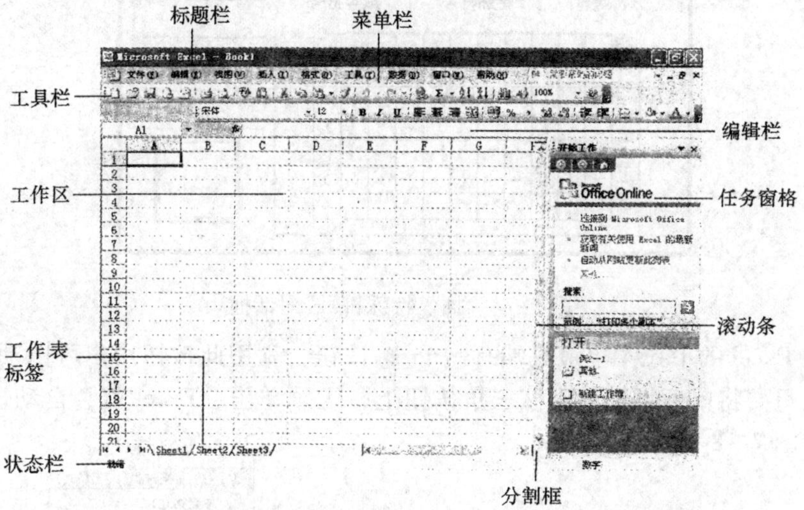

图 7 - 4 Excel 的工作界面

1. 标题栏

显示用户当前运行程序的名称和当前文件的名称。

2. 菜单栏

菜单栏中包括了各种子菜单。用鼠标单击不同的菜单名则可显示出一个下拉菜单，如单击菜单栏中的“插入”菜单，则可弹出如图 7 - 5 所示的下拉菜单，可以从中选择对应的操作命令。利用其中的各种命令，用户可以完成 Excel 中所有的操作。

从图 7 - 5 所示的“插入”菜单中可以看到，有的菜单命令右侧会有一个右三角箭头，表明此菜单命令后还有子菜单，只要将鼠标指针移到该命令上，则自动打开其子菜单，如图7 - 6所示的“名称”子菜单；而有的菜单后面会有一些省略号，则表示执行此命令后会打开一个对话框，如选择“特殊符号”命令后，会打开“插入特殊符号”对话框，如图 7 - 7 所示。

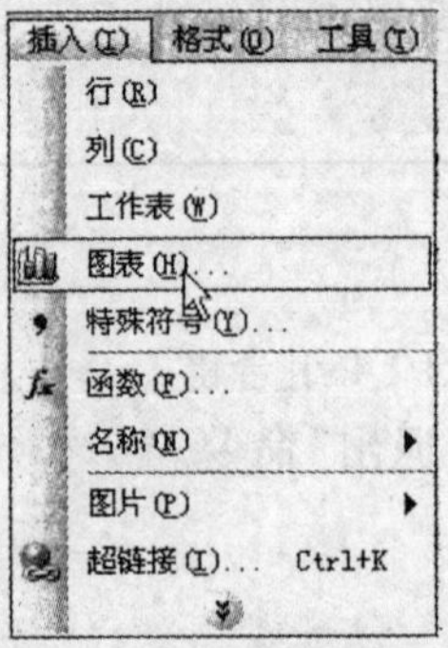

图7-5 “插入”菜单栏

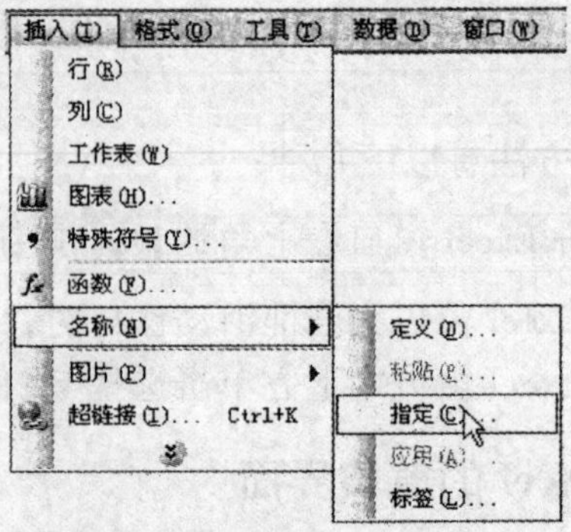

图7-6 自动打开的子菜单

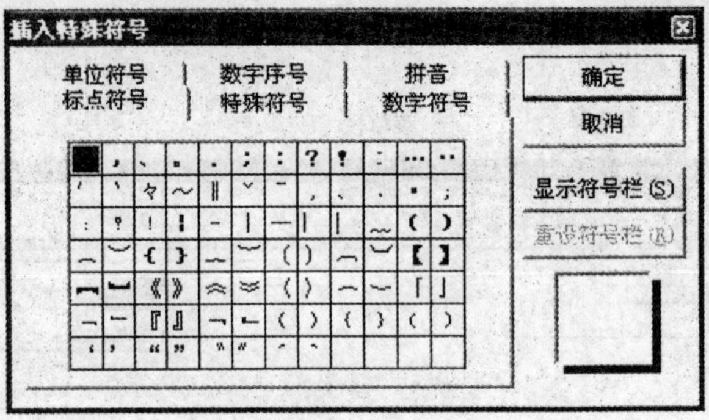

图7-7 “插入特殊符号”对话框

另外，在 Excel 的下拉菜单最底端有一个 按钮，利用此按钮用户可以动态显示 Excel 的菜单命令。只要将鼠标指针移到该三角按钮上，无须单击，Excel 就会自动显示出全部的菜单命令，如图 7-8 所示。

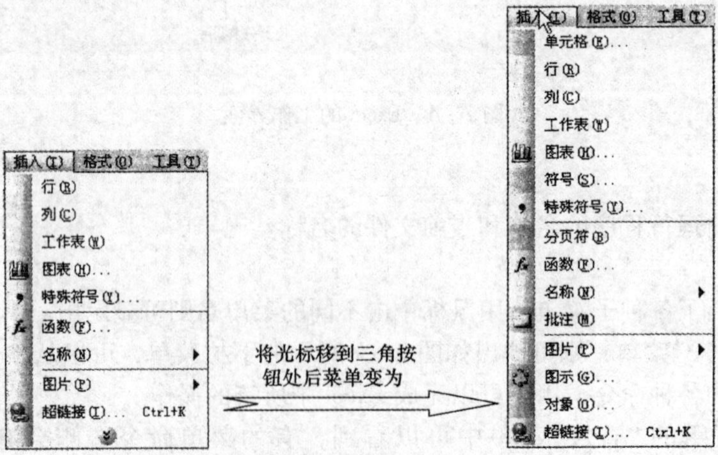

图7-8 完整显示出“插入”菜单项目

3. 工具栏

Excel 将功能相近的图标集中到一起形成了工具栏，它是一些按钮的集合，位于菜单栏的下方。工具栏中的每个按钮都对应于菜单中相关的命令。单击工具栏中的按钮，就可以执行相应的命令，因此，使用工具栏可使操作更加简便快捷，而且图标也便于记忆，节省了许多工作时间。

Excel 的工具栏有多种，一般情况下在工作窗口中只显示【常用】和【格式】两个工具栏，其他不常用的工具栏被隐藏起来。

常用工具栏中包含了常用的命令按钮，利用这些按钮可以快速地完成各项工作，如新建、打开、保存、打印工作表等。

格式工具栏中包含了一些可以快速改变文字外观或改变文件编排的按钮，如改变文本的字号、字形、字体样式等。

（1）工具栏中按钮的显示

可以根据需要在工作窗口中显示出其他的工具栏，如图表、绘图和艺术字等，也可以将不需要的工具栏隐藏起来。如果要显示工具栏，可选择“视图”、“工具栏”命令，打开“工具栏”子菜单，如图7－9所示。然后根据需要在工具栏子菜单中选择所需的工具栏，则被选择后显示出来的工具栏前将出现“√”符号。

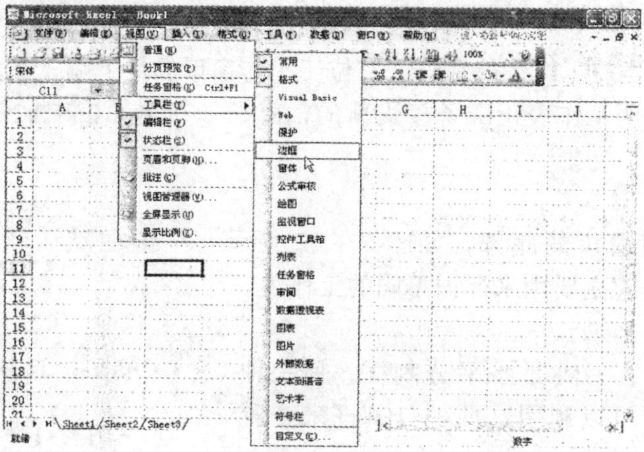

图7－9　工具栏子菜单

（2）工具栏中按钮的添加

根据需要可向工具栏中添加其他的命令按钮，其操作方法如下：

① 选择【工具】→【自定义】命令。

② 从弹出的【自定义】对话框中选择【命令】选项卡，如图7－10所示。

③ 在【类别】列表框中，选择所需要的命令类型。

④ 从【命令】列表框中选择要添加到工具栏中的按钮，此时出现一个虚线框，表示选中状态。然后按住鼠标左键并将其拖动到工具栏中的某个位置，然后释放鼠标左键即可。如图7－11所示。

⑤ 单击【关闭】按钮，关闭【自定义】对话框。

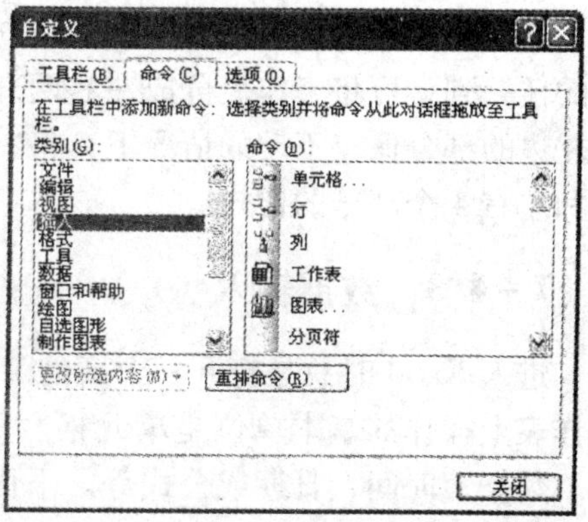

图7－10　“自定义”对话框中的“命令”窗口

4. 编辑栏

编辑栏是进行输入和编辑单元格数据的地方，它位于“格式”工具栏的下面。向单元格中输入或编辑数据时，可首先单击该单元格，然后输入或编辑

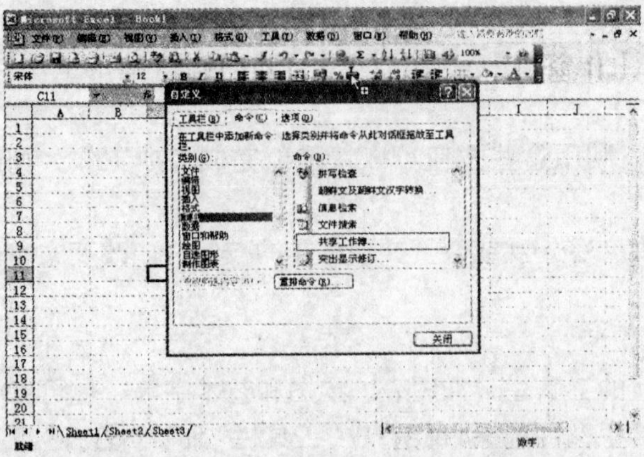

图 7－11　向工具栏中添加其他命令按钮

的数据，此时在编辑栏中也将显示出所输入或编辑的数据，按 Enter 键或单击编辑栏中的“输入”按钮 ✓，输入或编辑的数据便插入到当前的单元格中。另外，在完成数据输入之前，如果要取消对数据的输入，可单击编辑栏中的“取消”按钮 ✕ 或按 Esc 键。

在编辑栏的左侧是名称框，用来定义当前单元格或单元格区域的名字，或者根据名字查找单元格或区域。如果没有定义名字，则在名称框中显示活动单元格的地址名称。

5. 状态栏

状态栏用来显示当前工作区的状态，它位于工作窗口的最下端，在大多数情况下，状态栏只显示“就绪”，表明工作表正准备接受新的信息，如在单元格中输入数据时，状态栏显示为“输入”状态。

6. 工作表标签

标签位于工作簿窗口的底部，如图 7－12 所示。系统在默认状态下其名称分别为 Sheet1、Sheet2……，它主要用来标识不同的工作表。

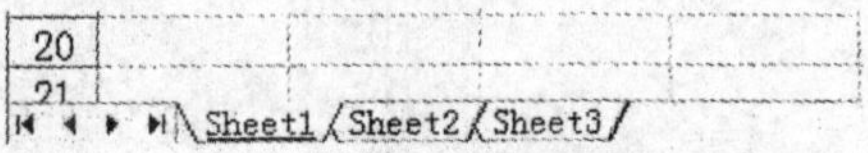

图 7－12　工作表标签

7. 分割框

分割框包括两种，一种是水平分割框，另一种是垂直分割框，用户可以利用这两种分割框来查看一张庞大的工作表。

（1）水平分割框

将鼠标移动到垂直滚动条的顶部，当鼠标指针变为 ÷ 形状时，拖动水平分割框到工作表中的任一行，则可将表格分为上下两部分。同时滚动条也分为上下两个，每部分表格中具有一个滚动条，可以保持在上半部不动的情况下滚动下半部。

（2）垂直分割框

将鼠移动到水平滚动条的右部，当鼠标指针变成 ╫ 形状时，拖动垂直分割框到工作表中的任一列，可将工作表分成左右两部分。同时水平滚动条分裂成两个，用户可以保持分割框左边的部分保持不动的情况下，将右边的部分进行滚动。如图 7－13 所示为将窗口分为上下和左右 4 个部分的样式。

7－4.3　数据输入

进入 Excel 时总是打开一个新的工作簿，工作簿上的第一张工作表就显示在屏幕上。在工作表上操作的基本单位是单元格。每个单元格都有相应的编号，在单元格内可以输入文字、数据、时间、日期或公式等。下面以一组实验数据为例（见表 7－1），说明 Excel 工作表中数据的输入。

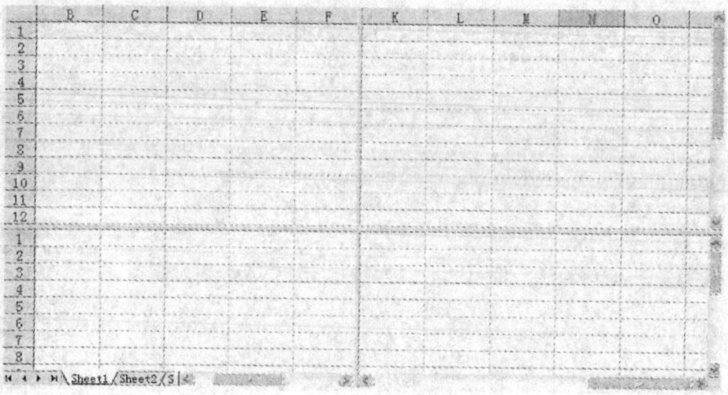

图 7－13　将窗口分为 4 个部分的效果

表 7－1　样品检测实验结果

样品	标示量	测得值/mg	RSD/%	加入量/mg	回收量/mg	回收率/%
1		16.92	0.93	3.49	23.80	100.3
2	5mg · ml^{-1}	16.61	1.10	6.58	26.88	97.4
3		16.67	1.10	3.79	23.72	99.6

① 打开 Excel，单击 A1 单元格，输入“样品检测实验结果”。

② 单击 A2 单元格，输入“样品”。然后单击 B2，输入“标示量”。同样方法依次输入、“测得值/mg”、“RSD/%”、“加入量/mg”、“回收量/mg”、“回收率/%”。

③ 单击 A3 单元格，输入“1”，回车进入 A4 单元格，输入“2”，再回车输入“3”。

④ 单击 B3 单元格，输入“5 mg · ml^{-1}”。同上所述，依次输完所有的数据，如图 7－14 所示。

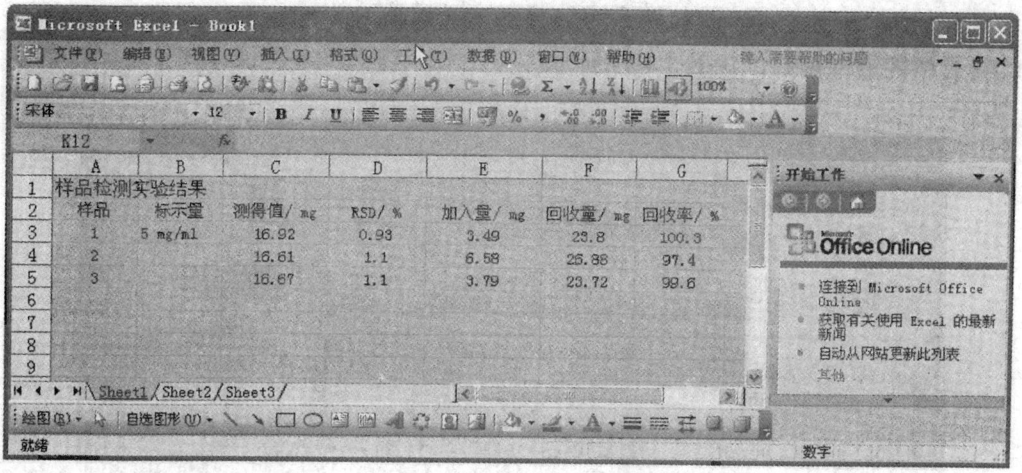

图 7－14　输完数据后的表格

此时，工作表的数据已经输完，但并不符合所需要的表格样式。接下来就需要做一些调整，满足工作的需要。

⑤ 单击 A1 单元格，按住鼠标左键不放，向右下一直拖动到 G5 单元格。此时所选择区域的颜色反转，如图 7－15 所示。

⑥ 单击工具栏中的 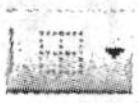，选择“所有线框”，如图 7－16 所示。

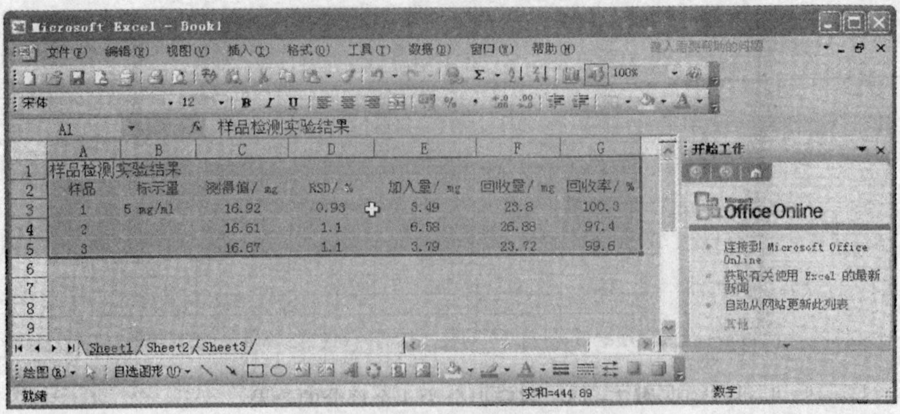

图 7－15　输入区域选择

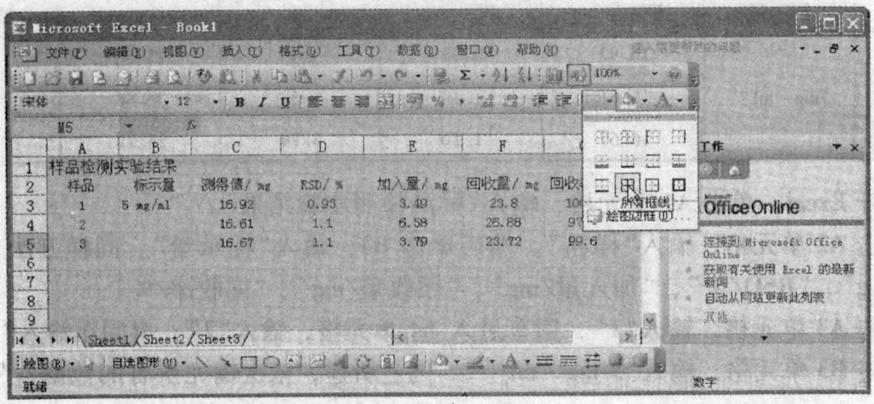

图 7－16　选择“所有线框”

此时表格的边框画好，如图 7－17 所示。

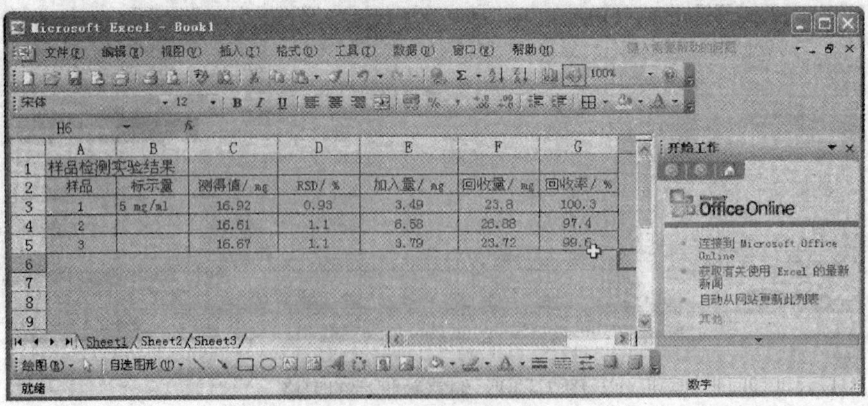

图 7－17　画好边框的表格

⑦ 至此，表格还缺少标题，可按以下操作接着调整。首先需要调整表格的标题显示。鼠标单击 A1 单元格按住不放，向右拖到 G1，然后选择工具栏中的，标题就已经在表格中间显示了，见图 7－18。在 Excel 绘制表格中经常使用，其功能是实现单元格的合并或者

分开。利用该工具，选择 B3、B4、B5 三个单元格，然后单击 ，可得到最终的表格，见图7-19所示。当然每个单元格内的文字样式还可以进一步调整，就像使用 word 一样，可以选择字体、加粗等。

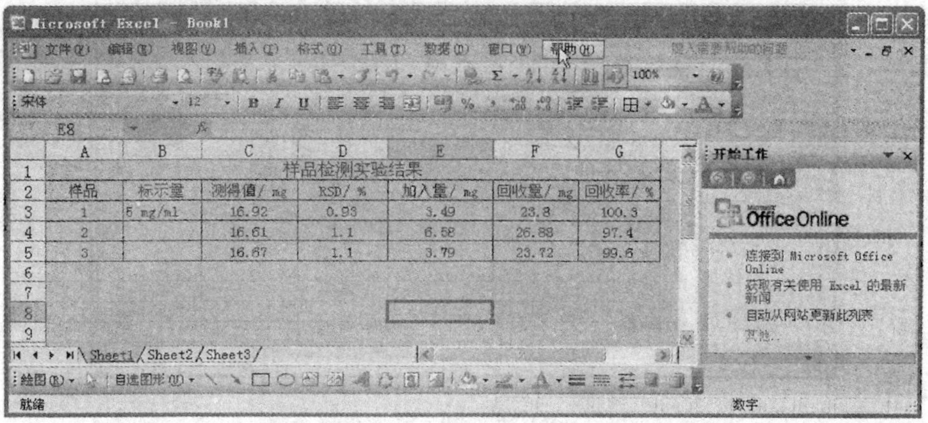

图 7-18　表题居中显示

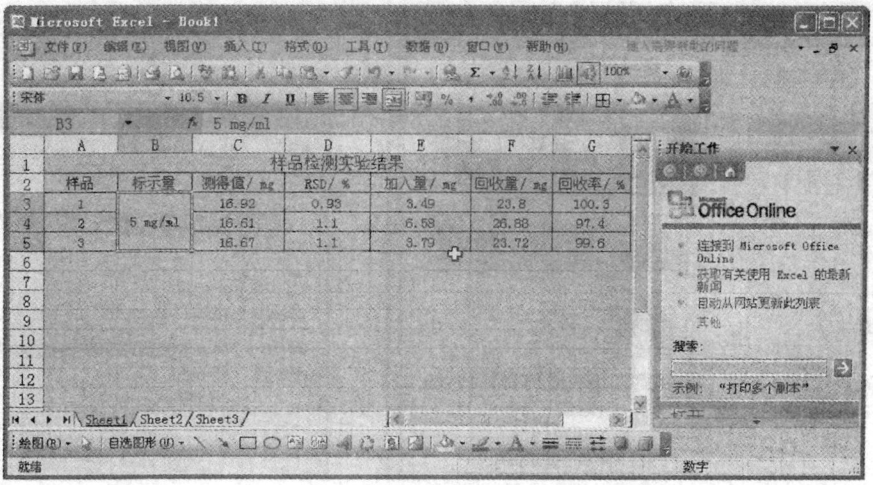

图 7-19　完成后的表格

7-4.4　图表生成

图表可以将数据以图形方式形象地表示出来，有利于找到数据的内在规律。Excel 中有折线图、饼图、柱形图、散点图等多种类型的二维图表，除此之外，还可以创建三维图表。而且用户可以方便地修饰和美化图表。下面以某公司的销售量为例说明图表的制作，见图7-20。

① 首先将相关数据输入表格内。

② 点击菜单栏中的【插入】→【图表(H)】，或者直接在工具栏中点击图标 ，这时系统自动进入图表向导对话框，如图 7-21 所示。

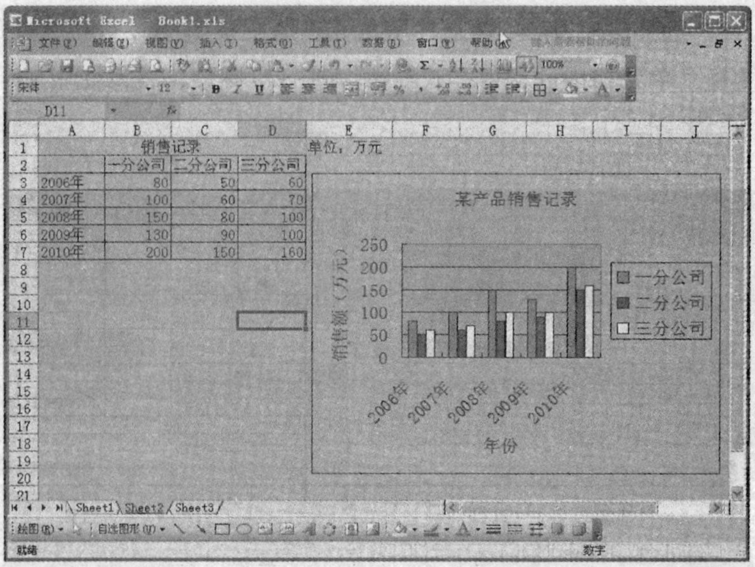

图 7－20　某公司产品销售量

③ 在图表类型里选择柱状图，点击“下一步”，出现图 7－22 所示对话框。选择图表数据范围，用鼠标单击 A2 单元格不放向右拖动到 D7 单元格，单击“下一步”。

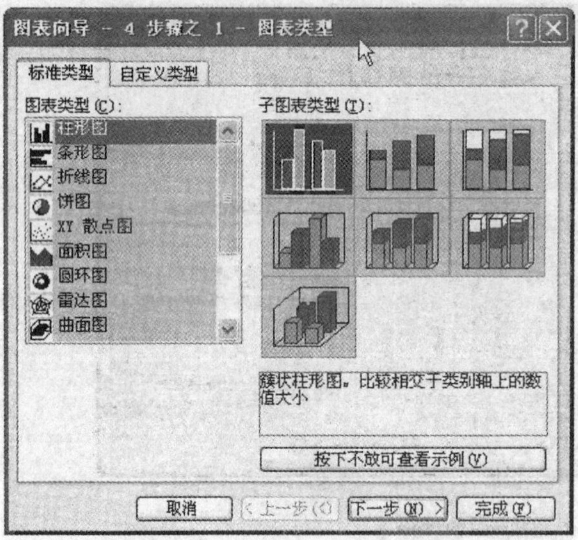

图 7－21　图表向导(一)

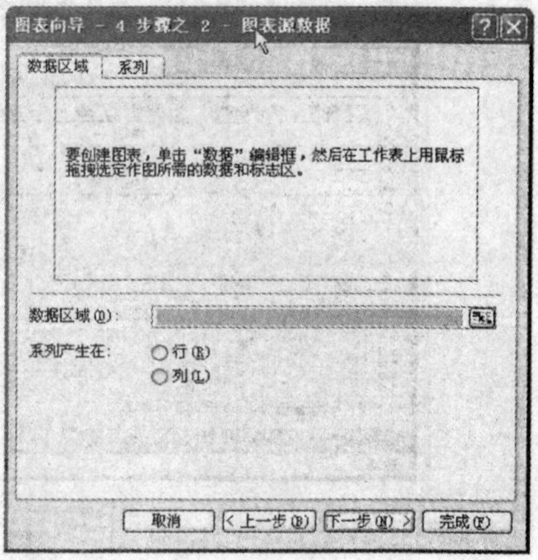

图 7－22　图表向导(二)

④ 在弹出的对话框中，在“图表标题”、“分类(X)轴”、“数值(Y)轴”分别输入相应的名称，单击“下一步”，如图 7－23 所示。

⑤ 在图 7－24 所示对话框中，选择第二项，“作为其中的对象插入”，点击“完成”。即可得到所需要的图表。当然，系统默认生成的图表可能不是很好看，或者需要进一步的调整，此时可以通过双击图表中相应位置，即可弹出修改对话框，根据需要修改调整即可。

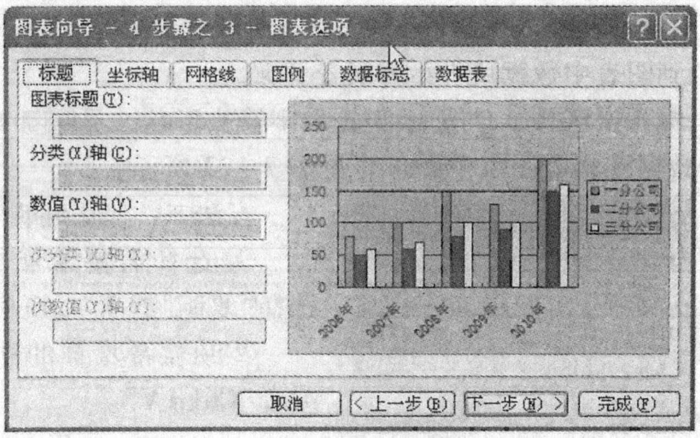

图 7－23　图表向导(三)

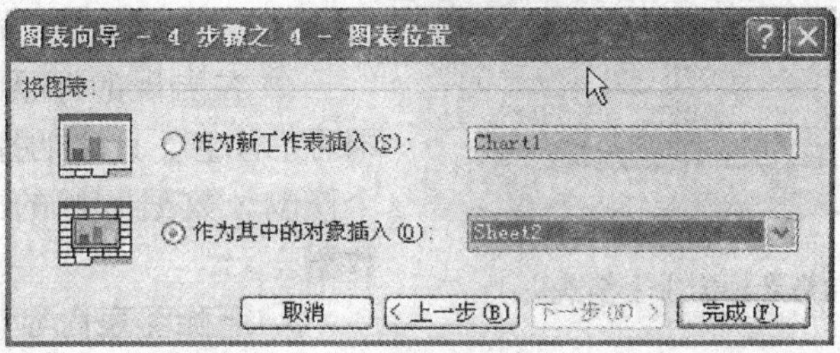

图 7－24　图表向导(四)

7－4.5　图表的编辑与格式化

对于已建立好的图表，可以根据需要进行一些必要的修改。具体如下：

1. 改变图表的比例

对于已经建立好的图表，可以随意改变其大小。调整图表大小的操作步骤如下：

① 单击图表，使图表的边框四角及四边的中央出现黑色控制块。如图 7－25 所示。

② 根据需要，选择相应的控制块拖动即可。

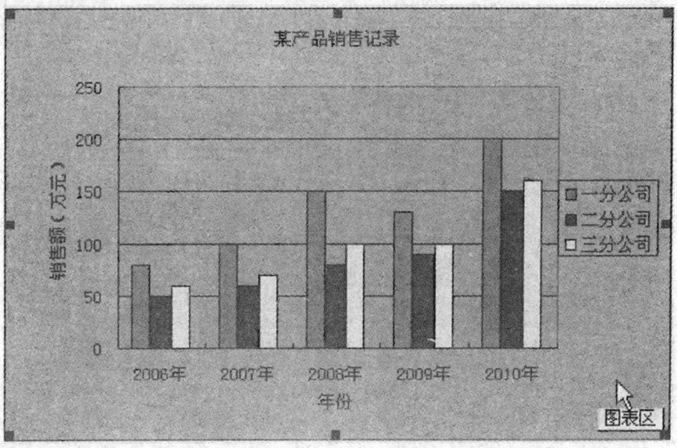

图 7－25　图表控制块

2. 增加图表内容

建好图表后，如需要增加显示的内容，可以用以下方式实现：

方法一：使用鼠标拖放

① 选取需要增加到图表中数据所在的单元格区域。

② 移动鼠标指向单元格区域，使光标变成十字箭头形状，见图 7 – 26 所示。此时按住鼠标左键不放，拖动数据到相应图表中即可。见图 7 – 27 所示。

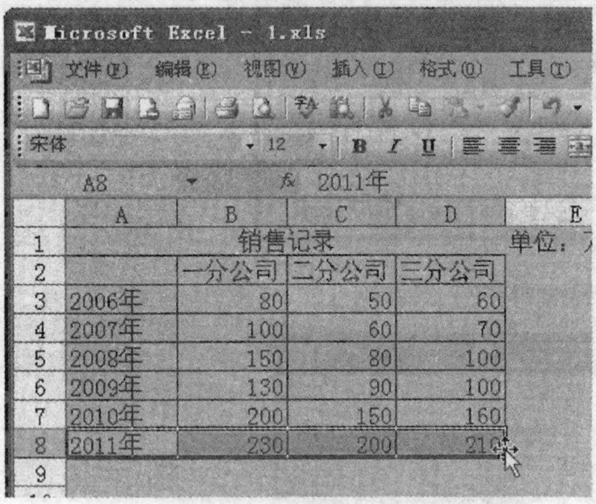

图 7 – 26　单元格光标为十字箭头

方法二：使用编辑菜单

① 选择需要增加数据的单元格区域，选择“复制”或者“Ctrl + C”。

② 在需要增加的图表上，选择“粘贴”或者“Ctrl + V”。

方法三：使用右键快捷菜单

① 在需要增加的图表上，鼠标右键单击，选择“源数据”。如图 7 – 28 所示。

② 在出现的对话框中，选择数据区域即可。注意，此时的操作是对图表数据的整个修改，数据区域的选择应该包括全部的数据。

3. 删除图表内容

如果要删除整个图表，用鼠标单击选定图表，再用鼠标右键单击，出现快捷菜单，选定“清除”命令，即可将整个图表删除。

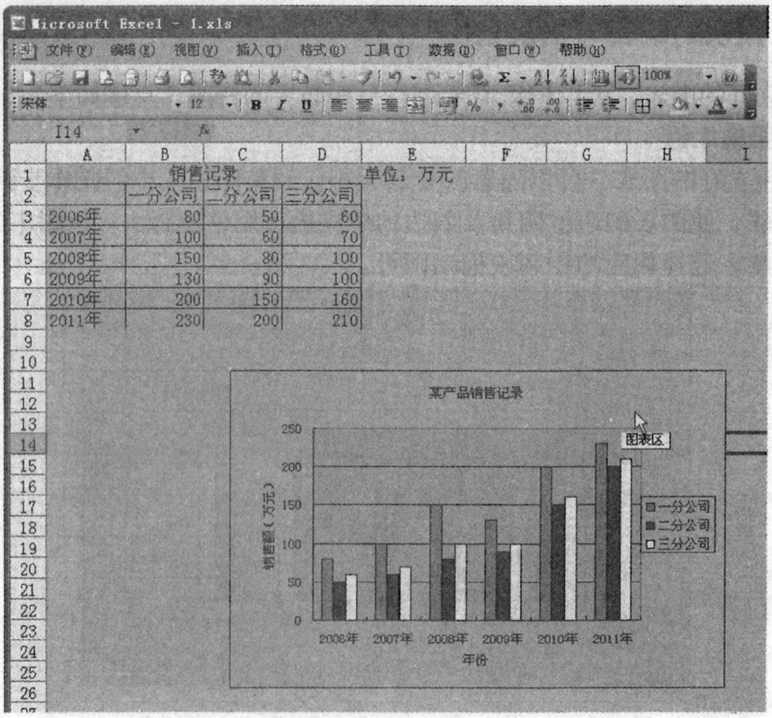

图 7 – 27　增加数据后的图表

如果要同时删除工作表和图表中的数据，则只需要删除工作表中的数据，此时图表中的数据将自动更新。

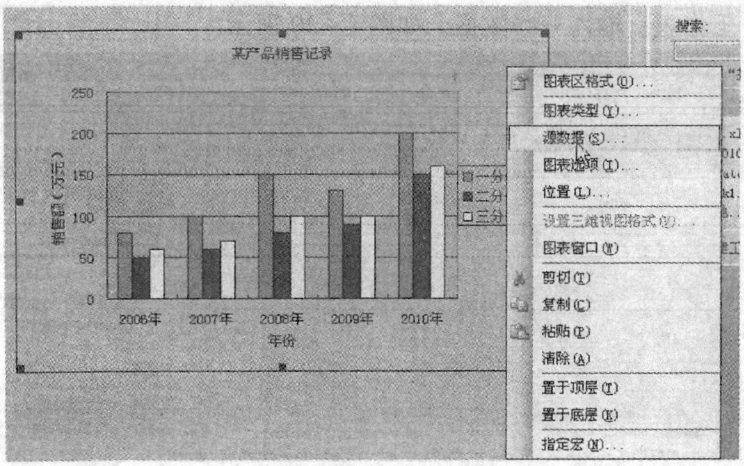

图 7－28　图表右键菜单

如果只删除图表中的某一项，如仅删除图表中的数据系列，而要求工作表中的数据完好无损，或者仅删除图例，则可以使用下面的方法进行：

① 在图表上单击所要删除的数据系列。

② 按“Delete”键，删除所选中的数据系列。或者，用鼠标单击要删除的对象，再单击鼠标右键，在出现的快捷菜单中选定“清除”命令，即可将选定对象删除。

4. 格式化坐标轴

格式化坐标轴有利于认识和分析图表。在坐标轴上，用刻度指定了坐标轴上数值的范围、数值出现的间隔和坐标间相互交叉的位置。

将鼠标移动到需要修改的刻度数值上，双击鼠标，出现相应的对话框，如图 7－29 所示。在该对话框中可以对坐标轴的刻度、图案、字体、位置等进行详细的调整。注意：这里的调整只针对所选择的坐标轴，比如 Y 轴，若要调整 X 轴，鼠标双击 X 轴即可调整。

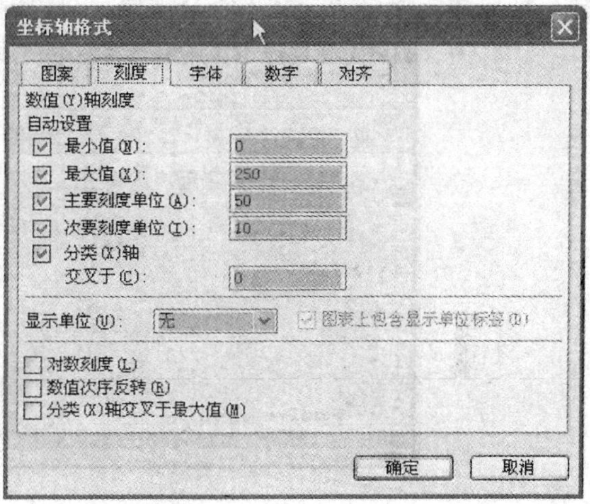

图 7－29　坐标轴格式对话框

7－4.6　数据处理

之所以能用来处理数据尤其是处理大量复杂的数据，其主要原因就在于 Excel 中含有丰富的函数及数组的公式。公式的应用是 Excel 中必须掌握的一项重要的功能，它是工作表的核心。

1. 公式

在 Excel 中，公式是一个以“＝”开头的等式。公式中可以包含各种运算符、常量、函数及单元格引用等。

下面举例说明如何在单元格或区域中输入公式。

① 新建一个工作表。输入一些数据，如图 7－30 所示。

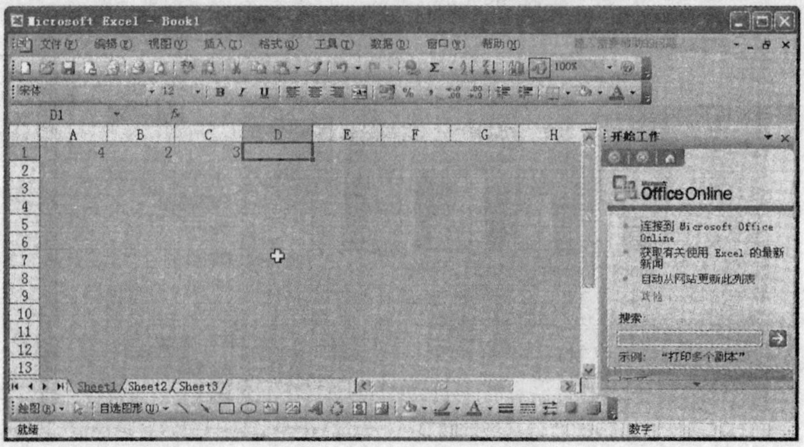

图 7－30　新建工作表

② 单击 D4 单元格，在编辑栏中输入" = A1 + B1 * C1"，可以看到 D4 单元格出现计算结果为"10"，如图 7－31 所示。在公式输入时，也可以双击单元格，直接在单元格中输入公式。如果单元格中的公式不符合需要，可以对其进行复制、修改和移动等操作。

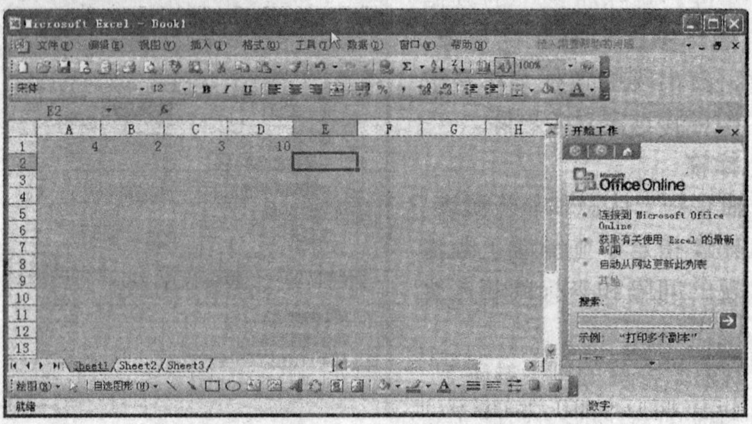

图 7－31　编辑公式

2. 函数的使用

在 Excel 表格中，编辑公式时除了可以自己输入外，软件还自带了大量的函数，有数学与三角函数、统计函数、逻辑函数、财务函数、文本函数、数据库函数和查找与引用函数等七大类函数。在这些函数中，关于实验数据处理的主要是数学函数。下面以求平均值为例简单介绍一下函数的使用。

① 建立如图 7－18 所示的表格。

② 单击 C6 单元格，在编辑栏中输入" = "，此时编辑栏反显，选择编辑栏最前面的向下的小箭头，选择"AVERAGE"，如图 7－32 所示。

③ 在弹出的对话框中，检查要求平均值的数据范围是否是软件自己判断的范围"C3：C5"，如果不是所希望的数据范围，可以重新修改输入。

④ 数据范围检查无误后，单击确定，C6 单元格就会显示计算出的平均值 16.7333333.如图 7－33 所示。

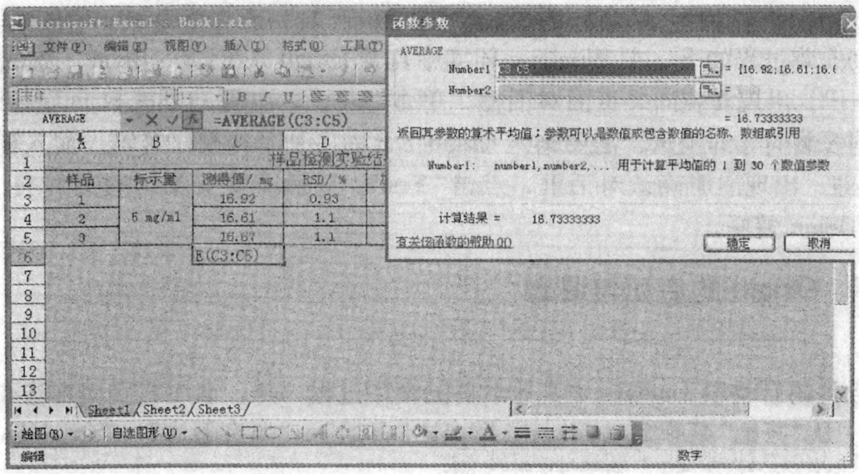

图 7－32　选择函数

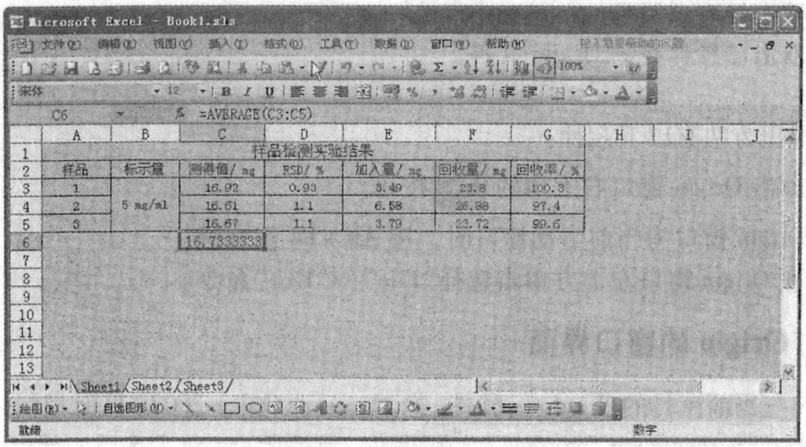

图 7－33　计算结果

Excel 除了上面介绍的计算功能之外，还有其他许多计算功能，可以参考其他专门书籍来解决实验数据处理中的各种问题，此处不再详细介绍。

§7－5　Origin 在化学实验数据处理中的应用

Origin 是美国 OriginLab 公司(其前身为 Microcal 公司)开发的图形可视化和数据分析软件，是科研人员和工程师常用的高级数据分析和制图工具，也是公认的快速、灵活、易学的制图软件。

Origin 拥有两大功能，即数据分析和绘图。化学中的数据处理多种多样，Origin 可以根据需要对实验数据进行排序、调整、统计分析、傅里叶变换、t 试验、线性及非线性拟合等。Origin 提供了几十种二维和三维绘图模板，而且允许读者自己定制绘图模板，绘制二维及三维图形如散点图、条形图、折线图、饼图、面积图、曲面图、等高线图等。还可以自定义数学函数，可以和各种数据库软件、办公软件、图像处理软件等方便地链接。有编程基础的读者还可以用内置的 Origin C 语言编程，从而实现更为高级的数据分析与绘图功能。

Origin 目前的最新版本是 Origin 8(标准版本)和 OriginPro 8(专业版本)。目前，使用较多的仍然是 Origin 7 和 Origin 7.5，因此以软件 Origin7.5 为准介绍 Origin 的使用。

Origin 的安装过程如下：在 Windows 环境中打开 Origin 7.5 CD - ROM，双击 Setup.exe，点击“install…”，出现安装向导页面对话框，单击“next”，出现许可授权同意对话框，点击“Yes”。根据安装向导的提示，需要输入 Origin 7.5 的序列号和授权密码，输入相应的内容，点击 Next 按纽，出现注册确认对话框，点击“Yes”，选择需要安装到的文件夹。之后一路“Next”，将 Origin 装好。

7-5.1 Origin 的启动与退出

1. 启动

Origin 软件的启动和 windows 中其他软件的使用过程一样，常用的启动方法有三种：

方法一：从“开始”菜单启动 Origin，即点击“开始”→“所有程序”→“OriginLab”→“OriginPro 7.5”→“OriginPro 7.5”，即可启动 Origin。

方法二：安装 Origin 软件后，windows 桌面上有 Origin 软件对应的快捷方式图标，用鼠标双击快捷方式图标即可启动。

方法三：双击已经存在的 Origin 文件。

2. 退出

Origin 的退出方法有以下几种：

方法一：单击 Origin 窗口右上角的  按钮。

方法二：Origin 窗口为当前活动窗口时，按 Alt + F4 组合键。

方法三：在 Origin 窗口左上方单击选择“File”→“Exit”命令。

7-5.2 Origin 的窗口界面

Origin 7.5 与当前流行的 Windows 软件(如 Microsoft Office 2003)界面相似，是一个多文档界面 MDI(Multiple document Interface)应用程序。当运行 Origin 7.5 后，就打开了一个 Project 文件，并带有一个 Worksheet 窗口，该窗口是 Origin 的基本窗口之一。Origin 7.5 界面各个部分的名称如图 7-34 所示。

Origin7.5 的工作界面包括下列几部分：

① 标题栏　在窗口的顶部是 Origin 7.5 的标题栏，显示当前文件的名称及路径。

② 菜单栏　标题栏下面是菜单栏。菜单栏中的每个菜单项还包括许多菜单子项，通过这些菜单命令可以实现几乎所有 Origin 7.5 的功能。

③ 工具栏　Origin 7.5 提供了分类合理、功能强大、使用方便的多种工具条。这些工具是 Origin 7.5 常用命令的总汇，大部分工具可以在菜单栏中找到对应的命令。

④ 工作区　窗口的中间部分是工作区，Project 文件的所有 Worksheet、Graph、Matrix 等子窗口的工作均在此完成。

⑤ 项目管理器　窗口的下面是 Project Explorer，类似于 Windows 中的资源管理器，以树形形式显示出 Project 文件各部分名称以及它们之间的相互关系。

⑥ 状态栏　位于窗口的最下面，为用户标出当前的工作内容以及对象的相关情况。

7-5.3 数据输入

Origin 的工作区界面和 Excel 非常相似，都是以表格形式来表示。下面以绘制正弦曲线

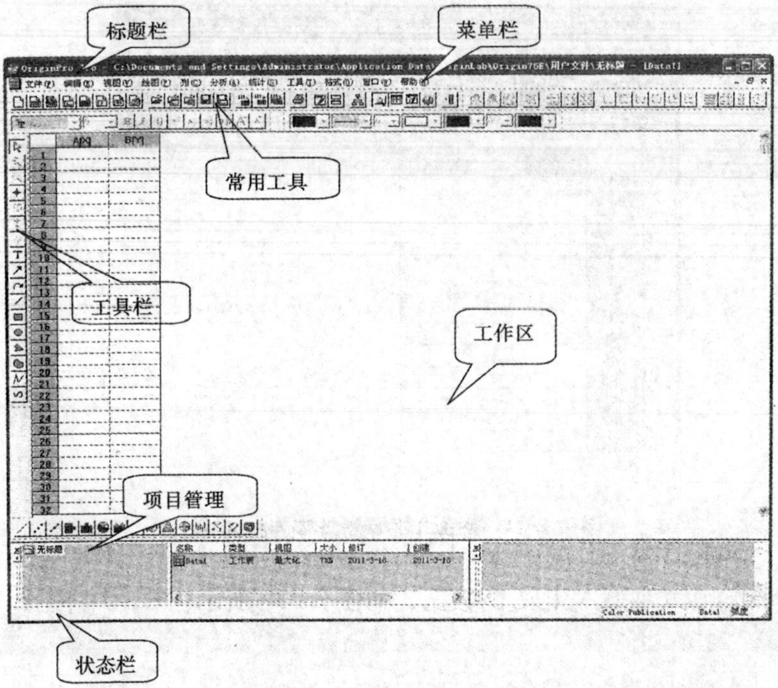

图 7－34　Origin 7.5 主界面

$y=\sin(x)$为例说明其数据输入。

启动 Origin 或新建项目后，默认打开的工作表包括两列：A(X)，B(Y)，如图 7－34 所示。将数据按照 X, Y 坐标分别输入其中，即可绘制 X, Y 关系图。

为了使数列名称与函数名称相符合，可以重新命名工作列。鼠标右键点击 B(Y)，出现图 7－35 所示对话框，选择“属性”，出现图 7－36。所示【工作表列格式】对话框，将“列名称”修改为“sin(x)”，点击“确定”，工作表显示为图 7－37。

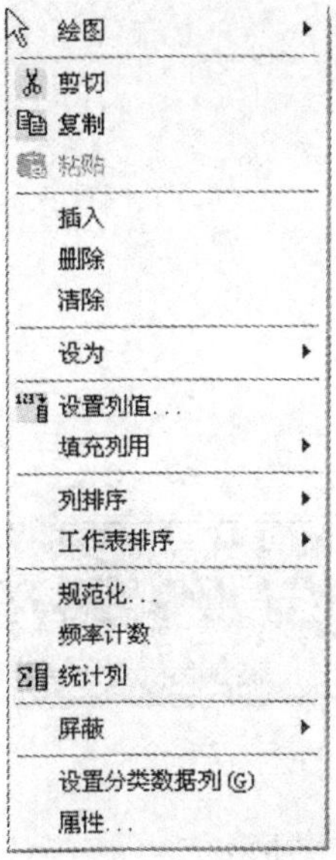

图 7－35　鼠标右键单击后弹出的对话框

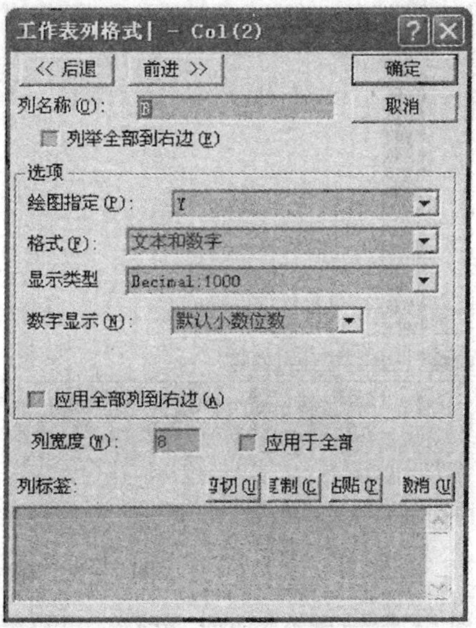

图 7－36　工作表列格式对话框

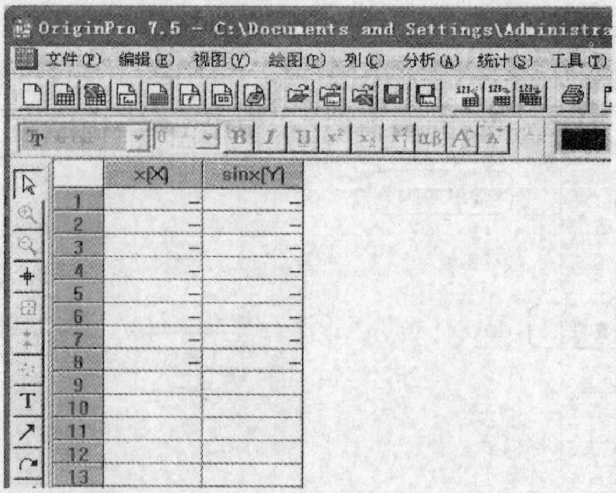

图 7－37　修改工作表列名称为 sin(x)

然后在 x 列和 y 列分别输入相应的数据，如图 7－38 所示。

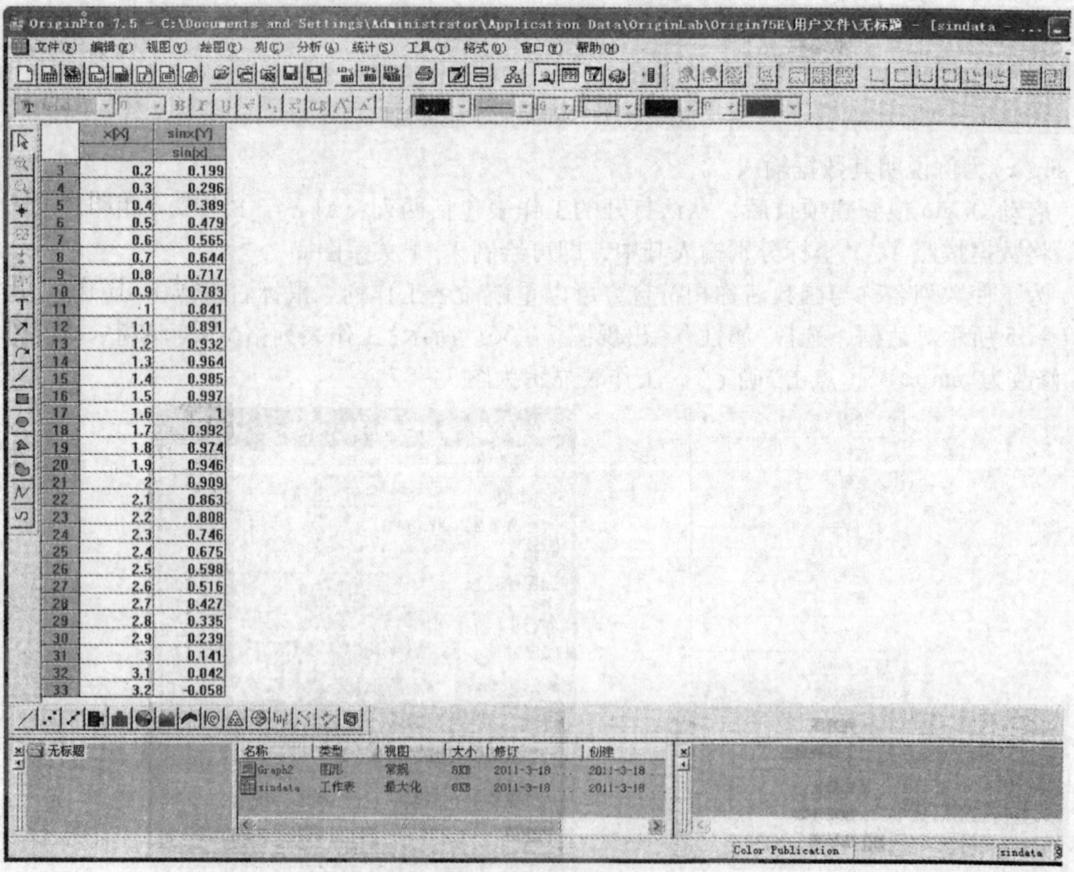

图 7－38　输入数据

至此，图形相关数据输入完成。接着，可以绘制 $X-Y$ 图形。

7-5.4 图形绘制

根据数据绘制图形是 Origin 最重要的功能。Origin 可以制作各种图形，包括直线图、散点图、向量图、直方图、饼图、区域图、极坐标图以及各种 3D 图表、统计用图表等。

下面接着绘制正弦曲线 $y=\sin(x)$。

点击工作表下方的工具栏，如图 7-39 所示

图 7-39 2D 图表工具栏

该工具栏所显示的均为绘制二维图形，即最常使用的绘图工具栏，包括绘制直线、散点、点连线、直方图、饼图等各种形式。按住鼠标左键拖动选定这两列数据，点击图 7-39 中相应的按键就可以绘制不同形式的图形。图 7-40 是 $y=\sin(x)$ 的线条图。

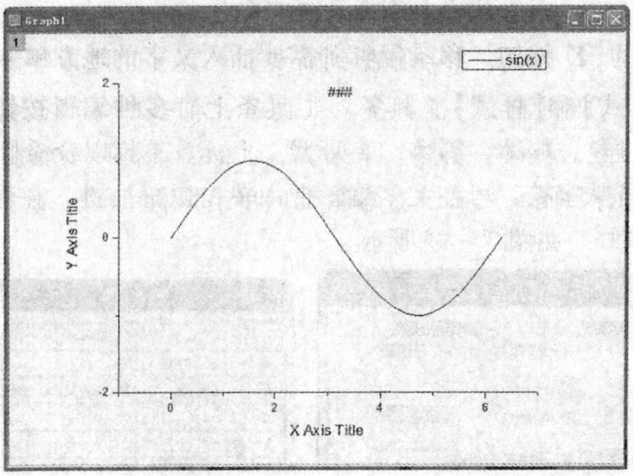

图 7-40 $y=\sin(x)$ 的线条图

7-5.5 图形的编辑与修改

1. 定制图形

若已经绘制了连线图，后来又想改成散点图或线条符号图，此时不必重新绘图，只需点相应的按钮即可更改为相应的绘图方式。更为复杂的定制过程，还需要打开【绘图详细】对话框。

双击图上的任何一个数据点符号，弹出【绘图详细】对话框，如图 7-41 所示。

在此可以对要绘制的图形进行详细的设置，包括绘图类型，符号的形式、大小颜色等；线条的样式、宽度、颜色等，不再详细叙述。

2. 定制坐标轴

在 Origin 中，默认生成的图形，其坐标范围、刻度、标记等与常规所见图形不一样。为了符合使用习惯，需要对图线的坐标轴进行相应的设置。最直接方便的方法就是双击任意一个坐标轴得到图 7-42 所示的坐标轴设置对话框。

在此，可以对坐标轴的范围、增量、标题、刻度线以及方向等进行详细的设置。

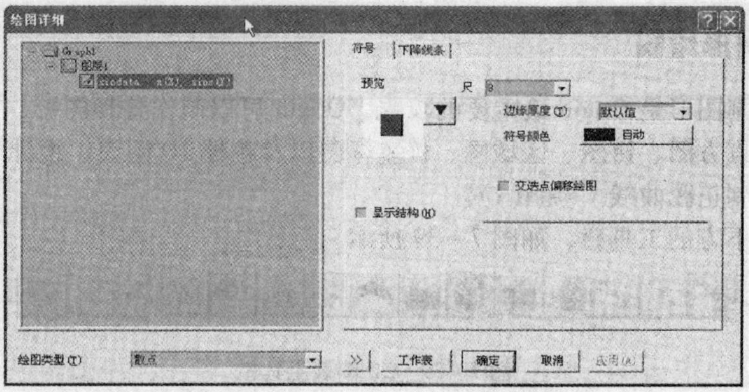

图 7－41　【绘图详细】对话框

3. 添加文本说明

绘制各种图形时，经常需要在图上添加文字说明。

单击【工具栏】上的 **T** 按钮，移动鼠标到需要插入文字的地方单击鼠标，即可打开文本编辑框，同时激活【格式】和【样式】工具条。工具条上有多种编辑按钮便于进行文字编辑，如选择字体、字号、颜色，粗体、斜体、下划线、上标、下标以及希腊字符等。

若需要输入其他特殊字符，可在文字编辑框内单击鼠标右键，在快捷菜单中选择【字符集】，弹出【字符集】窗口，如图 7－43 所示。

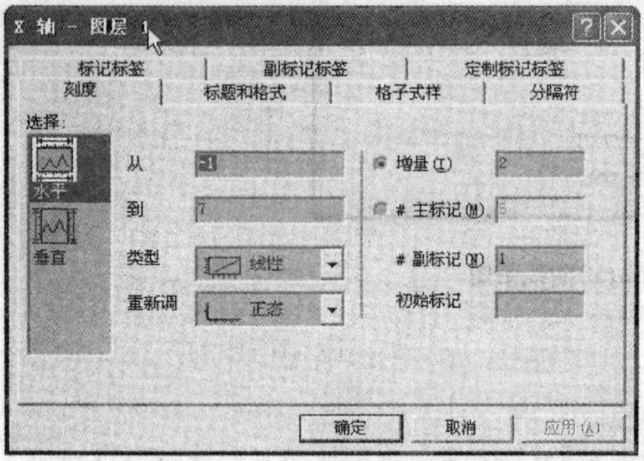

图 7－42　坐标轴设置对话框

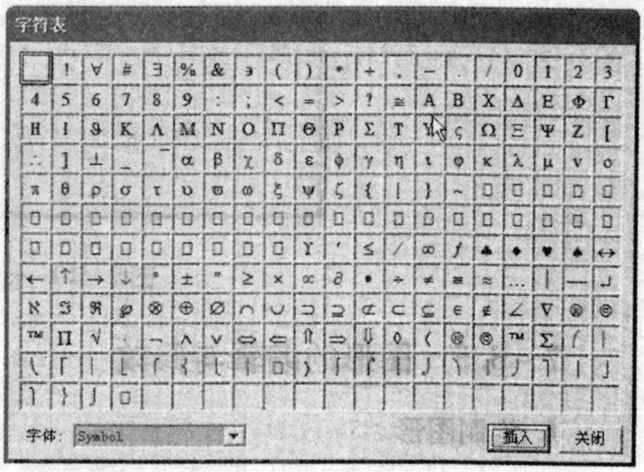

图 7－43　字符集窗口

若对所写的文字效果不满意，想进行更详细的设置，可以用鼠标点击需要修改的文字，当鼠标指针由单箭头变为十字箭头时，单击鼠标右键，选【属性】便可弹出【文本控制】窗口，如图 7－44 所示。这里需要说明 Origin 本身对汉字的支持不是很好，因此，书写汉字时尽量选用中文系统中都有的宋体，其他字体尽量不要选用。

4. 添加文本说明

单击【图表】工具栏最后一个按钮 ，可以为图标自动添加日期和时间。如图 7－45 所示。需要修改其中的日期和时间，只需要双击内容便可修改。

5. 读取数据

实际工作中，有时需要从图形中读取相应位置的数据，在【工具】菜单栏上面有两个按钮可以用来读取图上的数据。+ 可以读取图形窗口上任意点的坐标值，⊞ 只能读取数据点的坐标值。

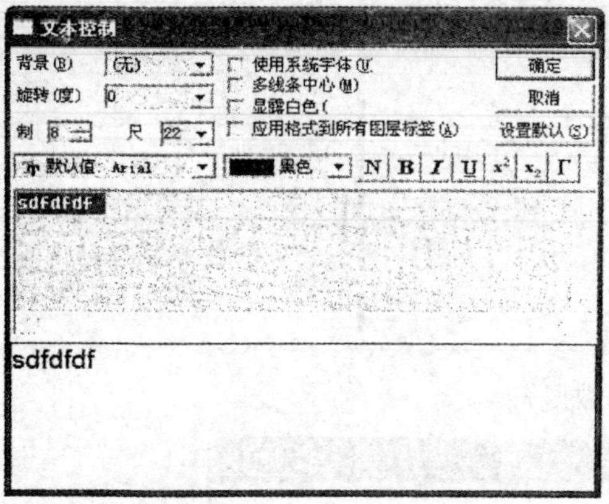

图 7－44　文本控制窗口

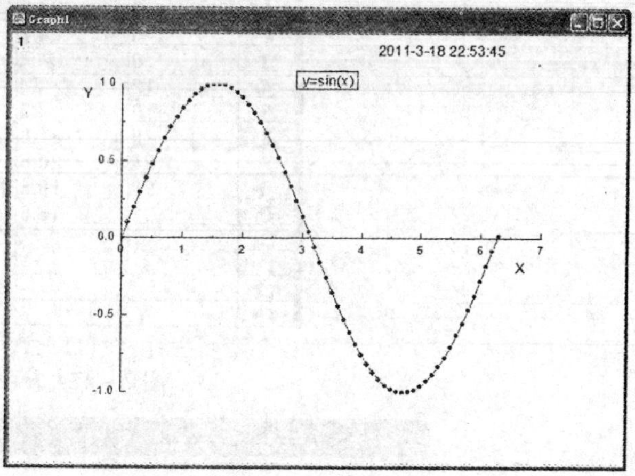

图 7－45　自动添加时间和日期

做完以上的调整之后，可以得到图 7－46 所示的正弦曲线。

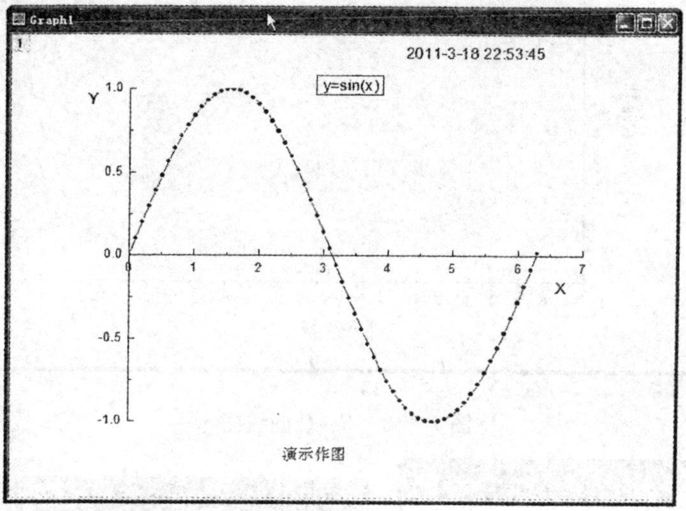

图 7－46　调整好的正弦曲线图

6. 双坐标图的绘制

实际工作中，经常遇到这样的情况，一个因素的变动会引起两个或者两个以上的相关因素跟着变动。为了更好地反映这种变化，经常将这两组数据或多组数据绘制到一种图纸上，共用一个 X 轴，这种图称为双坐标图。下面就简单介绍双坐标图的绘制过程。

以离心泵的特性曲线为例。

首先绘制 $H-Q$ 曲线。打开 Origin，在工作表中输入如下数据，如图 7－47 所示。

点击 ╱ 按钮，绘制连线图，结果如图 7－48 所示。

点击【文件】/【新建】命令，出现新建窗口，如图 7－49 所示。选择工作表，点击确定。

在新的工作表中 B(Y)输入 η 的数据，如图 7－50 所示。

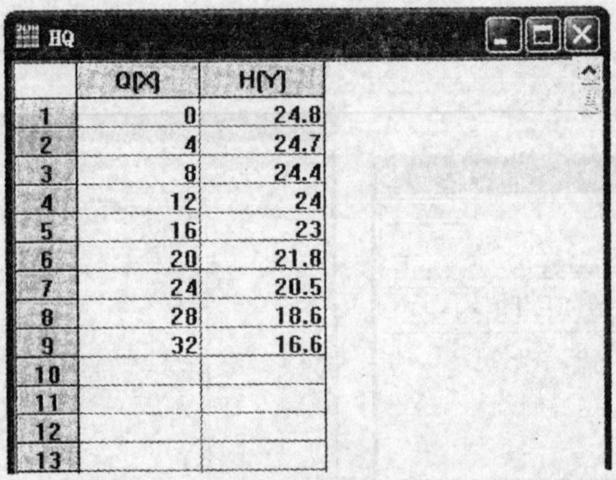

	Q[X]	H[Y]
1	0	24.8
2	4	24.7
3	8	24.4
4	12	24
5	16	23
6	20	21.8
7	24	20.5
8	28	18.6
9	32	16.6
10		
11		
12		
13		

图 7－47　$H-Q$ 数据表

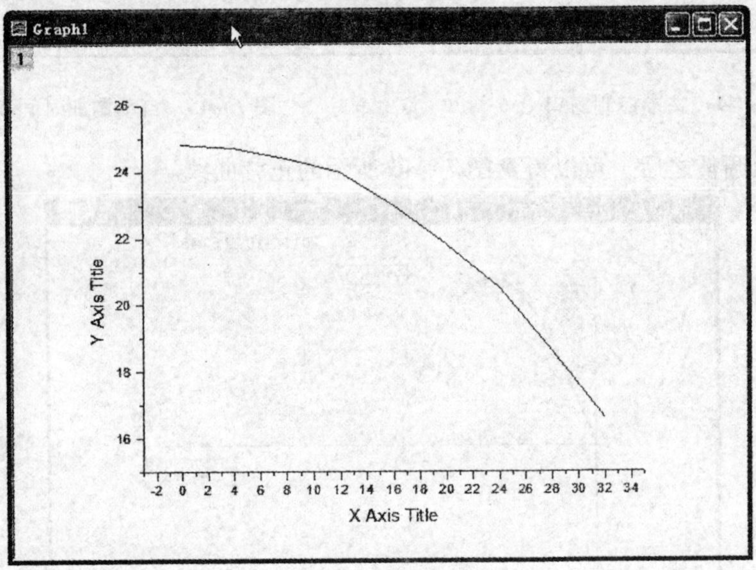

图 7－48　$H-Q$ 曲线图

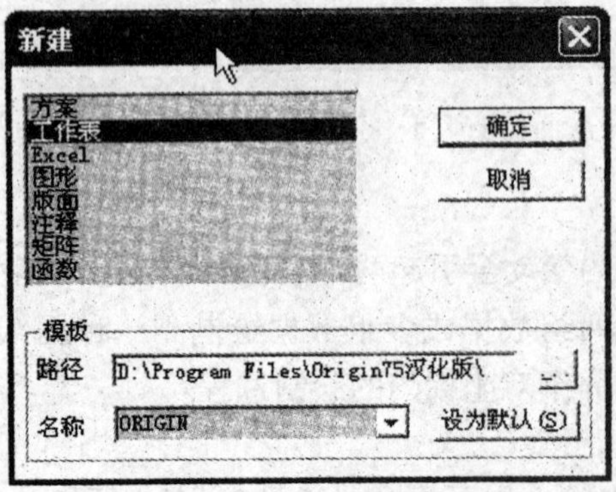

图 7－49　新建窗口

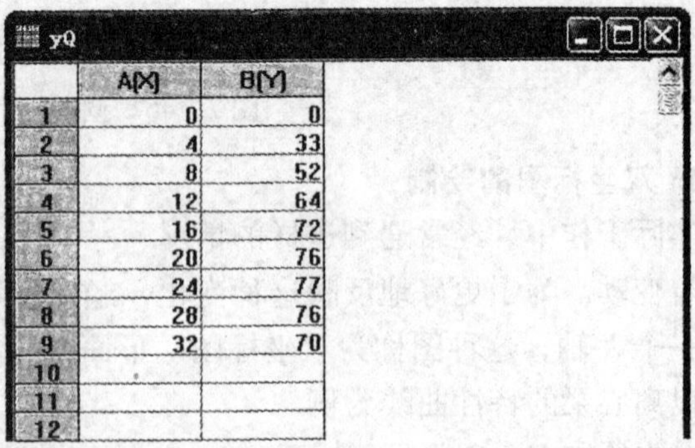

	A[X]	B[Y]
1	0	0
2	4	33
3	8	52
4	12	64
5	16	72
6	20	76
7	24	77
8	28	76
9	32	70
10		
11		
12		

图 7－50　$\eta-Q$ 数据

单击【Graph1】窗口，使之激活。接下来的工作就是要将 $\eta-Q$ 的数据添加到【Graph1】上，公用 X 轴。在【Graph1】窗口中，点击鼠标右键，选择【新建图层】/【(连接)：右 Y】，如图 7－51 所示。此时，【Graph1】中增加了一个新图层和一个 Y 轴，如图 7－52 所示。

图 7-51　新建图层对话框

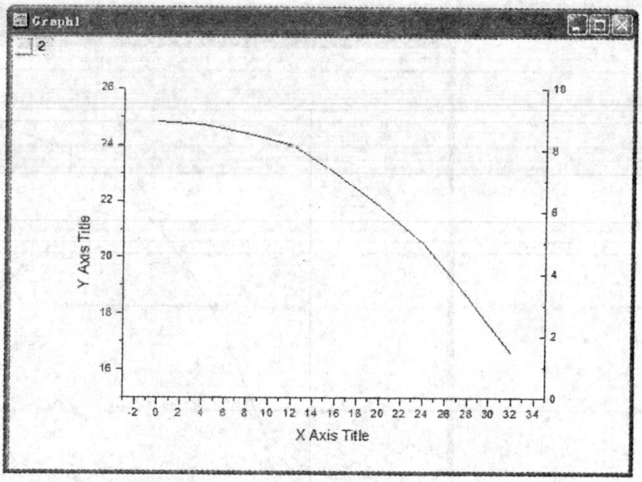

图 7-52　新图层和 Y 轴

请注意，此时【Graph1】中左上角图层按钮处，从一个按钮变成了两个。此时 2 按钮处于按下状态，说明当前激活的是第 2 层。

从菜单栏中选择【图表】/【增加绘图到图层(P)】/【线条(L)】，将 $\eta-Q$ 数据绘制到图层 2 上，如图 7-53 所示。其中右 Y 轴调整了数值范围。最后，再经过一些加工，就能得到更加美观的图形，如图 7-54 所示。

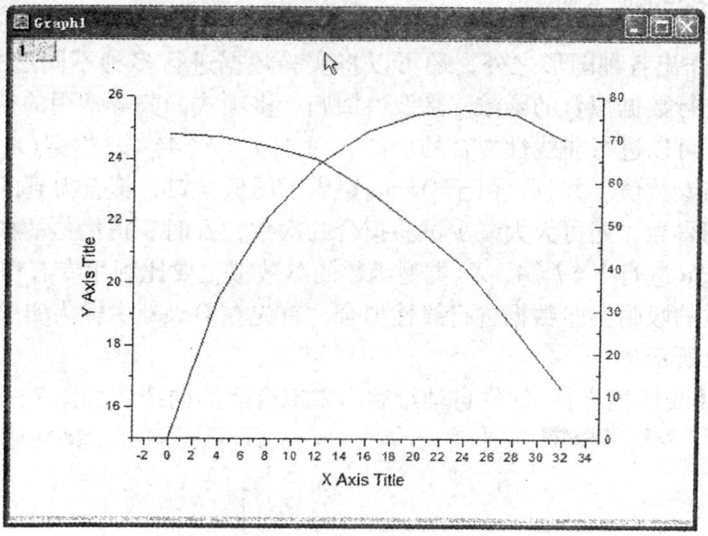

图 7-53　在图层 2 上绘制数据

7. 双坐标图的绘制

Origin 的工作表、图形、分析结果等的集合叫做方案(Project)，保存 Origin 文件通常就是保存项目。第一次保存时需要指定项目文件名(扩展名为 OPJ，需要使用【文件】/【保存方案为】菜单命令。默认的项目文件名为“UNTITLED. OPJ”。有了项目文件名之后再保存，可以使用【文件】/【保存方案】菜单命令，或直接点击标准工具栏上的 按钮。

Origin 还可以将定制的图形存为模板。这样下次绘图时，只需输入不同数据就可以了。

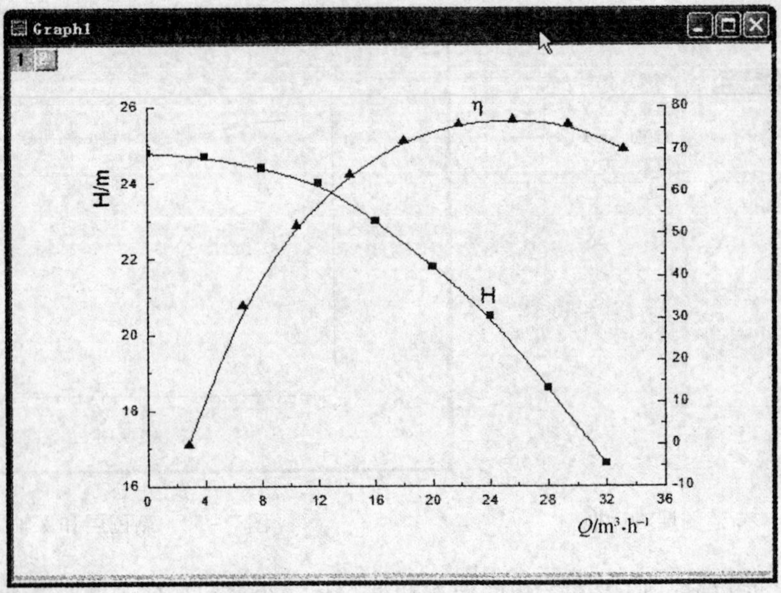

图 7－54　修改之后的图

使用模板可以大大提高工作效率，同时也能保证图形的一致性。因此，花点时间精心定制常用图形，是非常值得的。

7－5.6　数据的拟合处理

Origin 除了可作出各种图形之外，还可以将实验数据进行多种不同形式的拟合。Origin 提供了多种可以进行数据拟合的函数，除线性回归、多项式回归等常用的拟合形式外，还提供了自定义函数，可以进行非线性拟合的功能，对于 $Y=F(A,\ X)$ 类型（A 为参数）的函数，可以方便地拟合出参数值。并且，由于 Origin 提供了图形窗口，拟合得到的结果可以直观显示，因此，如使用得当，还可大大减少试验拟合的次数，及时获得最佳的拟合结果，对大多数情况，使用 Origin 进行 $Y=F(A,\ X)$ 类型函数的参数拟合要比利用专有程序方便得多。

这里以某物质的吸附实验数据进行线性拟合。首先在 Origin 中输入实验数据，其吸附实验结果如图 7－55 所示。

点击【分析】/【线性拟合】，软件自动绘制出来拟合后的曲线，如图 7－56 所示。

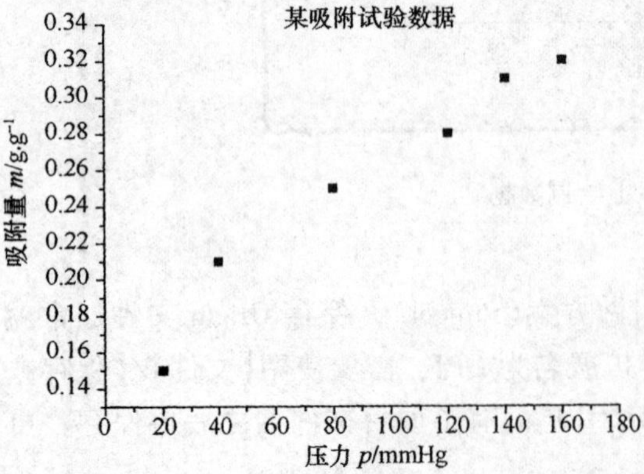

图 7－55　某吸附试验数据

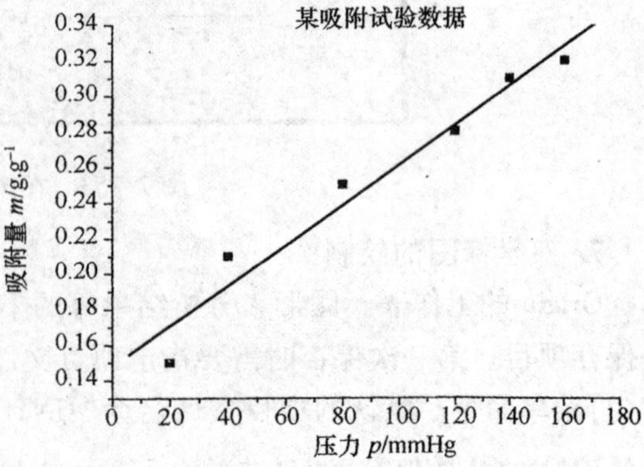

图 7－56　拟合曲线

在软件的右下角【结果日志】窗口中可以看到拟合后的结果，如图 7-57 所示。

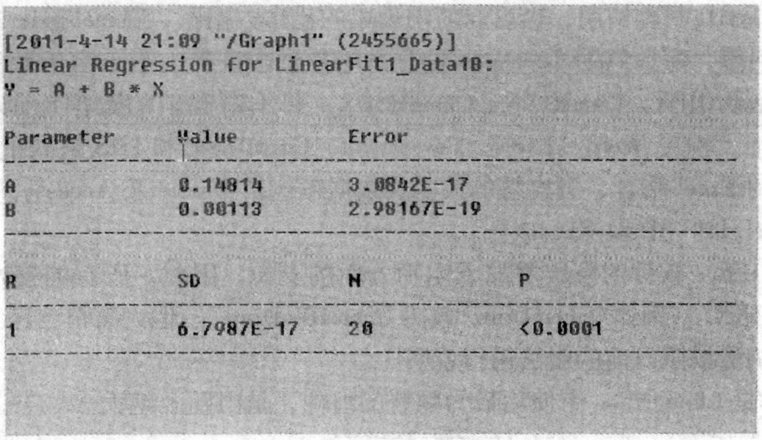

```
[2011-4-14 21:09 "/Graph1" (2455665)]
Linear Regression for LinearFit1_Data1B:
Y = A + B * X

Parameter      Value          Error
------------------------------------------------------------
A              0.14814        3.0842E-17
B              0.00113        2.98167E-19
------------------------------------------------------------

R              SD             N             P
------------------------------------------------------------
1              6.7987E-17     20            <0.0001
------------------------------------------------------------
```

图 7-57　拟合结果

线性拟合的结果显示，拟合后的直线方程为：$Y = 0.14814 + 0.00113X$。

如果需要将 Origin 中的图复制到 Word 文档中去，只需要激活该图，然后按下“Ctrl + C”，在 Word 文档中按下“Crtl + V”即可。也可以点击菜单栏中【编辑】/【复制页面】，在 Word 文档中点击【粘贴】即可。

Origin 的功能十分强大，这里仅是简单介绍，做一个入门指导。若想更好的掌握 Origin 的使用，请读者参考专门的介绍 Origin 软件的书籍和 Origin 的帮助文件。同时在使用过程中，应充分利用 Windows 的特色功能，如鼠标的右击快捷菜单、拷贝粘贴功能等，这样可以把大量的数据处理绘图变得简单化，从而提高处理实验数据的速度。

§7-6　ChemOffice 在化学实验结果处理中的应用

分子式和结构式是化学家的语言，这类特殊的数据需要专门软件来处理。目前已经有许多化学软件问世，其中 ChemOffice 是世界上最优秀的化学软件之一，该软件集强大的应用功能于一身，化学工作者可以用 ChemOffice 表述思想，与同行交流化学结构、模型和相关信息。ChemOffice 是化学工作者必备的软件。其结构绘图是国内外重要论文期刊指定的格式。

ChemOffice 的组成主要有 ChemDraw 化学结构绘图、Chem3D 分子模型及仿真、ChemFinder 化学信息搜寻整合系统，此外还加入了 E-Notebook Ultra 10.0、BioAssay Pro 10.0、量化软件 MOPAC、Gaussian 和 GAMESS、ChemSAR、Server Excel、CLogP、CombiChem/Excel 等等，ChemOffice Pro 还包含了全套 ChemInfo 数据库，有 ChemACX 和 ChemACX-SC，Merck 索引和 ChemMSDX 等。

目前最新的版本是 ChemOffice Ultra 2010 版本，其包含以下功能模块：

ChemDraw 模块：是世界上最受欢迎的化学结构绘图软件，是各论文期刊指定的格式。

Chem3D 模块：提供工作站级的 3D 分子轮廓图及分子轨道特性分析，并和数种量子化学软件结合在一起。由于 Chem3D 提供完整的界面及功能，已成为分子仿真分析最佳的前端开发环境。

ChemFinder 模块：化学信息搜寻整合系统，可以建立化学数据库、储存及搜索，或与 ChemDraw、Chem3D 联合使用，也可以使用现成的化学数据库。ChemFinder 是一个智能型的快速化学搜寻引擎，所提供的 ChemInfo 信息系统是目前世界上最丰富的数据库之一，包含 ChemACX、ChemINDEX、ChemRXN、ChemMSDX，并不断有新的数据库加入。ChemFinder 可以从本机或网上搜寻 Word，Excel，Powerpoint，ChemDraw 和 ISIS 格式的分子结构文件。还可以与微软的 Excel 结合，可连结的关联式数据库包括 Oracle 及 Access，输入的格式包括 ChemDraw、MDL ISIS SD 及 RD 文件。

目前 ChemOffice 软件的模块增加了生物方面的支持，因此，所有的模块名称都已经变更为“ChemBioXXX”，例如“ChemDraw”改为“ChemBioDraw”。但大家都已经习惯了以前的叫法，因此本文仍然按照以前的叫法进行说明。

ChemDraw 是 ChemOffice 中使用最为频繁的组件，是国际上绝大多数杂志指定的论文排版软件，应用最为广泛。ChemDraw 的主要功能有：

AutoNom：依照 IUPAC 命名化学结构。

ChemNMR：预测 ^{13}C 和 ^{1}H 的 NMR 近似光谱。

ChemProp：预测 BP、MP、临界温度、临界气压、吉布斯自由能、loge、折射率、热结构等性质。

ChemSpec：可输入 JCAMP 及 SPC 频谱资料，用以比较 ChemNMR 预测的结果。

C1ipArt：高品质的实验室玻璃仪器图库，可搭配 ChemDraw 使用。

Name = Struct：输入 IUPAC 化学名称后就可自动产生 ChemDraw 结构。

ChemOffice 安装过程很简单，与大多数 windows 上的软件安装相似。

从网上下载最新的 ChemOffice ultra 文件，点击 cbou120. exe，软件开始自解压，之后软件弹出注册信息，在里面填上相关信息后点击“activate”，出现安装画面，点击 next，出现软件许可协议对话框，选择“I accept…”，点击 next，出现安装类型选择对话框，选择“default”，同时此处也可以选择软件的安装位置，单击 next 按钮，选择需要安装的组件，选择默认，之后一路 next 下去，就可以将软件装好。

7 - 6.1 ChemOffice 的启动与退出

1. 启动

ChemOffice 软件的启动方法常见的有三种：

方法一：从“开始”菜单启动 ChemOffice，即点击“开始”→“所有程序”→“ChemOffice 2010”，就出现 ChemOffice 2010 所含模块的名称，点击“ChemBioDraw Ultra 12. 0”即可打开 ChemBiodraw。

方法二：安装 ChemOffice 2010 软件后，windows 桌面上有 ChemOffice 2010 各个模块对应的快捷方式图标，用鼠标双击快捷方式图标即可启动相应的模块。

方法三：双击已经存在的 ChemOffice 文件。

2. 退出

方法一：单击 ChemDraw 窗口右上角的 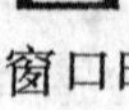 按钮。

方法二：在 ChemDraw 窗口为当前活动窗口时，按 Alt + F4 组合键。

方法三：在 ChemDraw 窗口左上方单击选择“File”→“Exit ChemBioDraw Ultra”命令。

7－6.2 ChemOffice 的窗口界面

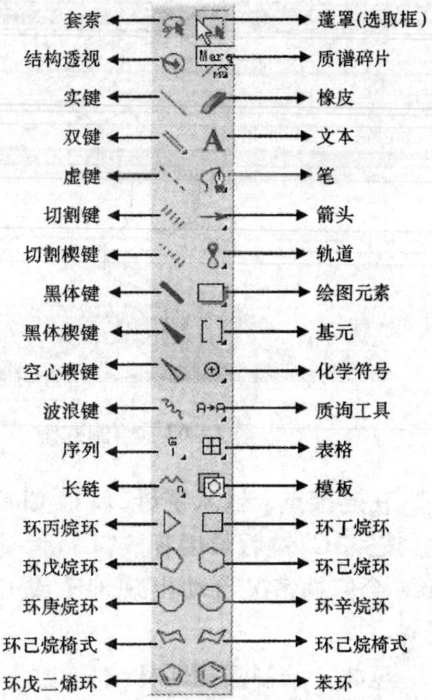

图 7－58 主工具图标板

ChemDraw 主界面自上而下为菜单栏、工具栏和绘图窗口。在绘图窗口的【主工具图标板】中，其工具和模板是化学专用的。绘制各种分子式和方程式使用的主要工具在此基本均可找到。有些模板按钮下面带有小箭头，单击该按钮不松开，会在其右侧弹出子工具栏，其中包括若干相关选项。

在【主工具图标板】中，可以完成绝大部分的工作。关于【主工具图标板】的说明可以参考图 7－58。其他子工具栏如【键】、【箭头】【轨道】【画图】【化学符号】【基元】【反应查询】【模板】等的内容请读者点击查看。

7－6.3 ChemOffice 在化学上的应用

1. 绘制阿司匹林结构式

阿司匹林结构式(图 7－59)：

绘制阿司匹林结构式的操作步骤如下：

单击垂直工具栏最下端的  按钮，鼠标变成苯环的样子。在绘图区单击鼠标，出现一个苯环。如要调整苯环的方向，在绘图区单击按住不动就可调整方向。

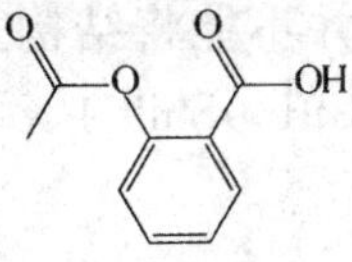

图 7－59 阿司匹林结构式

单击  按钮，将鼠标移至苯环的一个角上，出现深色的正方形连接点，如图 7－60 所示。自连接点横向拉出一根实线单键，松开鼠标，自单键终点向右下方再次拉出一根单键，与前一根单键夹角约 109°。

用同样的方法在苯环邻位拉出 3 个单键，如图 7－61 所示。

单击  按键，在特定的连接点上画出双键，如图 7－62 所示。

分别将鼠标移至应该出现羟基或氧原子的位置，待出现连接点之后，单击键盘上的字母“O”键，如图 7－63 所示。

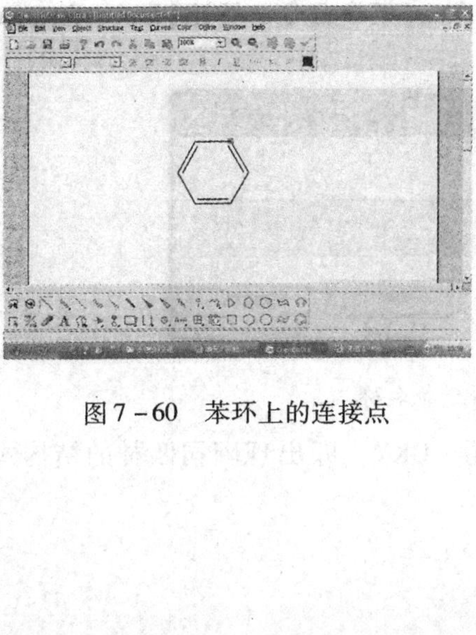

图 7－60 苯环上的连接点

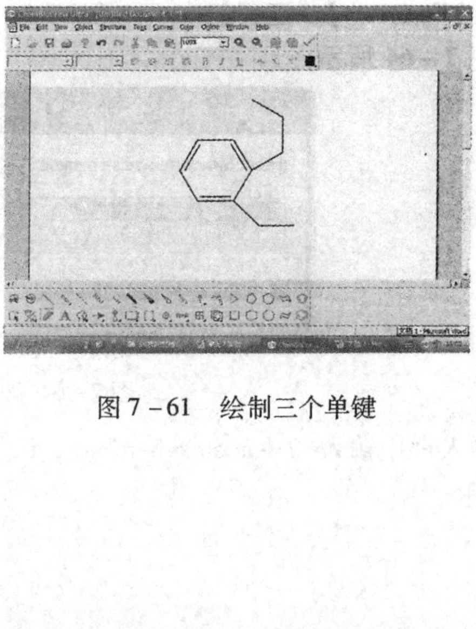

图 7－61 绘制三个单键

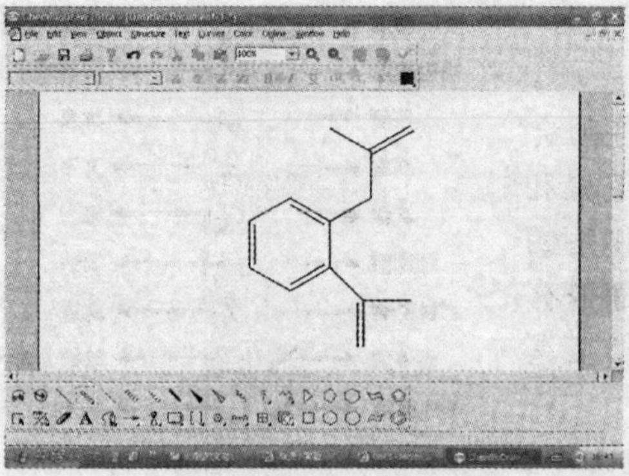

图 7－62　绘制双键

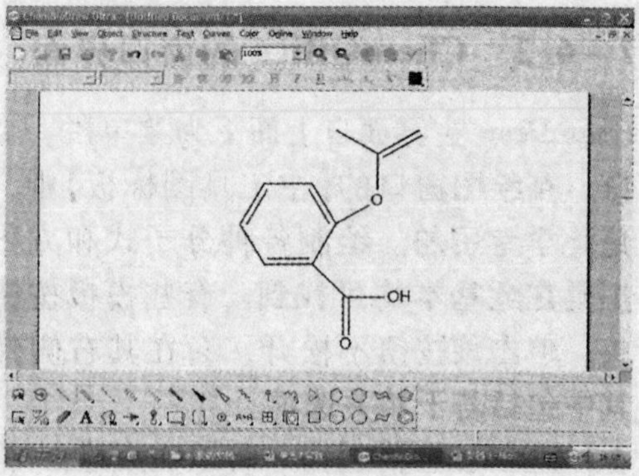

图 7－63　绘制“O”及“OH”

在链接点上输入字母“C”，ChemDraw 会依据键的饱和程度自动出现 CH_3、CH_2、CH 或 C，按完“C”键后紧接着按“L”键，会变成元素氯的符号（Cl）。在链接点上按“O”键，ChemDraw 会依据情况自动出现 OH 或 O。同样，如果在连接点上按“N”键，会出现 NH_2、NH 或 N。

至此，绘制阿司匹林结构式的主要工作完成，但还有一点重要的工作需要做，即手工绘制时，化学键键角难以精确掌握，且拖拉化学键或连接点过程中难免造成键长的变化和图形的扭曲，因此，需要对图形进行整理。可以通过拖动连接点的方法进行整理，但 ChemDraw 提供了更精确和更有效率的方法。

单击  工具，选中已经画好的阿司匹林结构式。然后单击【Structure】选择【Clean Up Structure】菜单命令，整理图形，得到阿司匹林结构式。有时一次整理操作并不能将结构式整理到最佳状态，【Clean Up Structure】命令可多执行几次，可采用快捷键“Ctrl＋Shift＋K”，多调整几次，直到结构式的形状不再变化为止。

2. 根据化合物名称得到结构式

ChemDraw 提供了一种功能，可以根据化合物的名称自动给出结构式。化合物名称必须是英文的，最好是系统命名的。

阿司匹林的英文名字为“2－acetoxybenzoic acid”。

下面根据化合物名称得到结构式。

执行【Structure】，选择【Convert Name to Structure】菜单命令，弹出【Insert Structure】对话框，如图 7－64 所示。

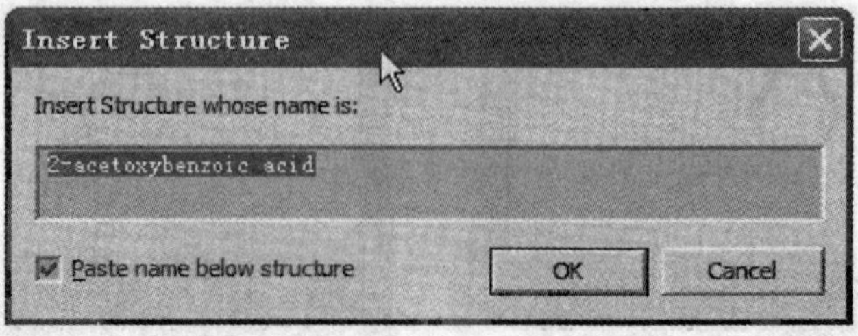

图 7－64　输入化合物名称

在输入框中输入“2－acetoxybenzoic acid”单击“OK”，即出现阿司匹林的结构式。如图 7－65所示。

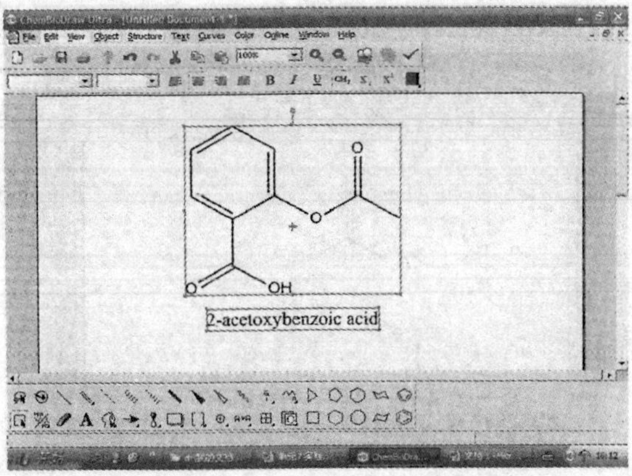

图 7－65　阿司匹林结构式图

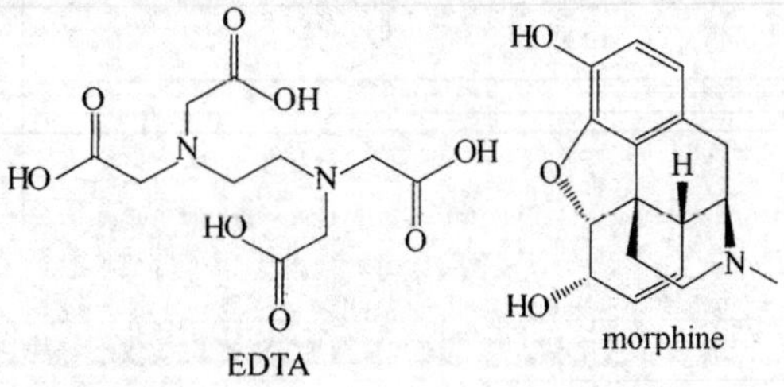

图 7－66　EDTA 和吗啡的结构式

ChemDraw 也能根据一些化合物的商品名称或者缩写给出结构式，例如 EDTA、morphine（吗啡），见图 7－66。

3. 绘制化学反应式

绘制下列反应方程式：

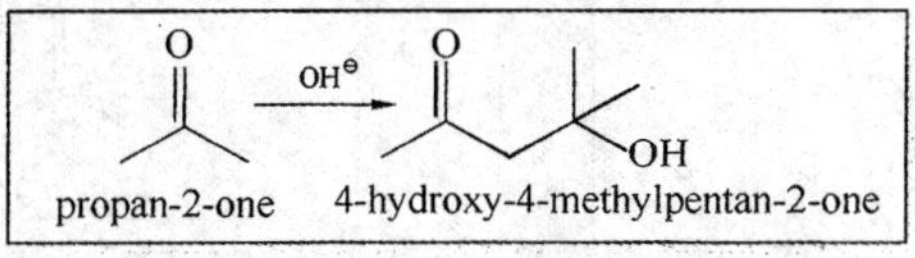

打开软件后，点击【主要工具栏】中的 ，然后在绘图窗口中点击并向右上方拖动，画出一实线单键，接着将鼠标移动至线段的上端点位置处出现一个深色的正方形连接点，如图 7－67 所示。

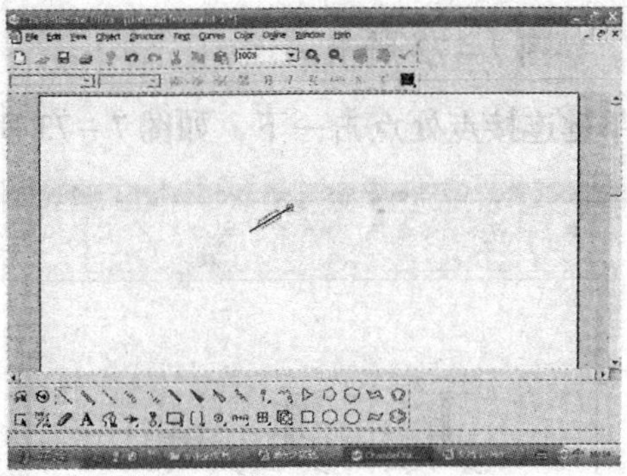

图 7－67　绘制单键图

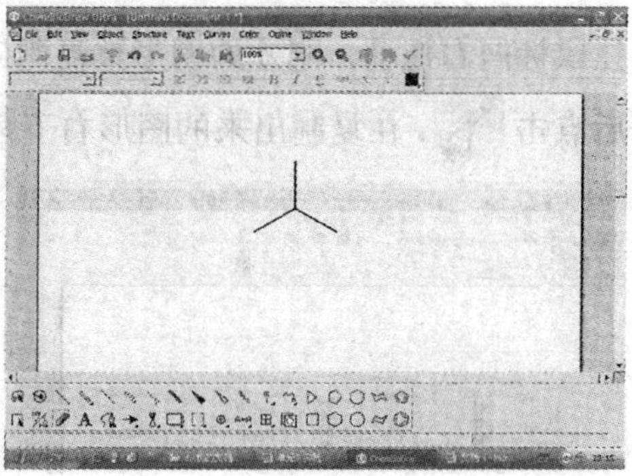

图 7－68　绘制 3 个单键

接着在连接点点击一次，然后再点击一次，形成如图 7－68 所示图形。

然后将鼠标移动到上方的实线单键上，单键中间出现了一个深色的长方形框，在这个方框上再点击一次，单键变成双键，如图 7－69 所示。

将鼠标移动到双键的最上端，待出现连接点后，单击键盘上的“O”键，如图 7－70 所示接下来绘制“4－Hydroxy－4－methyl－pentan－2－one”。

点击  按钮，框选住刚才画的图形，然后按住“Ctrl”，此时手型图案中出现了一个“＋”，如图 7－71 所示。

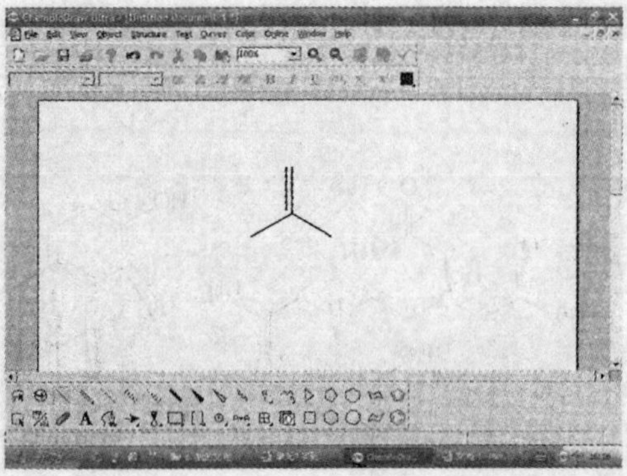

图 7－69　单键变双键图

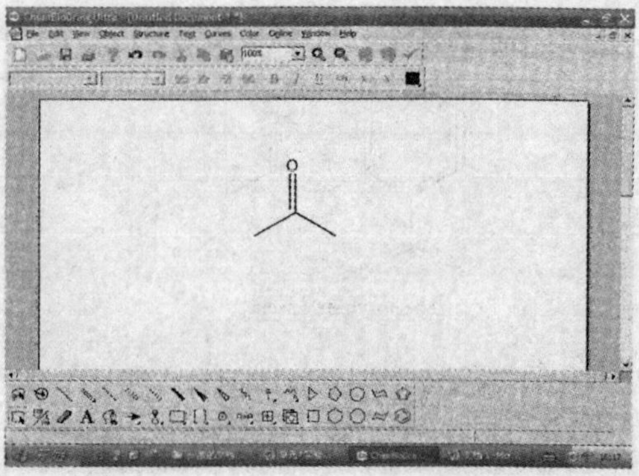

图 7－70　绘制“propan－2－one”

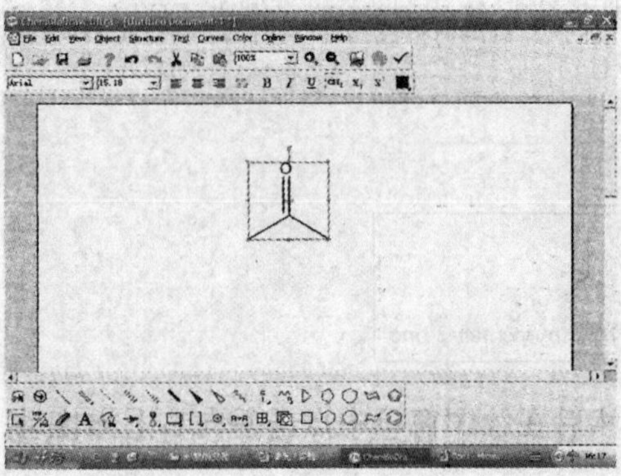

图 7－71　框选“propan－2－one”

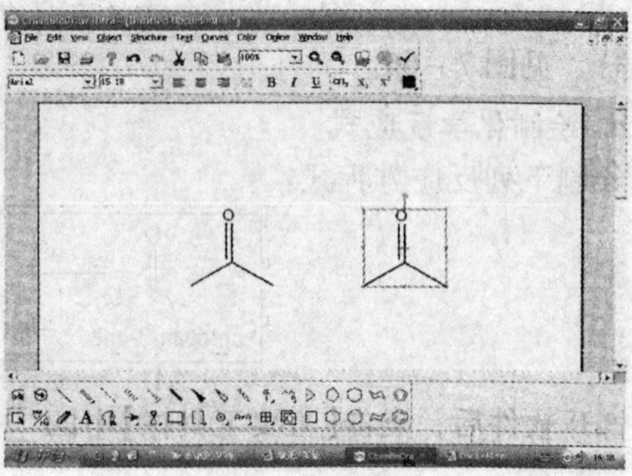

图 7－72　复制“propan－2－one”

点住鼠标向右拖动，刚才的图形被复制出来。如图 7－72 所示。

然后点击 ，在复制出来的图形右下角的单键连接点处点击一下，如图 7－73 所示。

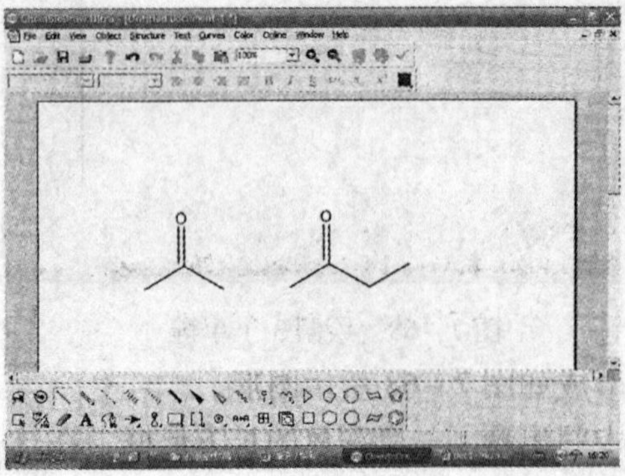

图 7－73　绘制出 1 个单键图

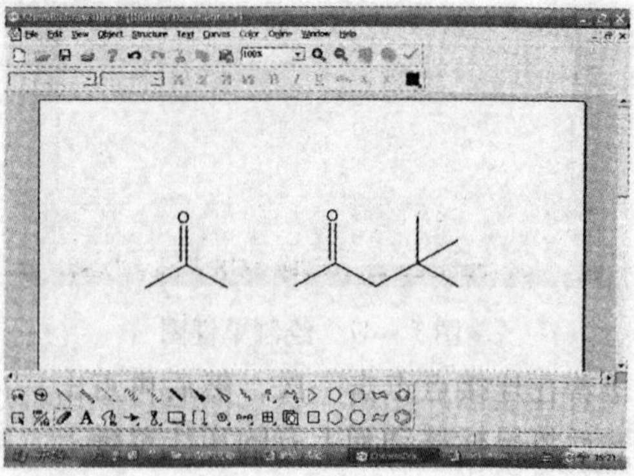

图 7－74　绘制出 3 个单键

在出现的单键右端连接点处，连着点击 3 次，如图 7－74 所示。

将鼠标移动到应该出现 OH 的位置，待出现连接点后，单击键盘上的“O”键，如图 7－75 所示 。

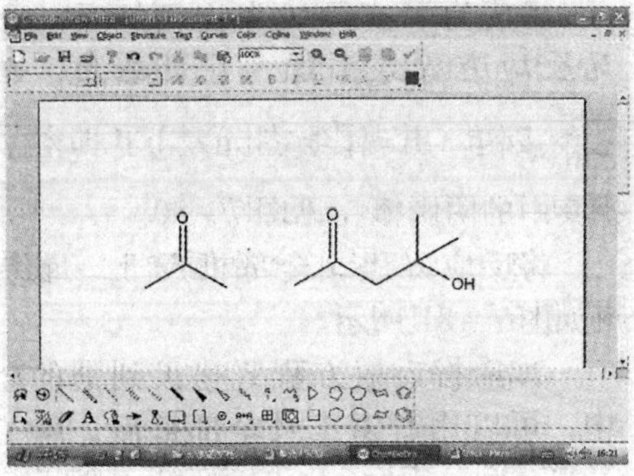

图 7－75　绘制 OH

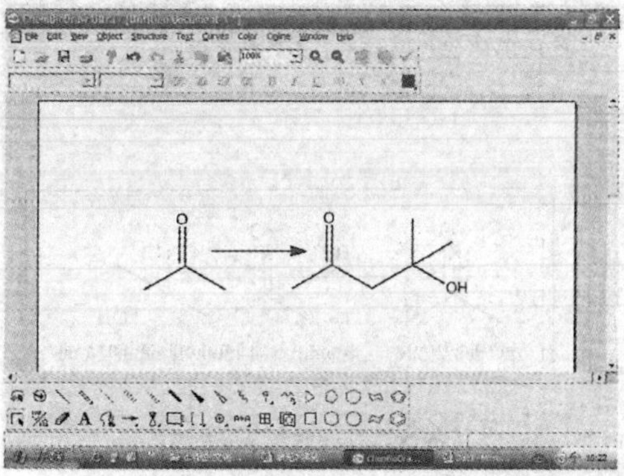

图 7－76　绘制反应箭头

单击 ，在出现的箭头工具栏中选择第二个，在两个分子式中单击生成一反应箭头，见图 7－76。

单击 按钮，在箭头上方建立文本框，然后输入反应条件"OH"，如图 7－77 所示。

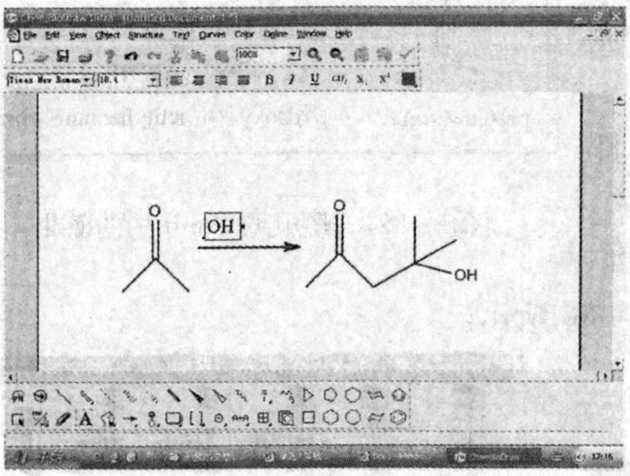

图 7－77　书写反应条件图

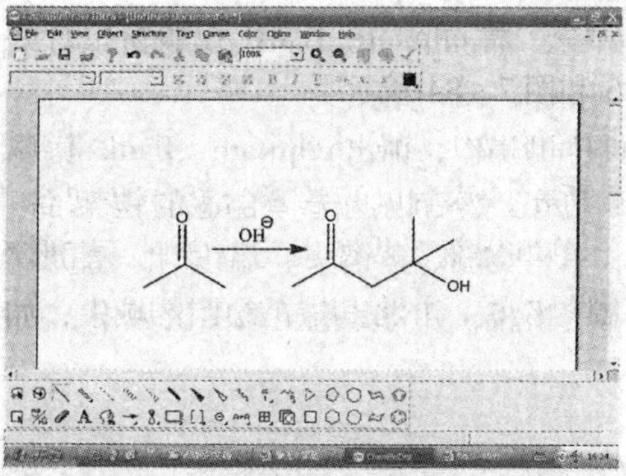

图 7－78　完成反应条件书写

接着单击 ，在出现的【符号工具栏】里选择负电荷，然后在 OH 右上角适当的位置点击一次，完成反应条件，如图 7－78 所示。

最后利用文本工具 ，在分子式下面依次输入文本信息，如图 7－79 所示。

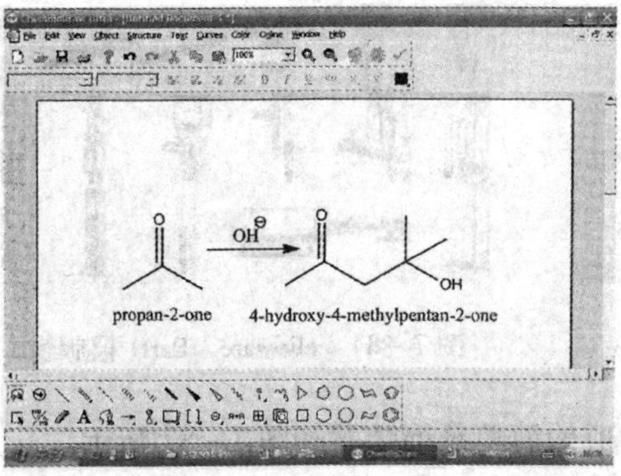

图 7－79　书写分子式名称

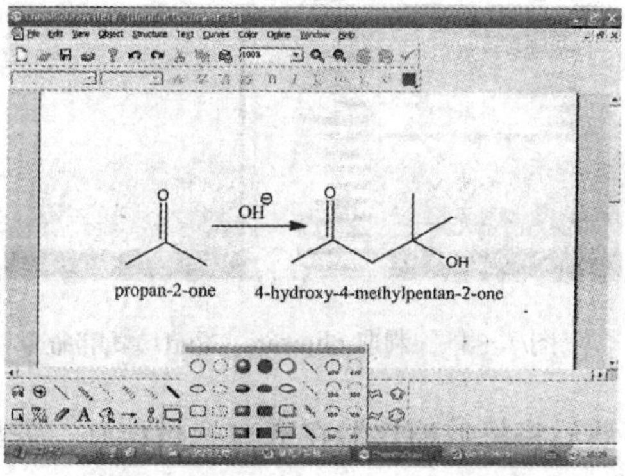

图 7－80　选择"阴影框"

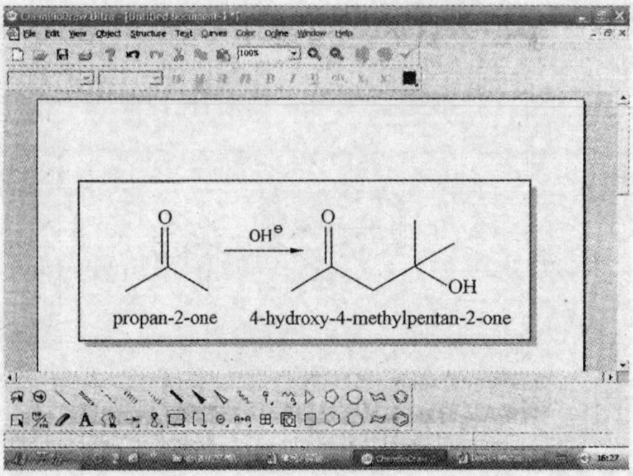

图 7-81　加上阴影框的方程式

最后为了拷贝过来比较好看，可以为反应方程式添加一个阴影框。单击按钮，出现【绘图元素】工具栏，选择其中的阴影框，见图 7-80。

将反应方程式全部框选上，最终效果如图 7-81 所示。

如需将反应方程式拷贝到别的软件中，可以用套索工具全部框后，用"Ctrl + C"复制，用"Ctrl + V"粘贴。粘贴后的效果如图 7-82 所示。

4. 绘制实验装置

在做实验和写论文的时候，经常需要绘制实验装置。ChemDraw 软件提供了相关组件，可以很方便的进行各种实验装备的绘制。下面以搭建一个简单的蒸馏装置为例说明软件的使用。

点击【view】→【templates】→【clipware，Part1】菜单命令，将 clipware，Part1 模版窗口打开，如图 7-83 和图 7-84 所示。

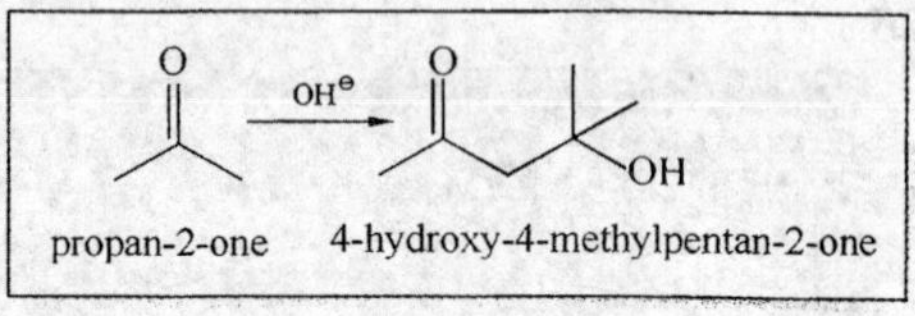

图 7-82　拷贝到 Word 中的效果

同样的操作，调出 clipware，Part2 模版，如图 7-85 所示。然后以此选择合适的铁架台、铁夹、热器、单口烧瓶、蒸馏头、温度计、直形冷凝管、接收器等模板，并将其拖至绘图区域中，如图 7-86 所示。

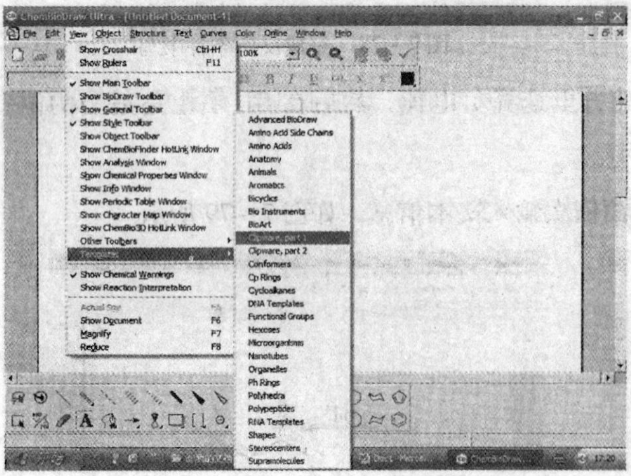

图 7-83　调取 clipware，Part1 菜单命令

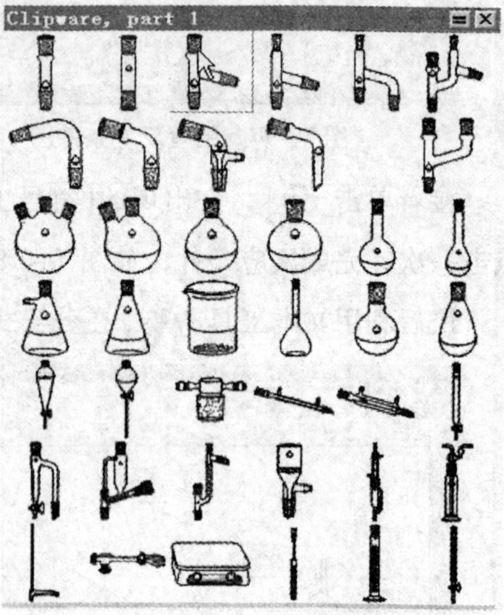

图 7-84　clipware，Part1 模版窗口

然后将将玻璃仪器在磨口处拼接好。安装完成的简单蒸馏装置如图 7-87 所示。

如果器件前后排列的次序不对，可在器件上击右键，在弹出的快捷菜单中选择【Bring to front】或【Send to back】命令，将器件提到前面或置于后面。

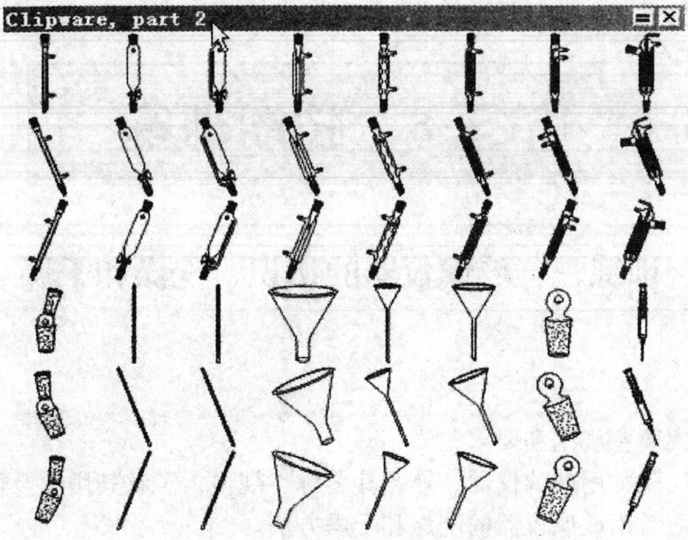

图 7－85　clipware，Part2 模版窗口

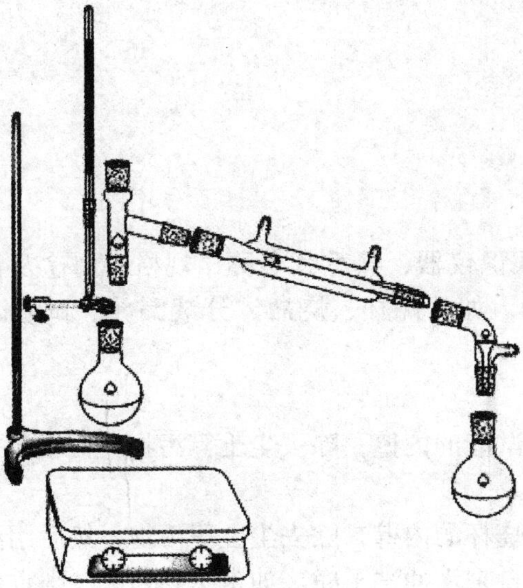

图 7－86　简单蒸馏装置的组成部分

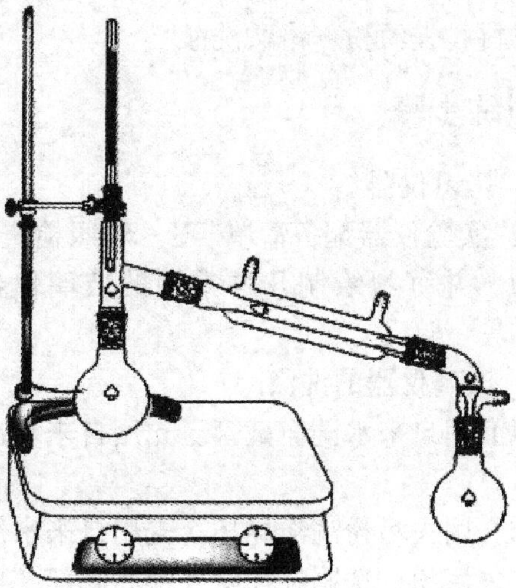

图 7－87　蒸馏装置

单元 8　技能训练

训练一　玻璃仪器的认识、洗涤和干燥

训练目的

(1)熟悉化学实验室规则和要求；

(2)认识化学实验常用玻璃仪器，熟悉其名称、规格，了解其用途及使用注意事项；

(3)学习并练习常用玻璃仪器的洗涤和干燥方法。

仪器材料

仪器：常用玻璃仪器　试管刷　铁架台

材料：去污粉　铬酸洗液

训练步骤

1. 认识仪器

按"实验仪器配备清单"逐一对照检查和认识仪器，熟悉其名称、规格、用途及使用注意事项，并练习绘制几种常用的玻璃仪器图，如：烧杯、烧瓶、分液漏斗、试管、锥形瓶等。

2. 玻璃仪器的洗涤

(1) 用自来水洗净试管。先用自来水冲洗试管的内壁，除去尘土等污物，再用自来水冲洗干净。

(2) 用去污粉洗涤烧杯。先用自来水冲洗烧杯的内壁，除去尘土等污物，然后用湿的毛刷蘸取去污粉，洗刷烧杯内外壁和底部，再用自来水冲洗干净。如未达到要求，则重新用去污粉洗刷，直至冲洗后不挂水珠为止(定性、定量分析用的玻璃仪器必须再用蒸馏水荡洗2～3次)。洗好后请教师检查。

(3) 用铬酸洗液洗涤1支移液管。先用自来水洗涤移液管内壁，再用洗耳球吸取移液管总容量1/5左右的铬酸洗液，然后将移液管倾斜(斜度以不使洗液流出管外为度)并慢慢转动，让移液管内壁全部为洗液所润湿，转几圈后，把洗液倒回原瓶内，然后用自来水把管壁上残留的洗液洗净，最后用少量蒸馏水洗3次。

3. 仪器的干燥

取2支试管放在试管干燥器上干燥后，交教师检查。将其余玻璃仪器洗净，按一定排列位置存放于实验柜内，晾干。

训练指导

1. 铬酸洗液的配制方法

称取工业用重铬酸钾（$K_2Cr_2O_7$）固体 10g 放入烧杯中，加入 30mL 热水溶解，冷却后，在搅拌下慢慢加入 170 mL 浓 H_2SO_4，配成呈暗红色的铬酸洗液，储存于细口玻璃瓶中备用。铬酸洗液储存过程中常有深红色的三氧化铬（CrO_3）晶体析出，其化学反应式为：

$$K_2Cr_2O_7 + H_2SO_4 = K_2SO_4 + 2CrO_3 + H_2O$$

2. 装置图的绘制

正确绘制仪器和实验装置示意图，是学生必须掌握的一种基本技能，通过实验报告和平时练习，力求做到线条清晰、比例恰当、图形逼真、画法正确。一般画法如下：

（1）常用仪器的分步画法顺序

先画左、次画右、再封口、后封底（或再封底、后封口），如图 8－1 所示。

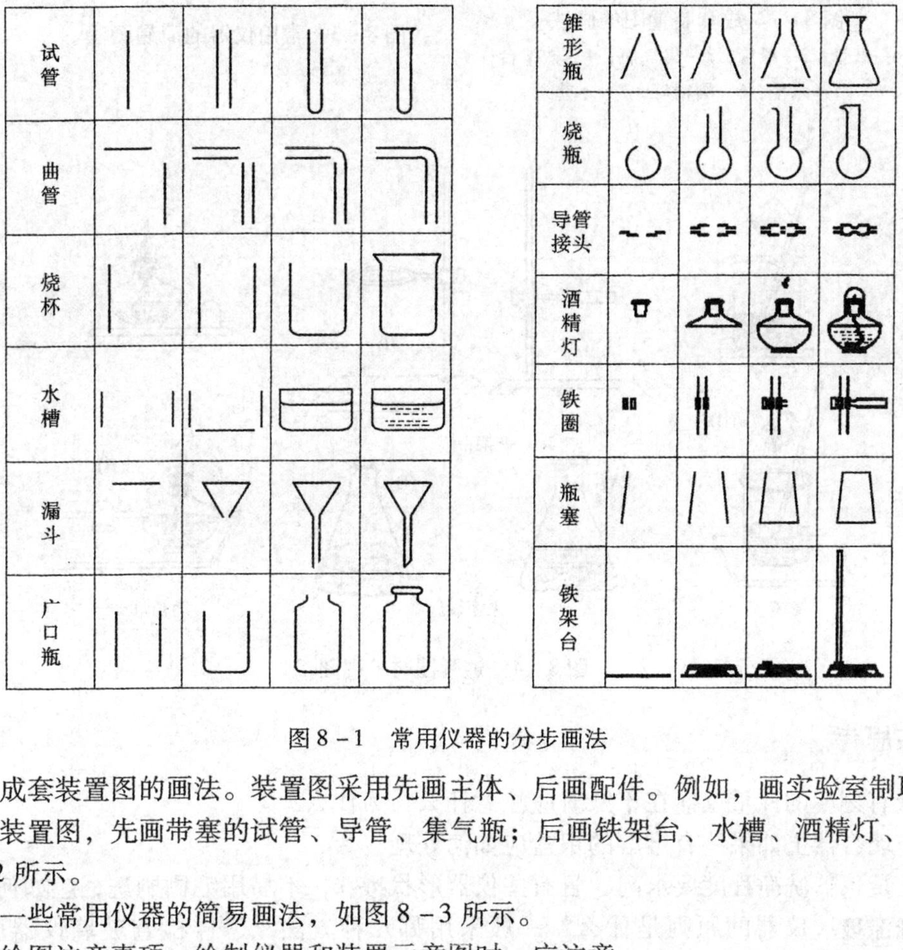

图 8－1　常用仪器的分步画法

（2）成套装置图的画法。装置图采用先画主体、后画配件。例如，画实验室制取和收集氧气的的装置图，先画带塞的试管、导管、集气瓶；后画铁架台、水槽、酒精灯、木垫等，如图 8－2 所示。

（3）一些常用仪器的简易画法，如图 8－3 所示。

（4）绘图注意事项　绘制仪器和装置示意图时，应注意：

① 在同一幅图中，必须采用同一种透视法（平视图或立体图），其中平视图最为常用。若采用立体图，透视方向必须统一，如图 8-4 所示。

② 图中各部分的相对位置和彼此比例要与实际相符。

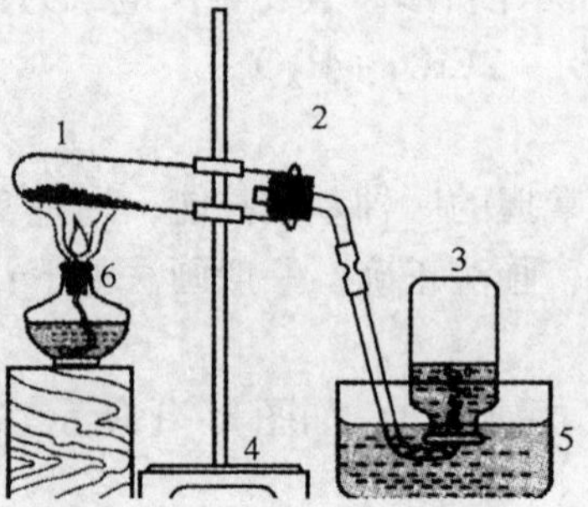

图 8－2　成套装置图的画法

1—试管；2—导管；3—集气瓶；4—铁架台；
5—水槽；6—酒精灯；7—木垫

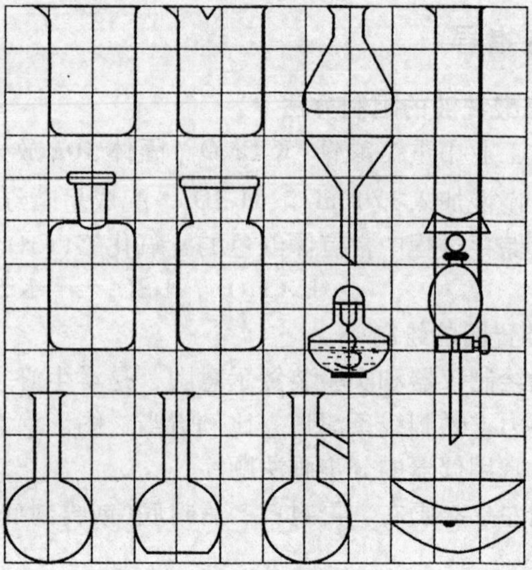

图 8－3　常用仪器的简易画法

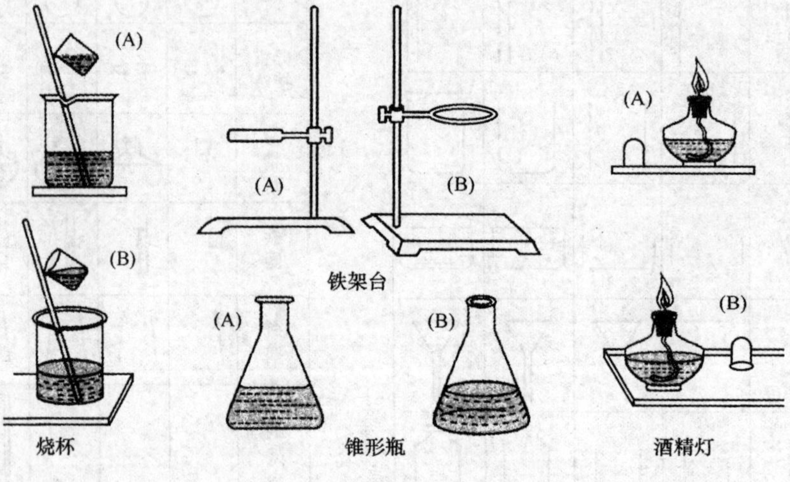

图 8－4　透视图与平视图

训练思考

1. 带有刻度的计量仪器在干燥时应注意什么？为什么？

2. 玻璃容器上如果沾有难溶的银盐应如何处理？

3. 度量仪器洗净程度要求高，且有些仪器形状特殊，不易用毛刷刷洗，应如何处理？

4. 洗涤玻璃仪器的原则是什么？一般采用哪几种方法？怎样检查玻璃仪器已经洗涤干净？

5. 用铬酸洗液洗涤仪器时，应注意哪些事项？

训练二　玻璃管(棒)的加工和塞子钻孔

训练目的

(1)了解酒精喷灯的构造并掌握其正确使用方法；

(2)练习截断、弯曲、拉制及熔光玻璃管(棒)的基本操作；

(3)练习塞子钻孔操作；

(4)制作洗瓶和滴管。

仪器材料

仪器：酒精灯　酒精喷灯　石棉网　三角锉刀(或砂轮片)　钻孔器　橡皮塞　橡胶乳头　塑料瓶

材料：酒精　玻璃棒　玻璃管

训练步骤

1. 酒精灯和酒精喷灯的使用

(1) 酒精灯

①检查灯芯，并修整；②用漏斗添加酒精；③用火柴点燃；④用灯罩熄灭，重盖一次，防止冷却后造成负压打不开；⑤防风罩使火焰平稳。

(2) 酒精喷灯(挂式)

①预热盘内注满酒精，点燃；②酒精将燃完时，开启酒精储罐下面的开关；③灯管已预热，酒精即气化，与来自气孔的空气相混合；④用火柴在灯管口点燃即得高温火焰，用空气调节器调节火焰大小。

2. 玻璃管(棒)的加工

(1) 截割和熔烧

① 挫痕：沿同一方向，向前划痕，不要来回往复锯。

② 截断：拇指齐放在划痕的背后向前推压，同时食指向外拉。

③ 熔光：斜插45°，前后移动并不停转动。

(2) 弯曲

① 烧管：加热时均匀转动，稍向中间渐推。

② 弯管：加热玻璃管至发黄变软，从火焰中取出弯管，如角度太小，可多次弯成。弯管方法如下：

吹气法：掌握火候，离开火焰，堵管吹气，迅速弯管；

不吹气法：掌握火候，离开火焰用“V”字形手法，弯好待玻璃管冷却变硬后撤手即可。

(3) 拉细与滴管制作

① 拉细：加热的方法同弯曲玻璃管，但温度较弯管需高一点，当玻璃管变软发红时，离开火焰，水平拉至所需粗细，垂直定型后放石棉网上冷却至室温，用砂轮片分开。

② 滴管制作：粗的一端烧至发黄变软，在石棉网上轻压使其外翻或用锉刀细头扩口，细的一头熔光。

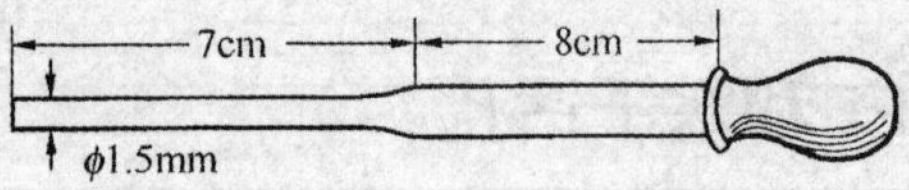

图 8-5　滴管尺寸要求

具体要求：①先用一些玻璃管（棒）反复练习截断操作。②制作 20cm、25cm 玻璃搅棒各一根，要求断口熔烧到光滑。③制作一些细小的搅拌棒和滴管。通过拉管、熔光与扩口操作，然后安上橡胶乳头，完整地制作两根滴管，具体尺寸如图 8-5 所示。④练习玻璃管的弯曲，分别弯成 120°、90°、60°。⑤弯制一根一端已拉细的玻璃管，弯制角度为 60°，然后熔光，为装配洗瓶准备。

3. 塞子的选择和钻孔

（1）塞子大小的选择：塞进瓶口部分占塞子的 1/2 ~ 2/3。

（2）钻孔器的选择：橡皮塞有弹性，软木塞软且疏松。若在橡皮塞上钻孔，要选用比插入橡皮塞的玻管口径略粗的钻孔器，若在软木塞上钻孔宜选用比插入软木塞的玻管口径略细的钻孔器。

（3）钻孔的方法：塞子直径小的一端向上平放在木板上，钻孔器柄前端涂些甘油或水，左手按紧塞子，右手握钻孔器的柄，顺时针方向边转边压。对于较厚的塞子，钻到 2/3 时反时针转出，按同样的方法对准塞子的另一端钻孔直至打通，最后用圆锉修整孔道。

（4）玻璃管插入橡皮塞的方法：用水或甘油润湿玻璃管的前端，并用布包裹，手握玻璃管前端，边转边插入。

4. 洗瓶的装配

（1）拉：取直径 7 ~ 8mm、长 320mm 玻管，在约 70mm 处拉尖嘴。

（2）弯：离尖嘴 60mm 处弯 45°角。

（3）配塞和打孔：选择合适的橡皮塞（大小），选择适当的打孔器在橡胶塞上打孔，打孔时注意塞子的方向。

（4）装配：在离下端 3cm 处弯 135°角，注意应在同一平面内，见图 8-6。

训练指导

（1）熔烧滴管小口时，不能将玻璃管放在火焰中时间太长；否则小口会被烧结封死。

（2）酒精是易燃物品，使用时注意安全，小心着火。

（3）酒精喷灯加热后的玻璃管（棒）温度较高，操作时小心烫伤。

（4）在操作将玻璃管插入塞子时，注意插入的方式方法，勿扎伤手。

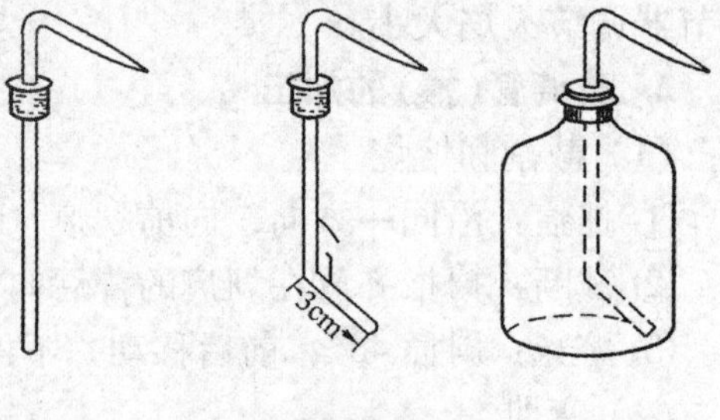

(a)导管插入　(b)下端弯管　(c)成品

图 8-6　塑料洗瓶装配

训练思考

1. 加工玻璃管（棒）时，为什么通常使用部分火焰来加热玻璃管？
2. 使用酒精喷灯时，如何防止“火雨”的产生？遇到不正常火焰时，如何处理？
3. 截断玻璃管和烧制玻璃管以及往塞子孔内插入玻璃管等操作时，应注意些什么？
4. 弯制一定角度的玻璃管时，应采取些哪些措施使弯出的角度光滑均匀？

训练三　分析天平称量训练

训练目的

(1) 了解分析天平的构造，掌握分析天平的正确操作和使用规则；
(2) 熟练掌握天平零点的调整方法；
(3) 掌握直接称量法、固定质量称量法、递减称量法和数据记录。

仪器试剂

仪器：分析天平　台秤　小烧杯(洗净、烘干)　称量瓶　坩埚或表面皿　药匙
试剂：Na_2SO_4(s)或 NaCl(s)

训练步骤

1. 称量开始前应作如下检查和调整

(1) 了解所称样品的温度与天平箱里的温度是否相同。如果待测样品曾经加热或冷却过，必须将该样品放置在天平箱近旁相当时间，待该样品的温度与天平箱里的温度相同后再进行称量。盛放称量样品的器皿应保持清洁干燥。

(2) 检查天平秤盘和底板是否清洁。秤盘上如有粉尘，可用软毛刷轻轻扫净，底板如不干净，可用软毛刷轻轻地拂扫，也可用细布擦拭。

(3) 若水准器的气泡不在圆圈的中心，用手旋转天平底板下的两个垫脚螺丝，以调节天平两侧的高度直至达到水平为止。使用时不得随意挪动天平的位置。

(4) 了解分析天平的基本构造和主要零部件，检查天平的各个部件是否处于正常位置(主要检查的部件是横梁、吊耳、秤盘、圈码等)，如发现异常情况，应报告老师处理。

(5) 砝码是否齐全，配件是否齐全(如：毛刷、手套、天平档案等)。

(6) 轻轻顺时针旋转天平升降旋纽，开启天平，观察天平指针摆动是否自如。

2. 天平零点的调节

开动天平的升降旋钮，待天平稳定后，观察投影屏标线与标尺“0”是否重合。若不重合，当偏差较小时，拨动调屏拉杆，使其重合；当偏差较大时，则关闭天平，调节横梁平衡螺丝(由老师操作)，再开启天平，拨动调屏拉杆，直到零点调定。

注意：在称量过程中，不要改变天平的零点，称量完毕后检查天平的零点是否变动。

3. 称量练习

(1) 直接称量法　将欲称量的洁净干燥的坩埚先在托盘天平上粗称量(如：粗称出坩埚重约 17g)，然后将坩埚放在分析天平左盘中央，再用镊子取砝码 17g(10g + 5g + 2g)放在右盘中央，慢慢开动升降枢，观察指针偏转情况。若指针迅速向左倾斜，表示右盘砝码太重(反之表示右边砝码太轻)，关上升降枢，根据情况加、减砝码，直至确定坩埚在某重量范围内(如 16g ~ 17g)，再用圈码继续试称。先用大圈码，后用小圈码，方法同上。若坩埚质量在 16.65 ~ 16.66g 之间，再用投影屏直接读出小数点后第三、四位数，记录坩埚质量。

称量过程加、减砝码应注意：

① 关闭天平后才能取放砝码。

② 加、减砝码后试称重时要半开天平。

③ 使用砝码要由大到小，中间截取，逐级试验。

(2) 固定质量称量法　称取 0.500g Na_2SO_4(s) 或 NaCl 试样两份。

① 在分析天平上准确称出洁净干燥的表面皿或小烧杯的质量(可先在台秤上粗称)，记录称量数据。

② 在天平的右盘增加 500mg 砝(圈)码。

③ 用牛角匙将试样慢慢加到表面皿的中央，直到天平的平衡点与称量表面皿时的平衡点基本一致(误差范围≤0.2mg)，记录称量数据和试样的实际质量。

④ 可以多练习几次。以表面皿加试样为起点，再增加 0.5000g 砝码，继续敲入试样，直到平衡为止。如此反复练习 2～3 次。

(3) 递减称量法　称取 0.3～0.4g 试样两份。

① 取一洁净、干燥的称量瓶，装入试样 Na_2SO_4 约至称量瓶的 1/3 左右。在台秤上粗称其质量。

② 在分析天平上称其质量(准确至 0.1mg)，记为 m_1g。

③ 取出称量瓶，转移 NaCl 试样 0.3～0.4g 于小烧杯中，并准确称出称量瓶和剩余试样质量，记为 m_2g。以同样方法转移 0.3～0.4g 于另一小烧杯中，再准确称出称量瓶和剩余试样质量，记为 m_3g。

④ 称重结果记录于表 8－1。

表 8－1　实验数据记录表

称量瓶＋试样质量/g	样品序号	样品质量/g
m_1	1	$m_1 - m_2$ =
m_2		
m_3	2	$m_2 - m_3$ =

4. 称量后的检查

(1) 天平盘内有无物品洒落，若有则用毛刷轻轻拂净。

(2) 检查圈码有无脱落，读数盘是否回零。

(3) 检查吊耳是否滑落，天平是否关好。

(4) 检查砝码盒中砝码是否按数归还原位。

(5) 调节天平零点。

(6) 填写“使用登记”，请指导教师检查签名后，罩好天平布罩，方可离开。

训练指导

(1) 称量未知样品的质量时，一般要在台秤上粗称。这样既可以加快称量速度，又可保护分析天平的刀口。

(2) 加减砝码的顺序是：由大到小，折半加入。在取、放称量样品或加减砝码时(包括圈码)，必须关闭天平。启动开关旋钮时，一定要缓慢均匀，避免天平剧烈摆动，以保护天平刀口不受损伤。

(3) 称量样品和砝码必须放在秤盘中央，避免称量盘左右摆动。不能称量过冷或过热的样品，以免引起空气对流，使称量的结果不准确。称取具有腐蚀性、易挥发样品时，必须放在密闭容器内称量。

（4）同一实验中，所有的称量要使用同一架天平，以减少称量时造成的系统误差。

（5）天平称量不能超过最大载重，以免损坏天平。

（6）加减砝码必须用镊子夹取，不可用手直接拿取，以免沾污砝码。砝码只能放在天平秤盘上或砝码盒内，不得随意乱放。在使用机械加码旋钮时，要轻轻逐格旋转，避免天平圈码脱落。

（7）差减法称量时，拿取称量瓶的原则是避免手指直接接触器皿，除用塑料薄膜外也可用洁净的纸条包裹或者用“指套”、“手套”拿称量瓶，以减少称量误差。

（8）初次差减法称量时，不知倾出多少试样才能达到要求，一般采用尝试法。如要求称取0.40～0.50g，第一次在分析天平上准确称其质量为m_1(g)，关闭天平，取下称量瓶少倾出一些试样后，再放到分析天平上，这次只需读至小数点第二位，若倾出的质量为0.15g，第二次倾出的量应当为前次倾出量的两倍左右。再放到分析天平上准确称其质量，记为m_2(g)，则倾出的总质量为m_1～m_2(g)，在所要求的0.40～0.50g范围内。

训练思考

1. 加减砝码、圈码和称量物时，为什么必须关闭天平？
2. 分析天平的灵敏度越高，是否称量的准确度就越高？
3. 递减称量法称量过程中能否用小勺取样？为什么？
4. 如果转移试样时有少许试样洒落在外边，此次称量数据是否能使用？
5. 什么情况下用直接法称量？什么情况下需用减量法称量？
6. 以下操作是否正确？

（1）称量时，每次都将砝码和物品放在天平盘的中央。

（2）急速打开或关闭升降枢纽。

（3）在砝码与称量物的质量相差悬殊的情况下，完全打开升降枢纽。

（4）在半自动电光分析天平上若称得物体的质量恰巧为4.5000g，可记为4.5g。

训练四　重结晶与热过滤训练

训练目的

（1）掌握重结晶提纯固体化合物的原理和方法；

（2）掌握抽滤、热过滤和菊花型滤纸的折叠方法；

（3）掌握重结晶提纯乙酰苯胺的原理和方法。

仪器试剂

仪器：台秤　玻璃棒　锥形瓶　烧杯　圆底烧瓶　回流冷凝管　酒精灯　铜质保温漏斗　短颈漏斗　布氏漏斗　吸滤瓶　安全瓶　水泵　定性滤纸

试剂：粗乙酰苯胺　活性炭

训练步骤

1. 乙酰苯胺溶解

用台秤称取2g粗乙酰苯胺，放入150mL锥形瓶中，加入较计算量稍少的纯水，石棉网上加热至微沸，并用玻璃棒不断搅拌。若未完全溶解，再分次逐渐添加水，每次加入溶剂后都需要加热至微沸，直至乙酰苯胺完全溶解，再多加20%左右的水。移开热源，待溶液稍冷后，加入适量活性炭，继续煮沸5～10min。

2. 保温过滤

把放有菊花形折叠滤纸的短颈漏斗放在铜质保温漏斗中，预先加热到100℃，对上面制成的乙酰苯胺溶液进行热过滤，用烧杯收集滤液。热过滤过程中，需注意热水漏斗和溶液均需加热以免冷却，等所有溶液过滤完毕后，用少量热水洗涤锥形瓶和滤纸。滤液放置冷却，自然结晶。

3. 晶体收集与洗涤

结晶完全后，用布氏漏斗减压过滤，尽量除去母液，然后用纯水进行晶体的洗涤工作，操作要求严格按照前面说明进行。

4. 晶体干燥

晶体放在表面皿上，100℃以下烘干，称量，计算回收率，测定熔点(乙酰苯胺熔点114.3℃)。如果经重结晶的乙酰苯胺纯度仍达不到要求，可进行二次重结晶。

训练指导

(1) 乙酰苯胺溶解过程中出现油珠状物，不是杂质，而是乙酰苯胺(熔点83℃)熔化所致，可继续加水搅拌至油状物溶解为止。

(2) 实验过程中，如果加热时间较长，水可能挥发，可适当补加溶剂避免热过滤时乙酰苯胺析出堵塞滤纸。

(3) 转移热溶液时，小心不要烫伤自己。

(4) 使用减压泵时，一定要打开安全瓶活塞后，才能关掉减压泵。

(5) 本实验可以用“70%乙醇重结晶萘”、“苯甲酸的重结晶”来代替。

训练思考

1. 对有机化合物进行重结晶时，最适合的溶剂应具备什么条件？
2. 重结晶时，为什么需要加入活性炭？使用活性炭应注意什么？
3. 重结晶有机化合物时，其基本操作步骤是什么？
4. 使用布氏漏斗洗涤固体时应注意些什么？
5. 为什么在关闭水泵前，先打开安全瓶活塞或拆开水泵和抽滤瓶之间的连接？
6. 用水重结晶乙酰苯胺时，往往会出现油珠，怎样使其消失？

训练五　滴定操作训练

训练目的

(1) 了解滴定管、移液管的结构和使用方法；

（2）学会观察与判断滴定终点的方法，并掌握控制滴定终点技术；

（3）学会配制 NaOH 和 HCl 溶液的方法；

（4）掌握滴定管读数技术，学会有效数字正确的读数、记数方法。

仪器试剂

仪器：台秤　量筒　烧杯　试剂瓶　酸式滴定管　碱式滴定管　锥形瓶　移液管

试剂：NaOH(s)　浓盐酸　酚酞指示剂(0.2%乙醇溶液)　甲基橙指示剂(0.2%)

训练步骤

1. 配制 0.1mol·L^{-1}NaOH 液和 HCl 溶液

（1）0.1mol·L^{-1}NaOH 溶液的配制　用洁净的小烧杯于台秤上称取 2.0g NaOH(s)，加纯水 50 mL，使全部溶解后，转入 500mL 试剂瓶中，用少量纯水涮洗小烧杯数次，将涮洗液一并转入试剂瓶中，再加水至总体积约 500mL 左右，盖上橡皮塞，摇匀并贴上标签。书写标签时应标明所配药品名称、浓度、时间及日期。

（2）0.1mol·L^{-1}HCl 溶液的配制　用小量筒量取所需体积的浓盐酸 4.5mL，倒于洗净的试剂瓶中，用蒸馏水稀释到 500mL。摇匀并贴上标签。

2. 滴定操作练习

（1）滴定管的准备　洗净一支酸式滴定管。活塞涂凡士林使之能灵活转动，然后检查是否漏水(试漏的方法是先将旋塞关闭，在滴定管内充满水，将滴定管夹在滴定管架上，放置 2min，观察管口及旋塞两端是否有水渗出；将旋塞转动 180°，再放置 2min，看是否有水渗出。若前后两次均无水渗出，旋塞也转动灵活，即可使用，否则将旋塞取出，重新涂上凡士林试漏后再使用)。用 0.1mol·L^{-1}的 HCl 操作液润洗 3 次(每次约用 5～10mL)，再将 HCl 操作液倒满滴定管。排除下端气泡(稍平持滴定管，迅速转动旋塞，使溶液快速冲出，将气泡带走)，调节液面至 0.00mL 处。用 0.1mol·L^{-1}NaOH 操作溶液润洗已洗净的碱式滴定管 3 次，再将 NaOH 操作液倒入滴定管，排气泡(可将碱管垂直地夹在滴定管架上，左手拇指和食指捏住玻璃珠部位，使医用胶管向上弯曲翘起，并捏挤医用胶管，使溶液从管口喷出，即可排除气泡)后，调液面至 0.00mL 处。

（2）以酚酞作指示剂用 NaOH 滴定 HCl　从酸式滴定管放出约 10mLHCl 于锥形瓶中，加 10mL 纯水，加 1～2 滴酚酞指示剂，在不断摇动下，用 NaOH 溶液滴定。开始滴定时，滴落点周围无明显变化，滴定速度可稍快些。到滴落点周围出现暂时性的颜色变化(浅粉红色)时，一滴一滴地加入 NaOH 溶液。随着颜色消失渐慢，表示离终点越来越近，此时应更缓缓地滴入溶液。到逼近终点时，颜色扩散到整个溶液，转动 1～2 次后才消失，此时应加一滴，摇几下。最后加入半滴溶液(半滴的滴法是将滴定活塞稍稍转动，使有半滴溶液悬于管口，将锥形瓶内壁与滴定管口相接触，使液滴流出，并以蒸馏水冲下)摇动锥形瓶。如此重复直到溶液由无色突然变为极浅的粉红色，并在半分钟内不消失为止。记下所消耗 NaOH 体积。然后再滴加半滴 NaOH，若溶液红色加深，即表示上面的终点判断正确。

为了练习正确滴定终点，又由酸式滴定管放出 1～2mL HCl，再用 NaOH 溶液滴定至终点。如此反复练习滴定、终点判断及读数若干次。

（3）以甲基橙作指示剂用 HCl 溶液滴定 NaOH　从碱式滴定管放出约 10mLNaOH 于锥形瓶中，加 10mL 纯水，加 1～2 滴甲基橙指示剂，在不断摇动下，用 HCl 溶液滴定 NaOH，溶液由黄色恰呈橙色为终点。再由碱式滴定管放出 1 ~ 2mLNaOH，再用 HCl 溶液滴定至终点。如此反复练习滴定、终点判断及读数若干次。

3. HCl 和 NaOH 溶液体积比的测定

由碱式滴定管放出 20 ~ 25mL0.1mol · L^{-1}NaOH 溶液于 250mL 锥形瓶中，放出速度应以每秒钟 3 ~ 4 滴为宜，不能太快。加入 1 ~ 2 滴甲基橙指示剂，用 0.1mol · L^{-1} HCl 溶液滴定至由黄色变为橙色。正确读取最后所用 HCl 和 NaOH 溶液的体积，求体积比 V_{HCl}/V_{NaOH}。重复上述操作，共 3 次。计算体积比的平均值，求相对平均偏差(要求不大于 0.2%)。

4. 平行滴定练习

用移液管移取 25.00mL 0.1mol · L^{-1}HCl 三份于 250mL 锥形瓶中，加 1 ~ 2 滴酚酞指示剂，用 0.1mol · L^{-1}NaOH 溶液滴定至微红色，并保持 30s 不褪色为终点。读取每份所用 NaOH 溶液的体积，求极差(要求极差不大于 0.04mL)。

5. 实验数据记录及处理

(1) HCl 溶液和 NaOH 溶液体积比的测定(甲基橙作指示剂)数据记录在表 8 - 2 中。

表 8 - 2　HCl 溶液和 NaOH 溶液体积比的测定的实验记录

滴定序号 / 记录项目	Ⅰ	Ⅱ	Ⅲ
放出 V_{NaOH}/ mL			
消耗 V_{HCl}/mL			
V_{HCl}/V_{NaOH}			
平均值 V_{HCl}/V_{NaOH}			
相对偏差/%			
平均相对偏差/%			

(2) 平行滴定练习，测定数据记录在表 8 - 3 中。

表 8 - 3　平行滴定练习的实验记录

滴定序号 / 记录项目	Ⅰ	Ⅱ	Ⅲ
V_{HCl}/mL			
V_{NaOH}/mL			
$\bar{V}_{NaOH}$/mL			
n 次间 V_{NaOH} 最大绝对差值/mL			

6. 滴定结束工作

滴定结束，把滴定管中剩余的溶液放出，用水充分洗净后装满水，用一小套管套在管口上，以保持滴定管的洁净。

训练指导

(1) 0.1 mol · L^{-1}HCl 溶液(强酸)和 0.1mol · L^{-1}NaOH(强碱)相互滴定时，化学计量点时的 pH 值为 7.0，滴定的 pH 值突跃范围为 4.3 ~ 9.7，选用在突跃范围内变色的指示剂，可保证测定有足够的准确度。甲基橙的 pH 值变色区域是 3.1(红) ~ 4.4(黄)，酚酞的 pH 值变色区域是8.0(无色)~9.6(红)。

(2) 因为市售的NaOH常因吸收CO_2而混有少量Na_2CO_3，以致在分析结果中导致误差。如要求严格，必须设法除去。不含CO_3^{2-}盐的NaOH溶液可用下列三种方法配制：

① 在台秤上用小烧杯称取较理论计算值稍多的NaOH固体，用不含CO_2的蒸馏水迅速冲洗一次，以除去固体表面少量的Na_2CO_3，溶解并稀释至一定的体积。

② 制备NaOH的饱和溶液($500g \cdot L^{-1}$)。由于浓碱中Na_2CO_3几乎不溶解，待Na_2CO_3下沉后，吸取上层清液，稀释至所需浓度。稀释用水，一般是将纯水煮沸数分钟，再冷却。

③ 在NaOH溶液中加入少量$Ba(OH)_2$或$BaCl_2$，CO_3^{2-}就以$BaCO_3$形式沉淀下来，取上层清液稀释至所需浓度。

(3) NaOH和HCl均不是标准物质，若要配制精确浓度的溶液，应先粗略配制，再选用合适的标准物质进行标定。

(4) NaOH溶液腐蚀玻璃，不能使用玻璃塞，否则长久放置，瓶子打不开，且浪费试剂。一定要使用橡皮塞。长期久置的NaOH标准溶液应装入广口瓶中，瓶塞上部装有一碱石灰装置，以防止吸收CO_2和水分。

(5) 如果甲基橙由黄色转变为橙色终点不好观察，可用三个锥形瓶比较：一锥形瓶中放入50 mL水，滴入甲基橙1滴，呈现黄色；另一锥形瓶中加入50mL水，滴入甲基橙1滴，滴入1/4或1/2滴$0.1mol \cdot L^{-1}$HCl溶液，则为橙色；另取一锥形瓶，其中加入50mL水，滴入1滴甲基橙，滴入1滴$0.1mol \cdot L^{-1}$NaOH，则呈现深黄色。比较后有助于确定橙色。

(6) 用NaOH滴定HCl，以酚酞作指示剂，终点为微红色，半分钟不褪色。如果经较长时间慢慢褪去，那是由于溶液中吸收了空气中的CO_2生成H_2CO_3所致。

(7) 移液管在使用前应用蒸馏水洗至均匀不挂水珠。在移取溶液之前，要用待吸溶液润洗。移取溶液前，可用吸水纸将洗干净的管的尖端内外的水除去，否则会因水滴引入而改变溶液的浓度。至少要用待吸溶液润洗三次，以保证移取溶液的浓度不变。

训练思考

1. 在滴定分析中，滴定管、移液管在使用前为什么要先用操作溶液润洗几次？滴定中使用的锥形瓶或烧杯，是否也要用操作溶液润洗？

2. 在滴定接近终点时，用洗瓶吹洗锥形瓶内壁。这样就会冲稀了瓶内溶液，对滴定是否有影响？

3. 能否在分析天平上准确称取固体NaOH用直接法配制标准溶液？为什么？能否用移液管准确移取所需体积的浓HCl直接配制HCl标准溶液？为什么？

4. 本训练用NaOH滴定HCl时，有三位同学所耗用的NaOH体积完全一样。他们分别记录为：25 mL、25.0mL和25.00mL。问哪位记录正确？为什么？

5. 滴定至临近终点时加入半滴的操作是怎样进行的？

训练六　容量仪器的校准

训练目的

(1) 了解容量仪器校准的意义；

(2) 学习容量仪器校准的方法；

(3) 初步掌握滴定管的校准、容量瓶的校准及移液管和容量瓶的相对校准。

仪器试剂

仪器：分析天平　滴定管　容量瓶(100mL)　移液管(25mL)　锥形瓶(50mL，带磨口玻璃塞)

试剂：蒸馏水

训练步骤

1. 滴定管的校准(称量法)

将已洗净且外表干燥的带磨口玻璃塞的锥形瓶放在分析天平上称量，得空瓶质量 $m_{瓶}$，记录至0.001g位。

再将已洗净的滴定管盛满纯水，调至0.00mL刻度处，从滴定管中放出一定体积(记为V_0)，如放出5mL的纯水于已称量的锥形瓶中，盖紧塞子，称出"瓶+水"的质量 $m_{瓶+水}$，两次质量之差即为放出水的质量 $m_{水}$。用同法称量滴定管从0到10mL、0到15mL、0到20mL、0到25mL，…等刻度间的 $m_{水}$，用实验水温时水的密度来除每次 $m_{水}$，即可得到滴定管各部分的实际容量 $V_{2,0}$。重复校准一次，两次相应区间的水质量相差应小于0.02g，求出平均值，并计算校准值 $\Delta V(V_{2,0}-V_0)$。以 V_0 为横坐标，ΔV 为纵坐标，绘制滴定管校准曲线。

2. 移液管和容量瓶的相对校准

用洁净的25mL移液管移取纯水于干净且晾干的100mL容量瓶中，重复操作4次后，观察液面的弯月面下缘是否恰好与标线上缘相切，若不相切，则用胶布在瓶颈上另作标记。以后实验中，此移液管和容量瓶配套使用时，应以新标记为准。

训练指导

(1) 校准不当和使用不当都是产生容量误差的主要原因，其误差甚至可能超过允差或量器本身的误差。因而在校准时务必正确、仔细地进行操作，尽量减小校准误差。凡要使用校准值的，其校准次数不应少于两次，且两次校准数据的偏差应不超过该量器容量允许的1/4，并取其平均值作为校准值。

(2) 在做滴定管的校准实验中，拿取锥形瓶时，可如拿取称量瓶那样用纸条(三层以上)套取；且锥形瓶磨口部位不要沾到水。

(3) 测量实验水温时，须将温度计插入水中5~10min后才读数，读数时温度计球部仍应浸在水中。严格来说，必须使用分度值为0.1℃的温度计。

(4) 移液管和容量瓶也可用称量法进行校准。校准容量瓶时，不必用锥形瓶，且称准至0.01g即可。

训练思考

1. 校准滴定管时，锥形瓶和水的质量只需称准到0.001g，为什么？
2. 容量瓶校准时为什么需要晾干？在用容量瓶配制标准溶液时是否也要晾干？
3. 在实际分析工作中如何应用滴定管的校准值？
4. 分段校准滴定管时，为什么每次都要从0.00mL开始？
5. 试写出以称量法对移液管(单标线吸量管)进行校准的简要步骤。

训练七　溶液配制训练

训练目的

(1) 练习量筒、移液管、容量瓶及比重计的正确使用；

(2) 进一步规范化练习台秤、分析天平的使用；

(3) 掌握各种浓度溶液的配制及溶液稀释的操作；

(4) 熟悉有关浓度的计算。

仪器试剂

仪器：台秤　分析天平　容量瓶(100 mL 和 50mL 各 1 只)　移液管(10mL)　比重计

试剂：$CuSO_4 \cdot 5H_2O(s)$　$H_2C_2O_4 \cdot 2H_2O(s)$　CH_3COOH 溶液($1mol \cdot L^{-1}$)　浓 HCl　浓 H_2SO_4

训练步骤

1. 一般浓度溶液的配制

(1) 配制 10g 质量分数为 5% 的硫酸铜溶液。

先算出配制 10g 质量分数为 5% 的 $CuSO_4$ 溶液所需要的 $CuSO_4 \cdot 5H_2O(s)$ 和水的用量。用台秤称量所需 $CuSO_4 \cdot 5H_2O$ 固体，放在烧杯中，再用量筒量取所需蒸馏水加到烧杯中，搅拌使之溶解，即得 10g 质量分数为 5% 的硫酸铜溶液，配好后倒入回收瓶备用。

(2) 用 5mL 浓盐酸配制成 1∶5(体积比)的盐酸。

先算出蒸馏水的用量，把它倒入烧杯中，再将 5mL 浓盐酸缓慢地加到水中，并不断搅拌，配好后倒入回收瓶备用。

(3) 配制 $20mL 2mol \cdot L^{-1} H_2SO_4$ 溶液

先算出配制成 $20mL 2mol \cdot L^{-1} H_2SO_4$ 溶液所需要的浓 H_2SO_4(相对密度 1.84，浓度 98%)用量，用 20mL 减去浓硫酸的体积，得需要用水量的大约体积。用量筒将所需蒸馏水的大部分加到烧杯中，再用量筒量取所需的浓 H_2SO_4，然后将浓 H_2SO_4 缓慢地加到水中，边加边搅拌，再用剩余的水分数次洗涤量筒，一并倒入烧杯中，冷却后，将配成的溶液倒入量筒中(观察混合后体积缩小多少?)，然后用滴管加水至 20mL 的刻度即成。配好后用比重计测定此溶液的密度，最后将溶液倒入回收瓶，备用。

(4)配制 100mLpH 值为 10.00 且总浓度为 $0.20mol \cdot L^{-1}$ 的 NH_3-NH_4Cl 缓冲溶液。

先根据 NH_3 的 pK_a($pK_a=9.26$)求出 NH_4^+ 的 pK_b，再根据计算公式 $pH=pK_a+\lg\frac{c_{NH_3}}{c_{NH_4^+}}$ 求出 NH_3 与 NH_4Cl 的浓度比，因知总浓度，即可求出所需固体 NH_4Cl 的量及浓氨水(密度为 0.90g/mL，质量分数 28%)的体积。其配制方法是：用台秤称取已算出的 NH_4Cl 固体试剂，加适量水溶解后，用量筒加入已算出体积的浓氨水，加水稀至 100mL。

2. 准确浓度溶液的配制

(1) 稀释法配制 $100mL 0.1000mol \cdot L^{-1}$ 乙酸溶液。

用移液管取 10mL 已知浓度为 $1.0000mol \cdot L^{-1}$ 的 HAc 溶液，放入 100mL 容量瓶中，用

蒸馏水稀释到标线处。但需注意，当液面将接近标线时，应使用滴管小心地逐滴将水加到标线处，摇匀后即成。求出所配的乙酸溶液的浓度，把配好的溶液倒入回收瓶备用。

（2）配制 250mL 0.05mol·L^{-1}草酸标准溶液。

① 配制 250mL 0.05mol·L^{-1}草酸标准溶液，需草酸（$H_2C_2O_4 \cdot 2H_2O$）1.6g。

② 用减量法称取所需的草酸。先用台秤称量瓶的质量，加入约 1.6g 草酸，再在分析天平上称出称量瓶和草酸的总质量，记下此数据。取出称量瓶，把称量瓶拿到清洁的 100mL 烧杯的上方，使称量瓶倾斜，慢慢转动称量瓶，或用称量瓶盖轻敲瓶口的上部，使草酸慢慢落入烧杯中。当草酸全部倒出时（不必倒净），慢慢将瓶竖起，再用瓶盖轻敲瓶口上部，使粘在瓶口上的草酸落入瓶内或烧杯内，盖好瓶盖，再次称出称量瓶连同剩余草酸的质量，两次所称质量之差，即烧杯中草酸的质量。

③ 配制草酸溶液。加入适量的蒸馏水使烧杯中的草酸溶解，将溶液沿玻璃棒小心地注入 250mL 容量瓶中，再从洗瓶中挤出少量水淋洗烧杯及玻璃棒 2～3 次，并将每次淋洗的水注入容量瓶中，最后用滴管慢慢加水至刻度，摇匀。

计算出草酸溶液的准确浓度，倒入事先洗净并晾干的试剂瓶中，贴上标签，注明试剂的名称、准确浓度及配制日期，保存好，备用。

训练指导

（1）在化学实验中，常常需要配制各种溶液来满足不同实验的要求。配制溶液时，应根据对溶液浓度准确度的要求，确定在哪一级天平上称量、记录时应记准至几位有效数字、配制好的溶液应选择什么样的容器等。该准确时就应该很严格，允许误差大些的就可以不那么严格。这些“量”的概念要很明确，否则就会导致错误。如果实验对溶液浓度的准确性要求不高，一般利用台秤、量筒、带刻度的烧杯等低标准的量器配制就能满足需要；如果实验对溶液浓度的准确性要求较高，如定量分析实验，就必须使用分析天平或电子天平、移液管、容量瓶等高准确度的量器配制溶液。对易水解的物质，在配制溶液时还要考虑先以相应的酸溶解易水解的物质，再加水稀释。无论是粗配还是准确配制一定体积、一定浓度的溶液，都首先要计算所需要试剂的用量，包括固体试剂的质量或液体试剂的体积，然后再进行配制。

（2）因为浓硫酸的特殊性质，配制稀硫酸溶液时应注意以下几个问题：

① 浓硫酸具有腐蚀性，最好使用玻璃器皿配制。

② 浓硫酸溶于水时放出大量的热，因此应该将硫酸缓慢地倒入水中，并不断搅拌，切忌将水倒入浓硫酸中。

（3）浓硫酸和水混合，体积会缩小，故实验中理论计算出的用水量是一个大约体积。

（4）测密度时，应把几个人所配的硫酸溶液倒入 250mL 量筒，再在此量筒中测定溶液的密度。

（5）配制 NH_3 时，先将浓 NH_3 瓶放在水笼头下用自来水冷却，再在通风橱内打开量取溶液。

（6）为进一步巩固配制溶液的操作技能，可以进一步再做如下训练：

① 由浓硫酸配制 5% 的 H_2SO_4 溶液 50 mL。

② 配制 3mol·L^{-1}HCl 溶液 50mL。

③ 配制 pH 值为 5.4 的六次甲基四胺－HCl 缓冲液 100mL。

④ 准确配制含钙 10mg·mL^{-1}的 $CaCO_3$ 溶液 100mL，并由此配得含钙 100μg·mL^{-1}的

$CaCO_3$ 溶液 100mL。

⑤ 准确配制 100mL 浓度为 0.01000mol·L^{-1} $K_2Cr_2O_7$ 溶液。

训练思考

1. 稀释浓 H_2SO_4 时，为什么要将浓 H_2SO_4 慢慢倒入水中，并不断搅拌，而不能将水倒入浓 H_2SO_4 中？

2. 用容量瓶配制溶液时，要不要先把容量瓶干燥？用容量瓶稀释溶液时，能否用量筒量取浓溶液？配制 100mL 溶液时为什么要先用少量水把固体溶解，而不能用 100mL 水把固体溶解？

3. 用容量瓶配制溶液时，水没加到刻度以前为什么不能把容量瓶倒置摇荡？

4. 如果使用了已失去部分结晶水的草酸晶体配制草酸溶液，是否会影响该溶液浓度的精确度？为什么？

训练八　盐酸和氢氧化钠溶液的配制和标定

训练目的

（1）练习滴定分析的基本操作；

（2）掌握酸碱标准溶液的配制；

（3）掌握酸碱标定的方法；

（4）熟悉甲基橙及酚酞指示剂的使用。

仪器试剂

仪器：量筒　托盘天平　分析天平　碱式滴定管　酸式滴定管　锥形瓶

试剂：NaOH（A. R.）　浓 HCl　无水碳酸钠（A. R.）　邻苯二甲酸氢钾（A. R.）　甲基橙（1g·L^{-1}水溶液）　酚酞（2g·L^{-1}乙醇溶液）

训练步骤

1. 酸、碱标准溶液的配制

（1）0.1moL·L^{-1}HCl 溶液的配制　在通风橱内用洁净的小量筒量取市售浓 HCl 4.2～4.5mL，倒入 500mL 试剂瓶中，用水稀释至 500mL，盖上玻璃塞，充分摇匀，贴上标签，注明名称、日期、配制人。

（2）0.1mol·L^{-1}NaOH 溶液的配制　在托盘天平上称取 2.0g 固体 NaOH 于洁净的小烧杯中，加 50mL 纯水，使之全部溶解，转移入 500mL 试剂瓶中，用水定容，用橡皮塞塞好瓶口，充分摇匀，贴上标签，注明名称、日期、配制人。

2. HCl 标准溶液的标定

（1）用无水碳酸钠标定　在分析天平上准确称取 0.1g～0.2g 无水碳酸钠（或准确称取 1.0～1.2g 无水碳酸钠溶解后，在容量瓶中配成 250mL 溶液，用移液管吸取 20.00mL 置于 250mL 锥形瓶中，加 20～30mL 水，加入 1～2 滴甲基橙指示剂，用 HCl 标准溶液滴定至溶液由黄色变成橙色，即为终点。平行标定三份，记下每次滴定所消耗的 HCl 标准溶液的体积，根据 Na_2CO_3 的质量，计算 HCl 标准溶液的浓度。其相对偏差不得大于0.3%。

（2）用硼砂标定　准确称取0.4～0.5g 硼砂于洁净的小烧杯中，加 50mL 纯水，使之全部溶解，定容于250mL 容量瓶中。用移液管吸取 20.00mL 置于 250mL 锥形瓶中，加 20～30mL 水，加1～2 滴甲基红指示剂，用 HCl 标准溶液滴定至溶液由黄色变为微红色，即为终点。根据称取硼砂的质量和滴定所消耗的 HCl 标准溶液的体积，计算 HCl 标准溶液的浓度。

3. NaOH 标准溶液的标定

标定碱的基准物质常用草酸和邻苯二甲酸氢钾。

（1）用草酸标定 NaOH 的操作　准确称取0.2～0.3g 草酸于洁净的小烧杯中，加 50mL 纯水，使之全部溶解，定容于250mL 容量瓶中，用移液管吸取 20.00mL 置于 250mL 锥形瓶中，加20～30mL 水，加1～2 滴酚酞指示剂，用0.10mol·L^{-1}NaOH 标准溶液滴至溶液呈微红色，半分钟不褪色即为终点。平行标定三份，计算 NaOH 标准溶液的浓度，其相对偏差不应大于0.2%。

（2）用邻苯二甲酸氢钾标定 NaOH 的操作　准确称取0.4～0.5g 邻苯二甲酸氢钾于洁净的小烧杯中，加50mL 蒸馏水，在温热下使其溶解，用移液管吸取 20.00mL 置于 250mL 锥形瓶中，加20～30mL 水，冷却后加入1～2 滴酚酞指示剂，用 0.10moL·L^{-1}NaOH 标准溶液滴至溶液呈微红色，半分钟不褪色即为终点。平行标定三份，计算 NaOH 标准溶液的浓度，其相对偏差不应大于0.2%。

训练指导

（1）滴定分析是将一种准确浓度的标准溶液滴加到被测试样的溶液中，直到化学反应按化学式计量定量反应完全为止，然后根据标准溶液的浓度和体积求得被测试样中组分含量的一种方法。

① 基准物质　如前所述，基准物质是直接配制标准溶液或标定溶液准确浓度的物质。

常见滴定酸的基准物质：NaOH、无水碳酸钠、硼砂等。

常见滴定碱的基准物质：HCl、草酸等。

由于浓 HCl、浓 H_2SO_4 易挥发，固体 NaOH 易吸收空气中的水分和二氧化碳，故酸碱标准溶液一般不宜直接配制，而是先配成近似浓度的溶液，然后用合适的基准物质标定其浓度。

② 酸的标定　标定酸的基准物质常用无水碳酸钠和硼砂。

用无水碳酸钠标定 HCl 的反应分两步进行：

$$Na_2CO_3 + HCl \xlongequal{} NaHCO_3 + NaCl$$

$$NaHCO_3 + HCl \xlongequal{} NaCl + H_2O + CO_2$$

反应完全时，pH 值的突跃范围是3.9～5.0，可选用甲基红或甲基橙作指示剂。

用硼砂标定 HCl 的反应如下：

$$Na_2B_4O_7 + 2HCl + 5H_2O \xlongequal{} 4H_3BO_3 + 2NaCl$$

化学计量点时，产物是 H_3BO_3，水溶液的 pH 值约为5.1，故可选用甲基红作指示剂。

③ 碱的标定　标定碱的基准物质常用草酸和邻苯二甲酸氢钾：

用草酸标定 NaOH 的反应如下：

$$H_2C_2O_4 + 2NaOH \xlongequal{} Na_2C_2O_4 + 2H_2O$$

化学计量点时，溶液呈碱性 pH 值的突跃范围为7.7～10.0，可选用酚酞作指示剂。

用邻苯二甲酸氢钾标定 NaOH 的反应如下：

$$KHC_8H_4O_4 + NaOH \longrightarrow KNaC_8H_4O_4 + H_2O$$

由于滴定产物是 $KNaC_8H_4O_4$，溶液呈碱性，故选用酚酞作指示剂。

(2) 硼砂在20℃时，100 g 水中可溶解 5g，如温度太低，可适量地加入温热的蒸馏水，以加速溶解，但滴定时一定要冷却至室温。

(3) 也可用甲基红－溴甲酚绿混合指示剂来确定滴定终点，终点时溶液由绿色转变为暗红色。

(4) NaOH 为强碱，具有腐蚀性，取用时要小心。

(5) 在 CO_2存在下终点变色不够敏锐，因此，在接近终点变色之前，最好把溶液加热至沸，并摇动以赶走 CO_2，冷却后再滴定。

训练思考

1. 为什么 HCl 和 NaOH 标准溶液一般都用标定法配制，而不用直接法配制？

2. 在滴定分析中，滴定管、移液管为什么需要用操作溶液润洗几次？滴定中使用的锥形瓶或烧杯，是否也要用操作溶液润洗，为什么？

3. 溶解样品或稀释样品溶液时，所加入水的体积为何不需要很准确？

4. 分析天平的一次称量误差为 0.001g，采用递减法称量 2 次，为使称量时相对误差小于 0.1%，称量质量至少应为多少？

5. 滴定管的一次读数误差为 ±0.01mL，在一次滴定中，需要读 2 次，为使滴定时相对误差小于 0.1%，消耗的溶液的体积至少应为多少？

训练九　EDTA 标准溶液的配制和标定

训练目的

(1) 学习 EDTA 标准溶液的配制和标定方法；

(2) 掌握配位滴定的原理，了解配位滴定的特点；

(3) 熟悉钙指示剂或二甲酚橙指示剂的使用及其终点的判断。

仪器试剂

仪器：托盘天平　电子天平　移液管　酸式滴定管　锥形瓶

试剂：铬黑 T 指示剂　乙二胺四乙酸二钠　$CaCO_3$(A. R.)　$ZnSO_4 \cdot 7H_2O$　NaOH 溶液 ($40g \cdot L^{-1}$)　六次甲基四胺　钙指示剂(固体指示剂)　二甲酚橙指示剂($2g \cdot L^{-1}$)　$MgCl_2$ 溶液($0.05mol \cdot L^{-1}$)

训练步骤

1. 0.02mol·L⁻¹EDTA 溶液的配制

在托盘天平上称取乙二胺四乙酸二钠 4.0g，溶解于500mL 烧杯中，加 200mL 水，温热使其溶解完全，转至聚乙烯瓶中，用水稀释至500mL，摇匀。

2. 以 $CaCO_3$ 为基准物质标定 EDTA 溶液

（1）配制 0.02mol · L^{-1} 钙标准溶液　将碳酸钙置于称量瓶中，在 110℃下干燥 2h。冷却后，称取 0.50 ~ 0.55g 碳酸钙于 250mL 烧杯中，加水润湿，缓慢滴加 5mL HCl 溶液(1∶1)使其完全溶解。再用少量蒸馏水淋洗烧杯内壁，将内壁上沾有的溶液洗入烧杯中。待冷却后转移至 250mL 容量瓶中，稀释至刻度，摇匀，贴上标签，注明试剂名称、配制日期、配制人。

（2）EDTA 溶液浓度的标定　用移液管移取 25.00mL 钙标准溶液于 250mL 锥形瓶中，加入约 25mL 水、2mL 镁离子溶液、5mL 40g · L^{-1} NaOH 溶液及少量钙指示剂(若是溶液则加入 3 滴即可)，摇匀后，用 EDTA 溶液滴定至溶液由红色变为蓝色，即为终点。

3. 以 $ZnSO_4 \cdot 7H_2O$ 为基准物质标定 EDTA

（1）0.02mol · L^{-1} 锌标准溶液的配制　准确称取 $ZnSO_4 \cdot 7H_2O$ 1.2 ~ 1.5g 于 250mL 烧杯中(称量值与计算值偏离不超过 5%)，加入 100mL 使其溶解后，定容到 250mL 容量瓶中，用水稀释至刻度，摇匀，计算锌标准溶液的准确浓度。

（2）以铬黑 T 为指示剂用锌标准溶液标定 EDTA 溶液　用移液管移取 25.00mL 0.02mol · L^{-1} Zn^{2+} 标准溶液于锥形瓶中，加 2mL 1∶5 HCl 及 10mL200g · L^{-1} 的六次甲基四胺，加 2 滴二甲酚橙，用 0.02mol · L^{-1} 的 EDTA 溶液滴定，当溶液由紫红色变为亮黄色即为终点。平行滴定 3 次，取平均值计算 EDTA 的准确浓度。

训练指导

（1）EDTA 为乙二胺四乙酸的简称，常用 H_4Y 表示，因难溶于水，通常使用其二钠盐配制标准溶液。

EDTA 常因吸附约 0.3% 的水分和其中含有少量杂质而不能直接用作标准溶液。通常先把 EDTA 配成所需的大概浓度，然后用基准物质标定。

标定 EDTA 溶液常用的基准物质有 Zn、ZnO、CaO、$CaCO_3$、$MgSO_4 \cdot 7H_2O$、Ni、Pb 等。

EDTA 溶液若用于测定石灰石或白云石中 CaO、MgO 的含量，则宜用 $CaCO_3$ 为基准物质。首先可加 HCl 溶液与之作用，其反应式如下：

$$CaCO_3 + 2HCl \xlongequal{} CaCl_2 + H_2O + CO_2$$

然后把溶液转移到容量瓶中并稀释，制成钙标准溶液。吸取一定量钙标准溶液，调节 pH > 12，用钙指示剂作指示剂，以 EDTA 滴定至溶液从酒红色变为纯蓝色，即为终点。钙指示剂(常以 H_3Ind 表示)在溶液中按下式电离：

$$H_3Ind \xlongequal{} 2H^+ + HInd^{2-}$$

在 pH > 12 的溶液中，$HInd^{3-}$ 与 Ca^{2+} 形成比较稳定的配离子，其反应式如下：

$$HInd^{2-}(\text{纯蓝色}) + Ca^{2+} \xlongequal{} CaInd^-(\text{酒红色}) + H^+$$

所以在钙标准溶液中加入钙指示剂，溶液呈酒红色，当用 EDTA 溶液滴定 EDTA 与 Ca^{2+} 形成比 $CaInd^-$ 更稳定的配离子，因此在滴定终点附近，$CaInd^-$ 转化为较稳定的 CaY，而钙指示剂则被游离出来，其反应式如下：

$$CaInd^- + H_2Y_2 \xlongequal{} CaY + Hind^- + H^+$$

由于 CaY 无色，所以到达终点时溶液由酒红色变成纯蓝色。

用此法测定钙，若 Mg^{2+} 共存[在调节溶液 pH > 12 时，Mg^{2+} 将形成 $Mg(OH)_2$ 沉淀]，此

共存的少量 Mg^{2+} 不仅不干扰钙的测定，而且会使终点比 Ca^{2+} 单独存在时更敏锐。所以测定单独存在的 Ca^{2+} 时，常常加入少量 Mg^{2+} 溶液。

EDTA 若用于测定 Pb^{2+}、Bi^{3+} 时，则宜以 ZnO 或金属锌为基准物质，以二甲酚橙为指示剂。在 pH = 5 ~ 6 的溶液中，二甲酚橙本身显黄色，与 Zn^{2+} 的配合物呈紫红色。EDTA 与 Zn^{2+} 形成更稳定的配合物。因此，用 EDTA 溶液滴定至近终点时，二甲酚橙被游离出来，溶液由紫红色变成黄色，配位滴定中所用的蒸馏水应不含 Fe^{2+}。

(2) 当配制的 EDTA 浓度较大时，即使加热，溶解速度也显太慢。此时可加入少量 NaOH，调节溶液的 pH 值稍大于 5。

(3) 铬黑 T 与 Mg^{2+} 显色的灵敏度高，与 Ca^{2+} 显色的灵敏度低，当水样中钙含量很高而镁含量很低时，往往得不到敏锐的终点。可在水样中加入少许 Mg – EDTA，利用置换滴定法的原理来提高终点变色的敏锐性，或者改用 K – B 指示剂。

(4) 若水样中含锰量超过 $1mg \cdot L^{-1}$，在碱性溶液中易氧化成高价，使指示剂变为灰白或浑浊的玫瑰色。可在水样中加入 0.5 ~ 2mL $10g \cdot L^{-1}$ 的盐酸羟胺，还原高价锰，以消除干扰。

(5) 滴定时，因反应速度很慢，在接近终点时，标准溶液慢慢加入，并充分摇动；在偏碱性溶液中，当 $Ca(HCO_3)_2$ 含量高时可慢慢析出 $CaCO_3$ 沉淀使终点拖长，变色不敏锐。这时可于滴定前将溶液酸化，即加入 1 ~ 2 滴 1∶1 HCl，煮沸溶液以除去 CO_2。但 HCl 不宜多加，否则影响滴定时溶液的 pH 值。

训练思考

1. 为什么通常使用乙二胺四乙酸二钠盐配制 EDTA 标准溶液，而不用四乙酸？
2. 以 HCl 溶液溶解 $CaCO_3$ 时，操作过程中应注意什么？
3. 以 $CaCO_3$ 为基准物质标定 EDTA 溶液时，加入 Mg 溶液的目的是什么？

训练十　$KMnO_4$ 标准溶液的配制与标定

训练目的

(1) 掌握氧化还原滴定的原理；
(2) 掌握 $KMnO_4$ 标准溶液的配制与标定方法；
(3) 掌握 $KMnO_4$ 的性质。

仪器试剂

仪器：托盘天平　电子天平　移液管　酸式滴定管　烧杯　量筒　锥形瓶

试剂：$Na_2C_2O_4$(基准物、105 ~ 110℃烘至恒重)　H_2SO_4 溶液($3mol \cdot L^{-1}$，取 168mL 浓 H_2SO_4 缓慢注入 833mL 水中)

训练步骤

1. 配制 $0.02mol \cdot L^{-1}$ $KMnO_4$ 溶液 500mL

称取 1.6g$KMnO_4$ 溶于 500mL 水中，盖上表面皿，加热至沸并保持微沸状态 1h，冷却后置于暗处，放置2～3天，用4号玻璃滤锅(该玻璃滤锅在同样的$KMnO_4$溶液中煮沸15 min)过滤，除去MnO_2，滤液存于棕色瓶中待标定。

2. $KMnO_4$标定

准确称取烘干的$Na_2C_2O_4$基准物0.13～0.16g，放于250mL锥形瓶中，加入新煮沸过的蒸馏水40mL及$3mol \cdot L^{-1}H_2SO_4$ 10mL，加热至70～80℃(开始冒蒸汽)，立即用$KMnO_4$溶液滴定(当第一滴高锰酸钾的粉红色褪去后，才能加第二滴；滴定结束时，溶液温度不应低于60℃)，溶液呈粉红色，半分钟不褪为终点。记录消耗$KMnO_4$溶液的体积，平行测定3次。

训练指导

(1) 高锰酸钾试剂中常含有杂质，水中又常含有还原性物质，可使$KMnO_4$还原为$MnO(OH)_2$；而且高锰酸钾在光、热等条件下不稳定，所以通常用间接法配制$KMnO_4$溶液，并需煮沸后放置几天，然后过滤、标定。标定$KMnO_4$多用$Na_2C_2O_4$作基准物，反应式为：

$$2MnO_4^- + 5C_2O_4^{2-} + 16H^+ = 2Mn^{2+} + 10CO_2\uparrow + 8H_2O$$

(2) $KMnO_4$氧化性强，容易腐蚀皮肤。

(3) 在室温下，$KMnO_4$与$Na_2C_2O_4$之间的反应速度很慢，故需将溶液加热。但温度不能太高，若超过90℃，易引起$H_2C_2O_4$分解：

$$H_2C_2O_4 = CO_2\uparrow + CO\uparrow + H_2O$$

(4) $KMnO_4$颜色较深，液体的弯月面下沿不易看出，读数时应以液面的上沿最高线为准。

(5) 若滴定速度太快，部分$KMnO_4$来不及与$Na_2C_2O_4$反应而在热的酸性溶液中按下式分解：

$$4MnO_4^- + 4H^+ = 4MnO_2 + 3O_2\uparrow + 2H_2O$$

(6) $KMnO_4$滴定终点不太稳定，这是由于空气中含有还原性气体及尘埃等杂质，能使$KMnO_4$缓慢分解，而使微红色消失，故经过半分钟不褪色可认为已达到终点。

训练思考

1. 配制$KMnO_4$溶液时，为什么要将$KMnO_4$溶液煮沸一定时间并放置数天？能否用滤纸过滤$KMnO_4$溶液？

2. $KMnO_4$溶液应装入哪种滴定管？如何读数？

3. 影响反应速度的因素有哪些？如何控制本实验的滴定速度？

4. 装入$KMnO_4$溶液的锥形瓶、烧杯或滴定管，放置后容器上常有棕色沉淀物，它是什么？怎样才能洗净？

训练十一　沉淀滴定法测定可溶性氯化物中氯的含量

训练目的

(1) 掌握沉淀滴定法的原理；

(2) 掌握三种银量法测定氯的原理和方法。

仪器试剂

仪器：托盘天平　电子天平　移液管　酸式滴定管　碱式滴定管　锥形瓶　容量瓶

试剂：$AgNO_3$ 标准溶液（0.1mol·L^{-1}）　荧光黄指示剂　HNO_3 溶液（6mol·L^{-1}）　K_2CrO_4 溶液（50g·L^{-1}）　NH_4SCN

训练步骤

1. 0.1mol·L^{-1} NH_4SCN 标准溶液的标定

准确移取 0.1mol·L^{-1} $AgNO_3$ 标准溶液 25.00mL 于锥形瓶中，加入 6mol·L^{-1} HNO_3 溶液 5mL 和 1mL 铁铵钒指示剂，用 NH_4SCN 标准溶液滴定，不断振摇，滴定至溶液出现稳定的淡红色即为终点。平行测定 2～3 次，计算 NH_4SCN 标准溶液的浓度。

2. 可溶性氯化物中氯的测定(Mohr 法)

准确移取上述氯化物试液 25.00mL，加入 20mL 水、50g·L^{-1} K_2CrO_4 指示剂 1mL，边剧烈摇动边用 $AgNO_3$ 标准溶液滴定至溶液呈现砖红色沉淀即为终点。平行测定 2～3 次。

3. 可溶性氯化物中氯的测定(Fajians 法)

准确移取上述氯化物试液 25.00mL，加入 10 滴荧光黄指示剂 10mL，摇匀后，用 $AgNO_3$ 标准溶液滴定至溶液由黄绿色变成粉红色即为终点，滴定 2～3 次。

4. 可溶性氯化物中氯的测定(Volhard 法)

准确移取上述氯化物试液 25.00mL，加水 25mL，6mol·L^{-1} 新煮沸并冷却的 HNO_3 溶液 5mL，在不断摇动下由滴定管中加入 $AgNO_3$ 标准溶液约 30mL(要准确读数)，再加入 1mL 铁铵钒指示剂，用 NH_4SCN 标准溶液滴定过量的 Ag^+ 至溶液出现稳定的浅红色，即为终点。平行测定 2～3 次。

训练指导

(1) 银量法根据确定终点时所采用的指示剂的不同，可分为以下三种方法：

① 莫尔(Mohr)法　测定 Cl^- 时，在中性或弱碱性溶液中以 K_2CrO_4 作指示剂，以 $AgNO_3$ 标准溶液直接滴定 Cl^-，AgCl 定量沉淀完全后，过量的 1 滴 $AgNO_3$ 溶液即与 CrO_4^{2-} 生成砖红色的 Ag_2CrO_4 沉淀而指示终点。其反应式如下：

$$Ag^+ + Cl^- = AgCl\downarrow \text{（白色沉淀）}$$

$$2Ag^+ + CrO_4{}^{2-} = Ag_2CrO_4\downarrow \text{（砖红色）}$$

采用莫尔法时，应注意酸度和指示剂用量对滴定的影响。

② 法扬司(Fajians)法　用吸附指示剂指示滴定终点的银量法，称为法扬司法。用硝酸银标准溶液为滴定剂测定 Cl^- 或者用 NaCl 标准溶液为滴定剂测定 Ag^+ 都可以采用吸附指示剂。吸附指示剂因吸附到沉淀上的颜色与其在溶液中的颜色不同而指示滴定终点。例如用 Ag^+ 滴定 Cl^-，二氯荧光素阴离子染料作指示剂，滴定终点前，由于 AgCl 沉淀吸附过量 Cl^-，使表面带负电荷，因而排斥阴离子二氯荧光指示剂，其仍然保持在溶液中的原有的黄绿色。滴定终点后，AgCl 沉淀吸附过量 Ag^+ 表面带正电荷，进而二氯荧光素阴离子染料通过静电引力吸附到沉淀表面呈粉红色，颜色的变化指示滴定的终点。如果用 Cl^- 溶液滴定 Ag^+，颜色变化正好相反。

③ 佛尔哈德(Volhard)法　测 Cl^- 时，在酸性被测物溶液，加入一定量过量 $AgNO_3$ 标准溶液，以铁铵钒作指示剂，再用 NH_4SCN 标准溶液滴定剩余的 $AgNO_3$，过量的1滴 SCN^- 与 Fe^{3+} 形成红色配合物，指示终点到达。其反应式如下：

计量点前：$Cl^- + Ag^+$（过量）$\xlongequal{\quad}$ $AgCl\downarrow$（白色）

Ag^+（余）$+ SCN^- \xlongequal{\quad} AgSCN\downarrow$（白色）

计量点：$SCN^- + Fe^{3+} \xlongequal{\quad} [FeSCN]^{2+}\downarrow$（红色）

指示剂用量大小对滴定有影响，一般控制 Fe^{3+} 浓度为 $0.015mol \cdot L^{-1}$ 为宜。

滴定时，控制 H^+ 浓度为 $0.1 \sim 1mol \cdot L^{-1}$，激烈摇动溶液，并加入硝基苯或石油醚保护氯化银沉淀，使其与溶液隔开，防止氯化银沉淀与 SCN^- 发生交换反应而消耗滴定剂。

测定时能与 SCN^- 生成沉淀或生成络合物，或能氧化 SCN^- 的物质均有干扰。PO_4^{3-}、AsO_4^{3-}、CrO_4^{3-} 等离子，由于酸效应的作用而不影响测定。

（2）指示剂用量大小对测定有影响，必须定量加入。实验结束后，盛装 $AgNO_3$ 溶液的滴定管应先用蒸馏水冲洗2~3次，再用自来水冲洗，以免产生 AgCl 沉淀，难以洗净。含银废液应予以回收，切不能随意倒入水槽。

（3）$AgNO_3$ 溶液一定要转入棕色试剂瓶中，置暗处保存，以防光照分解。$AgNO_3$ 见光析出金属银，反应式为：$2AgNO_3 \rightarrow 2Ag + NO_2 + O_2$，故需保存在棕色瓶中；$AgNO_3$ 若与有机物接触，则起还原作用，加热颜色变黑，故勿使 $AgNO_3$ 与皮肤接触。

（4）沉淀滴定中，为减少沉淀对被测离子的吸附，一般滴定的体积以大些为好，故需加水稀释试液。

（5）莫尔法滴定的酸度条件为 $pH = 6.5 \sim 10.0$，有 NH_3 存在时应为 $pH = 6.5 \sim 7.2$。酸性过强，导致 CrO_4^{2-} 降低，终点滞后；碱性太强，产生 Ag_2O 沉淀。

（6）为进一步巩固沉淀滴定的技能操作，也可进一步进行如下训练：

① 佛尔哈德法测定碘的含量。

② 法扬司法测定溴的含量。

训练思考

1. Mohr 法测定 Cl^- 时，对 K_2CrO_4 指示剂的用量有何要求？

2. 为什么 Volhard 法测定 Cl^- 比测定 Br^-、I^- 容易引入误差？

3. Fajians 法中，应如何控制溶液的酸度？

训练十二　沉淀重量法测定氯化钡中钡的含量

训练目的

（1）掌握晶形沉淀的制备方法；

（2）掌握重量分析的基本操作。

仪器试剂

仪器：马弗炉　瓷坩埚　坩埚钳　长颈漏斗　微波炉　玻璃坩埚　抽滤瓶　真空泵　分析天平

试剂：$BaCl_2 \cdot 2H_2O$　H_2SO_4(1mol·L^{-1})　$AgNO_3$(1mol·L^{-1}，0.1mol·L^{-1})

训练步骤

1. 采用灼烧干燥法

(1) 瓷坩锅的准备　洗净2～3个带盖瓷坩埚，在800～850℃下灼烧30～40min，冷却至室温后进行第2次灼烧，温度800～850℃，时间15～20min，至恒重。

(2) 沉淀的制备　准确称取$BaCl_2 \cdot 2H_2O$试样0.4～0.6g于250mL烧杯中，加水100mL，搅拌使其溶解，加入2mol·L^{-1}HCl溶液3mL，加热至近沸(勿使溶液沸腾，以免飞溅)。另取1mol·$L^{-1}$$H_2SO_4$溶液4mL，加水30mL，加热至近沸，在不断搅拌下趁热用滴管逐滴(开始不能太快，4～5s加1滴，后面可稍微加快)加入到热试样溶液中。待沉淀完毕，$BaSO_4$沉降后，于上层清液中滴加1～2滴稀释H_2SO_4溶液，仔细观察，若无浑浊，表示已沉淀完全。将玻璃棒靠在烧杯口上(切不可拿出烧杯外)，盖上表面皿，于水浴上加热0.5～1h，或在室温下放置12h陈化。

(3) 沉淀的过滤与洗涤　用慢速或中速定量滤纸倾泻法过滤沉淀，并用稀H_2SO_4洗涤液(3mL浓H_2SO_4稀释至200mL)洗涤3～4次，每次约10mL，少量多次，最后小心地将沉淀转移到滤纸上，并用一小块滤纸擦净杯壁后置于漏斗内的滤纸上，继续用洗涤液洗涤沉淀至无Cl^-。

(4) 沉淀的碳化、灰化与灼烧　将滤纸和沉淀取出包好，置于已恒重的坩埚中，在电炉上碳化、灰化，再放入马弗炉中，于800～850℃灼烧至恒重，第一次1h，第二次10～15min。平行测定2～3次。

2. 采用微波干燥法

(1) 将玻璃坩埚洗净，用真空泵抽2min，除去玻璃沙板微孔中的水分，置于微波炉中干燥(中高火)至恒重，第一次10min，第二次4min。

(2) 灼烧干燥法　$BaSO_4$沉淀经冷却或陈化后，用倾泻法在已恒重的玻璃坩埚中进行减压过滤，并按灼烧干燥法进行洗涤。沉淀转移后，用水淋洗沉淀及坩埚内壁至无Cl^-，继续抽干直至不再产生水雾，然后将坩埚移入微波炉干燥至恒重，第一次10min，第二次4 min。平行测定2～3次。

训练指导

(1) 钡的难溶盐中硫酸钡的溶解度最小，若加入过量沉淀剂，使其溶解度更低，溶解损失可忽略不计。灼烧干燥法中，过量的沉淀剂H_2SO_4可在高温下挥发除去，故H_2SO_4可作为本实验的沉淀剂并可过量50%～100%；在微波干燥法中，过量的H_2SO_4不易除去，因此过量的H_2SO_4须控制在20%～50%。此外，微波干燥法的沉淀条件和洗涤操作的要求更严格。

将氯化钡试样溶于水后，用稀盐酸酸化，加热至近沸，在不断搅拌下逐滴加入稀H_2SO_4，生成的沉淀经陈化、过滤、洗涤后，灼烧或微波干燥，以$BaSO_4$形式称量，即可求得试样中Ba的含量。

(2) 过滤时，要“一贴、二低、三靠”。

(3) 洗涤沉淀时要“少量多次”。

(4) 灼烧要恒重，相邻两次灼烧后的称量差值不大于0.4mg。

(5) 灼烧和干燥后的坩埚和沉淀，如在干燥器中放置过久，可能会吸收少量水分而使质

量增加，这点必须注意，所以要保持干燥。

（6）晶形沉淀形成的条件：稀，热，慢，搅，陈。

（7）滤纸灰化时空气要充足，否则 $BaSO_4$ 易被滤纸的炭还原为灰黑色的 BaS：

$$BaSO_4 + 4C \xlongequal{} BaS + 4CO$$

$$BaSO_4 + 4CO \xlongequal{} BaS + 4CO_2$$

如此情况，可用 2～3mLH_2SO_4 溶液（1∶1），小心加热，冒烟后重新灼烧。

（8）灼烧温度不能太高，如超过 950℃，可能有部分 $BaSO_4$ 分解：$BaSO_4 = BaO + SO_3\uparrow$

（9）加入稀 HCl 酸化，使部分 SO_4^{2-} 成为 HSO_4^-，稍微增大沉淀的溶解度，而降低溶液的过饱和度，同时可防止胶溶作用。

（10）在热溶液中进行沉淀，并不断搅拌，以降低过饱和度，避免局部浓度过高的现象，同时也减少杂质的吸附现象。

（11）盛滤液的烧杯必须洁净，因 $BaSO_4$ 沉淀易穿透滤纸，若遇此情况需重新过滤。

（12）Cl^- 是混在沉淀中的主要杂质，当其完全除去时，可认为其他杂质已完全除去。检验方法是，用表面皿收集数滴滤液，以 $AgNO_3$ 溶液检验。

（13）为进一步巩固重量分析法的技能操作，可进一步做如下训练：

① 氯化钡中结晶水的测定。

② 钢中镍的测定。

训练思考

1. 微波干燥法与灼烧干燥法相比，有何不同？
2. 沉淀 $BaSO_4$ 为什么要在稀 HCl 介质中进行？
3. 洗涤沉淀时，应遵循什么原则？

训练十三　硼镁矿的离子交换分离和硼含量测定

训练目的

（1）掌握离子交换分离的方法；

（2）掌握离子交换测定物质含量的原理；

（3）掌握硼含量的测定原理。

仪器试剂

仪器：离子交换柱（以 25mL 酸式滴定管代用）　732 型阳离子交换树脂　玻璃棉　银坩埚

试剂：HCl 溶液（1∶1，1∶9）　NaOH(s)　NaOH 溶液（200g·L^{-1}）　NaOH 标准溶液（0.05mol·L^{-1}）　甲基红（1g·L^{-1} 的 60% 乙醇溶液）　酚酞（2g·L^{-1} 的乙醇溶液）　甘露醇（中性）　Na_2SO_4 溶液（0.5mol·L^{-1}）

训练步骤

1. 阳离子交换柱的准备

（1）树脂的预处理　市售的阳离子交换树脂一般为 Na 型，使用前须将其用酸处理成 H

型。称取20g 732型阳离子交换树脂于烧杯中，加100mL4mol·L^{-1} HCl溶液，搅拌。浸泡1~2天，以溶解、除去树脂中的杂质，并使树脂充分溶胀。若浸出的溶液呈较深的黄色，应用新鲜的HCl再浸泡一些时间，倾出上层清液，然后用纯水漂洗树脂至中性，即得到H型阳离子交换树脂RH。

(2) 装柱　用长玻璃棒将润湿的玻璃棉塞在交换柱的下部，使其平整，加10mL蒸馏水，将洗净的树脂连水加入柱中，要防止混入气泡，为防止加试液时树脂被冲洗，在上面也铺一层玻璃棉。在装柱和以后的使用过程中，必须使树脂层始终浸泡在液面以下约1cm处。柱高约15~20cm，用水洗树脂至流出液为中性，放出多余的水。

(3) 交换　向交换柱不断加入0.5mol·L^{-1} Na_2SO_4溶液，用250mL容量瓶收集流出液，调节流量为2mL·min^{-1}，流出100mLNa_2SO_4溶液后，随时检验流出液的pH值，直至流出液的pH值与加入的Na_2SO_4溶液pH值相同时停止交换。将收集液稀释至刻度，摇匀。

用移液管移取20.00mL流出液于250mL锥形瓶中，加入2滴酚酞，用0.10mol·L^{-1} NaOH标准溶液滴至微红色半分钟不褪为终点，平行测定3份。

$$交换容量 = \frac{(cV)_{NaOH}}{m_{树脂} \times \frac{20.00}{250.0}}(mmol \cdot g^{-1})$$

实验完毕后，将树脂统一收回，以便再生，取出玻璃棉。

2. 试样的分解

准确称量硼镁矿试样(已研磨并过筛至全部通过120目)0.20~0.25g置于底部放有少许粒状NaOH的银坩埚中，上面再覆盖NaOH，上下层共计约2~3g。将坩埚置于高温炉中，慢慢升温至700℃，待整个熔融物澄清后，再加热约20min，然后取出冷却，用20mL1∶1HCl溶解熔块，用水洗净坩埚，溶液放于100mL容量瓶中，用水稀释至刻度线，摇匀。

3. 离子交换和测定

准确移取上述溶液20.00mL于100mL烧杯中，用200g·L^{-1} NaOH溶液中和，以pH试纸试之，至溶液刚呈碱性，再以1∶9HCl酸化至溶液pH=2~3。将溶液以10mL·min^{-1}的流量通过离子交换柱，流出液收集于250mL烧杯中，并用100mL左右的水洗涤交换柱，洗涤液一并收集于烧杯中。于流出液中加入2滴甲基红指示剂，滴加200g·L^{-1} NaOH溶液至溶液刚呈黄色，然后滴加1∶9 HCl溶液至刚呈红色，再加0.050mol·L^{-1}NaOH标准溶液滴定至红色刚褪去而呈稳定的橙黄色，此时溶液pH值约为5~6。加入1g甘露醇，充分搅拌后，再加酚酞指示剂10滴，以0.050mol·L^{-1} NaOH标准溶液滴定，此时开始计量，滴定至溶液呈粉红色，再加入0.5g甘露醇，如红色褪去，继续以NaOH标准溶液滴定，直至加入甘露醇后，红色在半分钟内不褪，即为终点。平行测定2~3份，结果以B_2O_3的质量分数表示。

训练指导

(1) 硼镁矿的主要成分是硼酸镁，次要成分是硅酸盐和铁、铝的氧化物等。欲测定硼镁矿中的硼，先用NaOH熔融法分解矿样，再用盐酸溶解熔块，其中硼以硼酸形式存在，铁、铝等则以阳离子形式存在，硅酸盐成为不溶残渣；最后样品溶液通过阳离子交换柱，交换除去各种阳离子，硼以硼酸形式进入流出液中。

由于硼酸极弱($K_a=5.8\times10^{-10}$)，不能直接用碱标准溶液滴定。硼酸中加入甘油或甘露醇等多羟基化合物会形成一种较强的络合酸，在甘露醇浓度为0.1~0.5moL·L^{-1}条件下，

络合酸的 K_a 为 $1\times10^{-6}\sim3\times10^{-5}$。因此，可用碱标准溶液滴定，终点 pH 值约为 9，选用酚酞作指示剂。

（2）离子在离子交换树脂上的交换能力，与离子的水合离子半径、电荷与离子的极化程度有关。水合离子半径减小，电荷增大，离子的极化程度增大，亲和力增大。

（3）装柱和后面的交换过程中，不能出现树脂流干的现象。流干时，形成固－气相，交换不能进行。流干现象，容易由产生的气泡看出来。出现流干时，须重新装柱。

（4）流经阳离子交换柱的试液 pH＝2～3，若酸度过高，交换不完全，将使结果偏高。

（5）试液通过 H 型阳离子交换树脂后，由于各种阳离子被交换上去，而 H^+ 交换下来，故流出液的酸度增大。在滴定前必须将此部分酸中和，当流出液 pH 值调至 5～6 时，硼以硼酸形式存在于溶液中未被中和。

（6）为进一步巩固离子交换分离法的技能操作，可做如下训练：

① 离子交换树脂交换容量的测定；

② 水的净化。

训练思考

1. 简述离子交换法分离硼镁矿试液中硼的原理。
2. 离子交换前，为什么要将强酸性的含硼试液调节至 pH＝2～3？怎样调节 pH 值？
3. 为什么要将离子交换后的流出液的 pH 值调节至 5～6？
4. 硼酸是极弱酸，本实验为什么可用 NaOH 标准溶液滴定经离子交换分离后的硼酸？

训练十四　熔点测定训练

训练目的

（1）了解固体有机化合物熔点测定的基本原理和意义；

（2）掌握毛细管法测定熔点的方法和操作技能；

（3）学会熔点测定仪的使用。

仪器试剂

仪器：Thiele 管　软木塞　温度计　酒精灯　毛细管　表面皿　空心塞　载玻片　镊子　显微熔点测定仪

试剂：尿素（A. R.）　肉桂酸（A. R.）　有机硅油

训练步骤

1. 熔点管的准备及试样装填

取直径约 1mm、长约 7～8cm 的毛细管，在酒精灯火焰上将一端封闭制成熔点管。将少许干燥待测样品放在表面皿上，用空心塞或玻璃棒研成粉末，堆成小堆，将制好的熔点管的开口端插入样品堆中，装入少量粉末，然后把熔点管竖立起来，在桌面上顿几下，使样品落入管底，这样反复取样多次，夯实数次；也可以把装有样品的毛细管熔封端朝下，投入一根长约 40～50cm 的玻璃管中，自由落下，重复几次，使样品粉末紧密堆积在毛细管底部，管内样品高度约 2 ~ 3mm。沾于管外的样品粉末必须擦去，以免污染加热浴液。为使测量结果准确，样品一定要研细，填充一定要均匀结实。如果样品颗粒太大，中间有空隙，不易传热，会影响测量结果。

2. 熔点测定装置的安装

实验室毛细管法测定熔点的装置有很多种，本实验采用常用的装置 Thiele 管又叫 b 形管。

把装填好样品的熔点管用小橡皮圈(皮圈不要浸入浴液中)绑在温度计的一侧，样品位置居于温度计水银球中部。Thiele 管依据酒精灯火焰的高度，夹在铁架台上，装入有机硅油至高出上侧管即可(不可多装，加热后液面会升高)，管口配一缺口软木塞，把附有熔点管的温度计插入孔中，刻度应向软木塞缺口，并使水银球处在 Thiele 管的两叉口中间，样品面向观察者，且不要与 Thiele 管管壁接触。这种装置测熔点的好处是：载热体被加热后在管内呈对流循环，使温度变化比较均匀。

载热体除有机硅油外，也可采用石蜡油、浓硫酸、浓磷酸。不过使用浓硫酸时应注意安全，且有机物触及硫酸时，硫酸会变黑，有碍熔点的观察。

3. 熔点的测定方法

安装好装置后，把酒精灯火焰固定在 Thiele 管的侧管外端下方加热，加热速度是熔点测定是否准确的关键因素。对未知样品，一般是先快速加热，测定化合物的大概熔点，即粗测，然后再做准确测定。在测定已知熔点的样品时，可先以较快速度加热，在距离熔点 15 ~ 20℃时，改用小火加热，约每分钟升温 1 ~ 2℃，愈接近熔点，升温速度愈慢，约每分钟升温 0.2 ~ 0.3℃。这一方面是为了保证有充足的时间让热量由熔点管外传至管内，令样品熔化温度与温度计所示温度尽量一致，另一方面是为了减少观察者不能同时观察温度计读数和样品情况所带来的误差。此期间要特别注意观察样品情况，记录样品由光滑变粗糙、开始塌落并有小液珠产生时的温度，表示样品已开始熔化(初熔)，继续缓慢加热，直到样品全部转化成透明液体时(全熔)，记录温度计读数，所得数据即为该物质的熔程。有少数化合物在测定熔点时，样品熔化过程中有颜色变化，或有气体放出，说明物质发生了分解，此时的温度是其分解点，应加以说明。另外还要观察和记录在加热过程中是否有升华、碳化等现象。

化合物熔点测定至少要测 2 次，2 次结果差别应在 1℃以内，每一次都要用新的毛细管重新装填样品(样品经熔化后，有可能发生了氧化、分解、或晶形发生变化，不能重复使用)。第二次测定时，浴液必须冷至熔点以下 30℃左右，以免样品局部过热影响测量结果。

熔点测好后，温度计读数必须对照温度计校正图进行校正。

实验完毕，有机硅油冷却后，倒回瓶中，下次可继续使用；温度计冷却后，用废纸擦去有机硅油，方可用水冲洗，否则容易发生温度计水银柱破裂。

训练指导

(1) 样品要研细，装得均匀结实。

(2) Thiele 管中浴液装至支管上即可，不可装太多。

(3) 升温刚开始要快，距熔点越近加热越要慢。

(4) 未知样品要先粗测，再精测 2 次，第二个样品测定时要冷却至熔点 30℃以下才开始。如果使用硫酸作浴液，要注意安全。

(5) 为使学生掌握熔点测定方法，可安排下列实验内容：

① Thiele 管测定尿素的熔点；

② Thiele 管测定肉桂酸的熔点。

训练思考

1. 若样品研的不细或装的不结实，对熔点测定的结果有什么影响？

2. 测定熔点时，如有下列情况，测得熔点偏低还是偏高？为什么？

①熔点管壁太厚；②熔点管底部未完全封闭，尚有一小孔；③样品未完全干燥或有杂质；④加热太快。

3. 是否可以使用第一次测定熔点已经熔化了的化合物再作第二次测定？为什么？

训练十五　乙醇的蒸馏和沸点测定

训练目的

(1) 掌握蒸馏的原理及操作。

(2) 掌握蒸馏法(常压法)测定沸点的原理及方法。

仪器试剂

仪器：圆底烧瓶　蒸馏头　温度计　温度计套管　直形冷凝管　接引管　接收瓶

试剂：无水乙醇　沸石

训练步骤

用电热套做热源，50mL 圆底烧瓶做蒸馏瓶，安装好蒸馏装置。用玻璃漏斗小心往圆底烧瓶中加入 25mL 无水乙醇，加入 2 ~ 3 粒沸石，按蒸馏操作步骤进行蒸馏操作。当温度达到恒定时，记录此温度，即为无水乙醇的沸点，并用一已称重的干燥的 50mL 三角烧瓶收集恒定温度蒸出液。注意调节电热套的温度，使蒸出液以每秒 1 ~ 2 滴的速率蒸出。直至蒸馏瓶内只剩下少量液体(约 1mL 乙醇)为止，停止加热，千万不可蒸干！测量蒸出液体积，计算回收率。

训练指导

(1) 如果蒸馏有毒物质，应在通风橱中进行蒸馏操作。如果蒸馏沸点较低和易燃的液体时，不能用明火，否则容易引起火灾。

(2) 常压蒸馏时，不带支管的接引管与接收瓶之间不可用塞子塞住，以免形成密闭系统，发生爆炸事故。

(3) 本技能还可通过“低沸点液体乙醚的蒸馏”进行训练。

训练思考

1. 在往圆底烧瓶中加料时，不使用漏斗可以吗？如果不用漏斗，应该怎么操作？

2. 冷凝水为什么要从冷凝管的下口进入，上口流出？如果加热后有馏出液出来时，发现冷凝管未通水，是否马上通水？为什么？

3. 蒸馏时加入止暴剂的作用是什么？如果加热停止后，是否需要重新加入止暴剂？补加时应该注意什么？

4. 试叙述下列因素对常压蒸馏测得沸点的影响。

(1) 温度控制不好，蒸出速率太快。

(2) 温度计水银球上端在蒸馏头支管口下缘的水平线以下或以上。

5. 如果液体具有恒定的沸点，能否认为它是纯物质？

训练十六　丙酮-水二组分混合物的分离

训练目的

(1) 了解用分馏法分离和提纯液体化合物的原理和意义；

(2) 掌握实验室常用分馏的操作技术。

仪器试剂

仪器：热源　圆底烧瓶　蒸馏头　分馏柱　温度计　温度计套管　直形冷凝管　接引管　接收瓶

试剂：丙酮　水

训练步骤

(1) 在 50mL 的圆底烧瓶内放置 15mL 丙酮、15mL 水及 2~3 粒沸石，并准备 3 个 15mL 有刻度的试管为接收器，分别注明 A、B、C。

(2) 分馏柱外面用石棉绳缠绕，进行保温。安装好分馏装置，检查各磨口接头连接的严密性，开通冷凝水，开始缓慢加热，使馏出液以每 2~3s 1 滴的速度蒸出。

(3) 将最初馏出液收集于试管 A 中，注意并记录温度计的读数，随后记录每增加 0.5mL 馏出液时的温度及总体积。当温度达到 62℃时换试管 B 接收，98℃时用试管 C 接收，同开始记录数据的方法一样记录数据，直至蒸馏烧瓶中残液为 1~2mL 时，停止加热。

(4) 待分馏柱内的液体流回圆底烧瓶后，关掉冷凝水，拆卸装置，测量残留液的体积并记录。以温度为纵坐标，馏出液体的体积为横坐标，将实验结果绘成温度-体积曲线图。

训练指导

(1) 分馏柱中的蒸气（或称蒸气环）在未达到温度计水银球位置时，温度上升得很慢，此时不可以加热过猛，一旦蒸气升到温度计水银球处，温度迅速上升。

(2) 本技能也可采用“四氯化碳-甲苯混合物的分馏”进行训练。

训练思考

1. 若加热太快，馏出液每秒钟的滴数超过要求量，用分馏法分离两种液体的能力会显著下降，为什么？

2. 在分离两种沸点相近的液体时，为什么装有填料的分馏柱比不装填料的效率高？

3. 什么是共沸混合物？为什么不能用分馏法分离共沸混合物？

4. 在分馏时通常用水浴或油浴加热，它比直接用火加热有什么优点？

5. 根据丙酮－水混合物的蒸馏和分馏曲线，哪一种方法分离混合物各组分的效率较高？

训练十七　呋喃甲醛的减压蒸馏

训练目的

（1）学习减压蒸馏的原理和应用；

（2）掌握减压蒸馏的装置和操作技术。

仪器试剂

仪器：热源　圆底烧瓶　克氏蒸馏头　温度计　直形冷凝管　接收器　气体吸收装置　压力计　安全瓶　减压泵

试剂：呋喃甲醛

训练步骤

（1）减压蒸馏装置的安装：选用 50mL 蒸馏瓶、100℃的温度计、双叉接引管，用两个 25mL 圆底烧瓶（其中一个要称重）分别作为前馏分和待接受馏分的接收瓶，以水浴为热浴。

（2）加料：小心地将克氏蒸馏头上口的橡皮塞连同毛细管一起轻轻拔下，通过三角漏斗加入待蒸馏的呋喃甲醛 20mL，取下三角漏斗，重新装好毛细管。

（3）用水泵减压蒸馏除去低沸物：打开毛细管上的螺旋夹，打开安全瓶上的活塞，开启水泵，再缓缓关闭安全瓶上活塞。此时毛细管下端应有成串的小气泡逸出，如气泡太大，可通过螺旋夹作适当调整。当系统压强稳定后根据压力计的读数，开启冷却水，点燃酒精灯，缓缓升温蒸馏，控制温度，使其不要超过沸点。如该装置中未安装压力计，则一般应在温度计读数达到约 50℃时停止蒸馏。移去热源热浴，打开毛细管上螺旋夹，打开安全瓶上的活塞，关闭水泵。

（4）用油泵减压蒸馏：冷却液体后接入油泵系统，检漏密封、稳定工作压力在 17 mmHg 柱。

（5）蒸馏和接收：开通冷却水，升高水温，旋转接液管，接收 53～56℃的馏分，待温度突然下降或者剩 2～3mL 液体时，停止加热，减压蒸馏完毕，计算呋喃甲醛的回收率。

训练指导

（1）减压蒸馏装置中与减压系统连接的橡皮管应该使用耐压橡皮管，否则在减压时会因抽瘪而堵塞。

（2）减压蒸馏最重要的是系统不能漏气，若漏气，对于磨口仪器来说可能是接头部分连接不紧密，或没有用油脂润滑好。

（3）如果无气泡产生，可能是毛细管已经堵塞或断掉，应予以更换。

（4）蒸馏完毕后一定要缓慢旋开安全瓶上的活塞，使压力计中的汞柱缓慢地恢复原状，否则，汞柱急速上升，有冲破压力计的危险。

(5) 蒸馏完毕后必须待内外压力平衡后才可以关闭油泵，否则油泵中的真空油会倒吸入干燥塔中。

(6) 本训练也可采用“减压蒸馏提纯少量乙酰乙酸乙酯”和“用旋转蒸发仪回收乙醚、苯甲醛”进行训练。

训练思考

1. 在何种情况下使用减压蒸馏？

2. 使用油泵进行减压蒸馏时，为什么要用吸收装置？它们的作用分别是什么？

3. 在进行减压蒸馏时，为什么必须用热浴加热，而不能直接用火加热？为什么进行减压蒸馏时需先抽气才加热？

4. 在减压蒸完所需的化合物后，应该如何停止减压蒸馏？说明理由。

训练十八　水蒸气蒸馏提纯正丁醇

训练目的

(1) 学习水蒸气蒸馏的原理及其应用；

(2) 掌握水蒸气蒸馏装置安装和水蒸气蒸馏操作方法。

仪器试剂

仪器：热源　水蒸气发生器　三颈瓶　蒸馏头　蒸馏弯头　直形冷凝管　接引管　接收器

试剂：含杂质的正丁醇

训练步骤

用量筒量取10mL含杂质的正丁醇，倒入100mL三颈瓶中，安装好水蒸气蒸馏装置，检查不漏气后，旋开T形管上的螺旋夹，使体系通大气，加热水蒸气发生装置，当有大量水蒸气从T形管支管冒出时，立刻旋紧螺旋夹，水蒸气便进入三颈瓶中，开始蒸馏。当馏出液无油珠澄清透明(水)时，即可停止蒸馏，将接收瓶中的馏出液倒入分液漏斗中，静置分层，除去水层，正丁醇转入干燥锥形瓶中，用少量无水硫酸钠干燥后过滤至量筒内，记录体积，计算正丁醇含量。

训练指导

(1) 蒸馏时三颈瓶中的水不要沸腾得太激烈，否则将产生气泡，并且会把待蒸馏的物质带入接收瓶中。

(2) 切记蒸馏过程中如发生不正常，应立即打开螺旋夹，蒸馏停止，检查故障。

(3) 结束蒸馏时，一定要先打开水蒸气发生器和蒸馏装置之间的T形管上的螺旋夹，使体系通大气，然后再停止加热，否则会发生倒吸现象。

(4) 本训练还可利用“用水蒸气蒸馏法从肉桂皮中提取肉桂油”进行练习。

训练思考

1. 进行水蒸气蒸馏时，水蒸气导入管的末端为什么要插入到接近于容器的底部？
2. 水蒸气蒸馏时，若安全管中水位上升很高时，说明什么问题？应该如何处理？
3. 如何判断水蒸气蒸馏已结束？停止蒸馏应如何操作？
4. 如何判断在水蒸气蒸馏的馏出液中有机组分在上层还是下层？
5. 比较普通蒸馏、分馏和水蒸气蒸馏的相同点和不同点。

训练十九　常压升华提纯樟脑中的萘

训练目的

（1）了解固体物质升华的基本原理和意义；
（2）掌握常压升华的基本操作和应用。

仪器试剂

仪器：蒸发皿　玻璃漏斗　滤纸　铁架台　酒精灯　脱脂棉
试剂：樟脑(或市售卫生球)

训练步骤

（1）把蒸发皿放在有石棉网的铁圈上，研细的粗产物放在蒸发皿中，上面盖一张略小于蒸发皿口径且刺有许多小孔(毛刺朝上)的圆形滤纸，

（2）将大小合适的玻璃漏斗倒盖在蒸发皿上，漏斗颈部提前塞一团脱脂棉。

（3）用小火隔石棉网(可在石棉网上铺一层厚 1cm 左右的细砂代替砂浴或用其他热浴)加热逐渐地升高温度。

（4）仔细观察，当发现开始升华时，控制温度低于被升华物质的熔点，慢慢使其升华，蒸气通过滤纸小孔，遇到漏斗内壁，冷凝为晶体，附在滤纸或漏斗的内壁上。最后用刮刀或药勺轻轻刮下晶体，放在表面皿上，即得提纯产物。

训练指导

（1）升华前应将樟脑研细增大表面积，因升华发生在固体表面。

（2）升华温度一定要控制在樟脑熔点以下，升温速度不要太快。

（3）樟脑一定要干燥，如果干燥不好有水蒸气，可以迅速用脱脂棉擦去漏斗上的水珠，再继续升华。

（4）滤纸上的小孔可以适当大些，使樟脑蒸气上升时顺利通过滤纸，结晶在滤纸或漏斗上。

训练思考

1. 符合什么条件的固体物质才能用升华法提纯？为什么？
2. 在进行升华操作时，为什么必须严格控制加热温度和加热速度？

训练二十　甲苯－苯胺－苯甲酸混合物的萃取分离

训练目的

(1) 了解萃取的基本原理；

(2) 掌握分液漏斗的使用方法。

仪器试剂

仪器：分液漏斗　移液管　锥形瓶

试剂：冰乙酸　水　氢氧化钠溶液($6mol \cdot L^{-1}$)　饱和碳酸氢钠　酚酞指示剂　无水氯化钙　盐酸($4mol \cdot L^{-1}$)

训练步骤

(1) 在150mL烧杯中，加入20mL甲苯、苯胺、苯甲酸混合液，充分搅拌下逐滴加入$4mol \cdot L^{-1}$盐酸，使混合液pH=2~3，将其转移至分液漏斗中，静置、分层，水相放入锥形瓶中待处理。

(2) 向分液漏斗中的有机相加入10mL水，洗去残留的盐酸，分液，弃去洗涤液，边摇荡边向有机相逐滴加入饱和碳酸氢钠，使溶液pH=8~9，静置、分层后，下层水相放入一小烧杯中待处理。有机相从分液漏斗上口倒入一干燥的小锥形瓶中，用适量无水氯化钙干燥后，常压蒸馏得一无色透明液体甲苯，记录沸点范围，量体积，计算含量。

(3) 向小烧杯中的水相滴加$4mol \cdot L^{-1}$盐酸，并不断搅拌，至溶液pH=2~3，此时有白色沉淀析出。抽滤，得固体苯甲酸。用水重结晶，干燥、称重，并测熔点。

(4) 将上述锥形瓶中待处理的水相，边振荡边加入$6mol \cdot L^{-1}$氢氧化钠，使溶液pH=10，转移至分液漏斗中，静置，分层。水层用乙醚萃取两次，与有机相合并，置于锥形瓶中，用粒状氢氧化钠干燥。先用温水浴蒸去乙醚，再减压蒸馏(苯胺容易氧化，若采用常压蒸馏应加入少量锌粉)，得到无色透明液体苯胺。量体积，计算含量。

训练指导

(1) 使用分液漏斗前应检查分液漏斗的玻璃塞和旋塞有没有用皮筋固定；玻璃塞和旋塞是否紧密。如果有漏水现象，应取下旋塞，并将旋塞及其通道的内壁擦干净，将旋塞两端涂上一薄层凡士林，注意不能将旋塞的通道堵塞，然后小心插上旋塞，相同方向旋转至透明即可使用。涂抹凡士林后的分液漏斗不能放在烘箱里干燥。

(2) 不能用手拿住分液漏斗下端的玻璃支管；不能用手拿住分液漏斗进行分液；下层液体从分液漏斗的下口放出后，上层液体要从分液漏斗的上口倒出。放出下层液体时，速度不能太快，待下层液体流出后，关上活塞，等待片刻，观察是否还分层，若有，再放出。

(3) 用完分液漏斗后，应用水冲洗干净，玻璃塞和旋塞处用薄纸条夹好并固定，防止下次使用时玻璃塞和旋塞打不开。

(4) 用分液漏斗进行萃取，应选择比萃取液大1~2倍体积的分液漏斗。往往忽略估计溶液和溶剂的体积，将分液漏斗中的溶液和溶剂装得很满，振荡时不能使溶剂和溶液分散为小的液滴，被萃取物质不能与两溶液充分接触，影响了该物质在两溶液中的分配，降低了萃取效率。

(5) 在振荡过程中应注意不断放气，以免萃取或洗涤时，内部压力过大，造成漏斗塞子被顶开，使液体喷出，严重时会引起漏斗爆炸，造成伤人事故。放气时，将漏斗的下口向上倾斜，使液体集中在下面，用控制旋塞的拇指和食指打开旋塞放气，注意不要对着人，一般振荡 2~3 次应放一次气。

(6) 如果由于大力振荡以致溶液乳化，静置后难以分层时，则应该改变操作方法，可用右手按住漏斗口端玻璃塞，左手挡住下端旋塞，平放漏斗，作前后振荡，数次后，斜置漏斗使下端朝上，旋开活塞放出气体，静置。如果乳化严重，则需破乳，如水与有机溶剂部分互溶而发生乳化，可以加少量氯化钠，利用盐析作用破乳。

训练思考

1. 影响萃取效率的因素有哪些？如何选择合适的萃取剂？

2. 使用分液漏斗的目的何在？使用分液漏斗时要注意哪些事项？

3. 若用乙醚、氯仿、己烷、四氯化碳和苯萃取水溶液中的有机物，它们将在上层还是下层？

4. 分离甲苯、苯胺、苯甲酸三组分混合物的实验中，利用了什么性质？请写出分离和提纯的流程图。

训练二十一　偶氮苯顺反异构体的薄层色谱分离

训练目的

(1) 了解色谱法的基本原理；

(2) 掌握薄层色谱的操作方法；

(3) 掌握薄层色谱分离偶氮苯顺反异构的原理和方法。

仪器试剂

仪器：广口瓶(做展开缸)　小烧杯　玻璃棒　载玻片　定性滤纸　毛细管　烘箱　台秤

试剂：硅胶 G　羧甲基纤维素钠溶液(1%)　偶氮苯的苯溶液(1%)　苏丹Ⅲ的苯溶液(1%)　苯－乙酸乙酯(9:1)

训练步骤

1. 薄层板的制备

取 3cm×10cm 的载玻片 3 块，洗净晾干。用台秤称取 3g 硅胶 G，放在 100mL 小烧杯中，慢慢加入 1% 羧甲基纤维素钠溶液 8mL，调成黏稠均匀、又能很好流动的糊状，倾注于 3 块载玻片上，在水平桌面上下、左右来回轻微振摇，制成薄厚均匀、表面平整的薄层板，室温下晾干后，放在烘箱中逐渐升温，在 105~110℃ 烘 30min，取出备用。

2. 点样

在距薄层板一端约1cm处，轻轻划线，作点样起始线。取内径小于1mm管口平整的毛细管，吸取光照后的偶氮苯溶液，垂直点样；再用另一毛细管取未经光照的偶氮苯溶液也在起点线上点样，两个样点间距离约1cm，如果颜色较浅，可重复点样，样点直径不超过2mm。

3. 偶氮苯异构体的分离和鉴定

用量筒量取15mL 9:1的苯－乙酸乙酯，小心倒入250mL广口瓶中，瓶壁贴两条与瓶一样高的滤纸条，下面浸入展开剂中，稍等片刻，放入点好样的薄层板，薄层板应倾斜45°，仔细观察待展开剂前沿距薄层板上端约1cm时，取出并尽快在展开剂前沿作好标记。晾干后进行比较，未经光照的偶氮苯只有一个斑点；经光照后的偶氮苯有两个斑点(均有颜色，不用显色)，根据已有知识判断哪个斑点是顺式异构体，哪个是反式异构体，并分别计算其R_f值。重复上述操作一次。

训练指导

(1) 偶氮苯光照射时间一定要充足，确保有一部分反式偶氮苯转化为顺式偶氮苯，否则观察到两个斑点较为困难。

(2) 薄层色谱操作每一步都非常重要，操作过程要严格按照操作规程进行。

训练思考

1. 薄层色谱中影响R_f值大小的因素有哪些？在相同操作条件下为什么可以利用R_f值来鉴定有机化合物？

2. 在薄层色谱的基本操作中，应注意哪些事项？

3. 本方法能否对偶氮苯与苏丹Ⅲ的混合物进行分离和鉴定？若能，请设计分离和鉴定方案。

训练二十二　纸色谱法分离氨基酸

训练目的

(1) 掌握纸色谱分离有机化合物的原理和方法；
(2) 掌握纸色谱分离氨基酸的方法。

仪器试剂

仪器：层析缸(或配有带钩塞子的锥形瓶)　毛细管　新华1号滤纸　吹风机
试剂：丙氨酸　缬氨酸　异丙醇　正丁醇　乙酸　水合茚三酮　95%乙醇　喷壶

实验步骤

1. 点样

将新华1号滤纸裁成5cm×12cm的长条，在短边距一端约2cm处用铅笔画一平行线，等距标出3个点，用三根内径约0.3mm的毛细管分别点样：丙氨酸的异丙醇饱和溶液；缬氨酸的异丙醇饱和溶液；二者等体积的混合溶液，混合样点最好在中间，样点直径小于3mm。

2. 展开

在一个直径8cm、高15cm的层析缸中，加入15mL 5∶4∶1的水－正丁醇－乙酸展开剂（按体积比混合取上层），放置30 min后，将点好样的滤纸小心挂在层析缸中（样点千万不能浸在液面下且滤纸不能触及缸壁），进行展开。当溶剂前沿上升到离滤纸顶端约1cm处时，取出滤纸，并立即用铅笔记下展开剂前沿位置，晾干。

3. 显色

用喷壶将配好的2%的茚三酮乙醇溶液均匀喷洒在滤纸上，然后用吹风机吹干，由于氨基酸与茚三酮反应而显色，用铅笔画出氨基酸的显色斑点，计算各斑点的 R_f 值，并比较各斑点的 R_f 值大小，确定混合物样点上两个斑点各是哪个氨基酸。

训练指导

（1）裁纸、点样、展开前手指不能触摸层析用滤纸中部，因指印中含有一定量的氨基酸，会影响实验效果。

（2）本训练也可采用“木糖、葡萄糖、麦芽糖的混合物用纸色谱进行分离鉴定”进行练习。

（3）认真阅读纸色谱原理，仔细体会点样操作的关键环节。

训练思考

1. 纸色谱属于吸附色谱还是分配色谱？实验中层析滤纸起什么作用？

2. 展开前展开剂为什么预先在色谱缸中放置一段时间？展开时，样点为什么必须在展开剂液面之上？

3. 纸色谱有哪些用途？如何选择一个化合物纸色谱的分离条件？

4. 在纸色谱法中，如果混合物各组分不能很好地分离，应该采取何种方法解决？

训练二十三　甲基橙和亚甲基蓝的柱色谱分离

训练目的

（1）掌握柱色谱分离有机化合物的原理和方法；

（2）掌握甲基橙和亚甲基蓝的分离方法。

仪器试剂

仪器：色谱柱（或酸式滴定管）　玻璃棉（或脱脂棉）　滴液漏斗　锥形瓶

试剂：中性氧化铝　细砂　95%乙醇　甲基橙　亚甲基蓝

训练步骤

1. 装柱

取一根15cm×1.5cm色谱柱（可用25mL酸式滴定管代替），洗净、晾干，垂直固定在铁架台上，按前面所述的湿法装柱法装入95%乙醇与中性氧化铝（100～200目）调成糊状物。

2. 加样洗脱

当95%乙醇液面刚好与砂子平面相平时，加入已配好的1%甲基橙和1%亚甲基蓝的95%乙醇混合溶液1mL，用25mL锥形瓶作洗脱液接收器。先用95%乙醇洗脱出蓝色的亚甲基蓝（极性小，首先向柱下移动），当蓝色的色带快洗出时，更换接收器锥形瓶，继续洗脱，至滴出液接近无色，再更换锥形瓶，改用水洗脱出橙色的甲基橙，最后用另一锥形瓶收集橙色色带，分别得到亚甲基蓝和甲基橙。

训练指导

（1）色谱柱装填要均匀，松紧要适度。

（2）洗脱过程中洗脱剂液面千万不能低于砂子平面。

（3）本训练也可用“菠菜色素（或绿色植物色素）的提取和分离”进行练习。

训练思考

1. 色谱柱中为什么极性大的组分移动慢，而且要用极性大的溶剂洗脱？

2. 装柱、加样操作中应注意哪些问题？如果装填不均匀，对分离效果有何影响？

3. 在柱色谱分离过程中，为什么不能使洗脱剂液面低于砂子液面？

4. 试比较叶绿素、叶黄素和胡萝卜素三种色素的极性，为什么胡萝卜素在柱色谱中移动最快？

训练二十四　水溶液pH值的测定

训练目的

（1）了解用直接定位法测定水溶液pH值的原理和方法；

（2）掌握pHS－3C型酸度计的操作方法。

仪器试剂

仪器：pHS－3C酸度计　电磁搅拌器　pH复合电极（玻璃电极、饱和甘汞电极）广泛pH试纸

试剂：pH标准缓冲溶液（pH＝4.00、pH＝6.88、pH＝9.23）　四种未知pH水样

训练步骤

（1）标准缓冲溶液的配制

pH＝4.00标准缓冲溶液（20℃）：称取（115±5）℃下烘干2～3h的一级纯邻苯二甲酸氢钾（$KHC_8H_4O_4$）10.12g溶于不含CO_2的蒸馏水中，在容量瓶中稀释至1000mL，储于塑料瓶中。

pH＝6.88标准缓冲溶液（20℃）：称取一级纯磷酸二氢钾（KH_2PO_4）3.39g和磷酸氢二钠（Na_2HPO_4）3.53g，将它们溶于不含CO_2的蒸馏水中，在容量瓶中稀释至1000mL，储于塑料

瓶中。

pH =9.23 标准缓冲溶液(20℃)：称取一级纯硼砂($Na_2B_4O_7 \cdot 10H_2O$)3.80 g，将它溶于不含 CO_2 的蒸馏水中，在容量瓶中稀释至1000mL，储于塑料瓶中。

以上标准溶液也可用市售袋装缓冲溶液试剂直接配制。它们能稳定两个月，其 pH 值随温度不同稍有差异，见表 8 -4。

表 8 -4　常用标准缓冲溶液的 pH 值

温度/℃	0	5	10	15	20	25	30	35	40	45	50
邻苯二甲酸氢钾($0.05mol \cdot L^{-1}$)	4.00	4.00	4.00	4.00	4.00	4.01	4.02	4.02	4.04	4.05	4.06
磷酸二氢钾($0.025mol \cdot L^{-1}$) 磷酸氢二钠($0.025mol \cdot L^{-1}$)	6.98	6.95	6.92	6.90	6.88	6.86	6.85	6.84	6.84	6.84	6.84
硼砂($0.01mol \cdot L^{-1}$)	9.46	9.40	9.33	9.28	9.23	9.18	9.14	9.10	9.07	9.04	9.01

(2) 接通电源，清洗并安装电极，调节零点。

(3) 根据实验室温度，由表 8 -4 所示的标准缓冲溶液的 pH 值，分别用不同 pH 值的标准缓冲溶液对仪器进行标定。定位的 pH 值误差应在 0.05pH 之内。

(4) 测量水样：分别测定4 个不同水样的 pH 值，先用水样将电极和烧杯冲洗3 次以上，然后测量，由仪器刻度表上读出 pH 值，每个水样应重复测定 3 次(注意：应根据水样的 pH 值，选择相应的标准 pH 缓冲溶液对仪器定位)

(5) 测量完毕后，放开测量开关，关上电源开关，拔掉电源，清洗电极，玻璃电极应使用蒸馏水浸泡，饱和甘汞电极应带上相应的橡皮套，防止 KCl 流失。下次备用。

(6) 数据处理　记录数据，填入表 8 -5 中。

表 8 -5　实验数据记录表

水样	水样 1			水样 2			水样 3			水样 4		
测定次数	1	2	3	1	2	3	1	2	3	1	2	3
pH 值												
平均 pH 值												

训练指导

(1) pH 复合电极使用前必须在 $3mol \cdot L^{-1}$ KCl 溶液中浸泡 24h，测量完毕后仍浸泡在 $3mol \cdot L^{-1}$ KCl 溶液中。长期不用时应将 pH 复合电极放入盒内。

(2) 用标准缓冲液校正完毕后，不得再转动仪器调节旋钮，否则应重新进行校正工作。

训练思考

1. 测定 pH 值时，为什么要选用 pH 值与待测溶液的 pH 值相近的标准缓冲溶液来定位？
2. 为什么普通的毫伏计不能用于测量 pH 值？

训练二十五　电导率仪的操作训练

训练目的

（1）了解电导率的含义；

（2）掌握电导率仪测定水质的意义及其测定方法；

（3）掌握电导率仪的使用方法。

仪器试剂

仪器：DDS－11A 型电导率仪

试剂：去离子水　蒸馏水　自来水

训练步骤

（1）打开电源开关前，应观察表针是否指零，若不指零时，可调节表头的螺丝，使表针指零。

（2）将校正、测量开关拨在“校正”位置。

（3）插好电源后，再打开电源开关，此时指示灯亮。预热数分钟，待指针完全稳定下来为止。调节校正调节器，使表针指向满刻度。

（4）选择低周波下测量（根据待测液电导率的大致范围选用低周或高周，若使用量程小于 300μS/cm 时，将高低周波旋钮旋往低周波，而在 $300 \sim 10^{-1}$ μS/cm 范围内时，将高低周波旋钮旋向高周波）。

（5）将量程选择开关拨到测量所需范围（如预先不知道被测溶液电导率的大小，则由最大挡逐挡下降至合适范围，以防表针打弯）。

（6）根据电极选用原则，选好电极并插入电极插口。各类电极要注意调节好配套电极常数，如配套电极常数为 0.95（电极上已标明），则将电极常数调节器调节到相应的位置 0.95 处。

（7）将电导池和电极用少量纯水洗涤 2～3 次，再将电极浸入待测液中并恒温。

（8）将校正、测量开关拨向“测量”，这时表头上的指示读数乘以量程开关的倍率，即为所测水液的实际电导率，重复测定两次。

（9）实验结束后，取下电极，用蒸馏水冲洗后放回盒内，切断电源。

训练指导

（1）电极的引线不能潮湿，否则测量不准确。

（2）高纯水应迅速测量，否则空气中 CO_2 溶入水中变为 CO_3^{2-}，使电导率迅速增加。

（3）测定一系列浓度待测液的电导率，应注意按浓度由小到大的顺序测定。

（4）盛待测液的容器必须清洁，没有离子沾污。

（5）电极要轻拿轻放，切勿触碰铂黑。

（6）测定完毕，应将电极洗净浸在蒸馏水中。

训练思考

1. 电导和电导率有何不同？DDS－11A 型电导率仪测出的是什么？电导池常数是由什么决定的？

2. 电导法测量高纯水时，随试液在空气中的放置时间增长，电导增大，可能影响的因素是什么？

3. 根据你的实际操作，你觉得测电导率实验操作的哪一步最关键？

训练二十六　旋光仪的操作训练

训练目的

（1）掌握旋光仪测定旋光物质的工作原理；

（2）学会使用旋光仪测定物质的旋光度。

仪器试剂

仪器：旋光仪　恒温水浴　分析天平　容量瓶　烧杯

试剂：葡萄糖(分析纯)　浓氨水

训练步骤

1. 溶液的准备

准确称取 10g 葡萄糖(准确至 0.0001g)，用蒸馏水溶解，转入 100mL 容量瓶中，同时加入 0.2mL 浓氨水。置于恒温水浴中恒温 20min，用(20 ±0.5)℃的蒸馏水稀释至刻度。若溶液不够清亮，过滤之。

2. 旋光仪零点校正

将旋光管洗净，一端盖子旋紧，从另一端注入(20 ±0.5)℃的蒸馏水，使液面凸出管口，装上橡皮圈，旋紧管口螺帽(以液体不漏出为宜，但不要过紧，避免玻璃盖引起压力，影响读数)。注意不能带入气泡。擦干样品管后，置于旋光仪暗箱中。调节检偏镜的角度使三分视野消失，读出刻度盘上的刻度并将此角度作为旋光仪的零点。

3. 旋光度的测定

将旋光管中的蒸馏水倾出，将样品管用待测溶液润洗几次，按零点校正时的方法装上已知浓度(20 ± 0.5)℃的试液进行测定。所得读数与零点间的差值即为试样的旋光度。平行测定 3 次，取其平均值为测定结果。

4. 数据记录处理并计算旋光度

$$[\alpha]_{\lambda}^{20} = \alpha/(c \times l)$$

$$\alpha = \alpha_1 - \alpha_0$$

式中，α 为经零点校正后试样的旋光度；α_1 为试样的旋光度；α_0 为零点校正值。

将实验测定数据记入在表 8－6 中。

表 8-6 旋光度测定数据记录

实验次数	α_0	α_1	α
第一次			
第二次			
第三次			
平均值			

训练指导

(1) 每次测定前应以溶剂作空白校正，测定后，再校正1次，以确定在测定时零点有无变动。如第2次校正时发现零点有变动，则应重新测定旋光度。

(2) 配制溶液及测定时，均应调节温度至20℃±0.5℃(或各品种项下规定的温度)。

(3) 供试物质的溶液应充分溶解，供试液应澄清。

(4) 物质的比旋度与测定光源、测定波长、溶剂、浓度和温度等因素有关。因此，表示物质的比旋度时应注明测定条件。

(5) 使用样品管时应小心丢失玻片。

(6) 装溶液后不能带入气泡，旋螺帽不能过紧。

(7) 使用后应洗干净放入旋光管盒内晾干。

(8) 注意零点的正负值(可能是正值，也可能是负值)。

(9) 结合实验操作，对照本书有关章节及旋光仪的构造原理和操作说明，总结此次训练得失。

训练思考

1. 若测浓度为0.05g·mL^{-1}的果糖溶液的旋光度，能否配制好后立即测定？为什么？

2. 测旋光度时，光路上为什么不能有气泡？

3. 若测得某物质的比旋光度为+18°，如何确定其是+18°还是-342°？

4. 若用2dm长的样品管测定某光学纯物质的比旋光度为+20°，试计算具有80%光学纯度的该物质的溶液(20g·mL^{-1})的实测旋光度是多少？

训练二十七　阿贝折射仪的操作训练

训练目的

(1) 加深对全反射原理的理解，掌握应用方法；

(2) 了解阿贝折射仪的结构和测量原理，熟悉其使用方法。

(3) 初步学会用图解法处理实验数据，绘制折射率-组成曲线。

仪器试剂

仪器：阿贝折射仪　超级恒温水浴　滴管　滴瓶　橡皮管

试剂：待测液(蒸馏水、无水乙醇、糖溶液)

训练步骤

1. 配制不同组成的溶液

配制乙醇含量(体积分数)分别为0、20%、40%、60%、80%、100%的乙醇－丙酮溶液各20mL，混匀后分装在6只滴瓶中，贴上标签纸，按1~6顺序编号。

2. 仪器安装

将阿贝折射仪安放在光亮处，但应避免阳光的直接照射，以免液体试样受热迅速蒸发。用超级恒温槽将恒温水通入棱镜夹套内，检查棱镜上温度计的读数是否符合要求[一般选用(20.0 ± 0.1)℃或(25.0 ± 0.1)℃]。

3. 仪器校正

折射仪刻度盘上的标尺的零点有时会发生移动，必须校正。方法是用蒸馏水来校正，因为蒸馏水在一定温度(20℃)和一定光源(钠光5893Å)时，它的折射率为定值，$n=1.3330$。因此，只要在棱镜上滴几滴蒸馏水到进光棱镜上，调节并读取其折射率值，如不相符，可微动仪器上的校正螺旋，使完全相同。这样，阿贝折射仪的读数就校正好了。

4. 加样

旋开测量棱镜和辅助棱镜的闭合旋钮，使辅助棱镜的磨砂斜面处于水平位置，若棱镜表面不清洁，可滴加少量丙酮，用擦镜纸顺单一方向轻擦镜面(不可来回擦)。待镜面洗净干燥后，用滴管滴加2~3滴1号溶液于辅助棱镜的毛镜面上，迅速合上辅助棱镜，旋紧闭合旋钮(液体易挥发，动作要迅速或先将两棱镜闭合，然后用滴管从加液孔中注入试样)。

5. 对光

用白炽灯照明，调节两反光镜，使望远镜与读数目镜视场明亮。

6. 读数

旋转棱镜及刻度盘转动手轮，使棱镜组转动，这时在望远镜视场中可观察到明暗分界线随着上下移动，旋转阿西米棱镜手轮，使视场中除黑白二色外无其他颜色，如图8－7所示。将分界线对准十字叉丝交点，读出目镜视场右边所示的刻度值，即为待测液体在该温度下的折射率，如图8－8所示。重复测定2次，读数差值不能超过±0.0002。

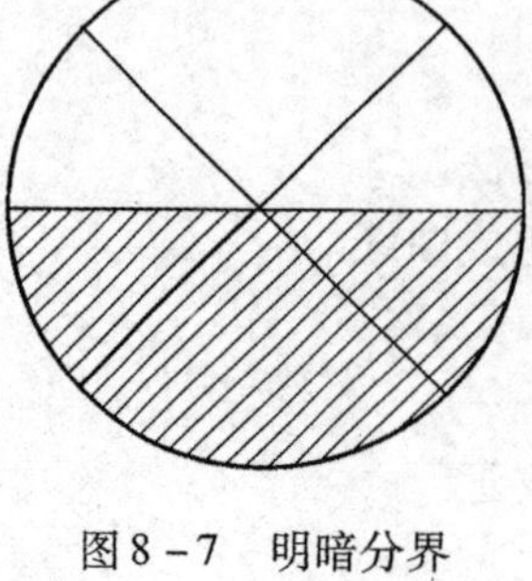

图8－7　明暗分界

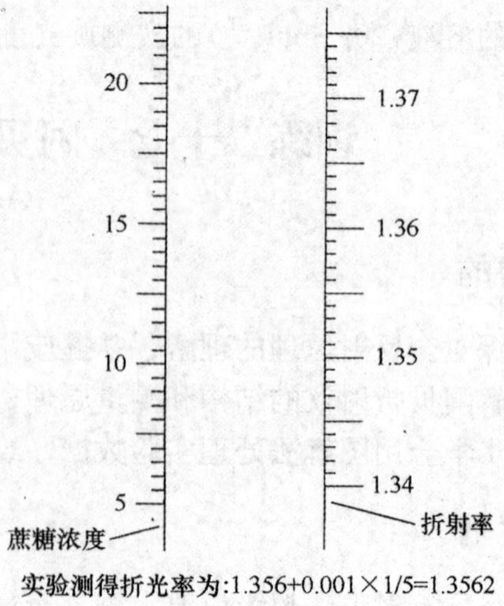

图8－8　读数目镜视场

7. 重复测定

重复以上操作，同样方法依次测定2~6号溶液和未知组成的混合液的折射率。

8. 结束工作

测定结束后，用丙酮将镜面清洗干净，并用擦镜纸吸干。拆下连接恒温槽的胶管和温度计，排尽金属套中的水，将阿贝折射仪擦拭干净，装入盒中。

9. 数据记录和处理

(1)将实验测定的折射率数据记入表8－7中。

表8－7 折射率测定实验数据记录

测定温度________________℃

组成(体积分数) / 折射率	0	20%	40%	60%	80%	100%	未知样
第一次							
第二次							
平均值							

(2)以组成为横坐标，折射率为纵坐标，在坐标纸上绘制乙醇－丙酮溶液的折射率－组成曲线。

(3)从折射率－组成曲线中查出未知样的组成并填入上表中。

训练指导

(1)仔细阅读本书有关章节及旋光仪的构造原理和操作说明。

(2)使用时要注意保护棱镜，清洗时只能用擦镜纸而不能用滤纸等。加试样时不能将滴管口触及镜面。对于酸碱等腐蚀性液体不得使用阿贝折射仪。

(3)每次测定时，试样不可加的太多，一般只需加2~3滴即可。

(4)要注意保持仪器清洁，保护刻度盘。每次实验完毕，要在镜面上加几滴丙酮，并用擦镜纸擦干。最后用两层擦镜纸夹在两棱镜镜面之间，以免镜面损坏。

(5)读数时，有时在目镜中观察不到清晰的明暗分界线，而是畸形的，这是由于棱镜间未充满液体，若出现弧形光环，则可能是由于光线未经过棱镜而直射到聚光镜上。

(6)若待测试样折射率不在1.3~1.7范围内，则阿贝折射仪不能测定，也看不到明暗分界线。

训练思考

1. 能否用阿贝折射仪来测折射率大于折光棱镜折射率的液体？为什么？

2. 为什么用标准玻璃块校准时要滴1滴高折射率液体？

3. 在测量蒸馏水的折射率与温度实验曲线时，若水分蒸发完了，则会出现什么现象？为什么？

训练二十八　邻二氮菲分光光度法测定微量铁

训练目的

（1）掌握邻二氮菲分光光度法测定微量铁的方法和原理；

（2）熟悉绘制吸收曲线的方法，正确选择测定波长；

（3）学会制作标准曲线的方法；

（4）掌握分光光度计的正确使用方法，并了解此仪器的主要构造。

仪器试剂

仪器：721(2)型分光光度计　容量瓶　移液管　刻度吸管

试剂：铁标准储备溶液 100μg · mL^{-1}：准确称取 0.4317g 铁盐 $NH_4Fe(SO_4)_2 \cdot 12H_2O$ 置于烧杯中，加入 20mL 6mol · L^{-1} HCl 和少量去离子水，溶解后转入 500mL 容量瓶中定容，摇匀，备用。

铁标准使用液 10μg · mL^{-1}：用移液管移取上述铁标准储备液 10.00mL，置于 100mL 容量瓶中，加入 2.0mL 6mol · L^{-1} HCl 和少量去离子水，然后加水稀释至刻度，摇匀。

邻二氮菲溶液(0.15%)：将邻二氮菲先用少量乙醇溶解，再用水稀释至所需要的浓度(避光保存，两周内有效，出现红色则不能使用)。

NaAc(1.0mol · L^{-1})　HCl(6mol · L^{-1})　盐酸羟胺 10%(新鲜配制)　NaOH(0.16mol · L^{-1})

训练步骤

1. 按说明书操作

仔细阅读本书有关章节及 721 型分光光度计的构造原理和操作说明。

2. 绘制吸收曲线

用吸量管吸取铁标准溶液(10μg · mL^{-1})0.0mL、3.0mL，分别放入 25mL 容量瓶中，加入 0.5mL10% 盐酸羟胺溶液，放置约 2min，再各加入 1.0mL0.15% 邻二氮菲溶液和 2.5mL NaAc 溶液，加水稀释至刻度，充分摇匀。用 1cm 比色皿，以试剂空白溶液为参比液，于 721 型分光光度计中，在 440～560nm 波长范围内每隔 10nm 测定一次吸光度值。其中 500～520nm 之间，每隔 5nm 测定一次吸光度值。

以波长 λ 为横坐标，所测吸光度 A 值为纵坐标，绘制吸收曲线，并找出最大吸收峰的波长。

3. 试样中铁含量的测定

（1）标准曲线的绘制　在 6 只 25mL 容量瓶中，用吸量管分别加入 0.0、2.0、4.0、6.0、8.0、10.0mL 铁标准溶液，分别加入 1mL 盐酸羟胺溶液，摇匀后放置 2min，再各加入 2.0mL 邻二氮菲溶液、5.0mL NaAc 溶液，以水稀释至刻度，摇匀。以水为参比，在选定波长下，用 1cm 吸收池，测定各溶液的吸光度。

以铁含量为横坐标，吸光度为纵坐标，绘制标准曲线。

（2）试样中铁含量的测定　吸取适量试样溶液两份与两个 25mL 容量瓶中，与标准溶液同样条件下显色、定容、测其吸光度(此步测量要与标准曲线的制作同时进行)。

训练指导

(1) 本训练所用邻二氮菲(1, 10－二氮菲)，也称邻菲罗啉，是测定 Fe^{2+} 的高灵敏度、高选择性和稳定性好的试剂。在 pH 值为 2～9 之间(一般控制 pH 值为 5～6)，Fe^{2+} 与试剂生成稳定的橙红色配合物 $Fe(Phen)_3^{2+}$ ($\lg K = 21.3$)，在 510nm 下，其摩尔吸光系数为 1.1×10^4 $L \cdot mol^{-1} \cdot cm^{-1}$。

Fe^{3+} 与邻二氮菲作用生成蓝色配合物，稳定性较差，因此在实际应用中常加入还原剂盐酸羟胺使 Fe^{3+} 还原为 Fe^{2+}：

$$2Fe^{3+} + 2NH_2OH \cdot HCl = 2Fe^{2+} + N_2\uparrow + 2H_2O + 4H^+ + 2Cl^-$$

Zn^{2+}、Cr^{2+}、Mn^{2+}、Co^{2+}、Ni^{2+}、Cu^{2+} 等离子也可与邻二氮菲生成稳定配合物，当这些离子含量少时，不影响 Fe^{2+} 的测定，含量高时，可用 EDTA 掩蔽或预先分离。

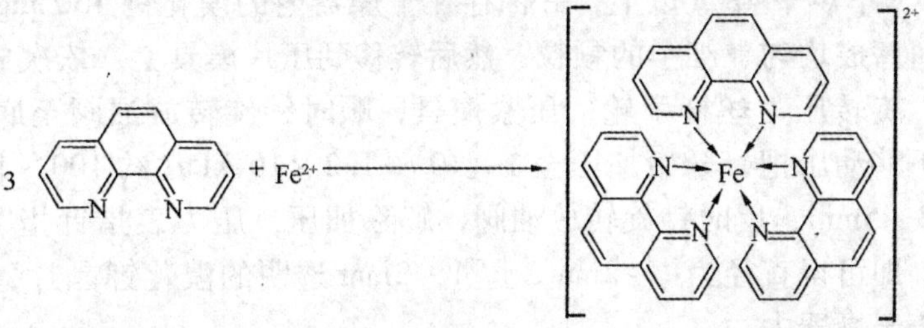

(2) 吸收池经洗涤、润洗后，装入参比液或分析液。在操作过程中，要手拿吸收池的毛面。拭去吸收池外部的流出液后，在将吸收池放入光度计中时要将吸收池的透光面对着光路，并且按参比液在前、分析溶液在后的顺序排放。

(3) 吸光度的测量是在一定波长下进行的，所以在放入参比液和分析液后要先调节仪器的波长；之后，揭开仪器盖调透光率为零；最后，合盖并确保参比液放在光路上(参比液放在第一格中、并在前拉过程中听到“咔嗒”声)调透光率为 100%，即吸光度为零后，就可以再拉动溶液进行吸光度的测量了。

(4) 样品溶液吸取量的“适量”问题，应使样品溶液的吸光度介于标准系列吸光度的最小与最大之间。

训练思考

1. 用邻二氮菲测定铁时，为什么要加入盐酸羟胺？其作用是什么？试写出有关反应方程式。

2. 根据有关实验数据，计算邻二氮菲－铁(Ⅱ)络合物在选定波长下的摩尔吸收系数？

3. 在有关实验条件中，均以水为参比，为什么在测绘标准曲线和测定试液时要以试剂空白溶液为参比？

训练二十九　苯甲酸红外吸收光谱的测定

训练目的

(1) 学习用红外吸收光谱进行化合物的定性分析；

（2）掌握用压片法制作固体试样晶片的方法；

（3）熟悉红外分光光度计的工作原理及其使用方法。

仪器试剂

仪器：傅里叶变换红外光谱仪　压片机　玛瑙研钵　红外干燥灯

试剂：苯甲酸（优级纯）　溴化钾（优级纯）　苯甲酸试样（经提纯）

训练步骤

1. 准备阶段

开启空调机，使室内温度控制在18～20℃，相对湿度≤65%。

2. 苯甲酸标样、试样和纯溴化钾晶片的制作

取预先在110℃下烘干48 h以上，并保存在干燥器内的溴化钾150 mg左右，置于洁净的玛瑙研钵中，研磨成均匀、细小的颗粒，然后转移到压片模具上，依次放好各部件后，把压模置于压片上，旋转压力丝杆手轮，压紧模具，顺时针旋转放油阀至底部，然后一边抽气，一边缓慢上下移动压把，开始加压至$1\times10^5\sim1.2\times10^5$ kPa（约100～120kg·cm^{-2}）时，停止加压，维持3～5min，反时针旋转放油阀，解除加压，压力表指针指"0"，旋松压力丝杆手轮取出压模，即可得直径为1～2mm、厚1～2mm透明的溴化钾晶片，小心从压模中取出晶片，并保存于干燥器内。

另取一份150mg左右溴化钾置于洁净的玛瑙研钵中，加入2～3mg优级纯苯甲酸，同上操作研磨均匀、压片并保存在干燥器中。

再取一份150mg左右溴化钾置于洁净的玛瑙研钵中，加入2～3mg苯甲酸试样，同上操作制成晶片，并保存在干燥器中。

3. 测试

把制好的晶片放入红外样品池中进行扫描测试。

4. 数据处理

（1）记录实验条件。

（2）在苯甲酸标样和试样红外光谱图上，标出各特征吸收峰的波数，并确定其归属。

（3）将苯甲酸试样光谱图与其标样光谱图进行对比，如果两张图谱上的各特征吸收峰一致，则可认为该试样是苯甲酸，苯甲酸的标准图谱见图8－9。

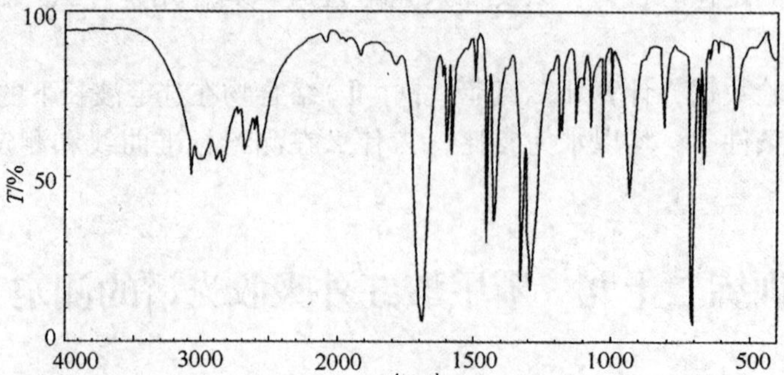

图8－9　苯甲酸的标准图谱

训练指导

（1）固体样品研磨必须在红外灯下进行，随时注意防止吸水。

（2）制得的晶片必须无裂缝，局部无发白现象，如同玻璃般完全透明，否则应重新制作。晶片局部发白，表示压制的晶片厚薄不均；晶片模糊，表示晶体吸潮。

（3）水在光谱图 $3450cm^{-1}$ 和 $1640cm^{-1}$ 处出现吸收峰。

（4）将溴化钾参比晶片和苯甲酸标样晶片分别置于主机的参比窗口和试样窗口上。

训练思考

1. 红外吸收光谱分析，对固体试样的制片有何要求？
2. 如何着手进行红外吸收光谱的定性分析？
3. 红外光谱实验室为什么对温度和相对湿度要维持一定的指标？

附　录

附录1　元素的相对原子质量表

原子序数	名称	符号	相对原子质量	原子序数	名称	符号	相对原子质量
1	氢	H	1.008	36	氪	Kr	83.80
2	氦	He	4.003	37	铷	Rb	85.47
3	锂	Li	6.941	38	锶	Sr	87.62
4	铍	Be	9.012	39	钇	Y	88.91
5	硼	B	10.81	40	锆	Zr	91.22
6	碳	C	12.01	41	铌	Nb	92.91
7	氮	N	14.01	42	钼	Mo	95.94
8	氧	O	16.00	43	锝	Tc	[97.97]
9	氟	F	19.00	44	钌	Ru	101.1
10	氖	Ne	20.18	45	铑	Rh	102.9
11	钠	Na	22.99	46	钯	Pd	106.4
12	镁	Mg	24.31	47	银	Ag	107.9
13	铝	Al	26.98	48	镉	Cd	112.4
14	硅	Si	28.09	49	铟	In	114.8
15	磷	P	30.97	50	锡	Sn	118.7
16	硫	S	32.07	51	锑	Sb	121.8
17	氯	Cl	35.45	52	碲	Te	127.6
18	氩	Ar	39.95	53	碘	I	126.9
19	钾	K	39.10	54	氙	Xe	131.3
20	钙	Ca	40.08	55	铯	Cs	132.9
21	钪	Sc	44.96	56	钡	Ba	137.3
22	钛	Ti	47.88	57	镧	La	138.9
23	钒	V	50.94	58	铈	Ce	140.1
24	铬	Cr	52.00	59	镨	Pr	140.9
25	锰	Mn	54.94	60	钕	Nd	144.2
26	铁	Fe	55.85	61	钷	Pm	[144.9]
27	钴	Co	58.93	62	钐	Sm	150.4
28	镍	Ni	58.69	63	铕	Eu	152.0
29	铜	Cu	63.55	64	钆	Gd	157.3
30	锌	Zn	65.39	65	铽	Tb	158.9
31	镓	Ga	69.72	66	镝	Dy	162.5
32	锗	Ge	72.61	67	钬	Ho	164.9
33	砷	As	74.92	68	铒	Er	167.3
34	硒	Se	78.96	69	铥	Tm	168.9
35	溴	Br	79.90	70	镱	Yb	173.0

续表

原子序数	名称	符号	相对原子质量	原子序数	名称	符号	相对原子质量
71	镥	Lu	175.0	91	镤	Pa	[231.0]
72	铪	Hf	178.5	92	铀	U	[238.0]
73	钽	Ta	180.9	93	镎	Np	[237.1]
74	钨	W	183.8	94	钚	Pu	[244.1]
75	铼	Re	186.2	95	镅*	Am	[243.1]
76	锇	Os	190.2	96	锔*	Cm	[247.1]
77	铱	Ir	192.2	97	锫*	Bk	[247.1]
78	铂	Pt	195.1	98	锎*	Cf	[251.1]
79	金	Au	197.0	99	锿*	Es	[252.1]
80	汞	Hg	200.6	100	镄*	Fm	[257.1]
81	铊	Tl	204.4	101	钔*	Md	[258.1]
82	铅	Pb	207.2	102	锘*	No	[259.1]
83	铋	Bi	209.9	103	铹*	Lr	[262.1]
84	钋	Po	[209.0]	104	Ung*	Rf	[261.1]
85	砹	At	[210.0]	105	Unp*	Db	[262.1]
86	氡	Rn	[222.0]	106	Unh*	Sg	[263.1]
87	钫	Fr	[223.0]	107	Uns*	Bh	[264.1]
88	镭	Ra	[226.0]	108	Uno*	Hs	[265.1]
89	锕	Ac	[227.0]	109	Une*	Mt	[268]
90	钍	Th	[232.0]				

注：① 根据 IUPAC 1995 年提供的五位有效数字相对原子质量数据截取。

② 相对原子质量加[ ]为放射性元素半衰期最长同位素的质量数。

③ 元素名称注有＊的为人造元素。

附录 2 常用酸碱溶液的浓度

溶液名称	密度/g·mL^{-1}(20℃)	质量分数/%	物质的量浓度/mol·L^{-1}
浓 H_2SO_4	1.84	98	18
稀 H_2SO_4	1.18	25	3
	1.06	9	1
浓 HNO_3	1.42	69	16
稀 HNO_3	1.20	33	6
	1.07	12	2
浓 HCl	1.19	28	12
稀 HCl	1.10	20	6
	1.03	7	2
H_3PO_4	1.7	85	15

续表

溶液名称	密度/g·mL^{-1}(20℃)	质量分数/%	物质的量浓度/mol·L^{-1}
浓高氯酸($HClO_4$)	1.7~1.75	70~72	12
稀 $HClO_4$	1.12	19	2
冰乙酸(HAc)	1.05	99	17
稀 HAc	1.02	12	2
氢氟酸(HF)	1.13	40	23
浓氨水($NH_3 \cdot H_2O$)	0.88	28	15
稀氨水	0.98	4	2
浓 NaOH	1.43	40	14
	1.33	30	13
稀 NaOH	1.09	8	2
$Ba(OH)_2$(饱和)	—	2	0.1
$Ca(OH)_2$(饱和)	—	0.15	—

附录3　常用基准物质

基准物质		干燥后的组成	干燥条件/℃	标定对象
名称	化学式			
碳酸氢钠	$NaHCO_3$	Na_2CO_3	270~300	酸
十水合碳酸钠	$Na_2CO_3 \cdot 10H_2O$	$Na_2CO_3 \cdot 10H_2O$	270~300	酸
硼砂	$Na_2B_4O_7 \cdot 10H_2O$	$Na_2B_4O_7 \cdot 10H_2O$	放在装有 NaCl 和蔗糖饱和溶液的密闭器皿中	酸
二水合草酸	$H_2C_2O_4 \cdot 2H_2O$	$H_2C_2O_4 \cdot 2H_2O$	室温空气干燥	碱或 $KMnO_4$
邻苯二甲酸氢钾	$KHC_8H_4O_4$	$KHC_8H_4O_4$	110~120	碱
重铬酸钾	$K_2Cr_2O_7$	$K_2Cr_2O_7$	140~150	还原剂
溴酸钾	$KBrO_3$	$KBrO_3$	130	还原剂
草酸钠	$Na_2C_2O_4$	$Na_2C_2O_4$	130	$KMnO_4$
碳酸钙	$CaCO_3$	$CaCO_3$	110	EDTA
锌	Zn	Zn	室温干燥器中保存	EDTA
氯化钠	NaCl	NaCl	500~600	$AgNO_3$
硝酸银	$AgNO_3$	$AgNO_3$	220~250	氯化物

附录 4　酸碱指示剂

指示剂	pH 值变化范围	颜色		pK_{HIn}	浓度
		酸色	碱色		
百里酚蓝（第一次变色）	1.2～2.8	红	黄	1.6	0.1%的20%乙醇溶液
甲基黄	2.9～4.0	红	黄	3.3	0.1%的90%乙醇溶液
甲基橙	3.1～4.4	红	黄	3.4	0.05%的水溶液
溴酚蓝	3.1～4.6	黄	紫	4.1	0.1%的20%乙醇溶液或其钠盐的水溶液
溴甲酚绿	3.8～5.4	黄	蓝	4.9	0.1%水溶液，每100mg指示剂加0.05mol·L^{-1}NaOH 2.9mL
甲基红	4.4～6.2	红	黄	5.2	0.1%的60%乙醇溶液或其钠盐的水溶液
溴甲酚紫	5.2～6.8	黄	紫	6.3	0.1%的20%乙醇溶液
中性红	6.8～8.0	红	黄橙	7.4	0.1%的60%乙醇溶液
酚红	6.7～8.4	黄	红	8.0	0.1%的60%乙醇溶液或其钠盐水溶液
酚酞	8.0～9.6	无	红	9.1	0.1%的90%乙醇溶液
百里酚蓝（第二次变色）	8.0～9.6	黄	蓝	8.9	0.1%的20%乙醇溶液
百里酚酞	9.4～10.6	无	蓝	10.0	0.1%的90%乙醇溶液

附录 5　氧化还原指示剂

指示剂名称	$\varphi^{\ominus}$/V [H^+]=1mol·L^{-1}	颜色		溶液配制方法
		氧化态	还原态	
中性红	0.24	红	无色	0.05%的60%乙醇溶液
次甲基蓝	0.36	蓝	无色	0.05%水溶液
变胺蓝	0.59(pH=2)	无色	蓝色	0.05%水溶液
二苯胺	0.76	紫	无色	1%的浓H_2SO_4溶液
二苯胺磺酸钠	0.85	紫红	无色	0.05%水溶液
N-邻苯氨基苯甲酸	1.08	紫红	无色	0.1g指示剂加20mL 15%的Na_2CO_3溶液，用水稀至100mL
邻二氮菲-Fe(Ⅱ)	1.06	浅蓝	红	1.485g邻二氮菲加0.695g $FeSO_4$，溶于100mL水中(0.25mol·L^{-1}水溶液)
5-硝基邻二氮菲-Fe(Ⅱ)	1.25	浅蓝	紫红	1.608g 5-硝基邻二氮菲加0.695g $FeSO_4$，溶于100mL水中(0.025mol·L^{-1}水溶液)

附录6 金属离子指示剂

名称	配制方法	测定元素	颜色变化	测定条件
酸性铬蓝K	0.1%乙醇溶液	Ca	红~蓝	pH=12
		Mg	红~蓝	pH=10(氨性缓冲溶液)
钙指示剂	与NaCl配成1:100的固体混合物	Ca	酒红~蓝	pH>12(KOH或NaOH)
铬天青S	0.4%水溶液	Al	紫~黄橙	pH=4(乙酸缓冲溶液)
		Cu	蓝紫~黄	pH=6~6.5(乙酸缓冲溶液)
		Fe(Ⅲ)	蓝~橙	pH=2~3
		Mg	红~黄	pH=10~11(氨性缓冲溶液)
双硫腙	0.03%乙醇溶液	Zn	红~绿紫	pH=4.5，50%乙醇溶液
铬黑T	与NaCl配成1:100的固体混合物	Al	蓝~红	pH=7~8，吡啶存在下，以Zn^{2+}回滴
		Bi	蓝~红	pH=9~10，以Zn^{2+}回滴
		Ca	红~蓝	pH=10，加入EDTA-Mg
		Cd	红~蓝	pH=10(氨性缓冲溶液)
		Mg	红~蓝	pH=10(氨性缓冲溶液)
		Mn	红~蓝	pH=9氨性缓冲溶液，加羟胺
		Ni	红~蓝	pH=10(氨性缓冲溶液)
		Pb	红~蓝	pH=9氨性缓冲溶液，加酒石酸钾
		Zn	红~蓝	pH=6.8~10(氨性缓冲溶液)
紫脲酸铵	与NaCl配成1:100的固体混合物	Ca	红~紫	pH>10(NaOH)，25%乙醇
		Co	黄~紫	pH=8~10(氨性缓冲溶液)
		Cu	黄~紫	pH=7~8(氨性缓冲溶液)
		Ni	黄~紫红	pH=8.5~11.5(氨性缓冲溶液)
PAN	0.1%乙醇(或甲醇)溶液	Cd	红~黄	pH=6(乙酸缓冲溶液)
		Co	黄~红	乙酸缓冲溶液，70~80℃以Cu^{2+}回滴
		Cu	紫~黄	pH=10(氨性缓冲溶液)
			红~黄	pH=6(乙酸缓冲溶液)
		Zn	粉红~黄	pH=5~7(乙酸缓冲溶液)
PAR	0.05%或0.2%水溶液	Bi	红~黄	pH=1~2(HNO_3)
		Cu	红~黄(绿)	pH=5~11(六次甲基四胺，氨性缓冲溶液)
		Pb	红~黄	六次甲基四胺或氨性缓冲溶液

续表

名称	配制方法	测定元素	颜色变化	测定条件
邻苯二酚紫	0.1%水溶液	Cd	蓝~红紫	pH=10(氨性缓冲溶液)
		Co	蓝~红紫	pH=8~9(氨性缓冲溶液)
		Cd	蓝~红紫	pH=10(氨性缓冲溶液)
		Co	蓝~红紫	pH=8~9(氨性缓冲溶液)
		Cu	蓝~黄绿	pH=6~7(吡啶溶液)
		Fe(Ⅱ)	黄绿~蓝	pH=6~7，吡啶存在下，以 Cu^{2+} 回滴
		Mg	蓝~红紫	pH=10(氨性缓冲溶液)
		Mn	蓝~红紫	pH=9(氨性缓冲溶液)，加羟胺
		Pb	蓝~黄	pH=5.5(六次甲基四胺)
		Zn	蓝~红紫	pH=10(氨性缓冲溶液)
磺基水杨酸	1%~2%水溶液	Fe(Ⅲ)	红紫~黄	pH=1.5~3
试钛灵	2%水溶液	Fe(Ⅲ)	蓝~黄	pH=2~3(乙酸热溶液)
二甲酚橙 XO	0.5%乙醇(或水)溶液	Bi	红~黄	pH=1~2(HNO_3)
		Cd	粉红~黄	pH=5~6(六次甲基四胺)
		Pb	红紫~黄	pH=5~6(乙酸缓冲溶液)
		Th(Ⅳ)	红~黄	pH=1.5~3.5(HNO_3)
		Zn	红~黄	pH=5~6(乙酸缓冲溶液)

附录7　常用的缓冲溶液

缓冲溶液	弱酸-共轭碱	适宜缓冲的 pH 值范围
氨基乙酸-HCl	$NH_3^+CH_2COOH-NH_3^+CH_2COO^-$	1.4~3.4
一氯乙酸-NaOH	$CH_2ClCOOH-CH_2ClCOO^-$	1.9~3.9
甲酸-NaOH	$HCCOOH-HCCOO^-$	2.8~4.8
HAc-NaOH	$HAc-Ac^-$	3.8~5.8
六次甲基四胺-HCl	$(CH_2)_6N_4H^+-(CH_2)_6N_4$	4.1~6.1
$NaH_2PO_4-N_2HPO_4$	$H_2PO_4^--H_2PO_4^{2-}$	6.2~8.2
三乙醇胺-HCl	$NH^+(CH_2CH_2OH)_3-N(CH_2CH_2OH)_3$	6.8~8.8
三羟甲基甲胺-HCl	$NH_3^+C(CH_2OH)_3-NH_2C(CH_2OH)_3$	7.2~9.2
$Na_2B_4O_7$	$H_3B_4O_3-H_2BO_3^-$	8.2~10.2
NH_3-NH_4Cl	$NH_4^+-NH_3$	8.2~10.2
乙醇胺-HCl	$NH_3^+CH_2CH_2OH-NH_2CH_2CH_2OH$	8.5~10.5
$NaHCO_3-NaCO_3$	$HCO_3^--CO_3^{2-}$	9.2~11.2
$NaHPO_4-NaOH$	$HPO_4^{2-}-PO_4^{3-}$	10.9~12.0

附录8　特殊无机试剂的配制

试剂名称	浓度/$mol \cdot L^{-1}$	配制方法
硫化钠 Na_2S	1	称 240g $Na_2S \cdot 9H_2O$、40g NaOH 溶于适量水中，稀至 1L，混匀
硫化铵 $(NH_4)_2S$	3	通 H_2S 于 200mL 浓 $NH_3 \cdot H_2O$ 中直至饱和，然后再加 200mL 浓 $NH_3 \cdot H_2O$，最后加水稀释至 1L，混匀
氯化亚锡 $SnCl_2$	0.25	称取 56.4 g $SnCl_2 \cdot 2H_2O$ 溶于 100mL 浓 HCl 中，加水稀释至 1L，在溶液中放几颗纯锡粒
氯化铁 $FeCl_3$	0.5	称取 135.2 g $FeCl_3 \cdot 6H_2O$ 溶于 100mL 6mol·L^{-1}HCl 中，加水稀释至 1L
三氯化铬 $CrCl_3$	0.1	称取 26.7 g $CrCl_3 \cdot 6H_2O$ 溶于 30mL 6mol·L^{-1}HCl 中，稀释至 1L
硝酸亚汞 $Hg_2(NO_3)_2$	0.1	称取 56g $Hg_2(NO_3)_2 \cdot 2H_2O$ 溶于 250mL 6mol·$L^{-1}$$HNO_3$ 中，加水稀释至 1L，并进入少许金属汞
硝酸铅 $Pb(NO_3)_2$	0.25	称取 83g $Pb(NO_3)_2$ 溶于少量水中，加入 15mL 6mol·$L^{-1}$$HNO_3$，用水稀释至 1L
硝酸铋 $Bi(NO_3)_3$	0.1	称取 48.5g $Bi(NO_3)_3 \cdot 5H_2O$ 溶于 250mL 1mol·$L^{-1}$$HNO_3$ 中，加水稀释至 1L
硫酸亚铁 $FeSO_4$	0.25	称取 69.5g $FeSO_4 \cdot 7H_2O$ 溶于适量水中，加入 5mL 18mol·L^{-1} H_2SO_4，再加水稀释至 1L，并置入小铁钉数枚
Cl_2 水	Cl_2 饱和溶液	将 Cl_2 通入水中至饱和为止(用时临时配制)
Br_2 水	Br_2 的饱和溶液	在带有良好磨口塞的玻璃瓶内，将市售的 Br_2 约 50g(16ml)注入 1L 水中，在 2h 内经常剧烈振荡，每次振荡之后微开塞子，使积聚的 Br_2 蒸气放出。在储存瓶底总有过量的溴，将 Br_2 倒入试剂瓶时，剩余的 Br_2 应留于储存瓶中，而不倒入试剂瓶。(倾倒 Br_2 和 Br_2 水时，应在通风橱中进行，将凡士林涂在手上或带橡皮手套操作，以防 Br_2 蒸气灼伤)
I_2 水	0.005	将 1.3g I_2 和 5g KI 溶解在尽可能少量的水中，待 I_2 完全溶解后(充分搅动)，再加水稀释至 1L
亚硝酰铁氰化钠	3	称取 3g $Na_2[Fe(CN)_5NO] \cdot 2H_2O$ 溶于 100mL 水中
淀粉溶液	0.5	称取易溶淀粉 1g 和 $HgCl_2$ 5mg(作防腐剂)置于烧杯中，加水少许调成薄浆，然后倾入 200mL 沸水中
奈斯勒试剂		称取 115g HgI_2 和 80g KI 溶于足量水中，稀释至 500mL，然后加入 500mL 6mol·L^{-1}NaOH 溶液，静置后取其清液保存于棕色瓶中
对氨基苯磺酸	0.34	0.5g 对氨基苯磺酸溶于 150mL 2mol·L^{-1}HOAc 溶液中
α-萘胺	0.12	0.3g α-萘胺加 20mL 水，加热煮沸，在所得溶液中加入 150mL 2mol·L^{-1} HOAc
钼酸铵		5g 钼酸铵溶于 100mL 水中，加入 35mL HNO_3(密度 1.2 g·mL^{-1})
硫代乙酰胺	5	5g 硫代乙酰胺溶于 100mL 水中
钙指示剂	0.2	0.2g 钙指示剂溶于 100mL 水中
镁试剂	0.007	0.001g 对硝基偶氮间苯二酚溶于 100mL 2mol·L^{-1}NaOH 中
铝试剂	0.1	1g 铝试剂溶于 1L 水中
二苯硫腙	0.01	10mg 二苯硫腙溶于 100mL CCl_4 中
丁二酮肟	1	1g 丁二酮肟溶于 100mL 95% 乙醇中

续表

试剂名称	浓度/$mol \cdot L^{-1}$	配制方法
乙酸铀酰锌		(1) 10g $UO_2(OAc)_2 \cdot 2H_2O$ 和 6mL 6$mol \cdot L^{-1}$ HOAc 溶于 50mL 水中。(2) 30g $Zn(OAc)_2 \cdot 2H_2O$ 和 3mL 6$mol \cdot L^{-1}$ HOAc 溶于 50mL 水中。将(1)、(2)两种溶液混合，24h 后取清液使用(储于棕色瓶中)
二苯碳酰二肼(二苯偕肼)	0.04	0.04g 二苯碳酰二肼溶于 20mL 95% 乙醇中，边搅拌，边加入 80mL (1:9)H_2SO_4(存于冰箱中可用一个月)
六亚硝酸合钴(Ⅲ)钠盐		$Na_3[Co(NO_2)_6]$ 和 NaOAc 各 20g，溶于 20mL 冰乙酸和 80mL 水的混合溶液中，储于棕色瓶中备用(久置溶液颜色由棕变红即失效)
$NH_3 \cdot H_2O$ - NH_4Cl 缓冲溶液	pH = 10.0	称取 20g NH_4Cl(s) 溶于适量水中，加入 100mL 浓 $NH_3 \cdot H_2O$(密度 0.9 $g \cdot mL^{-1}$)混合后稀释至 1L，即为 pH = 10.0 的缓冲溶液
邻苯二甲酸氢钾 - 氢氧化钠缓冲溶液	pH = 4.00	量取 0.200 $mol \cdot L^{-1}$ 邻苯二甲酸氢钾溶液 250.00mL、0.100$mol \cdot L^{-1}$ 氢氧化钠溶液 4.00mL，混合后稀释至 1L，即为 pH = 4.00 的缓冲溶液

附录9　特殊有机试剂的配制

1. 2，4 - 二硝基苯肼溶液

(1) 在 5mL 浓硫酸中溶解 1g 2，4 - 二硝基苯肼。另在 25mL 95% 乙醇里加 7mL 水，然后把硫酸苯肼倒入稀乙醇溶液中，搅动混合均匀即成橙红色溶液(若有沉淀应过滤)。

(2) 将 1.2g 2，4 - 二硝基苯肼溶于 50mL30% 高氯酸中，配好后储于棕色瓶中，不易变质。

(1) 法配制的试剂，2，4 - 二硝基苯肼浓度较大，反应时沉淀多便于观察。(2)法配制的试剂由于高氯酸盐在水中溶解度很大，因此便于检验水中醛且较稳定，长期储存不易变质。

2. 卢卡斯(Lucas)试剂

卢卡斯(Lucas)试剂又称盐酸 - 氯化锌试剂。将 34g 无水氯化锌在蒸发皿中强热熔融，稍冷后放在干燥器中冷至室温。取出捣碎，溶于 23mL 浓盐酸中(相对密度 1.187)。配制时须加以搅动，并把容器放在冰水浴中冷却，以防氯化氢逸出。此试剂一般是临用时配制。

3. 托伦(Tollens)试剂

(1)取 0.5mL10% 硝酸银溶液于试管里，滴加氨水，开始出现黑色沉淀，再继续滴加氨水，边滴边摇动试管，滴到沉淀刚好溶解为止，得澄清的硝酸银氨水溶液，即托伦试剂。

(2)取一支干净试管，加入 1mL5% 硝酸银，滴加 5% 氢氧化钠 2 滴，产生沉淀，然后滴加 5% 氨水，边摇边滴加，直到沉淀消失为止，此为托伦试剂。

无论(1)法或(2)法，氨的量不宜多，否则会影响试剂的灵敏度。(1)法配制的 Tollens 试剂较(2)法的碱性弱，在进行糖类实验时，用(1)法配制的试剂较好。

4. 谢里瓦诺夫(Seliwanoff)试剂

将 0.05g 间苯二酚溶于 50mL 浓盐酸中，再用蒸馏水稀释至 100mL。

5. 希夫(Schiff)试剂

在 100mL 热水中溶解 0.2g 品红盐酸盐，放置冷却后，加入 2g 亚硫酸氢钠和 2mL 浓盐酸，再用蒸馏水稀释至 200mL。

或先配制 10mL 二氧化硫的饱和水溶液，冷却后加入 0.2g 品红盐酸盐，溶解后放置数小时使溶液变成无色或淡黄色，用蒸馏水稀释至200mL。

此外，也可将0.5g品红盐酸盐溶于100mL热水中，冷却后用二氧化硫气体饱和至粉红色消失，加入0.5g活性炭，振荡过滤，再用蒸馏水稀释至500mL。

本试剂所用的品红是假洋红(Para－rosaniline或Para－Fuchsin)，此物与洋红(Rosaniline或Fuchsin)不同。希夫试剂应密封储存在暗冷处，倘若受热或见光，或露置空气中过久，试剂中的二氧化硫易失，结果又显桃红色。遇此情况，应再通入二氧化硫，使颜色消失后使用。但应指出，试剂中过量的二氧化硫愈少，反应就愈灵敏。

6. 0.1%茚三酮溶液

将0.1g茚三酮溶于124.9mL95%乙醇中，用时新配。

7. 饱和亚硫酸氢钠

先配制40%亚硫酸氢钠水溶液，然后在每100mL的40%亚硫酸氢钠水溶溶液中，加不含醛的无水乙醇25mL，溶液呈透明清亮状。

由于亚硫酸氢钠久置后易失去二氧化硫而变质，所以上述溶液也可按下法配制：将研细的碳酸钠晶体($Na_2CO_3 \cdot 10H_2O$)与水混合，水的用量使粉末上只覆盖一薄层水为宜，然后在混合物中通入二氧化硫气体，至碳酸钠近乎完全溶解，或将二氧化硫通入1份碳酸钠与3份水的混合物中，至碳酸钠全部溶解力止，配制好后密封放置，但不可放置太久，最好是用时新配。

8. 饱和溴水

溶解15g溴化钾于100mL水中，加入10g溴，振荡即成。

9. 莫利许(Molish)试剂

将α－萘酚2g溶于20mL95%乙醇中，用95%乙醇稀释至100mL，储于棕色瓶中，一般用前配制。

10. 盐酸苯肼－乙酸钠溶液

将5g盐酸苯肼溶于100mL水中，必要时可加微热助溶，如果溶液呈深色，加活性炭共热，过滤后加9g乙酸钠晶体或用相同量的无水乙酸钠，搅拌使之溶解，储于棕色瓶中。

11. 班氏(Benedict)试剂

把4.3g研细的硫酸铜溶于25mL热水中，待冷却后用水稀释至40mL。另把43g柠檬酸钠及25g无水碳酸钠(若用有结晶水的碳酸钠，则取量应按比例计算)溶于150mL水中，加热溶解，待溶液冷却后，再加入上面所配的硫酸铜溶液，加水稀释至250mL，将试剂储于试剂瓶中，瓶口用橡皮塞塞紧。

12. 淀粉碘化钾试纸

取3g可溶性淀粉，加入25mL水，搅匀，倾入225mL沸水中，再加入1g碘化钾及1g结晶硫酸钠，用水稀释到500mL，将滤纸片(条)浸渍，取出晾干，密封备用。

13. 蛋白质溶液

取新鲜鸡蛋清50mL，加蒸馏水至100mL，搅拌溶解。如果浑浊，加入5%氢氧化钠至刚清亮为止。

14. 10%淀粉溶液

将1g可溶性淀粉溶于5mL冷蒸馏水中，用力搅成稀浆状，然后倒入94mL沸水中，即得近于透明的胶体溶液，放冷使用。

15. β－萘酚碱溶液

取 4g β－萘酚，溶于 40mL 5% 氢氧化钠溶液中。

16. 斐林(Fehling)试剂

斐林试剂由斐林试剂 A 和斐林试剂 B 组成，使用时将两者等体积混合，其配法分别是：

斐林 A：将 3.5g 含有五结晶水的硫酸铜溶于 100mL 的水中即得淡蓝色的斐林 A 试剂。

斐林 B：将 17g 五结晶水的酒石酸钾钠溶于 20mL 热水中，然后加入含有 5g 氢氧化钠的水溶液 20mL，稀释至 100mL 即得无色清亮的斐林 B 试剂。

17. 碘溶液

(1)将 20g 碘化钾溶于 100mL 蒸馏水中，然后加入 10g 研细的碘粉，搅动使其全溶呈深红色溶液。

(2)将 1g 碘化钾溶于 100mL 蒸馏水中，然后加入 0.5g 碘，加热溶解即得红色清亮溶液。

附录 10　弱电解质在水溶液中的标准电离常数

电解质		温度/℃	分布	电离常数 K_a 或 K_b	pK_a 或 pK_b
名　称	化学式				
砷酸	H_3AsO_4	18	K_{a1} K_{a2} K_{a3}	5.62×10^{-3} 1.70×10^{-7} 3.95×10^{-12}	2.25 6.67 11.60
硼酸	H_3BO_3	20	K_{a1} K_{a2} K_{a3}	7.3×10^{-10} 1.8×10^{-13} 1.6×10^{-14}	9.14 12.74 13.80
碳酸	H_2CO_3	25	K_{a1} K_{a2}	4.30×10^{-7} 5.61×10^{-11}	6.73 10.25
氢氰酸	HCN	25	K_a	4.93×10^{-10}	9.31
氢硫酸	H_2S	18	K_{a1} K_{a2}	9.1×10^{-8} 1.1×10^{-12}	7.04 11.96
草酸	$H_2C_2O_4$	25	K_{a1} K_{a2}	5.90×10^{-2} 6.40×10^{-5}	1.23 4.19
铬酸	H_2CrO_4	25	K_{a1} K_{a2}	1.8×10^{-1} 3.20×10^{-7}	0.74 6.49
氢氟酸	HF	25	K_a	3.53×10^{-4}	3.45
亚硝酸	HNO_2	12.5	K_a	4.6×10^{-4}	3.37
磷酸	H_3PO_4	25	K_{a1} K_{a2} K_{a3}	7.52×10^{-3} 6.23×10^{-8} 4.8×10^{-13}	2.12 7.21 12.32
硫代硫酸	$H_2S_2O_3$	25	K_{a1} K_{a2}	2.50×10^{-1} 1.90×10^{-2}	0.60 1.72
硅酸	H_2SiO_3	25	K_{a1} K_{a2}	2×10^{-10} 1×10^{-12}	9.7 12.00
亚硫酸	H_2SO_3	18	K_{a1} K_{a2}	1.54×10^{-2} 1.02×10^{-7}	1.81 6.99
乙酸	CH_3COOH	25	K_a	1.76×10^{-5}	4.75
氨水	$NH_3\cdot H_2O$	25	K_b	1.77×10^{-5}	4.75

附录 11　难溶电解质的标准溶度积常数①（18～25℃）

难溶电解质		溶度积	难溶电解质		溶度积
名　称	化学式		名　称	化学式	
氟化钙	CaF_2	5.3×10^{-9}	氢氧化锌	$Zn(OH)_2$	1.2×10^{-17}
氟化锶	SrF_2	2.5×10^{-9}	氢氧化镉	$Cd(OH)_2$（新↓）	2.5×10^{-14}
氟化钡	BaF_2	1.0×10^{-6}	氢氧化铬	$Cr(OH)_3$	6.3×10^{-31}
二氯化铅	$PbCl_2$	1.6×10^{-5}	氢氧化亚锰	$Mn(OH)_2$	1.9×10^{-13}
氯化亚铜	$CuCl$	1.2×10^{-6}	氢氧化亚铁	$Fe(OH)_2$	1.8×10^{-16}
氯化银	$AgCl$	1.8×10^{-10}	氢氧化铁	$Fe(OH)_3$	4×10^{-38}
氯化亚汞	Hg_2Cl_2	1.3×10^{-18}	碳酸钡	$BaCO_3$	5.4×10^{-9}
二碘化铅	PbI_2	7.1×10^{-9}	铬酸钙	$CaCrO_4$	7.1×10^{-4}
溴化亚铜	$CuBr$	5.3×10^{-9}	铬酸锶	$SrCrO_4$	2.2×10^{-5}
溴化银	$AgBr$	5.0×10^{-13}	铬酸钡	$BaCrO_4$②	1.6×10^{-10}
溴化亚汞	Hg_2Br_2	5.6×10^{-23}	铬酸铅	$PbCrO_4$	2.8×10^{-13}
二溴化铅	$PbBr_2$	4.0×10^{-5}	铬酸银	Ag_2CrO_4	1.1×10^{-12}
碘化银	AgI	8.3×10^{-17}	重铬酸银	$Ag_2Cr_2O_7$	2.0×10^{-7}
碘化亚铜	CuI	1.1×10^{-12}	硫化亚锰	MnS②	1.4×10^{-15}
碘化亚汞	Hg_2I_2	4.5×10^{-29}	氢氧化钴	$Co(OH)_3$	1.6×10^{-44}
硫化铅	PbS	8.0×10^{-28}	氢氧化亚钴	$Co(OH)_2$（粉红）	2×10^{-16}
硫化亚锡	SnS	1.0×10^{-25}		$Co(OH)_2$（新↓）	1.6×10^{-15}
三硫化二砷	$As_2S_3$②	2.1×10^{-22}	氯化氧铋	$BiOCl$	1.8×10^{-31}
三硫化二锑	$Sb_2S_3$②	1.5×10^{-93}	碱式氯化铅	$PbOHCl$	2.0×10^{-14}
三硫化二铋	$Bi_2S_3$②	1×10^{-97}	氢氧化镍	$Ni(OH)_2$	2.0×10^{-15}
硫化亚铜	Cu_2S	2.5×10^{-48}	硫酸钙	$CaSO_4$	9.1×10^{-6}
硫化铜	CuS	6.3×10^{-36}	硫酸锶	$SrSO_4$	4.0×10^{-8}
硫化银	Ag_2S	6.3×10^{-50}	硫酸钡	$BaSO_4$	1.1×10^{-10}
硫化锌	$\alpha-ZnS$	1.6×10^{-24}	硫酸铅	$PbSO_4$	1.6×10^{-8}
	$\beta-ZnS$	2.5×10^{-22}	硫酸银	Ag_2SO_4	1.4×10^{-5}
硫化镉	CdS	8.0×10^{-27}	亚硫酸银	Ag_2SO_3	1.5×10^{-14}
硫化汞	HgS（红）	4.0×10^{-53}	硫酸亚汞	Hg_2SO_4	7.4×10^{-7}
	HgS（黑）	1.6×10^{-52}	碳酸镁	$MgCO_3$	3.5×10^{-8}
硫化亚铁	FeS	6.3×10^{-18}	碳酸钙	$CaCO_3$	2.8×10^{-9}
硫化钴	$\alpha-CoS$	4.0×10^{-21}	碳酸锶	$SrCO_3$	1.1×10^{-10}
	$\beta-CoS$	2.0×10^{-25}	草酸镁	$MgC_2O_4$②	8.6×10^{-5}
硫化镍	$\alpha-NiS$	3.2×10^{-19}	草酸钙	$CaC_2O_4\cdot H_2O$	2.6×10^{-9}
	$\beta-NiS$	1.0×10^{-24}	草酸钡	BaC_2O_4	1.6×10^{-7}
	$\gamma-NiS$	2.0×10^{-25}	草酸锶	$SrC_2O_4\cdot H_2O$②	2.2×10^{-5}
氢氧化铝	$Al(OH)_3$（无定形）	1.3×10^{-33}	草酸亚铁	$FeC_2O_4\cdot 2H_2O$	3.2×10^{-7}
氢氧化镁	$Mg(OH)_2$	1.8×10^{-11}	草酸铅	PbC_2O_4	4.8×10^{-10}
氢氧化钙	$Ca(OH)_2$	5.5×10^{-6}	六氰合铁（Ⅱ）酸铁	$Fe_4[Fe(CN)_6]_3$	3.3×10^{-41}
氢氧化亚铜	$CuOH$	1.0×10^{-14}	六氰合铁（Ⅱ）酸铜	$Cu_2[Fe(CN)_6]$	1.3×10^{-16}
氢氧化铜	$Cu(OH)_2$	2.2×10^{-20}	碘酸铜	$Cu(IO_3)_2$	7.4×10^{-8}
氢氧化银	$AgOH$	2.0×10^{-8}			

注：① 数据摘自 Dean J. A.，Lange' s Handbook of Chemistry，14th ed.，8.2，New York：McGraw Hill，1992。

② 数据摘自《化学便览》基础编（Ⅱ），（改订二版），日本化学会编，丸善株式会社，昭和50年。

附录 12 配离子标准稳定常数[1]

配离子[2]	$K^{\ominus}$稳	$\lg K^{\ominus}$稳	配离子	$K^{\ominus}$稳	$\lg K^{\ominus}$稳
NaY^{3-}	5.0×10^{-1}	1.66	$Cd(NH_3)_4^{2+}$	1.3×10^{7}	7.12
CaY^{2-}	1.0×10^{11}	11.0	$Hg(NH_3)_4^{2+}$	1.91×10^{19}	19.28
MgY^{2-}	4.37×10^{8}	18.64	$Fe(CN)_6^{3-}$	1.0×10^{42}	42.00
AlY^{-}	1.3×10^{16}	16.11	$Fe(CN)_6^{4-}$	1.0×10^{35}	35.00
PbY^{2-}	2.0×10^{18}	18.3	$Ag(CN)_2^{-}$	5.0×10^{21}	21.7
SnY^{2-}	1.2×10^{22}	22.1	$Cu(CN)_4^{3-}$	2.0×10^{30}	30.30
ZnY^{2-}	3.1×10^{16}	16.4	$Ni(CN)_4^{2-}$	2.0×10^{31}	31.3
CdY^{2-}	3.8×10^{16}	16.4	$Zn(CN)_4^{2-}$	5.0×10^{16}	16.7
HgY^{2-}	6.3×10^{21}	21.80	$Cd(CN)_4^{2-}$	6.0×10^{18}	18.78
MnY^{2-}	1.0×10^{14}	13.8	$Ag(S_2O_3)_2^{3-}$	2.88×10^{13}	13.46
FeY^{2-}		14.33	$Cu(S_2O_3)_2^{3-}$	1.66×10^{12}	12.22
FeY^{-}	1.69×10^{24}	24.23	$Hg(S_2O_3)_2^{2-}$		33.24
CoY^{2-}	1.0×10^{36}	16.31	$Fe(SCN)_2^{+}$	2.3×10^{3}	3.36
NiY^{2-}	4.1×10^{18}	18.56	$Co(SCN)_4^{2-}$	1.0×10^{3}	3.00
CuY^{2-}	5.0×10^{18}	18.7	$Cu(SCN)_2^{-}$	1.6×10^{5}	5.18
AgY^{2-}	2.0×10^{7}	7.32	$Cd(SCN)_4^{2-}$	4.0×10^{3}	3.6
$Fe(en)_3^{2+}$	5.0×10^{9}	9.70	$Hg(SCN)_4^{2-}$	1.8×10^{23}	21.23
$Co(NH_3)_6^{3+}$	1.58×10^{33}	35.2	FeF_6^{3-}	1.0×10^{16}	16.00
$Co(NH_3)_6^{2+}$	1.28×10^{5}	5.11	AlF_6^{3-}	6.92×10^{19}	19.84
$Ni(NH_3)_6^{2+}$	5.49×10^{8}	8.74	$CuCl_2^{-}$	3.5×10^{5}	5.5
$Ag(NH_3)_2^{+}$	1.12×10^{7}	7.05	$Fe(C_2O_4)_3^{3-}$	1.6×10^{20}	20.20
$Cu(NH_3)_4^{2+}$	2.09×10^{13}	13.32	$Fe(C_2O_4)_3^{4-}$	1.8×10^{5}	5.22
$Zn(NH_3)_4^{2+}$	3.0×10^{9}	9.46			

注：① 数据主要摘自 Dean J. A.，Lange's Handbook of Chemistry，14th ed.，8.2.2，New York：Hill，1992。

② 表中 Y 表示 EDTA。

附录 13 标准电极电势

电 对	电 极 反 应	$\varphi^{\ominus}$/V	
		$\varphi_A^{\ominus}$	$\varphi_B^{\ominus}$
Ag^+/Ag	$Ag^+ + e = Ag$	0.7996	
AgI/Ag	$AgI + e = Ag + I^-$	−0.15224	
$Ag(S_2O_3)_2^{3-}/Ag$	$Ag(S_2O_3)_2^{3-} + e = Ag + 2S_2O_3^{2-}$	0.01	
$AgBr/Ag$	$AgBr + e = Ag + Br^-$	0.07133	
$AgCl/Ag$	$AgCl + e = Ag + Cl^-$	0.22233	

续表

电　对	电 极 反 应	$\varphi^{\ominus}/V$	
		$\varphi_A^{\ominus}$	$\varphi_B^{\ominus}$
Ag_2S/Ag	$Ag_2S + e = 2Ag + S^{2-}$		-0.069
$Ag(CN)_2^-/Ag$	$Ag(CN)_2^- + e = Ag + 2CN^-$		0.31
$AgCN/Ag$	$AgCN + e = Ag + CN^-$		0.017
$Ag(NH_3)_2^+/Ag$	$Ag(NH_3)_2^+ + e = Ag + 2NH_3$		0.373
$HAsO_2/As$	$HAsO_2 + 3H^+ + 3e = As + 2H_2O$	0.2475	
$H_3AsO_4/HAsO_2$	$H_3AsO_4 + 2H^+ + 2e = HAsO_2 + 2H_2O$	0.58	
AsO_2^-/As	$AsO_2^- + 2H_2O + 3e = As + 4OH^-$		-0.68
AsO_4^{3-}/AsO_2^-	$AsO_4^{3-} + 2H_2O + 2e = AsO_2^- + 4OH^-$		-0.71
Bi^{3+}/Bi	$Bi^{3+} + 3e = Bi$	0.308	
Bi_2O_5/BiO^+	$Bi_2O_5 + 6H^+ + 4e = 2BiO^+ + 3H_2O$	1.6	
Bi_2O_3/Bi	$Bi_2O^3 + 3H_2O + 6e = 2Bi^+ 6OH^-$		-0.46
Br_2/Br^-	$Br_2 + 2e = 2Br^-$	1.0873	
BrO_3^-/Br^-	$BrO_3^- + 6H^+ + 6e = Br^- + 3H_2O$	1.432	
BrO_3^-/Br_2	$BrO_3^- + 6H^+ + 5e = 1/2Br_2 + 3H_2O$	1.482	
BrO_3^-/Br^-	$BrO_3^- + 3H_2O + 6e = Br^- + 6OH^-$		0.61
Cl_2/Cl^-	$Cl_2 + 2e = 2Cl^-$	1.35827	
ClO_3^-/Cl^-	$ClO_3^- + 6H^+ + 6e = Cl^- + 3H_2O$	1.451	
Co^{3+}/Co^{2+}	$Co^{3+} + e = Co^{2+}$	1.92	
$Co(NH_3)_6^{3+}/Co(NH_3)_6^{2+}$	$Co(NH_3)_6^{3+} + e = Co(NH_3)_6^{2+}$		0.108
$Co(OH)_3/Co(OH)_2$	$Co(OH)_3 + e = Co(OH)_2 + OH^-$		0.17
$Cr_2O_7^{2-}/Cr^{3+}$	$Cr_2O_7^{2-} + 14H^+ + 6e = 2Cr^{3+} + 7H_2O$	1.232	
$HCrO_4^-/Cr^{3+}$	$HCrO_4^- + 7H^+ + 3e = Cr^{3+} + 4H_2O$	1.350	
$CrO_4^{2-}/Cr(OH)_3$	$CrO_4^{2-} + 4H_2O + 3e = Cr(OH)_3 + 5OH^-$		-0.13
Cu^{2+}/Cu	$Cu^{2+} + 2e = Cu$	0.3419	
CuI_2^-/Cu	$CuI_2^- + e = Cu + 2I^-$	0.00	
$CuBr/Cu$	$CuBr + e = Cu + Br^-$	0.033	
$CuCl/Cu$	$CuCl + e = Cu + Cl^-$	0.538	
Cu^{2+}/CuI	$Cu^{2+} + I^- + e = CuI$	0.86	
$Cu^{2+}/CuBr$	$Cu^{2+} + Br^- + e = CuBr$	0.64	
$Cu^{2+}/CuCl$	$Cu^{2+} + Cl^- + e = CuCl$	0.137	
Cu^{2+}/Cu^+	$Cu^{2+} + e = Cu^+$	0.153	
Cu^+/Cu	$Cu^+ + e = Cu$	0.521	
Fe^{2+}/Fe	$Fe^{2+} + 2e = Fe$	-0.447	
Fe^{3+}/Fe	$Fe^{3+} + 3e = Fe$	-0.037	
Fe^{3+}/Fe^{2+}	$Fe^{3+} + e = Fe^{2+}$	0.771	
$Fe(OH)_3/Fe(OH)_2$	$Fe(OH)_3 + e = Fe(OH)_2 + OH^-$		-0.56

续表

电对	电极反应	$\varphi^{\ominus}$/V	
		$\varphi_A^{\ominus}$	$\varphi_B^{\ominus}$
$Fe(CN)_6^{3-}/Fe(CN)_6^{4-}$	$Fe(CN)_6^{3-} + e = Fe(CN)_6^{4-}$		0.358
$FeS(\alpha)/Fe$	$FeS(\alpha) + 2e = Fe + S^{2-}$	-0.95	
$Fe(OH)_2/Fe$	$Fe(OH)_2 + 2e = Fe + 2OH^-$		-0.877
H^+/H_2	$2H^+ + 2e = H_2$	0.0000	
H_2O/H_2	$2H_2O + 2e = H_2 + 2OH^-$		-0.8277
Hg^{2+}/Hg	$Hg^{2+} + 2e = Hg$	0.851	
Hg^{2+}/Hg_2^{2+}	$2Hg^{2+} + 2e = Hg_2^{2+}$	0.920	
Hg_2^{2+}/Hg	$Hg_2^{2+} + 2e = 2Hg$	0.7973	
I_2/I^-	$I_2 + 2e = 2I^-$	0.5355	
IO_3^-/I_2	$IO_3^- + 6H^+ + 5e = 1/2I_2 + 3H_2O$	1.195	
IO_3^-/I^-	$IO_3^- + 6H^+ + 6e = I^- + 3H_2O$	1.085	
IO_3^-/I_2	$IO_3^- + 3H_2O + 6e = 1/2I_2 + 6OH^-$		0.26
MnO_4^-/Mn^{2+}	$MnO_4^- + 8H^+ + 5e = Mn^{2+} + 4H_2O$	1.507	
MnO_4^-/MnO_4^{2-}	$MnO_4^- + e = MnO_4^{2-}$		0.558
MnO_4^-/MnO_2	$MnO_4^- + 4H^+ + 3e = MnO_2 + 2H_2O$	1.679	
MnO_4^{2-}/MnO_2	$MnO_4^{2-} + 2H_2O + 2e = MnO_2 + 4OH^-$		0.60
MnO_2/Mn^{2+}	$MnO_2 + 4H^+ + 2e = Mn^{2+} + 2H_2O$	1.224	
$MnO_2/Mn(OH)_2$	$MnO_2 + 2H_2O + 2e = Mn(OH)_2 + 2OH^-$		-0.05
Mn_2O_3/Mn^{2+}	$Mn_2O_3 + 6H^+ + e = 2Mn^{2+} + 3H_2O$	1.485	
NiO_2/Ni^{2+}	$NiO_2 + 4H^+ + 2e = Ni^{2+} + 2H_2O$	1.678	
$Ni(OH)_3/Ni(OH)_2$	$Ni(OH)_3 + e = Ni(OH)_2 + OH^-$		-0.48
NO_3^-/NO	$NO_3^- + 4H^+ + 3e = NO + 2H_2O$	0.96	
NO_3^-/NO_2	$NO_3^- + 2H^+ + e = NO_2 + H_2O$	0.80	
NO_3^-/NH_4^+	$NO_3^- + 10H^+ + 8e = NH_4^+ + 3H_2O$	0.866	
O_2/H_2O	$O_2 + 4H^+ + 4e = 2H_2O$	1.229	
O_2/H_2O_2	$O_2 + 2H^+ + 2e = H_2O_2$	0.695	
H_2O_2/H_2O	$H_2O_2 + 2H^+ + 2e = 2H_2O$	1.776	
O_2/OH^-	$O_2 + 2H_2O + 4e = 4OH^-$		0.401
SO_4^{2-}/H_2SO_3	$SO_4^{2-} + 4H^+ + 2e = H_2SO_3 + H_2O$	0.172	
SO_4^{2-}/SO^{2-}	$SO_4^{2-} + H_2O + 2e = SO_3^{2-} + 2OH^-$		-0.93
S/H_2S	$S + 2H^+ + 2e = H_2S(aq)$	0.142	
S/S^{2-}	$S + 2e = S^{2-}$		-0.47627
SO_4^{2-}/PbS	$Pb + SO_4^{2-} + 8H^+ + 6e = PbS + 4H_2O$	-0.359	
$S_2O_3^{2-}/S$	$S_2O_3^{2-} + 6H^+ + 4e = 2S + 3H_2O$	0.5	
Sn^{2+}/Sn	$Sn^{2+} + 2e = Sn$	-0.1375	
Sn^{4+}/Sn^{2+}	$Sn^{4+} + 2e = Sn^{2+}$	0.151	

续表

电对	电极反应	$\varphi^{\ominus}$/V	
		$\varphi_A^{\ominus}$	$\varphi_B^{\ominus}$
Zn^{2+}/Zn	$Zn^{2+} + 2e = Zn$	-0.7618	
ZnS/Zn	$ZnS + 2e = Zn + S^{2-}$		-1.44
$Zn(OH)_2/Zn$	$Zn(OH)_2 + 2e = Zn + 2OH^-$		-1.249
ZnO_2^{2-}/Zn	$ZnO_2^{2-} + 2H_2O + 2e = Zn + 4OH^-$		-1.215
$Zn(NH_3)_4^{2+}/Zn$	$Zn(NH_3)_4^{2+} + 2e = Zn + 4NH_3$		-1.04
$Zn(CN)_4^{2-}/Zn$	$Zn(CN)_4^{2-} + 2e = Zn + 4CN^-$		-1.26

附录14　不同温度下水的饱和蒸气压

Pa

温度/℃	0.0	0.2	0.4	0.6	0.8
0	601.5	619.5	628.6	637.9	647.3
1	656.8	666.3	675.9	685.8	695.8
2	705.8	715.9	726.2	736.6	747.3
3	757.9	768.7	779.7	790.7	801.9
4	813.4	824.9	836.5	848.3	860.3
5	872.3	884.6	897.0	909.5	922.2
6	935.0	948.1	961.1	974.5	988.1
7	1001.7	1005.5	1029.5	1043.6	1058.0
8	1072.6	1087.2	1102.2	1117.2	1132.4
9	1147.8	1163.5	1179.2	1195.2	1211.4
10	1227.8	1244.3	1261.0	1277.9	1295.1
11	1312.4	1330.0	1347.8	1365.8	1383.9
12	1402.3	1421.0	1439.7	1458.7	1477.6
13	1497.3	1517.1	1536.9	1557.2	1577.6
14	1598.1	1619.1	1640.1	1661.5	1683.1
15	1704.9	1726.9	1749.3	1771.9	1794.7
16	1817.7	1841.1	1864.8	1888.6	1912.8
17	1937.2	1961.8	1986.9	2012.1	2037.7
18	2063.4	2089.6	2116.0	2142.6	2169.4
19	2196.8	2224.5	2252.3	2380.5	2309.0
20	2337.8	2366.9	2396.3	2426.1	2456.1
21	2486.5	2517.1	2550.5	2579.7	2611.4
22	2643.4	2675.8	2708.6	2741.8	2775.1
23	2808.8	2843.8	2877.5	2913.6	2947.8
24	2983.4	3019.5	3056.0	3092.8	3129.9

续表

温度/℃	0.0	0.2	0.4	0.6	0.8
25	3167.2	3204.9	3243.2	3282.0	3321.3
26	3360.9	3400.9	3441.3	3482.0	3523.2
27	3564.9	3607.0	3646.0	3692.5	3735.8
28	3779.6	3823.7	3858.3	3913.5	3959.3
29	4005.4	4051.9	4099.0	4146.6	4194.5
30	4242.9	4286.1	4314.1	4390.3	4441.2
31	4492.3	4543.9	4595.8	4648.2	4701.0
32	4754.7	4808.9	4863.2	4918.4	4974.0
33	5030.1	5086.9	5144.1	5202.0	5260.5
34	5319.2	5378.8	5439.0	5499.7	5560.9
35	5622.9	5685.4	5748.5	5812.2	5876.6
36	5941.2	6006.7	6072.7	6139.5	6207.0
37	6275.1	6343.7	6413.1	6483.1	6553.7
38	6625.1	6696.9	6769.3	6842.5	6916.6
39	6991.7	7067.3	7143.4	7220.2	7297.7
40	7375.9	7454.1	7534.0	7614.0	7695.4
41	7778.0	7860.7	7943.3	8028.7	8114.0
42	8199.3	8284.7	8372.6	8460.6	8548.6
43	8639.3	8729.9	8820.6	8913.9	9007.3
44	9100.6	9195.2	9291.2	9387.2	9484.6
45	9583.2	9681.9	9780.5	9881.9	9983.2
46	10086	10190	10293	10399	10506
47	10612	10720	10830	10939	11048
48	11160	11274	11388	11503	11618
49	11735	11852	11971	12091	12211
50	12334	12466	12586	12706	12839
60	19916				
70	31157				
80	47343				
90	70096				
100	101325				

附录15　常用化学网站

1. 化学深层网统一检索：http：//www.chemdb－portal.cn/

可以通过化合物的名称、分子式、CAS号、全结构或子结构等内容检索网络上的多个专业数据库(包括物化性质、化合物安全数据表MSDS、供应商等)，把从各库检索得到的结果统一返回给用户。

2. 化学信息网：http：//chin. csdl. ac. cn

化学专业信息资源和信息服务的门户网站，提供权威和可靠的化学信息导航，整合文献信息资源系统及其检索利用。

3. 中国化工网：http：//china. chemnet. com/

可以查询各种化工产品的基本信息，产品供求和企业信息等。

4. 中国色谱网：http：//www. sepu. net/

色谱方面权威网站，有关色谱的所有信息基本都可以在这里找到。

5. 中国化学品安全网：http：//www. nrcc. com. cn/

查询和了解有关危险化学品的登记、鉴别与分类、事故应急救援、危险化学品从业单位安全生产标准化、化学品安全管理法规标准，以及化学品安全管理、重大危险源监控、应急救援、职业危害防治等方面的内容。

6. 有机化学网：http：//www. organicchem. com/

主要开设有技术文章、学术会议、医药新闻、化合物词典、化学百科等栏目。

7. 分析化学：http：//www. analchem. cn/

《分析化学》杂志网站，除了该期刊本身内容以外，还有专家点评、新闻速递、资料中心、培训讲座、专访报道及论坛等子栏目，是了解分析化学的一个不错的网站。

8. 化学缩写查询网址：http：//www. chemie. fu - berlin. de/cgi - bin/acronym

可以查询各种化学方面的英文缩写。

9. my 科学网：http：//www. chemj. cn/myscinet/

有关化学和化工类的网站导航。

10. 化学化工方面几个有名的论坛

化学类：

小木虫：http：//www. emuch. net/

化学·家：http：//www. emuch. net/

化学吧：http：//chem8. org/

有机化学论坛：http：//bbs. organicchem. com/

化工类：

化学化工论坛：http：//www. chembbs. com. cn/

海川在线：http：//bbs. hcbbs. com/index. php

万客化工资料论坛：http：//bbs. wcoat. com/

11. 中国在线学术交流平台：http：//www. chemlead. cn/

由中国化学会主办，内容涵盖了化学及其相关学科的各个领域，同时还开设有中国化学化工在线、中国聚合物在线、中国化学仪器在线、中国塑料技术在线、中国流变在线、化学化工博客等子网站。

参 考 文 献

1. 杜志强. 综合化学实验[M]. 北京：科学出版社，2005
2. 南京大学化学实验教学组编. 大学化学实验[M]. 北京：高等教育出版社，1999
3. 马江权，杨得明等. 计算机在化学化工中的应用[M]. 北京：高等教育出版社，2005
4. 肖明耀. 测量误差估计与数据处理[M]. 北京：科学出版社，1980
5. 北京师范大学《化学实验规范》编写组. 化学实验规范[M]. 北京：北京师范大学出版社. 1991
6. 刘知心主编. 基础化学实验大全(上册)[M]. 北京：北京教育出版社，1991
7. 北京师范大学无机化学教研室等编. 无机化学实验(第三版)[M]. 北京：北京师范大学出版社，2002
8. 初玉霞主编. 化学实验技术[M]. 北京：高等教育出版社，2006
9. 杨世光主编. 近代化学实验[M]. 北京：石油工业出版社，2004
10. 吴茂英，肖楚民主编. 微型无机化学实验[M]. 北京：化学工业出版社，2006
11. 王少亭. 首都师范大学《大学基础化学实验》(第一版)[M]. 北京：高等教育出版社 2004.
12. 徐伟亮. 浙江大学化学系组编《基础化学实验》(第一版)[M]. 北京：科学出版社，2005
13. 吴茂英，肖楚民. 微型无机化学实验[M]. 北京：化学工业出版社，2006
14. 徐光宪，袁承业. 稀土的溶剂萃取[M]. 北京：科学出版社，1987
15. 兰州大学等编. 有机化学实验[M]. 王清廉修订. 北京：高等教育出版社，2002
16. 曾昭琼主编. 有机化学实验[M]. 北京：高等教育出版社，2002
17. 北京大学化学学院有机化学研究所编. 有机化学实验[M]. 关烨第等修订. 北京：北京大学出版社，2002
18. 李兆陇，阴金香，林天舒编. 有机化学实验[M]. 北京：清华大学出版社，2001
19. 焦家俊编著. 有机化学实验[M]. 上海：上海交通大学出版社，2000
20. 程青芳主编. 有机化学实验[M]. 南京：南京大学出版社，2006
21. 麦禄根编著. 有机化学实验[M]. 上海：华东师范大学出版社，2001
22. 中山大学等校编. 无机化学实验. 北京：高等教育出版社，1992(2010 重印)
23. 复旦大学等编. 物理化学实验[M]. 北京：高等教育出版社，2004
24. 古风才，肖衍繁编. 基础化学实验教程[M]. 北京：科学出版社，2001
25. 刘晓薇. 实验化学基础[M]. 北京：国防工业出版社，2005
26. 姚思童，张进，王鹏编. 基础化学实验[M]. 北京：化学工业出版社，2009
27. 申金山，许明远，郑学忠编. 化学实验[M]. 北京：化学工业出版社，2009
28. 周西臣，康艳珍编. 物理化学实验技术[M]. 武汉：华中科技大学出版社，2010
29. 郑桂富，曾小剑编. 物理化学实验[M]. 合肥：合肥工业大学出版社，2010
30. 唐林，孟阿兰，刘红天编. 物理化学实验[M]. 北京：化学工业出版社，2008
31. 杨百勤编. 物理化学实验[M]. 北京：化学工业出版社，2001
32. 华中师范大学等编. 分析化学实验[M]. 北京：高等教育出版社，2001
33. 姜淑敏编. 化学实验基本操作技术[M]. 北京：化学工业出版社，2008
34. 武汉大学主编. 分析化学实验(第四版)[M]. 北京：高等教育出版社，2003
35. 陈虹锦主编. 实验化学(第二版). [M]北京：科学出版社，2007
36. 谈慧英编 . 分析化学实验[M]. 北京：清华大学出版社，1984
37. 彭智，陈悦编. 化学化工常用软件实例教程[M]. 北京：化学工业出版社，2006
38. 方利国，陈砺编著. 计算机在化学化工中的应用(第二版)[M]. 北京：化学工业出版社，2006
39. 周剑平. 精通 Origin7. 0[M]北京：北京航空航天大学出版社，2004. 3
40. 李有顺，郭俊荣. 实验室用水纯度及制备的探讨[J]. 中国环境监测，1993，9(2)：58 ~ 61
41. 孙世铭，王素芳.《分析实验室用水规格和实验方法》国家标准简介[J]. 中国石油和化工标准与质量，

1993，1：13～16
42. 佟韬，佟耀富. 重铬酸钾洗液配制方法改进的探讨[J]. 海峡药学，1999，11(2)：90～91
43. 李红霞. 计算机在物理化学实验数据处理中的应用[J]. 实验室科学，2010，13(1)：111～112
44. 邹少兰. Excel 软件在化学教学图解法中的几则应用实例[J]. 化学教学，2007，9：53～55
45. 周莲莲. 基础实验中测量误差实用处理技术[J]. 实验科学与技术，1980，5(4)：27～29
46. 李玉萍. 实验室气体钢瓶的安全使用与维护[J]. 石油化工安全技术，2006，22(3)：52～54
47. 张世铭，刘淑萍. 高校化学实验室安全管理工作初探[J]. 实验室科学，2006，5：102～103
48. 张爱华. 浅谈化学实验室的科学管理[J]. 科技情报开发与经济，2006，13：216～217
49. 白广梅，李英. 无机化学实验的绿色化[J]. 实验技术与管理，2006，32(2)：104～105
50. 徐飞，李生英等. 大学无机化学实验中"三废"的绿色化处理[J]. 实验室科学，2008，2：170～173
51. 董红星，裴健，刘剑. 泡沫分离法的现状与研究进展[J]. 化工时刊. 2004，18(5)：20～22
52. Plucinski P, Nitsch W. Mechanism of mass transfer between aqueous phase and water－in－oil microemulsion [J]. Langmuir, 1994, 10：371
53. Wiencek JM, Qutubuddin S. Microemulsion liquid membranes (Ⅰ). Application to acetic acid removal from water[J]. J. Sep. Sci. Tech, 1992, 27(10)：1211